化工原理课程系列教学用书

Guidance on Learning
"Unit Operations of Chemical Engineering"

化工原理复习指导

（2024 版）

柴诚敬　王　军　陈常贵　郭翠梨　编

天津大学出版社
TIANJIN UNIVERSITY PRESS

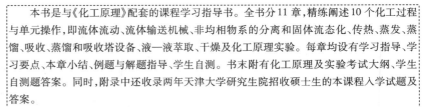

内容提要

　　本书是与《化工原理》配套的课程学习指导书。全书分11章,精练阐述10个化工过程与单元操作,即流体流动、流体输送机械、非均相物系的分离和固体流态化、传热、蒸发、蒸馏、吸收、蒸馏和吸收塔设备、液—液萃取、干燥及化工原理实验。每章均设有学习指导、学习要点、本章小结、例题与解题指导、学生自测。书末附有化工原理及实验考试大纲、学生自测题答案。同时,附录中还收录两年天津大学研究生院招收硕士生的本课程入学试题及答案。

　　本书可作为高等院校化工及相关专业学生学习《化工原理》课程及考研复习的指导书,也可作为教师讲授本课程的参考书。

图书在版编目(CIP)数据

化工原理复习指导/柴诚敬编. —天津:天津大学出版社,2011.7(2024.6 重印)
ISBN 978-7-5618-4048-1

Ⅰ.①化… Ⅱ.①柴… Ⅲ.①化工原理－高等学校－教学参考资料 Ⅳ.①TQ02

中国版本图书馆 CIP 数据核字(2011)第 151408 号

HUAGONG　YUANLI　FUXI　ZHIDAO(2019BAN)

出版发行	天津大学出版社
地　　址	天津市卫津路 92 号天津大学内(邮编:300072)
电　　话	发行部:022-27403647
网　　址	publish.tju.edu.cn
印　　刷	廊坊市海涛印刷有限公司
经　　销	全国各地新华书店
开　　本	185mm×260mm
印　　张	20.5
字　　数	512 千
版　　次	2011 年 8 月第 1 版
印　　次	2024 年 6 月第 13 次
定　　价	46.00 元

再版说明

本书是与夏清、贾绍义主编的《化工原理》(上、下册,第2版)相配套的课程学习指导书。本书旨在帮助学生掌握化工原理课程的学习方法,加深对基本概念、基本理论的理解,提高分析工程实际问题的能力和解题技能。本书涉及的化工过程与单元操作有流体流动、流体输送机械、非均相物系的分离和固体流态化、传热、蒸发、蒸馏、吸收、蒸馏和吸收塔设备、液—液萃取、干燥等。为了给报考硕士研究生的学生提供方便,本教材编写组还特意编写了化工原理实验的内容。书末附有化工原理及实验考试大纲。

本书是编者在总结长期教学经验的基础上编写的,内容精练、重点突出,注重创新意识和工程能力的培养。每章的结构组成为:学习指导、学习要点、本章小结、例题与解题指导、学生自测(包括基本概念和计算题)。书末给出自测题答案。

本书可作为高等院校化工类及相关专业学生学习化工原理课程及考研复习的良师益友,也可作为教师讲授本课程的参考书,还可作为从事化工工作的科技人员的自学指导书。

参加本书编写工作的有柴诚敬(绪论、流体流动、流体输送机械、非均相物系分离和固体流态化、蒸馏和吸收塔设备、液—液萃取、干燥、附录)、王军(传热、蒸发)、陈常贵(蒸馏、吸收)、郭翠梨(化工原理实验)。本书在编写过程中得到姚玉英、刘国维、贾绍义、夏清、马红钦等老师的支持和帮助,在此表示感谢。

由于编者水平有限,不当之处望广大读者指正,以便修改完善。

编者

2019.12

目录

化工原理是一门综合运用数学、物理、化学等基础知识,分析和解决化工类型生产中各种物理过程或单元操作问题的工程学科,是化工类及相关专业的一门主干课。本课程担负着由理及工、由基础到专业的特殊使命,即承担着工程科学与工程技术的双重教育任务。该课程强调工程观点、定量运算、实验技能及设计能力的培养,强调理论与实际的结合,以提高分析问题、解决问题的能力。具体说,学生应该在牢固掌握本课程基本知识、基础理论的前提下,着重以下几方面能力的培养:

(1)单元操作和设备选择的能力　根据各单元操作在技术上、经济上的特点,进行"过程和设备的选择",以适应指定物系的特性,经济而有效地满足生产工艺要求。

(2)操作和调节生产过程的能力　学习如何操作和调节生产过程,在操作发生故障时善于查寻故障原因,提出排除故障的措施,调用有利因素,克服不利因素,使生产顺利而高效地运行。

(3)工程设计能力　学习进行工艺过程计算和设备设计。当缺乏现成数据时,要能够从资料中查取,或从生产现场查定,或通过实验测取所需的设计数据。

(4)过程开发或科学研究能力　应该逐步掌握根据物理或物理化学原理而"开发"单元操作,进而组织成一个生产工艺过程。科技工作者的任务之一,就是善于调动某种工程手段,将可能变为现实,实现工程目的。这就要求学生具有创造性与开拓精神。

化工原理是一门重要的技术基础课,实践性很强,要理论联系实际,掌握科学的学习方法,以获取最大的学习效益。

1.提高学习自觉性,发挥主观能动性

在化工原理教学过程中,一般安排"讲课—课后作业—辅导答疑—实践(实验和设计)"等环节,同学要与老师密切配合,充分利用好上述环节,发挥主观能动性和学习自觉性,积极思维,并尽可能做到课前预习,对下次讲课的重点、难点达到心中有数,以提高听课效果。

2.着重学习处理工程问题的方法

所有化工生产过程都是十分复杂的,在研究各个单元操作或化工过程时,要学会抓关键问题,把握过程实质,暂时忽略一些次要因素,把复杂的工程问题进行恰当的简化处理,以便于对实际过程进行数学描述。对于重要方程的推导,要搞清楚为什么要简化、如何简化以及简化处理所引入的误差。

在建立的理论数学方程中,常常包括一些模型参数,往往需通过实验予以测定,这样使原先忽略的一些因素加以校正,使数学方程能够用于实际工程过程的计算。

3.理论联系实际,提高知识记忆的永久性和学习的时效性

化工单元操作是化工生产实践的总结和升华,学习化工原理过程中,要注意联系生产、科研中遇到的成功或失败的案例,加深对基本理论的理解,学会用基本理论去解决工程问题,克服死记硬背式的呆板的学习方法。

另外,在日常生活中,存在着丰富、生动、直观的流体流动、传热及传质的实例,通过仔细观察和研究这些实例,有利于提高学习时效、增强记忆、学活会用,变被动学习为主动学习。

4.采用归纳、综合和对比的方法,学会逻辑简化

化工原理各章节之间具有密切的内在联系和很强的规律性,通过"传递过程原理"和"处理工程问题的方法论"两条主线把它们有机地联系起来,掌握归纳、综合、对比和逻辑简化的学习方法,可使所学知识融会贯通,强化对知识的理解和消化。具体做法是:

①每学完一章(或一个单元操作)之后,要学习运用简练的文字、醒目的格式,把本章的基本理论、主要关系式及其工程应用清晰地表达出来,即从纵向上抓住主干线条,以线带面,把本章主要内容联系起来,使知识系统化。例如,在流体流动一章中,可通过引申的伯努利方程把流体流动的基本规律及相关的计算公式有机地构成一个网络图表。同样地,在传热这一章中,可通过总传热速率方程这条主线把相关内容有机地联系起来。

②通过综合对比掌握各单元操作之间的内在联系和共性。各单元操作之间,既有各自的特殊性,从而构成了自己特定的研究内容,同时,各单元操作之间又有密切的内在联系和统一性,从而构成了共同的规律。例如,流体流动(传动)、传热和传质三种传递过程中,都研究分子传递(牛顿黏性定律、傅里叶导热定律和菲克扩散定律)和对流传递,采用相同的工程研究方法(量纲分析方法),而且传热与传质得到相应的准数和相似的关联式。

传质中各单元操作之间的共性更加明显。各章均以各单元操作的基本原理(或依据)为起点,依次讨论相平衡关系、物料衡算(包括总物料衡算及操作线方程)、设备主体尺寸计算、过程影响因素分析、操作参数的选择与调节、过程强化等内容,这就显示了相同的规律和相似的研究方法。但各章之间并不是简单的重复,而是各章重点各异、特点明显,而且难点分散,使同学们学完每一章都觉得有新收获,这些显示了各章的特殊性。

5.在讨论课中,活学活用知识

在化工原理教学环节中,习题课或讨论课是训练学生计算技能和运用所学知识分析与解决实际问题能力的一种有效途径。在讨论课中,学生注意力高度集中、思维活跃、积极讨论,同学之间彼此磋商,互相启发,拓宽了思路,培养了综合运用知识、全面看问题的观念。

最后还应强调以下几点:

①在化工原理教学中,有意安排某些内容让学生通过自学来掌握。老师不讲,不等于不重要或不作要求,同学要自觉培养自己获取和扩展知识的能力。

②要认真主动地在化工原理实践性教学环节(如实物教学、演示实验、实验、设计、看电视录像)中培养自己的实际能力,增强工程观点。

③单元操作包括"过程"和"设备"两方面的内容,在"设备"的设计和操作中,贯穿着基本原理的应用。例如,列管换热器的管方分程、壳程加折流挡板以及若干个换热器串联操作,都可提高换热器的传热速率,达到强化传热的目的。

④要注意了解本学科的最新科技成果和发展趋势。随着新产品、新工艺的开发或为实现绿色化工生产过程和可持续发展战略,对物理过程提出了新的要求,又不断地发展出新的单元操作或化工技术,如膜分离、参数泵分离、超临界技术等。同时,以节约能耗、提高效率或洁净生产为特点的集成化工艺(如反应精馏、反应膜分离、多塔精馏系统的优化热集成等)将是未来的发展趋势。

第1章 流体流动

◆ 本章符号说明 ◆ ◆

英文字母

a——组分的质量分数;

A——截面面积,m^2;

d——管道直径,m;

d_e——当量直径,m;

d_0——孔径,m;

E——1 kg 流体所具有的总机械能,J/kg;

g——重力加速度,m/s^2;

G——质量流速,$kg/(m^2 \cdot s)$;

h——高度,m;

h_f——1 kg 流体流动时为克服流动阻力而损失的能量,简称能量损失,J/kg;

h_f'——局部能量损失,J/kg;

H_e——输送机械对 1 N 流体所提供的有效压头,m;

H_f——压头损失,m;

l——长度,m;

l_e——当量长度,m;

M——摩尔质量;

N——输送机械的轴功率,kW;

N_e——输送机械的有效功率,kW;

p——压强,Pa;

Δp_f——1 m^3 流体流动时所损失的机械能,称为压强降,Pa;

P——压力,N;

r——半径,m;

R——管道半径,或液柱压差计读数,m;

Re——雷诺数;

S——两流体层的接触面积,m^2;

T——热力学温度,K;

u——流速,m/s;

u_{max}——流动截面上的最大速度,m/s;

u_r——流动截面上某点的局部速度,m/s;

v——比容,m^3/kg;

V——体积,m^3;

V_h——体积流量,m^3/h;

V_s——体积流量,m^3/s;

y——组分的物质的量分数;

w_s——质量流量,kg/s;

W_e——输送机械对 1 kg 流体所作的有效功,J/kg;

Z——位压头,m。

希腊字母

ε——绝对粗糙度,m;

ζ——阻力系数;

η——效率;

μ——黏度,$Pa \cdot s$;

π——润湿周边,m;

ρ——密度,kg/m^3;

τ——内摩擦应力,Pa。

◆ 本章学习指导 ◆ ◆

1. 本章学习目的

通过本章学习,掌握流体流动的基本原理、管内流动的规律,并运用这些原理和规律分析和解决流体流动过程中的有关问题,诸如:

(1)流体输送 流速的选择、管径的计算、流体输送机械选型。

4

（2）流动参数的测量　如压强、流速的测量等。

（3）建立最佳条件　选择适宜的流体流动参数，以建立传热、传质及化学反应的最佳条件。

此外，非均相物系的分离、搅拌（或混合）都是流体力学原理的应用。

2.本章应掌握的内容

①流体静力学基本方程的应用。

②连续性方程、伯努利方程的物理意义、适用条件、解题要点。

③两种流型的比较和工程处理方法。

④流动阻力的计算。

⑤管路计算和流量（流速）测量。

一般了解牛顿型和非牛顿型流体的流变特性以及边界层（边界层的形成、发展和边界层分离）的概念。

3.本章学习中应注意的问题

①流体力学属于基础理论，它和传热、传质之间存在着密切的联系和内在的相似性，要以流体力学为起点，认真学习，打好基础。

②应用流体力学原理解题要绘图，正确选取衡算范围，解题要规范、完整。

③注意学习处理复杂工程问题的方法，增加工程观点。

本章学习要点

一、流体流动概述

（一）流体的分类和特性

气体和液体统称流体。流体有多种分类方法：

①按状态分为气体、液体、超临界流体等。

②按可压缩性分为不可压缩流体和可压缩流体。

③按是否可忽略分子之间作用力分为理想流体与黏性流体（或实际流体）。

④按流变特性分为牛顿型流体和非牛顿型流体。

流体的特性为具有流动性、易变形（随容器形状）、流动时产生内摩擦，从而构成了流体力学原理研究的复杂内容之一。

（二）作用在流体上的力

外界作用在流体上的力分为两种：

（1）质量力（又称体积力）　流体受力大小与其质量成正比，如重力和离心力。

（2）表面力　该力与流体表面积成正比。表面力又分为压力（垂直作用于表面上）和剪力（平行作用于表面）两类。

静止流体只受到质量力和压力的作用，而流动流体则同时受到质量力、压力和剪力的作用。

（三）流体流动的考察方法

1.流体的连续介质模型

该模型假定，流体是由连续分布的流体质点所组成，流体的物理性质及运动参数在空间作连续分布，可用连续函数的数学工具加以描述。

2. 流体流动的描述方法

对于流体的流动，有两种描述方法：

（1）拉格朗日法 跟踪质点，描述其运动参数（位移、速度等）随时间的变化规律。研究流体质点的运动轨线即采用此法。

（2）欧拉法 在固定空间位置上观察流体质点的运动状况（如空间各点的速度、压强、密度等）。流体的流线即由此法考察而获得。

研究化工生产中某一设备内（控制体）流体的流动情况，大都采用欧拉法。

（四）定态流动与非定态流动

在流动系统中，各截面上流体的有关参数（物性、流速、压强等）仅随位置而变，不随时间而变的流动称为定态流动。流体流动的有关物理量随位置和时间均发生变化，则称为非定态流动。

本章重点讨论不可压缩牛顿型黏性流体在管内的连续定态流动。

二、流体静力学基本方程

本节讨论流体在重力及压力作用下的平衡规律及其工程应用。

（一）流体的密度与静压强

1. 流体的密度

单位体积流体所具有的流体质量称为密度，以 ρ 表示，单位为 kg/m^3。

①液体的密度基本上不随压强而变化，随温度略有改变，可视为不可压缩流体。

纯液体密度值可查教材附录或手册。混合液的密度，以 1 kg 为基准，可按下式估算，即

$$\frac{1}{\rho_m} = \frac{a_1}{\rho_1} + \frac{a_2}{\rho_2} + \cdots + \frac{a_n}{\rho_n} \tag{1-1}$$

②气体的密度随压强和温度而变，为可压缩流体。当可作为理想气体处理时，密度用下式估算，即

$$\rho = \frac{pM}{RT} \tag{1-2}$$

或 $$\rho = \rho_0 \frac{pT_0}{p_0 T} \tag{1-2a}$$

对于混合气体，可用平均摩尔质量 M_m 代替式（1-2）中的 M，M_m 的计算方法为

$$M_m = M_1 y_1 + M_2 y_2 + \cdots + M_n y_n \tag{1-3}$$

2. 流体的静压强

垂直作用于流体单位面积上的表面力称为流体的静压强，简称压强，俗称压力，以 p 表示，单位为 Pa。

在连续静止的流体内部，压强为位置的函数，任一点的压强与作用面垂直，且在各个方向都具有相同的数值。

压强可有不同的表示方法：

①根据压强基准选择的不同，可用绝对压强、表压强、真空度（负表压）表示。表压强和真空度分别用压强表和真空表度量。

表压强 = 绝对压强 − 大气压强

真空度 = 大气压强 − 绝对压强

②工程上常采用液柱高度 h 表示压强,其计算式及换算式为

$$p = h\rho g \tag{1-4}$$

$$10.33\ \mathrm{mH_2O} = 760\ \mathrm{mmHg} = 101.33\ \mathrm{kPa}$$

(二)流体静力学基本方程

当流体在重力和压力作用下达到平衡时,静止流体内部压强变化的规律遵循流体静力学基本方程所描述的关系。

1. 基本方程的表达形式

对于不可压缩流体,ρ 为常数,则有

$$\frac{p_1}{\rho} + gZ_1 = \frac{p_2}{\rho} + gZ_2 \tag{1-5}$$

或

$$p_2 = p_1 + \rho g(Z_1 - Z_2) \tag{1-5a}$$

当液面上方的压强为 p_0,距液面 h 处水平面的压强为 p,式(1-5a)可改写为

$$p = p_0 + \rho gh \tag{1-5b}$$

2. 流体静力学基本方程的应用条件及意义

流体静力学基本方程只适用于静止的连通着的同一种连续的流体。此方程说明在重力场作用下,静止液体内部压强的变化规律。

静力学方程的物理意义为:

(1)总势能守恒　式(1-5)表明,在同一种静止流体中不同高度的流体微元,其静压能和位能各不相同,但其两项和(称为总势能)却保持定值。

(2)等压面的概念　当液面上方压强 p_0 一定时,p 的大小是液体密度 ρ 和深度 h 的函数。在静止的、连续的同一液体内,处于同一水平面上各点的压强都相等。

(3)传递定律　当 p_0 变化时,液体内部各点的压强 p 也发生同样大小的变化。

(4)液柱高度表示压强或压强差　改写式(1-5b)可得

$$\frac{p - p_0}{\rho g} = h \tag{1-5c}$$

上式说明压强差(或压强)可用一定高度的液体柱表示,但一定注明是何种液体。

(三)流体静力学基本方程的应用

以流体静力学基本方程为依据可设计出各种液柱压差计、液位计,可进行液封高度计算,根据 $\left(gZ + \dfrac{p}{\rho}\right)$ 的大小判断流向。但需特别注意,U 形管压差计读数反映的是两测量点位能和静压能两项和的差值。

应用静力学基本方程还应注意压强的表示方法(绝对压强、表压强与真空度)及不同单位之间的换算关系。

应用静力学基本方程进行计算时,关键一环是等压面的准确选取。

三、流体流动的基本原理

本节主要讨论质量和能量守恒原理。

(一)定态流动系统的连续性方程

在定态流动系统中,对直径不同的管段作物料衡算,以 1 s 为基准,则得到

$$w_s = u_1 A_1 \rho_1 = u_2 A_2 \rho_2 = \cdots = uA\rho = 常数 \tag{1-6}$$

当流体可视为不可压缩时，ρ 可取作常数，则有

$$V_s = u_1 A_1 = u_2 A_2 = \cdots = uA = 常数 \tag{1-6a}$$

下标1、2分别代表1-1与2-2截面。

对于可压缩流体，为使计算方便，引入质量流速的概念，即

$$G = \frac{w_s}{A} = \frac{V_s}{A}\rho = u\rho \tag{1-7}$$

连续性方程是定态流动系统中质量守恒原理的体现。

应用连续性方程时，应注意如下两点：

①在衡算范围内，流体必须是连续的，即流体充满管道，并连续不断地从上游截面流入，从下游截面流出。

②连续性方程反映了定态流动系统中，流量一定时，管路各截面上流速的变化规律。此规律与管路的安排和管路上是否装有管件、阀门及输送机械无关。这里流速是指单位管道横截面上的体积流量，即

$$u = V_s/A \tag{1-8}$$

对于不可压缩流体，流速和管径的关系为

$$\frac{u_2}{u_1} = \left(\frac{d_1}{d_2}\right)^2 \tag{1-9}$$

当流量一定且选定适宜流速时，利用连续性方程可求算输送管路的直径，即

$$d = \sqrt{\frac{4V_s}{\pi u}} \tag{1-10}$$

用上式算出管径后，要根据管子系列规格选用标准管径。

（二）机械能衡算方程——伯努利方程

伯努利方程是流体流动中机械能守恒和转化原理的体现，它描述了流入和流出一个系统的流体量和流动参数之间的定量关系。

推导伯努利方程的思路是：从解决流体输送问题的实际需要出发，采取逐渐简化的方法，即进行流动系统的总能量衡算（包括热能和内能）、流动系统的机械能衡算（消去热能和内能）、不可压缩流体定态流动的机械能衡算。

1 kg 流动流体具有的各项能量（J/kg）示于表1-1。

表1-1 1 kg **流动流体具有的能量**

	内能	位能	动能	静压能	加入热量	加入功
输入系统	U_1	gZ_1	$u_1^2/2$	$p_1 v_1$	Q_e	W_e
流出系统	U_2	gZ_2	$u_2^2/2$	$p_2 v_2$		

1. 具有外功加入、不可压缩黏性流体定态流动的伯努利方程

以1 kg 流体为基准，不可压缩黏性流体定态流经输送系统的伯努利方程为

$$gZ_1 + \frac{p_1}{\rho} + \frac{u_1^2}{2} + W_e = gZ_2 + \frac{p_2}{\rho} + \frac{u_2^2}{2} + \sum h_f \tag{1-11}$$

或

$$W_e = g\Delta Z + \frac{\Delta p}{\rho} + \frac{\Delta u^2}{2} + \sum h_f \tag{1-11a}$$

式中的 W_e 为输送机械对 1 kg 流体所作的有效功,或 1 kg 流体从输送机械获得的有效能量。式中各项单位均为 J/kg。

当流体不流动时,$u = 0$,$\Sigma h_f = 0$,也不需要加入外功,于是式(1-11)变为

$$gZ_1 + \frac{p_1}{\rho} = gZ_2 + \frac{p_2}{\rho} \tag{1-11b}$$

可见,流体静力学基本方程为伯努利方程的一个特例。

2. 理想流体的伯努利方程

理想流体作定态流动时不产生流动阻力,即 $\Sigma h_f = 0$,若又无外功加入,即 $W_e = 0$,则式(1-11)变为

$$gZ_1 + \frac{p_1}{\rho} + \frac{u_1^2}{2} = gZ_2 + \frac{p_2}{\rho} + \frac{u_2^2}{2} \tag{1-12}$$

此式表明,理想流体作定态流动时,任一截面上 1 kg 流体所具有的位能、静压能与动能之和为定值,但各种形式的机械能可以互相转换。

3. 伯努利方程的讨论

(1)伯努利方程的适用条件 由推导过程可知,伯努利方程适用于不可压缩流体定态连续的流动。

(2)理想流体的机械能守恒和转化 1 kg 理想流体流动时的总机械能 E $\left(\text{即 } gZ + \frac{u^2}{2} + \frac{p}{\rho}\right)$ 是守恒的,但不同形式的机械能可互相转化。

(3)注意区别式(1-11)中各项能量所表示的意义 式中的 gZ、$u^2/2$、p/ρ 指某截面上 1 kg 流体所具有的能量;Σh_f 为两截面间沿程的能量消耗,它不可能再转化为其他机械能;W_e 是 1 kg 流体在两截面间获得的能量,是输送机械重要的性能参数之一。由 W_e 可选择输送机械并计算其有效功率,即

$$N_e = W_e w_s \tag{1-13}$$

若已知输送机械的效率 η,则可计算轴功率,即

$$N = \frac{N_e}{\eta} \tag{1-14}$$

(4)伯努利方程的基准 前面各式都是以 1 kg 流体为基准,若以 1 N 或 1 m³ 流体为基准,则可分别得到

1 N 流体 $\quad H_e = \Delta Z + \dfrac{\Delta u^2}{2g} + \dfrac{\Delta p}{\rho g} + H_f \tag{1-11c}$

式中各项单位为 J/N 或 m。H_e 为输送机械的有效压头,H_f 为压头损失,Z、$u^2/2g$、$p/\rho g$ 分别称为位压头、动压头和静压头。

1 m³ 流体 $\quad H_T = g\rho\Delta Z + \Delta p + \dfrac{\Delta u^2}{2}\rho + \rho\Sigma h_f \tag{1-11d}$

式中各项单位均为 J/m³ 或 Pa。H_T 称为风机的全风压,是选择风机的重要参数之一。

(5)伯努利方程的推广

①可压缩流体的流动:若所取系统中两截面间气体的压强变化小于原来绝对压强的 20% 时,则用两截面间流体的平均密度 ρ_m 代替式(1-11)与式(1-12)中的 ρ。

②非定态流动:对于非定态流动的任一瞬间,伯努利方程仍成立。

四、流体在管内的流动规律及流动阻力

本节通过简要分析在微观尺度上流体流动的内部结构,最终解决管截面上的速度分布及流动阻力计算问题。

(一)两种流型

1. 雷诺实验及雷诺数

为了研究流体流动时内部质点的运动情况及影响因素,雷诺于1883年设计了雷诺实验。通过实验观察到,随流体质点速度的变化,流体显示出两种基本流型——滞流和湍流。

实验中发现三种因素影响流型,即流体的性质(主要为ρ、μ)、设备情况(主要为d)及操作参数(主要为u)。对一定的流体和设备,可调参数为u。

雷诺综合如上因素整理出一个量纲为1的数群——雷诺数,即

$$Re = \frac{du\rho}{\mu} = \frac{dG}{\mu}$$

Re是一个量纲为1的数群,无论采用何种单位制,只要各物理量单位一致,所得Re值必相同。其数值反映流体流动的惯性力与黏性力的比值,即流体质点的湍动程度,并作为流动类型的判据。根据经验,当$Re \leqslant 2\,000$时为滞流或层流,当$Re > 2\,000$时,按湍流或紊流处理。

2. 牛顿黏性定律及流体的黏性

当流体在管内滞流流动时,内摩擦应力(也称动量通量)可用牛顿黏性定律表示,即

$$\tau = \mu \frac{\mathrm{d}u}{\mathrm{d}y} \tag{1-15}$$

或

$$\tau = -\mu \frac{\mathrm{d}u}{\mathrm{d}r} \tag{1-15a}$$

在流变图上标绘τ—$\mathrm{d}u/\mathrm{d}y$关系,其为通过原点的直线,直线的斜率为流体的黏度μ。黏性只有在流体流动时才会表现出来。

遵循牛顿黏性定律的流体为牛顿型流体,所有气体和大多数液体属于这一类流体。不服从牛顿黏性定律的流体则为非牛顿型流体,如假塑性流体、涨塑性流体及宾汉塑性流体均属这一类流体。

由式(1-15)可得到流体动力黏度(简称黏度)的表达式,即

$$\mu = \tau \Big/ \left(\frac{\mathrm{d}u}{\mathrm{d}y}\right) \tag{1-15b}$$

促使流体流动产生单位速度梯度的剪应力即为流体的黏度,它是流体的物理性质之一。要会进行不同单位制下黏度的单位换算,如

$$1\text{cP} = 0.01\text{P} = 1 \times 10^{-3}\ \text{Pa} \cdot \text{s}$$

3. 滞流与湍流的比较

应注意搞清楚如下概念:

①流体在圆管进口段内的流动完成了边界层的形成和发展过程。边界层在管中心汇合时,边界层厚度等于半径,以后进入完全发展了的流动。

当边界层在管中心汇合时,若边界层内为滞流,则管内流动为滞流,即整个边界层均为滞流层;若边界层为湍流,则管内流动为湍流。湍流时边界内存在滞流内层、缓冲层及湍流区。Re愈大,湍动愈激烈,滞流内层愈薄,流动阻力也愈大。

表 1-2　两种流型的比较

流型	滞（层）流	湍（紊）流
判据	$Re \leq 2\,000$	$Re > 2\,000$
质点运动情况	沿轴向作直线运动,不存在横向混合和质点碰撞	不规则杂乱运动,质点碰撞和剧烈混合。脉动是湍流的基本特点
管内速度分布	抛物线方程 $u = \dfrac{1}{2} u_{\max}$ 壁面处 $u_{\mathrm{w}} = 0$,管中心处 $u = u_{\max}$	碰撞和混合使速度平均化 $u \approx 0.8 u_{\max}$ 壁面处 $u_{\mathrm{w}} = 0$,管中心处 $u = u_{\max}$
边界层	滞流层厚度等于管子半径	层底层—缓冲层—湍流层
直管阻力	黏性内摩擦力,即 牛顿黏性定律 $\tau = \mu \dfrac{\mathrm{d}u}{\mathrm{d}y}$	黏性应力 + 湍流应力,即 $\tau = (\mu + e) \dfrac{\mathrm{d}u}{\mathrm{d}y}$（$e$ 为涡流黏度,不是物性,与流动状况有关）

②边界层的分离加大了流体流动的能量损失,除黏性阻力外,还增加了形体阻力,二者总称局部阻力。

③测量管内流动参数(流速、压强等)的仪表应安装在进口段以后的、流动完全发展了的平直管段上。

（二）流体在管内的流动阻力

流体在管内的流动阻力由直管阻力和局部阻力两部分构成,即

$$\sum h_{\mathrm{f}} = h_{\mathrm{f}} + h_{\mathrm{f}}' \tag{1-16}$$

阻力产生的根源是流体具有黏性,流动时产生内摩擦;固体表面促使流体流动时其内部发生相对运动,提供了流动阻力产生的条件。流动阻力大小与流体性质(ρ、μ)、壁面情况(ε 或 ε/d)及流动状况(u 或 Re)有关。

流动阻力消耗了机械能,表现为静压能的降低,称为压强降,用 Δp_{f} 表示。

注意区别压强降 Δp_{f} 与两个截面间的压强差 Δp 的概念。

1. 流体在直管中的流动阻力

（1）直管阻力通式　流体以速度 u 在管内径为 d、管长为 l 的直管内作定态流动,则通过流动流体受力的平衡可推得计算直管阻力的通式为

$$h_{\mathrm{f}} = \frac{\Delta p_{\mathrm{f}}}{\rho} = \lambda \frac{l}{d} \frac{u^2}{2} \tag{1-17}$$

式(1-17)称范宁公式,此式对滞流与湍流均适用。湍流情况下,一般摩擦系数是 Re 和管壁相对粗糙度 ε/d 的函数(ε 为管壁绝对粗糙度,m)。

利用式(1-17)计算 h_{f},关键是要找出 λ。

（2）滞流时的摩擦系数 λ（解析法）　滞流时 λ 仅是 Re 的函数,而与 ε/d 无关,因而可用解析法找出 λ 与 Re 的关系,同时可对滞流流动的内部结构作一分析。

滞流时管截面上的速度分布方程为

$$u_{\mathrm{r}} = \frac{\Delta p_{\mathrm{f}}}{4\mu l}(R^2 - r^2) \tag{1-18}$$

由式(1-18)可得出如下几点结论:

①流体在管内作滞流流动时,速度分布为抛物线方程。

②在管中心线上,$r=0$,速度为最大,$u_{max}=\dfrac{\Delta p_f}{4\mu l}R^2$。

③在管壁处,$r=R$,速度为零。

④管截面上的平均速度为管中心处最大速度的$1/2$,即

$$u=\frac{\Delta p_f}{8\mu l}R^2=\frac{1}{2}u_{max} \tag{1-18a}$$

⑤将$d=2R$代入式(1-18a),并整理可得哈根—泊谡叶公式,即

$$\Delta p_f=\frac{32lu\mu}{d^2} \tag{1-19}$$

或 $\qquad h_f=\dfrac{\Delta p_f}{\rho}=\dfrac{32l\mu u}{d^2\rho}$ $\qquad\qquad\qquad$ (1-19a)

式(1-19)表明,滞流时压强降或能量损失与速度的一次方成正比。

⑥比较式(1-17)与式(1-19a)可看出:

$$\lambda=64/Re \tag{1-20}$$

(3)湍流时的摩擦系数λ(量纲分析法) 由于影响湍流流动阻力因素的复杂性,不能从理论上定量推导出过程本征方程,故需采用实验研究方法。指导实验研究的理论基础是量纲分析。量纲分析的基础是量纲一致原则和π定理,其实质是用量纲为1的数群代替物理变量,以减少实验工作量,关联数据的工作也会有所简化,并且有利于实验结果的相似推广。但需注意,经过量纲分析得到量纲为1的数群的函数式后,尚需通过实验确定具体的经验关联式或半理论公式,亦即量纲分析不能代替实验。

对于水力光滑管,当$Re=3\,000\sim1\times10^5$时,实验测得

$$\lambda=0.316\,4/Re^{0.25} \tag{1-21}$$

对于粗糙管,为使工程计算方便,在双对数坐标系中,以ε/d为参数,标绘λ与Re的关系,得到教材上所示的关系图。

从图上可看出三个不同区域:

滞流区 $\quad Re\leqslant2\,000\quad \lambda=64/Re,\lambda$与$\varepsilon/d$无关;

湍流区 $\quad Re>2\,000\quad \lambda=f\left(Re,\dfrac{\varepsilon}{d}\right)$;

完全湍流区(阻力平方区,图中虚线以上区域) $\quad \lambda=f\left(\dfrac{\varepsilon}{d}\right),\lambda$与$Re$无关。

需强调指出,在湍流区,当ε/d一定时,Re加大,λ变小;当Re一定时,λ随ε/d的增加而增大。

显然,在完全湍流区,压强降或能量损失与速度平方成正比。

λ—Re(以$\dfrac{\varepsilon}{d}$为参数)的关系曲线适用于牛顿型流体。

(4)圆形管内实验结果的推广——非圆形管的当量直径 流体在非圆形管内作定态流动时,其阻力损失仍可用式(1-17)计算,但应将式中及Re中的圆管直径d以当量直径d_e来代替。

$$d_e=4r_H \tag{1-22}$$

$$r_H = 流通截面积 A/润湿周边 \pi \qquad (1-23)$$

应用当量直径进行计算时需注意如下两点：

①对滞流摩擦系数 λ 的计算式(1-20)须进行修正，即

$$\lambda = c/Re \qquad (1-20a)$$

式中 c 为系数，其值随流道形状而变。

②不能用 d_e 来计算流体通过的截面积、流速和流量。

2.局部阻力

为克服局部阻力所引起的能量损失有两种计算方法，即局部阻力系数法和当量长度法，其计算公式为

$$h'_f = \zeta \frac{u^2}{2} \qquad (1-24)$$

及

$$h'_f = \lambda \frac{l_e}{d} \frac{u^2}{2} \qquad (1-25)$$

常用管件、阀门、突然扩大和缩小的局部阻力系数 ζ 值或当量长度 l_e 值可查有关教材。在工程计算中，一般取入口的局部阻力系数 ζ 为 0.5，而出口的局部阻力系数 ζ 值为 1.0。计算局部阻力时应注意如下两点：

①若流动系统的下游截面取在管道出口，则伯努利方程中的动能项和出口阻力二者只能取一个。即截面选在出口内侧，取动能项；截面选在出口外侧，取出口阻力，出口阻力系数 ζ 值即为 1.0。

②用式(1-24)或式(1-25)计算突然扩大或突然缩小的局部阻力时，式中的 u 均应取细管中的流速值。

3.管路系统的总能量损失

$$\Sigma h_f = \left(\lambda \frac{l + \Sigma l_e}{d} + \Sigma \zeta \right) \frac{u^2}{2} \qquad (1-26)$$

由上式可分析欲减小管路系统总阻力损失可能采取的措施，诸如：

①合理布局，尽量减小管长，少装不必要的管件、阀门。

②适当加大管径及尽量选用光滑管。

③可能条件下，将气体压缩或液化后输送。

④高黏度液体(如原油)可采用加热伴管输送。

⑤允许的话，在液体中加入减阻剂。

⑥高强度磁力降黏减阻。

⑦对管壁面进行预处理——低表面能涂层或小尺度肋条结构。

与此同时也应注意，有些情况下为了某种工程目的，特意造成边界层分离或有意增加能量损失，如节流流量计的设计、液体搅拌、传热及传质过程的强化等。

五、伯努利方程的工程应用

伯努利方程、连续性方程与能量损失方程的结合，可解决流体流动中各种有关问题，诸如：

①确定管道中流体的流速或流量。

②确定容器间的相对位置。

③确定输送机械的有效功或轴功率。

④确定管路中流体在某截面上的压强。

⑤进行管路计算。

⑥根据流体力学原理设计各种流量计。

本部分扼要讨论⑤、⑥两类问题的计算原则。

（一）管路计算

管路计算分为两种类型，它们是：

（1）设计型计算　即给定输送任务，设计合理的输送管路系统，关键是选定管径。

（2）操作型计算　对给定的管路系统求流量或对规定的输送流量计算压强降或有效功。除求压强降外，一般需试差计算。

1. 简单管路计算

简单管路是由等径或异径管段串联而成的管路。流体通过各管段的流量相等，总阻力损失等于各管段损失之和。

2. 并联管路计算

流体流经图1-1所示的并联管路系统时，遵循如下原则：

主管总流量等于各并联管段流量之和，即

$$V = V_1 + V_2 + V_3 \tag{1-27}$$

各并联管段的压强降相等，即

$$\Sigma \Delta p_{f,1} = \Sigma \Delta p_{f,2} = \Sigma \Delta p_{f,3} \tag{1-28}$$

各并联管路中流量分配按等压降原则计算，即

$$V_1 : V_2 : V_3 = \sqrt{\frac{d_1^5}{\lambda_1 (l + l_e)_1}} : \sqrt{\frac{d_2^5}{\lambda_2 (l + l_e)_2}} : \sqrt{\frac{d_3^5}{\lambda_3 (l + l_e)_3}} \tag{1-29}$$

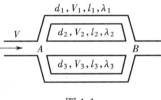

图 1-1

3. 分支管路计算

流体流经图1-2所示的分支管路系统时，遵循如下原则：

主管总流量等于各支管流量之和，即

$$V = V_1 + V_2 \tag{1-30}$$

单位质量流体在各支管流动终了时的总机械能与能量损失之和相等，即

$$gZ_1 + \frac{u_1^2}{2} + \frac{p_1}{\rho} + \Sigma h_{f,0-1} = gZ_2 + \frac{u_2^2}{2} + \frac{p_2}{\rho} + \Sigma h_{f,0-2} \tag{1-31}$$

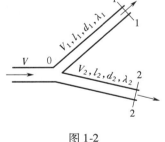

图 1-2

流体流经各支管的流量或流速必须服从式（1-30）及式（1-31）的关系。

（二）流量（流速）测量

根据流体流动时各种机械能相互转换关系而设计的流量计或流速计有如下两种类型。

1. 变压差（定截面）流量计

变压差流量计由节流元件和压差计两部分组成。

测速管（皮托管）、孔板流量计、喷嘴和文丘里流量计等均属变压差流量计。其中，除测

速管测量点速度以外,其余三种测得的均是管截面上的平均速度。

对这类流量计,若采用 U 形管液柱压差计读数 R 表示压强差,则流量通式可写作

$$V_s = CA_0 \sqrt{\frac{2\Delta p}{\rho}} = CA_0 \sqrt{\frac{2R(\rho_A - \rho)g}{\rho}} \tag{1-32}$$

或
$$w_s = \rho V_s = CA_0 \sqrt{2R(\rho_A - \rho)\rho g} \tag{1-33}$$

式中 C 为流量系数,测速管、文丘里与喷嘴流量计的 C 都接近于 1;而孔板流量计的 C 在 0.6 ~ 0.7 之间为宜,对于角接取压法的 C_0 可由有关图查取。

在变压差流量计中,文丘里、喷嘴流量计及测速管的流动阻力很小;孔板流量计的 U 形管压差计读数 R 对流量变化反应灵敏,但其缺点是流体流经孔板前后能量损失较大,该损失称永久损失。

2. 变截面(恒压差)流量计——转子流量计

转子流量计读取流量方便,直观性好,能量损失小,测量范围宽,可用于腐蚀性流体的测量,但不能用于高温高压的场合,且安装的垂直度要求较高。

转子流量计的流量公式为

$$V_s = C_R A_R \sqrt{\frac{2V_f(\rho_f - \rho)g}{A_f \rho}} \tag{1-34}$$

式中 C_R 为流量系数,其值接近于 1。

转子流量计的刻度与被测流体的密度有关。当被测流体密度不同于标定介质密度时,需对原刻度加以校正。若两种情况下流量系数 C_R 相等,并忽略黏度差别的影响,则同一刻度下,两种液体的流量关系为

$$V_{s,2} = V_{s,1} \sqrt{\frac{\rho_1(\rho_f - \rho_2)}{\rho_2(\rho_f - \rho_1)}} \tag{1-35}$$

同理,用于气体的流量计,同一刻度下,两种气体的流量关系为

$$V_{s,g_2} = V_{s,g_1} \sqrt{\frac{\rho_{g_1}}{\rho_{g_2}}} \tag{1-36}$$

◈ 本章小结 ◈ ◈

本章以伯努利方程为主线,把相关的重要内容有机地联系起来,形成清晰的知识网络,如图1-3所示。

W_e——净功(或有效功),J/kg

1. 不含输送机械的流动系统 $W_e = 0$

2. 由 W_e 和流体流量 w_s,求所需有效功率

$$N_e = W_e w_s = H_e g V_s \rho, \text{W}$$

3. $W_e / g = H_e$, m,压头,选泵的主要依据之一

4. w_s 由连续性方程计算,即

$$w_s = V_s \rho = uA\rho = GA, \text{kg/s}$$

$G = u\rho$,质量流速,kg/(m²·s)

5. 功率与效率

功率 $N = N_e / \eta = H_e V_s \rho / 102 \eta$, kW

效率 $\eta = N_e / N$

$\sum h_f = h_f + h_f'$ —— 管路总阻力,J/kg

1. 静止流体或理想流体 $\sum h_f = 0$

2. 直管阻力 $h_f = \lambda \dfrac{l}{d} \dfrac{u^2}{2}$

两种流型及判据 $Re = \dfrac{du\rho}{\mu}$,边界层概念

牛顿黏性定律 $\tau = \mu \dfrac{du}{dy}$(适用条件)

管内层流
($Re \leqslant 2\,000$)
$\begin{cases} u_r = \dfrac{\Delta p_f}{4\mu l}(R^2 - r^2), u = \dfrac{1}{2}u_{max} \\ \lambda = 64/Re \end{cases}$

管内湍流
($Re > 2\,000$)
$\begin{cases} u \approx 0.8 u_{max} \\ \text{光滑管 } \lambda = 0.316\,4/Re^{0.25} \\ \text{粗糙管 } \lambda = f\left(Re, \dfrac{\varepsilon}{d}\right), \text{查图} \end{cases}$

3. 局部阻力 $h_f' = \zeta \dfrac{u^2}{2}$ 或 $h_f' = \lambda \dfrac{l_e}{d} \dfrac{u^2}{2}$

局部阻力系数 ζ(进口为0.5,出口为1)及当量长度 l_e

4. 非圆形管当量直径 $d_e = 4r_H$, $r_H = A/\pi$

伯努利方程式 $\quad W_e = g\Delta Z + \dfrac{\Delta u^2}{2} + \dfrac{\Delta p}{\rho} + \sum h_f$, J/kg

---

gZ——位能,J/kg

两截面选取的原则(四点)

基准面的选定——计算方便原则

$\dfrac{u^2}{2}$ —— 动能,J/kg

1. u 的定义式 $u = V_s / A$, m/s(平均值)

2. 两截面积相差很大时,大截面上(贮槽)$u \approx 0$

3. 圆管内连续定态流动时 $u_2 = u_1 \left(\dfrac{d_1}{d_2}\right)^2$

4. 某截面上 u 可由伯努利方程式求算(其余参数已知)

5. 流速(流量)测量

$$u = C\sqrt{\dfrac{2\Delta p}{\rho}} = C\sqrt{\dfrac{2R(\rho_A - \rho)g}{\rho}}$$

变压差(定截面)流量计:测速管、孔板、文丘里等

孔板 $C = 0.6 \sim 0.7$,其余 $C = 0.98 \sim 1.0$

变截面(定压差)流量计:转子流量计

气体流量校正 $\dfrac{V_{s,2}}{V_{s,1}} = \sqrt{\dfrac{\rho_1}{\rho_2}}$ $\left(\rho = \dfrac{pM}{RT}\right)$

$\dfrac{p}{\rho}$ —— 静压能(流动力),J/kg

1. Δp —— 两截面上压强差,若两容器开口,$\Delta p = 0$

绝对压强,表压强,真空度(负表压)的概念;

流体静力学基本方程式

$$p = p_a + h\rho g$$

U形管压差计测两截面(容器)总势能差

$$g\Delta Z + \Delta p = R(\rho_A - \rho)g$$

2. ρ —— 流体密度,kg/m³(平均值)

气体 $\rho = \dfrac{pM}{RT} = \dfrac{M}{22.4}\dfrac{pT_0}{P_0 T}$

不缔合混合液 $\dfrac{1}{\rho_m} = \sum \dfrac{Xw_i}{\rho_i}$

3. 伯努利方程式应用于可压缩流体,当 $\left|\dfrac{p_1 - p_2}{p_1}\right|$

$\leqslant 0.2$ 时,用平均压强来计算 ρ_m 代入公式

图1-3 流体流动主要内容联系图

例题与解题指导

本节主要讨论用伯努利方程和连续性方程解流体流动问题的方法和步骤,以加深对基本理论的理解,提高解题技巧,达到学以致用之目的。一般说,应用伯努利方程解题的步骤

如下:

①根据题意绘出流程示意图,标明流体流动方向。

②确定衡算范围,选取上、下游截面,选取截面的原则是:首先,两截面均应与流体流动方向相垂直;其次,两截面之间流体必须是连续的;第三,待求的物理量应该在某截面上或两截面间出现;第四,截面上的已知条件最充分,且两截面上的 u、p、Z 与两截面间的 $\sum h_f$ 都应相互对应一致。

③选取基准水平面,基准面必须与地面平行,若衡算系统为水平管道,则基准面应通过管道中心线。

④各物理量必须采用一致的单位制,同时,两截面上压强的表示方法(绝对压强、表压强或真空度)要一致。

[例 1-1] 为测定敞口贮油罐内油面的高度,在罐底部装一支 U 形管压差计,如本题附图所示。指示液为汞,其密度为 ρ_A,油的密度为 ρ,U 形管 B 侧指示液面上充以高度为 h_1 的同一种油。当贮罐内油面高度为 H_1 时,U 形管指示液面差为 R。试计算,当贮罐内油面下降高度 H 时,U 形管 B 侧指示液面下降高度 h 为多少?

解: 该题为应用静力学基本方程进行液位测量的例题。解题的关键是确定等压面,然后列出静力学基本方程。当罐内油面高度为 H_1 时,等压面为 1-2 面(静止的、连续的同一种液体处于同一水平面上各点的压强相等),则静力学平衡关系为

$$H_1 \rho g = R \rho_A g + h_1 \rho g \tag{1}$$

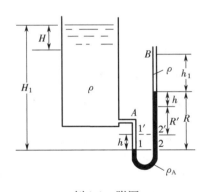

例 1-1 附图

当罐内液面下降 H 时,U 形管 B 侧油汞交界面下降 h(h_1 不变),A 侧指示液面同时上升 h,压差计读数 $R' = R - 2h$,新的等压面为 $1'-2'$ 面,此时静力学平衡关系为

$$(H_1 - H - h)\rho g = (R - 2h)\rho_A g + h_1 \rho g \tag{2}$$

联立式(1)与式(2)并整理得到

$$h = \frac{\rho}{2\rho_A - \rho} H$$

讨论: 解该题的关键是等压面的选取。当罐内液面下降 H 时,U 形管压差计的读数 R' 比原来读数 R 要减小两个 h。

[例 1-2] 气体流经一段直管的压强降为 160 Pa,拟分别用 U 形管压差计及双杯式微差压差计测该压强降。U 形管中采用 ρ_A 为 1 594 kg/m³ 的四氯化碳为指示液,微差压差计采用 $\rho_1 = 877$ kg/m³ 的酒精水溶液和 $\rho_2 = 830$ kg/m³ 的煤油作为指示液。微差压差计液杯的直径 $D = 80$ mm,U 形管直径 $d = 6$ mm。装置情况如本题附图(a)、(b)所示。试求:

(1)U 形管压差计的读数 R_1 为若干? 若读数误差为 ±0.5 mm,测量相对误差为多少?

(2)考虑杯内液面的变化,微差压差计的读数 R_2 为若干? 读数误差仍为 ±0.5 mm,测量相对误差为多少?

(3)忽略杯内液位的变化所引起的误差为多少?

解: 该题涉及较小压强差的测量,已知压强差求压差计读数。计算时可忽略气柱对读数的影响。

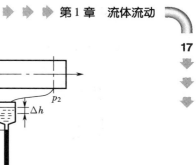

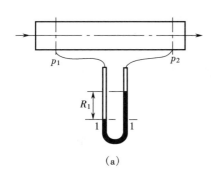

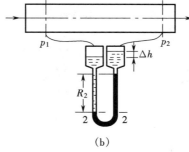

（a）　　　　　　　　　　　　（b）

例1-2　附图

（1）U形管压差计读数和误差

图（a）中1-1为等压面,力的平衡关系为

$$p_1 = R_1 \rho_A g + p_2$$

$$R_1 = \frac{p_1 - p_2}{\rho_A g} = \frac{160}{1\,594 \times 9.807} = 0.010\,2 \text{ m} = 10.2 \text{ mm}$$

所得结果的相对误差为

$$\frac{2 \times 0.5}{10.2} \times 100\% = 9.8\%$$

（2）微差压差计的读数和误差

微差压差计未连到管段之前,两臂指示液面位于同一水平面。接到管路上之后,U形管中读数R_2,同时两杯液面相差$\Delta h = \left(\dfrac{d}{D}\right)^2 R_2$,等压面为2-2,根据静压强平衡可得

$$p_1 - p_2 = R_2(\rho_1 - \rho_2)g + \Delta h \rho_2 g = R_2(\rho_1 - \rho_2)g + \left(\frac{d}{D}\right)^2 \rho_2 g R_2$$

$$R_2 = \frac{160}{(877 - 830) \times 9.807 + \left(\dfrac{6}{80}\right)^2 \times 830 \times 9.807} = 0.316 \text{ m} = 316 \text{ mm}$$

所得结果的相对误差为

$$\frac{2 \times 0.5}{316} \times 100\% = 0.32\%$$

（3）忽略杯内液位变化所引起的误差

根据读数R_2可求得忽略杯内液位变化所引起的误差

$$(p_1 - p_2)' = R_2(\rho_1 - \rho_2)g = 0.316 \times (877 - 830) \times 9.807 = 145.7 \text{ Pa}$$

引起的相对误差为

$$\frac{160 - 145.7}{160} \times 100\% = 8.94\%$$

讨论:当被测压强差较小时,使用U形管压差计,读数很小,测量误差较大。采用微差压差计,可将读数放大,以提高测量精度。另外,指示液与被测流体的密度差愈小,读数R就愈大,测量误差也相应减小。

[**例1-3**]　某化工厂的湿式气柜内径为9 m,钟罩总质量为14 t,试求：

（1）气柜内气体压强(Pa)为若干才能使气柜浮起？（忽略钟罩所受浮力）

（2）气柜内气体量增加时,气体的压强如何变化？

（3）钟罩内外水位差是多少米？

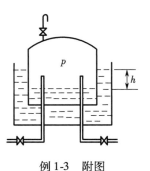

例1-3　附图

解: 本题所描述的为液封装置,该装置依靠钟罩本身的重力维持气柜内气体的恒定压强。

（1）气柜内气体的压强

$$p = \frac{mg}{A} = \frac{14 \times 10^3 \times 9.807}{\frac{\pi}{4} \times 9^2} = 2\ 158\ \text{Pa}$$

（2）气柜内气体压强的变化

气柜内气体量增加,气体压强不变,恒为2 158 Pa。

（3）钟罩内外的水位差

$$p = h\rho g$$

$$h = \frac{p}{\rho g} = \frac{2\ 158}{1\ 000 \times 9.807} = 0.22\ \text{m}$$

讨论: 柜内气体的压强为单位面积上所受到钟罩的重力,气量的变化并不改变压强的大小,钟罩内外的水位差也不随气量的多少而改变。

[**例1-4**]　在 $\phi45\ \text{mm} \times 3\ \text{mm}$ 的管路上装一文丘里管,文丘里管的上游接一压强表,其读数为137.5 kPa,压强表轴心与管中心线的垂直距离为0.3 m,管内水的流速 $u_1 = 1.3$ m/s,文丘里管的喉径为10 mm,文丘里管喉部接一内径为20 mm的玻璃管,玻璃管下端插入水池中,池内水面到管中心线的垂直距离为3.0 m。若将水视为理想流体,试判断池中水能否被吸入管中,若能吸入,再求每小时吸入的水量为多少立方米？

解: 由于将水视为理想流体,故可忽略流动阻力,采用理想流体的伯努利方程进行计算。

两截面和基准面的选取如图中所示。

2-2截面上的平均流速可由连续性方程计算,即

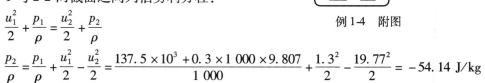

例1-4　附图

$$u_2 = \left(\frac{d_1}{d_2}\right)^2 u_1 = \left(\frac{39}{10}\right)^2 \times 1.3 = 19.77\ \text{m/s}$$

在1-1与2-2两截面之间列伯努利方程:

$$\frac{u_1^2}{2} + \frac{p_1}{\rho} = \frac{u_2^2}{2} + \frac{p_2}{\rho}$$

$$\frac{p_2}{\rho} = \frac{p_1}{\rho} + \frac{u_1^2}{2} - \frac{u_2^2}{2} = \frac{137.5 \times 10^3 + 0.3 \times 1\ 000 \times 9.807}{1\ 000} + \frac{1.3^2}{2} - \frac{19.77^2}{2} = -54.14\ \text{J/kg}$$

2-2截面总势能（位能与静压能之和）为

$$\frac{p_2}{\rho} + Z_2 g = -54.14 + 3 \times 9.807 = -24.72\ \text{J/kg}$$

若以池面和大气压（表压）为基准,则池内水面上的总势能 $\left(\frac{p_a}{\rho} + Z_0 g\right)$ 为零,由于

$\left(\dfrac{p_a}{\rho}+Z_0g\right)>\left(\dfrac{p_2}{\rho}+Z_2g\right)$，故池中水能够被吸入管路中。

欲求每小时从池中吸入管路中水的量，需在池面和玻璃管出口内侧之间列伯努利方程，以求玻璃管中水的流速，即

$$Z_0g+\frac{u_0^2}{2}+\frac{p_a}{\rho}=Z_2g+\frac{p_2}{\rho}+\frac{(u_2')^2}{2}$$

将有关数据代入得

$$0=-24.72+\frac{(u_2')^2}{2}$$

$$u_2'=7.031\ \text{m/s}$$

所以

$$V_h=3\,600\times7.031\times\frac{\pi}{4}\times0.020^2=7.952\ \text{m}^3/\text{h}$$

讨论：（1）流体总是由总势能高的截面向低的截面流动。在本题条件下，水从池面（总势能为零）向水平管路（总势能为 –24.72 J/kg）流动。在 2-2 截面处，1 kg 流体的总能量为

$$E=Z_2g+\frac{p_2}{\rho}+\frac{u_2^2}{2}=170.7\ \text{J/kg}$$

必须注意，判断流体流动方向应根据总势能（位能与静压能之和），而不是总机械能。

（2）在求算玻璃管内水的流速时，在 2-2 截面上管路中水的流速对玻璃管不产生速度分量，因而，于池面与玻璃管出口内侧之间列伯努利方程时，不出现管路中水平速度这一项。

（3）一般情况下，压强表连管比较短，计算压强时往往忽略连管中液柱静压强的影响，但在本例及某些情况下，连管较长，考虑连管中液柱静压强的影响，使计算结果更为准确。

[**例 1-5**] 在图示的管路系统中装一球心阀和一压强表，高位槽内液面恒定且高出管路出口 8 m，压强表轴心距管中心线的距离 $h=0.3$ m，假定压强表及连管中充满液体。试求：

（1）球心阀在某一开度、管内流速为 1 m/s 时，压强表的读数为 58 kPa，则各管段的阻力损失 $h_{f,AC}$、$h_{f,AB}$、$h_{f,BC}$ 及阀门的局部阻力系数 ζ 为若干（忽略 BC 管段的直管阻力）？

（2）若调节阀门开度使管内流量加倍，则 $h_{f,AC}$、$h_{f,AB}$、$h_{f,BC}$ 及 ζ 将如何变化？此时压强表的读数为若干（kPa）？

假设阀门开大前后流动均在阻力平方区。液体密度可取 1 000 kg/m³。

解：本题讨论通过改变阀门开度调节管路系统流量，从而改变阀门局部阻力和直管阻力分配关系。为了便于比较，下游截面选择管路出口外侧。截面和基准面的选取如本题附图所示。

（1）各管段阻力及阀门局部阻力系数 ζ

在 1-1 与 2-2 截面之间列伯努利方程得

$$gZ_1=h_{f,AC}+\frac{u_2^2}{2}\quad(u_2\approx0)$$

即 $\qquad h_{f,AC}=gZ_1=9.807\times8=78.46\ \text{J/kg}$

在 1-1 与 $B\text{-}B$ 截面之间列伯努利方程，整理可得

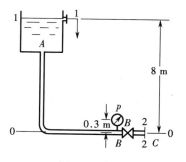

例 1-5 附图

$$h_{f,AB} = gZ_1 - \frac{p_B}{\rho} - \frac{u_B^2}{2} = 9.807 \times 8 - \frac{58 \times 10^3 + 0.3 \times 1\,000 \times 9.807}{1\,000} - \frac{1^2}{2} = 17.02 \text{ J/kg}$$

在 B-B 与 2-2 截面之间列伯努利方程得

$$h_{f,BC} = \frac{p_B}{\rho} + \frac{u_B^2}{2} = \frac{58 \times 10^3 + 0.3 \times 1\,000 \times 9.807}{1\,000} + \frac{1^2}{2} = 61.44 \text{ J/kg}$$

因可忽略 BC 之间的直管阻力,则

$$h_{f,BC} = \zeta \frac{u_B^2}{2} + \frac{u_B^2}{2}$$

$$\zeta = 2h_{f,BC}/u_B^2 - 1 = 2 \times (61.44/1^2 - 0.5) = 121.9$$

$h_{f,BC}$ 也可由 $(h_{f,AC} - h_{f,AB})$ 计算。

(2)管内流量加倍后各有关参数的变化

当管内流量加倍时,管内流速相应加倍,即

$$u_2' = 2 \times 1 = 2 \text{ m/s}$$

此工况下,在 1-1 与 2-2 两截面之间列伯努利方程,仍然得到

$$h_{f,AC}' = 9.807 \times 8 = 78.46 \text{ J/kg}$$

因流动在阻力平方区,λ 不随 Re 而变,故

$$h_{f,AB}' = h_{f,AB} \left(\frac{u_2'}{u_2}\right)^2 = 17.02 \times 4 = 68.08 \text{ J/kg}$$

$$h_{f,BC}' = h_{f,AC}' - h_{f,AB}' = 78.46 - 68.08 = 10.38 \text{ J/kg}$$

$$\zeta' = 2 h_{f,BC}'/(u_2')^2 = 2 \times 10.38/2^2 = 5.19$$

此时,压强表读数可由下式计算

$$\frac{p_B' + 0.3 \times 1\,000 \times 9.807}{1\,000} + \frac{(u_2')^2}{2} = h_{f,BC}'$$

即
$$p_B' = \left[h_{f,BC}' - \frac{(u_2')^2}{2}\right] \times 1\,000 - 0.3 \times 1\,000 \times 9.807$$

$$= (10.38 - 2) \times 1\,000 - 2\,942 = 5\,438 \text{ Pa} = 5.44 \text{ kPa}$$

讨论:由上面计算可以看出,对于液面恒定的高位槽管路系统,管路总阻力(含出口阻力)恒等于推动力,不随管内流速而变;当管路上阀门开度变大、管内流速加大时,直管阻力加大,阀门局部阻力变小,局部阻力系数 ζ(或当量长度 l_e)随之变小。由于沿程阻力加大,压强表的读数必然变小。反之,管路下游阀门关小,上游压强上升。

[**例 1-6**] 本题附图所示为液体循环系统,即液体由密闭容器 A 进入离心泵,又由泵送回容器 A。液体循环量为 2.8 m³/h,液体密度为 750 kg/m³;输送管路系统为内径 25 mm 的碳钢管,从容器内液面至泵入口的压头损失为 0.55 m,泵出口至容器 A 液面的全部压头损失为 1.6 m,泵入口处静压头比容器 A 液面上方静压头高出 2 m,容器 A 内液面恒定。试求:

(1)管路系统要求泵的压头 H_e;

(2)容器 A 中液面至泵入口的垂直距离 h_0。

解:在图示的流动系统中,液体从 A 中液面起始流入泵入口,然后又从泵流入容器 A,即 1-1 与 2-2 两截面重合。

截面与基准面的选取如本题附图所示。

（1）泵的压头 H_e

在 1-1 与 2-2 两截面之间列伯努利方程得

$$\frac{p_1}{\rho g}+\frac{u_1^2}{2g}+Z_1+H_e=\frac{p_2}{\rho g}+\frac{u_2^2}{2g}+Z_2+\sum H_f$$

式中　　$p_1=p_2=p_0,u_1=u_2,Z_1=Z_2$

故　　　$H_e=\sum H_f=0.55+1.6=2.15\ \text{m}$

（2）液面高度 h_0

在 1-1 与 3-3 两截面之间列伯努利方程得

$$h_0+\frac{p_0}{\rho g}+\frac{u_1^2}{2g}=Z_3+\left(\frac{p_0}{\rho g}+2\right)+\frac{u_3^2}{2g}+\sum h_{f,1-3}$$

式中　　$Z_3=0,u_1\approx0$

$$u_3=\frac{2.8}{3\ 600\times\dfrac{\pi}{4}\times0.025^2}=1.584\ \text{m/s}$$

所以　　$h_0=2+\dfrac{1.584^2}{2\times9.807}+0.55=2.68\ \text{m}$

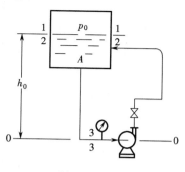

例 1-6　附图

讨论：对于循环流动系统，泵所提供的压头完全用于克服管路阻力。容器 A 中液面高度 h_0 除用于克服吸入管路压头损失、提供动能外，还应保证泵入口处静压头数值等于或大于规定值。

[例 1-7]　用离心泵将蓄水池中 20 ℃ 的水送到敞口高位槽中，流程如本题附图所示。管路为 $\phi57$ mm×3.5 mm 的光滑钢管，直管长度与所有局部阻力（包括孔板）当量长度之和为 250 m。输水量用孔板流量计测量，孔径 $d_0=20$ mm，孔流系数为 0.61。从池面到孔板前测压点 A 截面的管长（含所有局部阻力当量长度）为 100 m。U 形管中指示液为汞。摩擦系数可近似用式 $\lambda=0.316\ 4/Re^{0.25}$ 计算。

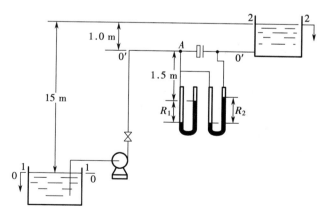

例 1-7　附图

当水的流量为 7.42 m³/h 时，试求：

（1）每千克水通过泵所获得的净功（有效功）；

（2）A 截面 U 形管压差计的读数 R_1；

（3）孔板流量计的 U 形管压差计读数 R_2。

解：该题涉及用伯努利方程求算管路系统所要求的有效功和管路中某截面上的压强（即 R_1），解题的关键是合理选取衡算范围。至于 R_2 的数值则由流量计的流量通式计算。

（1）有效功 W_e

在 1-1 与 2-2 两截面之间列伯努利方程（以蓄水池水面为基准面），得到

$$W_e = g\Delta Z + \frac{\Delta u^2}{2} + \frac{\Delta p}{\rho} + \Sigma h_f$$

式中　　$u_1 = u_2 \approx 0, p_1 = p_2 = 0$（表压强），$Z_1 = 0, Z_2 = 15$ m

$$u = \frac{V_s}{A} = \frac{7.42}{3\,600 \times \pi/4 \times 0.05^2} = 1.05 \text{ m/s}$$

由教材附录查得，20 ℃时水的密度 $\rho = 1\,000$ kg/m^3，黏度 $\mu = 1.0 \times 10^{-3}$ Pa·s

$$Re = \frac{du\rho}{\mu} = \frac{0.05 \times 1.05 \times 1\,000}{1.0 \times 10^{-3}} = 52\,500$$

$$\lambda = 0.316\,4/Re^{0.25} = 0.316\,4/(52\,500)^{0.25} = 0.020\,9$$

$$\Sigma h_f = \lambda \frac{l + \Sigma l_e}{d} \frac{u^2}{2} = 0.020\,9 \times \frac{250}{0.05} \times \frac{1.05^2}{2} = 57.6 \text{ J/kg}$$

所以　　$W_e = 15 \times 9.807 + 57.6 = 204.7$ J/kg

（2）A 截面 U 形管压差计读数 R_1

由 A 截面与 2-2 截面之间列伯努利方程（以图中 0′-0′水平面为基准面）得到

$$\frac{p_A}{\rho} + \frac{u^2}{2} = Z_{A-2}g + \Sigma h_{f,A-2}$$

式中　　$u = 1.05$ m/s，$Z_{A-2} = 1$ m

$$\Sigma h_{f,A-2} = 0.020\,9 \times \frac{(250 - 100)}{0.05} \times \frac{1.05^2}{2} = 34.56 \text{ J/kg}$$

$$p_A = \left(34.56 + 1 \times 9.807 - \frac{1.05^2}{2}\right) \times 1\,000 = 4.38 \times 10^4 \text{ Pa（表压强）}$$

读数 R_1 由 U 形管力的平衡求算

$$p_A + (1.5 + R_1)\rho g = R_1 \rho_A g$$

所以　　$R_1 = \frac{p_A + 1.5\rho g}{(\rho_A - \rho)g} = \frac{4.38 \times 10^4 + 1.5 \times 1\,000 \times 9.807}{(13\,600 - 1\,000) \times 9.807} = 0.474$ m

（3）U 形管压差计读数 R_2

$$V_s = C_0 A_0 \sqrt{\frac{2R_2(\rho_A - \rho)g}{\rho}}$$

将有关数据代入上式得

$$\frac{7.42}{3\,600} = 0.61 \times \frac{\pi}{4} \times 0.02^2 \sqrt{\frac{2(13\,600 - 1\,000) \times 9.807R_2}{1\,000}}$$

$$R_2 = 0.468 \text{ m}$$

讨论：该题是比较典型的流体力学计算题，其包括了伯努利方程（求 W_e、p_A）、流体静力学基本方程（求 R_1）、能量损失方程（求 Σh_f）、连续性方程（求 R_2）的综合运用。通过该题能

加深对流体力学基本理论的理解。

[**例 1-8**] 水通过倾斜变径管段($A \rightarrow B$)而流动,如本题附图所示。已知:内径 $d_1 = 100$ mm,内径 $d_2 = 200$ mm,水的流量 $V_h = 120$ m³/h,在截面 A 与 B 处接一支 U 形管水银压差计,其读数 $R = 28$ mm,A、B 两点间的垂直距离 $h = 0.3$ m。试求:

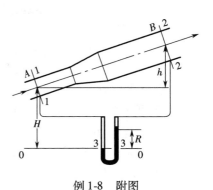

(1)A、B 两截面间的压强差(Pa);

(2)A、B 管段的流动阻力(J/kg);

(3)其他条件不变,将管路水平放置,U 形管读数 R' 及 A、B 两截面间压强差有何变化?

例 1-8 附图

解:该题为流体静力学基本方程与伯努利方程联合运用型,由 U 形管压差计读数推算 A、B 两截面间压强差;通过伯努利方程求算 $\sum h_{f,AB}$;计算 R' 与 $\Delta p'_{AB}$ 仍需静力学基本方程。

(1)A、B 两截面的压强差 Δp

在 U 形管等压面 3-3 上列流体静力学基本方程得

$$p_3 = p_A + \rho g H$$
$$p'_3 = p_B + \rho g (H + h - R) + \rho_A g R$$

因　　　$p_3 = p'_3$

所以　　$p_A + \rho g H = p_B + \rho g (H + h - R) + \rho_A g R$

整理上式得

$$p_A - p_B = \rho g h + R(\rho_A - \rho) g$$
$$= 1\,000 \times 9.807 \times 0.3 + 0.028 \times (13\,600 - 1\,000) \times 9.807 = 6\,402 \text{ Pa}$$

(2)A、B 两截面间的流动阻力 $\sum h_f$

该题有两种解法,即

①以 3-3 面为基准面,在 1-1 与 2-2 两截面之间列伯努利方程得

$$gZ_1 + \frac{p_A}{\rho} + \frac{u_A^2}{2} = gZ_2 + \frac{p_B}{\rho} + \frac{u_B^2}{2} + \sum h_{f,AB}$$

整理上式得

$$\sum h_{f,AB} = g(Z_1 - Z_2) + \frac{p_A - p_B}{\rho} + \frac{u_A^2 - u_B^2}{2}$$

式中　　$Z_1 - Z_2 = -0.3$ m

$$u_A = V_s/A_1 = \frac{120 \times 4}{3\,600 \times \pi \times 0.1^2} = 4.244 \text{ m/s}$$

$$u_B = u_A \left(\frac{d_1}{d_2}\right)^2 = 4.244 \left(\frac{100}{200}\right)^2 = 1.061 \text{ m/s}$$

所以　　$\sum h_{f,AB} = -9.807 \times 0.3 + \dfrac{6\,402}{1\,000} + \dfrac{4.244^2 - 1.061^2}{2} = 11.90$ J/kg

②由于 U 形管压差计读数显示的是 A、B 两截面上总势能差 $\left(g\Delta Z + \dfrac{\Delta p}{\rho}\right)$,而引起总势能差的因素是动能转化及能量损失。在该题条件下,能量损失大于动能转化(由 U 形管中汞

面升降来判断),于是得

$$\Sigma h_{f,AB} = \frac{R(\rho_A - \rho)g}{\rho} + \frac{u_A^2 - u_B^2}{2}$$

$$= \frac{0.028(13\,600 - 1\,000) \times 9.807}{1\,000} + \frac{4.244^2 - 1.061^2}{2} = 11.90 \text{ J/kg}$$

(3)管路水平放置的 R' 及 $\Delta p'_{AB}$

仍对 U 形管等压面列静力学基本方程,可得

$$p_3 = p'_A + \rho gH$$

$$p'_3 = p'_B + (H - R')\rho g + R'\rho_A g$$

$$p'_A - p'_B = R'(\rho_A - \rho)g$$

与原工况相比,可得

$$p'_A - p'_B = (p_A - p_B) - \rho gh = 6\,402 - 1\,000 \times 9.807 \times 0.3 = 3\,460 \text{ Pa}$$

$$R' = \frac{p'_A - p'_B}{(\rho_A - \rho)g} = \frac{3\,460}{(13\,600 - 1\,000) \times 9.807} = 0.028 \text{ m}$$

讨论: 从计算结果可看出,在两种不同管路布置情况下,尽管压强差不相同,但 U 形管压差计读数却相同。可见,在管径及操作条件(管内流速)完全相同的前提下,U 形管压差计读数与管路放置方式无关,即不论管路垂直、倾斜或水平放置,R 均相同。

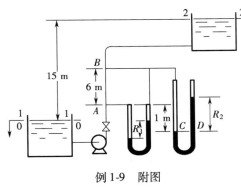

例 1-9 附图

[例 1-9] 用离心泵将水池内水送至高位槽,两液面恒定,其流程如本题附图所示。输水管路直径为 $\phi55 \text{ mm} \times 2.5 \text{ mm}$,管路系统的全部阻力损失为 49 J/kg,摩擦系数 λ 可取作 0.024,汞柱压差计读数分别为 $R_1 = 50$ mm 及 $R_2 = 1\,200$ mm,其他有关尺寸如图中标注。试计算:

(1)管内水的流速;

(2)泵的轴功率(效率为 71%);

(3)A 截面上的表压强 p_A。

解: 利用直管阻力损失公式计算管内流速;利用伯努利方程和连续性方程分别求得 W_e 与 w_s,便可求算轴功率;至于 p_A 的计算,则需借助静力学基本方程。

(1)管内流速 u

对于等径管路,U 形管压差计读数 R_1 反映了水流经 AB 管段的阻力损失,由直管阻力损失计算式便可求出管内水的流速,即

$$R_1(\rho_A - \rho)g = \lambda \frac{l_{AB}}{d} \frac{u^2}{2}\rho$$

整理上式并将有关数据代入可得

$$u = \sqrt{\frac{2R_1(\rho_A - \rho)gd}{\lambda l_{AB}\rho}} = \sqrt{\frac{2 \times 0.050 \times (13\,600 - 1\,000) \times 9.807 \times 0.05}{0.024 \times 6 \times 1\,000}} = 2.071 \text{ m/s}$$

(2)轴功率 N

截面和基准面的选取如本题附图所示。在 1-1 与 2-2 两截面之间列伯努利方程得

$$W_e = g\Delta Z + \frac{\Delta u^2}{2} + \frac{\Delta p}{\rho} + \Sigma h_f = 9.807 \times 15 + 0 + 0 + 49 = 196.1 \text{ J/kg}$$

由连续性方程得

$$w_s = Au\rho = \frac{\pi}{4} \times 0.05^2 \times 2.071 \times 1\,000 = 4.066 \text{ kg/s}$$

所以　　$$N = \frac{W_e w_s}{\eta} = \frac{196.1 \times 4.066}{0.71} = 1\,123 \text{ W} \approx 1.12 \text{ kW}$$

（3）A 截面上的压强 p_A

对第二个 U 形管压差计的等压面 C、D，列静力学基本方程得

$$p_C = p_B + \rho g\Delta h = p_B + 1\,000 \times 9.807 \times (6+1) = p_B + 68\,650（表压强）$$

$$p_D = R_2\rho_A g = 1.2 \times 13\,600 \times 9.807 = 160\,000 \text{ Pa}（表压强）$$

$$p_B = p_D - \rho g\Delta h = 160\,000 - 68\,650 = 91\,400 \text{ Pa}（表压强）$$

所以　　$$p_A = p_B + \rho g h_{AB} + \rho\Sigma h_{f,AB}$$

$$= 91\,400 + 1\,000 \times 9.807 \times 6 + 1\,000 \times 0.024 \times \frac{6}{0.05} \times \frac{2.071^2}{2}$$

$$= 1.564 \times 10^5 \text{ Pa}（表压强）$$

讨论：本题求管内流速用了一个重要结论，即流体流经一段等径直管时，压差计的读数反映了能量损失的大小，直接利用阻力公式求流速非常方便。若在 A、B 两截面间列伯努利方程，可得到相同的结果，但计算过程比较麻烦。

［例 1-10］ 在图示的实验装置上测量突然扩大的局部阻力系数值。已知水在细管中的流速为 4 m/s，细管内径为 25 mm，粗管内径为 50 mm，两压差计读数分别为 $R_1 = 200$ mm，$R_2 = 430$ mm，指示液为汞。假设各直管段的流体流动阻力分别相等，即

$$h_{f,1-2} = h_{f,2-0} \text{ 及 } h_{f,0-3} = h_{f,3-4}$$

试求局部阻力系数 ζ 值。

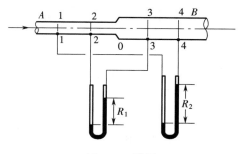

例 1-10　附图

解：U 形管压差计读数显示的是两相应截面之间动能转化及能量损失的综合结果。对于本例图示的情况，能量损失大于动能转化为静压能的值，使细管段上相应截面上总势能大于粗管对应截面上总势能。由图上看出：

$$\Sigma h_{f,1-4} = h_{f,1-2} + h_{f,2-0} + h_{f,0-3} + h_{f,3-4} + h_f'$$

$$\Sigma h_{f,2-3} = h_{f,2-0} + h_{f,0-3} + h_f'$$

显然　　$$2\Sigma h_{f,2-3} - \Sigma h_{f,1-4} = h_f'$$

由 h_f' 即可求得局部阻力系数 ζ 值。下面即讨论根据两个压差计读数 R_1 与 R_2，利用伯努利方程求解 $\Sigma h_{f,1-4}$ 及 $\Sigma h_{f,2-3}$。

以管中心线为基准面，在 1-1 与 4-4 两截面之间列伯努利方程并简化得

$$\frac{u_1^2}{2} + \frac{p_1}{\rho} = \frac{u_4^2}{2} + \frac{p_4}{\rho} + \Sigma h_{f,1-4}$$

式中　　$u_4 = u_1\left(\dfrac{d_1}{d_2}\right)^2 = 4\left(\dfrac{25}{50}\right)^2 = 1 \text{ m/s}$

$$\frac{p_1 - p_4}{\rho} = \frac{u_4^2 - u_1^2}{2} + \sum h_{\mathrm{f},1-4}$$

$$p_1 - p_4 = R_2(\rho_A - \rho)g$$

所以　　$\sum h_{\mathrm{f},1-4} = \dfrac{R_2(\rho_A - \rho)g}{\rho} + \dfrac{u_1^2 - u_4^2}{2} = \dfrac{0.43 \times (13\,600 - 1\,000) \times 9.807}{1\,000} + \dfrac{4^2 - 1^2}{2} = 60.63 \text{ J/kg}$

同理　　$\sum h_{\mathrm{f},2-3} = \dfrac{0.2 \times (13\,600 - 1\,000) \times 9.807}{1\,000} + \dfrac{4^2 - 1^2}{2} = 32.21 \text{ J/kg}$

$$2\sum h_{\mathrm{f},2-3} - \sum h_{\mathrm{f},1-4} = 2 \times 32.21 - 60.63 = 3.79 \text{ J/kg}$$

即　　$h_{\mathrm{f}}' = \zeta\dfrac{u_1^2}{2} = 3.79 \text{ J/kg}$

$$\zeta = 2h_{\mathrm{f}}'/u_1^2 = 2 \times 3.79/4^2 = 0.474$$

讨论：该题曾假设各直管段上的能量损失均相等，这种假设会给计算结果带来一定误差，应注意这一点。

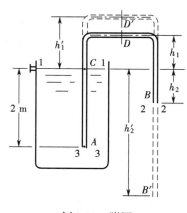

例 1-11　附图

[**例 1-11**]　45 ℃ 的水(饱和蒸汽压 $p_\mathrm{s} = 9\,584$ Pa)在本题附图所示的光滑虹吸管内作定态流动。管径各处均匀，水流经管内的能量损失可以忽略不计，当地大气压为 101 330 Pa。试求：

（1）当 $h_1 = 0.5$ m，$h_2 = 1.0$ m 时，管内 A、C、D 三截面上的压强；

（2）当 $h_2 = 1.0$ m 时，D' 点的极限高度 h_1'；

（3）当 $h_1 = 0.5$ m 时，出口管向下延伸的最低极限 h_2'。

解：该题的实质是利用伯努利方程计算管路系统中各截面上的压强。第（2）、（3）两题都是为使管内流体保持连续流动（即使液体不汽化）来确定虹吸管最高截面 D 的极限压强（输送温度下水的饱和蒸汽压）。为确定各指定截面的压强，要确定管内流速。因为忽略流动阻力，可利用理想流体的伯努利方程求解。

（1）A、C、D 三截面上的压强

以贮槽水面为 1-1 截面，管子出口内侧为 2-2 截面，并以 2-2 截面为基准面，在两截面间列伯努利方程可得

$$gZ_1 + \frac{u_1^2}{2} + \frac{p_1}{\rho} = gZ_2 + \frac{u_2^2}{2} + \frac{p_2}{\rho}$$

式中　$Z_1 = 1$ m，$Z_2 = 0$，$u_1 \approx 0$，$p_1 = 0$（表压强），$p_2 = 0$（表压强）

简化上式得　$9.807 \times 1 = \dfrac{u_2^2}{2}$，解得

$$u_2 = 4.429 \text{ m/s}$$

对于均匀管径，各截面的流速均相同，且由于忽略流动阻力，则管路系统中各截面上的

总机械能相等。根据题给条件,以贮槽水面 1-1 处的总机械能计算较为简便。现取截面 3-3 为基准面,则总机械能为

$$E = 9.807 \times 2 + \frac{101\ 330}{1\ 000} = 120.9\ \text{J/kg}$$

A 截面的静压强为

$$p_A = \left(E - \frac{u^2}{2}\right)\rho = (120.9 - 9.807) \times 1\ 000 = 111\ 090\ \text{Pa}$$

C 截面的压强为

$$p_C = \left(E - \frac{u^2}{2} - gZ_C\right)\rho = (120.9 - 9.807 - 9.807 \times 2) \times 1\ 000 = 91\ 480\ \text{Pa}$$

D 截面的压强为

$$p_D = \left(E - \frac{u^2}{2} - gZ_D\right)\rho = (120.9 - 9.807 - 9.807 \times 2.5) \times 1\ 000 = 86\ 580\ \text{Pa}$$

(2)D'截面的极限高度h_1'

由于 h_2 仍为 1.0 m,动能项 $u^2/2 = 9.807$,为使水流经 D' 截面不汽化,该截面上的静压强应略大于操作温度下水的饱和蒸汽压,现取 $p_D = p_s = 9\ 584$ Pa,则有

$$E = gZ_D + \frac{u^2}{2} + \frac{p_D}{\rho}$$

$$Z_D = \left(E - \frac{u^2}{2} - \frac{p_D}{\rho}\right)/g = \left(120.9 - 9.807 - \frac{9\ 584}{1\ 000}\right)/9.807 = 10.35\ \text{m}$$

所以,$h_1' = Z_D - 2 = 8.35$ m

(3)管路出口距槽内液面的最大位差h_2'

仍以 D 截面的最低压强等于操作温度下水的饱和蒸汽压为极限,通过允许最大的动能值求取h_2',计算如下:

$$E = gZ_D + \frac{p_D}{\rho} + \frac{u^2}{2}$$

$$\frac{u^2}{2} = E - gZ_D - \frac{p_D}{\rho} = 120.9 - 9.807 \times 2.5 - \frac{9\ 584}{1\ 000} = 86.8\ \text{J/kg}$$

又由 $\quad \dfrac{u^2}{2} = g\,h_2'$,得

$$h_2' = 86.8/9.807 = 8.85\ \text{m}$$

讨论:伯努利方程适用的必要条件是在流动系统中流体是连续的,特别是在输送高温液体时,一定要注意在低压强截面上避免液体出现汽化现象。在本题条件下,虹吸管的最高点 D 是需要关注的截面。

[**例 1-12**] 水从贮槽 A 经图示的装置流向某设备。贮槽内水位恒定,管路直径为 $\phi 89$ mm $\times 3.5$ mm,管路上装一闸阀 C,闸阀前距管路入口端 26 m 处安一个 U 形管压差计,指示液为汞,测压点与管路出口之间距离为 25 m。试计算:

(1)当闸阀关闭时测得 $h = 1.6$ m,$R = 0.7$ m;当阀部分开启时,$h = 1.5$ m,$R = 0.5$ m。管路摩擦系数 $\lambda = 0.023$,则每小时从管中流出水量及此时闸阀当量长度为若干?

(2)当闸阀全开时($l_e/d = 15$,$\lambda = 0.022$),测压点 B 处的压强为若干?

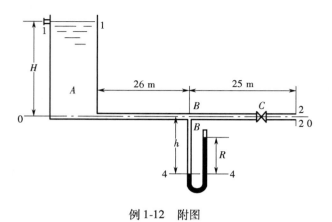

例 1-12 附图

解: 该题为静力学基本方程、伯努利方程、连续性方程、管路阻力方程联合应用的综合练习题。

(1)水的流量及闸阀的当量长度

首先根据闸阀全关时 h、R 值,用静力学基本方程求 H。在 1-1 与 $B\text{-}B$ 截面之间列伯努利方程求流速,然后再用连续性方程求流量,用阻力方程求 l_e。

当闸阀全关时,对 U 形管的等压面 4-4 列静力学平衡方程得

$$(H+h)\rho g = R\rho_A g$$

$$H = \frac{R\rho_A}{\rho} - h = \frac{0.7 \times 13\ 600}{1\ 000} - 1.6 = 7.92\ \text{m}$$

当闸阀部分开启时,以管中心线为基准面,在 1-1 与 $B\text{-}B$ 两截面之间列伯努利方程得

$$gH = \frac{p_B}{\rho} + \left(\lambda \frac{l_1}{d} + 1.5\right)\frac{u^2}{2}$$

式中　　$H = 7.92\ \text{m}, l_1 = 26\ \text{m}, \lambda = 0.023, d = 0.082\ \text{m}$

$$p_B = (R\rho_A - h\rho)g = (0.5 \times 13\ 600 - 1.5 \times 1\ 000) \times 9.807 = 51\ 980\ \text{Pa}$$

将有关数据代入上式解得

$$u = 2.417\ \text{m/s}$$

$$V_s = Au = \frac{\pi}{4} \times 0.082^2 \times 2.417 = 0.012\ 76\ \text{m}^3/\text{s} = 45.94\ \text{m}^3/\text{h}$$

在 $B\text{-}B$ 与 2-2 两截面之间列伯努利方程得

$$\frac{p_B}{\rho} = \lambda \frac{l_2 + l_e}{d} \frac{u^2}{2}$$

即

$$\frac{51\ 980}{1\ 000} = 0.023 \frac{25 + l_e}{0.082} \times \frac{2.417^2}{2}$$

解得　　$l_e = 38.4\ \text{m}$

(2)阀门全开时的 p_B

以管中心线为基准面,在 1-1 与 2-2 两截面之间列伯努利方程求得管内速度,再在 $B\text{-}B$ 与 2-2 两截面之间列伯努利方程求 p_B。

在 1-1 与 2-2 之间列伯努利方程得

$$9.807 \times 7.92 = \left[0.022 \times \left(\frac{51}{0.082} + 15 \right) + 1.5 \right] \frac{u^2}{2}$$

解得　　$u = 3.164 \ \mathrm{m/s}$

在 $B\text{-}B$ 与 2-2 之间列伯努利方程得

$$\frac{p_B}{\rho} = \lambda \left(\frac{l_2}{d} + 15 \right) \frac{u^2}{2}$$

即　　　$p_B = 0.022 \left(\frac{25}{0.082} + 15 \right) \times \frac{3.164^2}{2} \times 10^3 = 35 \ 225 \ \mathrm{Pa}$

讨论： 用伯努利方程解题时，截面的合理选取是至关重要的。例如，本题在闸阀部分开启时，l_e 为待求量，在计算流速时，衡算范围就不应该选在 1-1 与 2-2 两截面之间，而 $B\text{-}B$ 截面上的参数较充分，所以应选 1-1 与 $B\text{-}B$ 之间为衡算范围；在求 l_e 时选取 $B\text{-}B$ 与 2-2 截面之间最为简便。同样，在闸阀全开求 p_B 时，既可选 1-1 及 $B\text{-}B$，又可选 $B\text{-}B$ 与 2-2，但后者使计算简化。

［例 1-13］　用水洗塔除去气体中所含的微量有害组分 A，流程如本题附图所示。操作参数：温度为 27 ℃，当地的大气压强 $p_a = 101.33 \ \mathrm{kPa}$，U 形管汞柱压差计读数分别为 $R_1 = 436 \ \mathrm{mm}$、$R_2 = 338 \ \mathrm{mm}$，气体在标准状况下的密度为 1.29 $\mathrm{kg/m^3}$。试求气体通过水洗塔的能量损失，分别用 J/kg、J/N（即 m）、$\mathrm{J/m^3}$（即 Pa）表示。

解： 本题涉及可压缩流体经过水洗塔的流动，当其压强变化不超过入口压强（绝对压强）的 20% 时，可用平均压强下的密度 ρ_m 代入伯努利方程进行计算。

截面和基准面的选取如本题附图所示。

$$p_1 = 101.33 + \frac{436}{760} \times 101.33 = 159.5 \ \mathrm{kPa}$$

$$p_2 = 101.33 + \frac{338}{760} \times 101.33 = 146.4 \ \mathrm{kPa}$$

$$\frac{p_1 - p_2}{p_1} \times 100\% = \frac{159.5 - 146.4}{159.5} \times 100\% = 8.2\%$$

即压差变化不超过入口绝对压强的 20%，可当作不可压缩流体处理，计算如下：

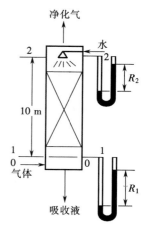

例 1-13　附图

$$p_m = \frac{1}{2}(p_1 + p_2) = \frac{1}{2}(159.5 + 146.4) = 153.0 \ \mathrm{kPa}$$

$$\rho_m = \rho_0 \left(\frac{p_m}{p_0} \right) \left(\frac{T_0}{T} \right) = 1.29 \times \frac{153.0}{101.33} \times \frac{273}{273 + 27} = 1.772 \ \mathrm{kg/m^3}$$

在 1-1 与 2-2 截面之间列伯努利方程得

$$\frac{p_1}{\rho_m} = \frac{p_2}{\rho_m} + gZ_2 + \Sigma h_f$$

$$\Sigma h_f = \frac{p_1 - p_2}{\rho_m} - gZ_2 = \frac{(159.5 - 146.4) \times 10^3}{1.772} - 9.807 \times 10 = 7 \ 295 \ \mathrm{J/kg}$$

$$\Sigma H_f = \Sigma h_f / g = 7 \ 295 / 9.807 = 744.0 \ \mathrm{J/N（或 m）}$$

$$\Delta p_f = \rho_m \Sigma h_f = 1.772 \times 7 \ 295 = 1.293 \times 10^4 \ \mathrm{J/m^3（或 Pa）}$$

讨论:本题为可压缩流体当不可压缩流体处理的情况,属伯努利方程的推广应用。实际上,当气体压强变化不大时,可用平均压强计算的 ρ_m 代入伯努利方程进行计算。

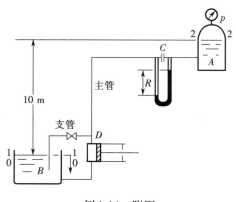
例 1-14 附图

[**例 1-14**]　用往复泵将某种黏稠液体从敞口贮槽 B 送至密闭容器 A 内,用旁路调节流量。主管上装有孔板流量计 C,其孔径 $d_0 = 30$ mm,孔流系数 $C_0 = 0.63$;主管直径为 $\phi 66$ mm $\times 3$ mm,DA 管段长度(包括所有局部阻力当量长度)为 80 m;旁路管直径为 $\phi 38$ mm $\times 3$ mm,其长度(包括局部阻力当量长度)为 50 m。被输送液体黏度为 100 mPa·s,密度为 1 200 kg/m³;U 形管压差计读数 $R = 0.3$ m,指示液为水银;A 槽内液面上方压强表读数为 49 kPa。已知主管和支管中流型相同。试求:

(1)支管中液体流量,m³/h;

(2)泵的轴功率($\eta = 85\%$),kW。

计算时可忽略从贮槽液面至 D 截面之间主管段的流动阻力。

解:该题为分支管路计算,其特点是泵对主管和支管提供相同的有效功,而支路又为循环回路,有效功用于克服管路阻力,根据此原则求支路的流速和流量。而主管的流量则由流量计读数计算,其有效功由伯努利方程计算,泵的轴功率根据有效功和流量计算。

(1)支管内液体的流量

主管内液体流量由流量计流量通式计算:

$$V_s = C_0 A_0 \sqrt{\frac{2R(\rho_A - \rho)g}{\rho}}$$

$$= 0.63 \times \frac{\pi}{4} \times 0.03^2 \sqrt{\frac{2 \times 0.3 \times (13\ 600 - 1\ 200) \times 9.807}{1\ 200}}$$

$$= 3.472 \times 10^{-3}\ \text{m}^3/\text{s} = 12.5\ \text{m}^3/\text{h}$$

$$u = V_s / A_1 = 3.472 \times 10^{-3} / \frac{\pi}{4}(0.06)^2 = 1.228\ \text{m/s}$$

$$Re = \frac{du\rho}{\mu} = \frac{0.06 \times 1.228 \times 1\ 200}{100 \times 10^{-3}} = 884\ (\text{滞流})$$

$$\lambda = 64/Re = 64/884 = 0.072\ 38$$

$$\sum h_f = 0.072\ 38 \times \frac{80}{0.06} \times \frac{1.228^2}{2} = 72.77\ \text{J/kg}$$

截面与基准面的选取如图中所示。在 1-1 与 2-2 截面之间列伯努利方程得

$$W_e = g\Delta Z + \frac{\Delta p}{\rho} + \frac{\Delta u^2}{2} + \sum h_f = 9.807 \times 10 + \frac{49 \times 10^3}{1\ 200} + 72.77 = 211.7\ \text{J/kg}$$

对于支路,泵的有效功用于克服阻力。由于管内为滞流,可用哈根—泊谡叶方程求 $u_\text{支}$。

$$W_e = \sum h_f = \frac{\Delta p_f}{\rho} = \frac{32 l' u_\text{支} \mu}{d_\text{支}^2 \rho}$$

$$u_\text{支} = \frac{W_\text{e} d_\text{支}^2 \rho}{32 l' \mu} = \frac{211.7 \times 0.032^2 \times 1\,200}{32 \times 50 \times 100 \times 10^{-3}} = 1.626 \text{ m/s}$$

于是支管内流量为

$$V'_\text{支} = 3\,600 u_\text{支} A_\text{支} = 3\,600 \times 1.626 \times \frac{\pi}{4} \times 0.032^2 = 4.71 \text{ m}^3/\text{h}$$

经过往复泵的总流量为

$$V_\text{h} = 12.50 + 4.71 = 17.21 \text{ m}^3/\text{h}$$

（2）泵的轴功率

$$N = \frac{W_\text{e} w_\text{s}}{\eta} = \frac{211.7 \times 17.21 \times 1\,200}{3\,600 \times 0.85} = 1\,429 \text{ W} \approx 1.43 \text{ kW}$$

讨论： 对于分支管路系统，泵对每个支路提供的有效功相同。计算泵的功率时，一定要采用通过泵的总流量，即主管和支路的流量和。

［例 1-15］ 从液面恒定的水塔向车间送水。塔内水面与管路出口间的垂直距离 $h = 12$ m，输送管内径为 50 mm，管长 l 为 56 m（包括所有局部阻力的当量长度）。现因故车间用水量需增加 50%，欲对原管路进行改造，提出三种方案：

（1）将原管路换成内径为 75 mm 的管子；

（2）与原管路并行添设一根内径 25 mm 的管子（其包括所有局部阻力当量长度的总管长为 56 m）；

（3）在原管路上并联一段管长 28 m（含局部阻力当量长度）、内径 50 mm 的管子。

试计算原管路的送水量，并比较三种方案的效果。

假设各种情况下 λ 均取 0.026。

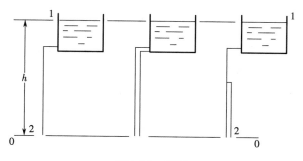

例 1-15　附图

解： 该题重点讨论并联管路计算，其原则是阻力等于推动力，而推动力为位差所提供。由于所给管长包括了所有局部阻力的当量长度，可认为管路进出口阻力已包含在内，故此可用直管阻力通式计算流动阻力。

（1）原管路流量

以水塔内液面为 1-1 截面，管路出口为 2-2 截面，并以 2-2 为基准面。在两截面之间列伯努利方程并简化得

$$g \Delta Z = \lambda \frac{l + \Sigma l_\text{e}}{d} \cdot \frac{u^2}{2} = \frac{8\lambda (l + \Sigma l_\text{e}) V_\text{s}^2}{\pi^2 d^5}$$

所以 $\qquad V_s = \sqrt{\dfrac{g\Delta Z \pi^2 d^5}{8\lambda(l+\Sigma l_e)}} = \sqrt{\dfrac{9.807 \times 12\pi^2 \times 0.05^5}{8 \times 0.026 \times 56}} = 5.582 \times 10^{-3}\ \mathrm{m^3/s} = 20.1\ \mathrm{m^3/h}$

（2）各种方案的效果

①加大管径至 75 mm

此情况仍按简单管路计算，即

$$V_s' = \sqrt{\dfrac{9.807 \times 12\pi^2 \times 0.075^5}{8 \times 0.026 \times 56}} = 0.015\,38\ \mathrm{m^3/s} = 55.38\ \mathrm{m^3/h}$$

②增设内径 25 mm 的细管

原来管子流量不变，新增细管流量为

$$V_s'' = \sqrt{\dfrac{9.807 \times 12\pi^2 \times 0.025^5}{8 \times 0.026 \times 56}} = 9.87 \times 10^{-4}\ \mathrm{m^3/s} = 3.553\ \mathrm{m^3/h}$$

或 $\qquad V_s'' = V_s \left(\dfrac{0.025}{0.050}\right)^{5/2} = 5.582 \times 10^{-3} \times 0.177 = 9.87 \times 10^{-4}\ \mathrm{m^3/s}$

两根管子的总流量为

$$V_s' = V_s + V_s'' = 20.1 + 3.553 = 23.65\ \mathrm{m^3/h}$$

（3）并联长 28 m 内径 50 mm 的一段管子

并联管段每根管中的流量为主管流量的 1/2，且并联管段每根管的能量损失相等，故得

$$g\Delta Z = \dfrac{8\lambda}{\pi^2 d^5}\left[\dfrac{l}{2}(V_s')^2 + \dfrac{l}{2}\left(\dfrac{V_s''}{2}\right)^2\right] = \dfrac{5\lambda l(V_s'')^2}{\pi^2 d^5}$$

$$V_s'' = \sqrt{\dfrac{g\Delta Z \pi^2 d^5}{5\lambda l}} = \sqrt{\dfrac{9.807 \times 12\pi^2 \times 0.05^5}{5 \times 0.026 \times 56}} = 7.061 \times 10^{-3}\ \mathrm{m^3/s} = 25.42\ \mathrm{m^3/h}$$

或 $\qquad V_s' = V_s\left(\dfrac{8}{5}\right)^{5/2} = 5.582 \times 10^{-3} \times 1.265 = 7.061 \times 10^{-3}\ \mathrm{m^3/s}$

讨论：由上面计算结果看出，在阻力平方区（λ 为定值），当其他条件相同时，管径对流量的影响非常明显。当管径增至原来的 1.5 倍时，流量即增至原来的 2.76 倍；而并联一根 $d/2$ 的细管时，流量只增加 17.7%。读者可以计算验证，当管径加大至 59 mm、并联细管直径为 38 mm，或并联内径为 50 mm、管长为 $0.75l$ 的管子时，均能正好满足增加流量 50% 的目的。可见，在进行管路设计时，合理选取管径是十分关键的。

同时，由直管能量损失计算通式可看出，在阻力平方区（λ 相同），当其他条件相同时，h_f 与 d^5 成反比，即当管径减至原来的 1/2 时，h_f 变为原来的 32 倍。

[例 1-16] 用 $\phi57\ \mathrm{mm} \times 3.5\ \mathrm{mm}$ 的钢管输送 60 ℃ 的热水（其饱和蒸汽压为 19.92 kPa、密度为 971 $\mathrm{kg/m^3}$、黏度为 0.356 5 mPa·s），管路中装一标准孔板流量计，用 U 形管汞柱压差计测压强差（角接取压法），要求水的流量范围是 10 ~ 20 $\mathrm{m^3/h}$，孔板上游压强为 101.33 kPa（表压强）。试计算：

（1）U 形管压差计的最大量程 R_{max}；

（2）孔径 d_0。

当地大气压强为 101.33 kPa。

解：该题为流量计的设计型计算。U 形管压差计的最大量程 R_{max} 由孔板上游压强 p_1 与下游最低压强 p_2 来确定。为保证液体的连续定态流动，孔板下游最低压强不得低于操作条

件下水的饱和蒸汽压,现取极限值 $p_2 = 19.92$ kPa。在压差计最大量程规定条件下,应按最大流量来确定孔径 d_0。计算时,先假定孔流系数 C_0 在常数区,并需试差确定 C_0 值。

(1)U 形管压差计的最大量程 R_{max}

$$p_1 = 101.33 + 101.33 = 202.66 \text{ kPa}$$

$$p_2 = 19.92 \text{ kPa}$$

$$R_{max}(\rho_A - \rho)g = p_1 - p_2$$

$$R_{max} = \frac{p_1 - p_2}{(\rho_A - \rho)g} = \frac{(202.66 - 19.92) \times 10^3}{(13\,600 - 971) \times 9.807} = 1.475 \text{ m}$$

(2)孔径 d_0

设计合理的流量计,应在测量范围内使孔流系数 C_0 在常数区。通常,C_0 应在 0.6~0.7 的范围内。作为试差的起步,先取 $C_0 = 0.625$,由 C_0 与 Re——$\frac{A_0}{A}$ 关系曲线查得 $A_0/A_1 = 0.26$,则

$$d_0 = d_1\sqrt{0.26} = 50 \times \sqrt{0.26} = 25.5 \text{ mm}$$

也可按最大流量利用流量公式求 d_0,即

$$A_0 = \frac{V_s}{u_0} = \frac{V_s}{C_0}\sqrt{\frac{\rho}{2R(\rho_A - \rho)g}} = \frac{20}{3\,600 \times 0.625}\sqrt{\frac{971}{2 \times 1.475 \times (13\,600 - 971) \times 9.807}}$$
$$= 4.582 \times 10^{-4} \text{ m}^2$$

$$d_0 = \sqrt{\frac{4 \times 4.582 \times 10^{-4}}{\pi}} = 0.024\,2 \text{ m} = 24.2 \text{ mm}$$

两法算出的 d_0 十分相近,现取 $d_0 = 25.5$ mm。

下面以最小流量核算 C_0 是否在常数区。

$$V_{s,min} = 10/3\,600 = 2.778 \times 10^{-3} \text{ m}^3/\text{s}$$

$$u = V_s/A_1 = 4 \times 2.778 \times 10^{-3}/[(0.05)^2\pi] = 1.415 \text{ m/s}$$

$$Re = \frac{du\rho}{\mu} = \frac{0.05 \times 1.415 \times 971}{0.356\,5 \times 10^{-3}} = 1.927 \times 10^5 > Re_c = 7 \times 10^4$$

原设 C_0 在常数区且 $C_0 = 0.625$ 可被接受,取 $d_0 = 25.5$ mm 合理。

讨论:孔板流量计是工业上应用较广泛的一种流量计。流量计的设计型计算或操作型计算均需采用试差方法。一般说,确定孔径 d_0 应按要求的最大流量设计,核算 C_0 是否在常数区应以最小流量为准。

[例 1-17]　某转子流量计,出厂时用标准状况下的空气进行标定,其刻度范围为 20~50 m^3/h,试计算:

(1)用该流量计测定 20 ℃的 CO_2 流量,其体积流量范围为若干?

(2)用该流量计测定 20 ℃的 NH_3 气流量,其体积流量范围为若干?

(3)现欲将 CO_2 的测量上限保持在 50 m^3/h,应对转子作何简单加工?

当地的大气压强为 101.3 kPa。

解:对气体转子流量计,当气体密度不同于标定空气密度时,对流量计的刻度应予校正,其计算公式为式(1-36)。

(1)测量 CO_2 的流量范围

测量条件下,CO_2 气体的密度为

$$\rho_{g2} = \frac{pM}{RT} = \frac{101.33 \times 44}{8.315 \times 293} = 1.83 \text{ kg/m}^3$$

标准状况下空气密度 $\rho_{g1} = 1.293 \text{ kg/m}^3$

测定 CO_2 时的下限为

$$V_{s,g2} = V_{s,g1}\sqrt{\frac{\rho_{g1}}{\rho_{g2}}} = 20 \times \sqrt{\frac{1.293}{1.83}} = 16.81 \text{ m}^3/\text{h}$$

同理可求得其测量上限为 42.03 m^3/h,所以流量范围为 16.81 ~ 42.03 m^3/h。

(2)测量 NH_3 气的流量范围

测量条件下,NH_3 气的密度为

$$\rho_{g2} = \frac{pM}{RT} = \frac{101.33 \times 17}{8.315 \times 293} = 0.707\ 1 \text{ kg/m}^3$$

测量 NH_3 气时下限为

$$V_{s,g2} = 20 \times \sqrt{\frac{1.293}{0.707\ 1}} = 27.05 \text{ m}^3/\text{h}$$

同理,测量 NH_3 气的上限为 67.61 m^3/h,所以流量范围为 27.05 ~ 67.61 m^3/h。

(3)对转子的加工方法

根据式(1-34),即

$$V_s = C_R A_R \sqrt{\frac{2V_f(\rho_f - \rho)g}{A_f \rho}}$$

欲使测量 CO_2 时的上限从 42.03 m^3/h 提高到 50 m^3/h,需将转子顶端面积削小,增大环隙面积 A_R。设 V_f/A_f 在加工前后基本不变,则

$$A_{R2} = A_{R1}\left(\frac{50}{42}\right) = 1.19 A_{R1}$$

即削小转子上边缘,使上端面积 A_f 减小到保证 A_{R2} 为原来的 1.19 倍,即可满足上限要求,同时下限也基本保持 20 m^3/h。

讨论:从上面的计算可看出,在同一流量计刻度下,当被测气体密度大于标定气体密度时,其实际体积流量小于刻度值;反之,实际体积流量大于刻度值。欲改变流量计的量程可对转子进行加工或改换转子材质(改变 ρ_f)。

[例 1-18] 本题附图所示的真空高位槽为一简易的恒速加料装置(马利奥特容器)。罐的直径 $D = 1.2$ m,底部连有长 2 m、直径为 ϕ34 mm × 2 mm 的放料钢管。假设放料时管内流动阻力为 12 J/kg(除出口阻力外,包括了所有局部阻力)。罐内吸入 3.0 m 深的料液,料液上面为真空,试提出一个简单的恒速放料方法,使容器内 A-A 面以上的料液在恒速下放出,并计算将容器中料液全部放出所需的时间 θ。

解:该题所述为应用流体静力学原理实现恒速加料的简易装置。由于容器内液面上方为真空,当打开 B 阀时,如果 $p_0 + \rho g H$(H 为 A-A 截面上方液柱高度,m)小于大气压,则空气将被鼓到液面上方空间,待液面上方压强加上液柱静压强等于大气压时,即停止鼓气,这样一直保持 A-A 截面为大气压强,在 A-A 截面以上料液排放过程中都维持这种平衡状态,于是实现了 A-A 截面以上料液的恒速排放。在 A-A 截面以下,由于液面上方为大气压强,而液面

不断下降,故以减速排放。恒速段的排料速度由 $A\text{-}A$ 与 2-2 两截面之间列伯努利方程求得;降速段所需时间由微分物料衡算及瞬间伯努利方程求得。截面与基准面的选取如本题附图所示。

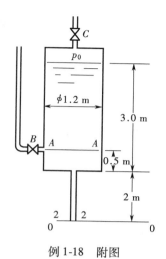

例 1-18　附图

（1）恒速段所需时间 θ_1

在 $A\text{-}A$ 与 2-2 截面之间列伯努利方程得

$$Z_A g + \frac{u_A^2}{2} + \frac{p_A}{\rho} = Z_2 g + \frac{u_2^2}{2} + \frac{p_2}{\rho} + \sum h_f$$

式中　　$u_A \approx 0, Z_2 \approx 0, p_A = 0（表压强）, p_2 = 0（表压强）$

$Z_A = 2 + 0.5 = 2.5 \text{ m}, \sum h_f = 12 \text{ J/kg}$

于是　　$2.5 \times 9.807 = \dfrac{u_2^2}{2} + 12$

解得　　$u_2 = 5.003 \text{ m/s}$

$$V_s = u_2 A_2 = 5.003 \times \frac{\pi}{4} \times 0.03^2 = 3.536 \times 10^{-3} \text{ m}^3/\text{s}$$

恒速段所需时间为

$$\theta_1 = V/V_s = \frac{\pi}{4} \times 1.2^2 (3.0 - 0.5)/(3.536 \times 10^{-3}) = 800 \text{ s}$$

（2）降速段所需时间 θ_2

设在 $\mathrm{d}\theta$ 时间内容器内液面下降高度为 $\mathrm{d}h$,则该微分时间内的物料衡算关系为

$$\frac{\pi}{4} D^2 \mathrm{d}h = -\frac{\pi}{4} d^2 u \mathrm{d}\theta$$

$$\mathrm{d}\theta = -\left(\frac{D}{d}\right)^2 \frac{\mathrm{d}h}{u} = -1\,600 \frac{\mathrm{d}h}{u} \qquad (1)$$

u 由瞬间伯努利方程求得

$$gh = \frac{u^2}{2} + \sum h_f$$

$$u = \sqrt{2(gh - 12)} = 4.429 \sqrt{h - 1.224} \qquad (2)$$

将式（2）代入式（1）,得

$$\mathrm{d}\theta = -\frac{1\,600}{4.429} \frac{\mathrm{d}h}{\sqrt{h - 1.224}} = -361 \frac{\mathrm{d}h}{\sqrt{h - 1.244}}$$

在 $h_1 = 2.5 \text{ m}$ 及 $h_2 = 2.0 \text{ m}$ 之间积分得

$$\theta_2 = 361 \times 2 \sqrt{h - 1.224} \Big|_{2.0}^{2.5} = 180 \text{ s}$$

（3）全部放出所需的时间 θ

将容器中料液全部放完所需总时间为

$$\theta = \theta_1 + \theta_2 = 800 + 180 = 980 \text{ s}$$

讨论:本题的目的在于理解利用流体静力学基本原理实现恒速加料的理论基础,了解定态与非定态流动的特点及截面选取的技巧。当液面高于 $A\text{-}A$ 截面时,液面上方静压能与液柱位能之和等于大气压,因而在列伯努利方程求流速时选 $A\text{-}A$ 与 2-2 截面最为方便。一旦

液面降到 A-A 面时,则随液面的下降静压能与位能之和不为常数,便转入非定态流动,则需列微分衡算式和瞬间伯努利方程求排放时间。

🔶 **学生自测** 🔶 🔶

一、填空或选择

1. 黏度的定义式是_____,其物理意义是_____,在法定单位制中,其单位为_____,在物理单位制中,其单位为_____。

2. 流体静力学基本方程主要应用于_____、_____、_____三个方面。

3. 某黏性液体在一定管路系统中流动,在流量不变条件下将液体加热,则液体的黏度将_____,雷诺数 Re 将_____,流动阻力将_____。

4. 根据流体力学原理设计的流量(流速)计中,用于测量大直径气体管路截面上速度分布的是_____;恒压差流量计是_____;能量损失最大的是_____;对流量变化反应最灵敏的是_____。

    A. 孔板流量计   B. 文丘里流量计   C. 测速管   D. 转子流量计

5. 黏度为 0.05 Pa·s、密度为 800 kg/m³ 的油品在 ϕ112 mm×6 mm 的圆管内流动,管截面上的速度分布可表达为

$$u_y = 20y - 200y^2$$

式中 y——管截面上任一点到管壁面的径向距离,m;

       u_y——y 点处的速度,m/s。

则油品在管内的流型为_____,管截面上的平均流速为_____ m/s,管壁面处的剪切应力 τ_w 为_____ Pa。

6. 某设备的表压强为 100 kPa,则它的绝对压强为_____ kPa;另一设备的真空度为 400 mmHg,则它的绝对压强为_____ kPa(当地大气压强为 101.33 kPa)。

7. 流体在圆形直管中作滞流流动时,其速度分布是_____形曲线。其管中心最大流速为平均流速的_____倍,摩擦系数 λ 与 Re 的关系为_____。

8. 流体在钢管内作湍流流动时,摩擦系数 λ 与_____和_____有关;若其作完全湍流(阻力平方区),则 λ 仅与_____有关。

9. 流体作湍流流动时,邻近管壁处存在一_____,雷诺数愈大,湍流程度愈剧烈,则该层厚度_____,流动阻力_____。

10. 量纲分析的依据是_____。

11. 从液面恒定的高位槽向常压容器加水,若将放水管路上的阀门开度关小,则管内水流量将_____,管路的局部阻力将_____,直管阻力将_____,管路总阻力将_____。(设动能项可忽略。)

12. 牛顿黏性定律的表达式为_____,该式应用条件为_____流体作_____流动。

13. 水力半径的定义式为_____,当量直径为_____倍水力半径。

14. 局部阻力的计算方法有_____和_____。

15. 一转子流量计,当通过水流量为 1 m³/h 时,测得该流量计进、出口间压强降为

20 Pa;当流量增到 1.5 m³/h 时,相应的压强降为＿＿＿＿＿ Pa。

16. LZB-40 转子流量计,出厂时用 20 ℃的空气标定流量范围为 5 ~ 50 m³/h,现拟用其测量 40 ℃的空气,则空气的实际流量比刻度值＿＿＿＿＿＿,校正系数为＿＿＿＿＿＿,40 ℃空气的流量范围为＿＿＿＿＿＿＿＿＿＿＿。

17. 由三支管组成的并联管路,各支管的长度及摩擦系数均相等,管径比为 $d_1:d_2:d_3 = 1:2:3$,则三支管的流量比为＿＿＿＿＿＿＿＿＿＿＿＿。

18. 如图所示,水从内径为 d_1 的管段流向内径为 d_2 的管段,已知 $d_2 = \sqrt{2}\,d_1$,d_1 管段流体流动的动压头为 0.8 m,$h_1 = 0.7$ m。

（1）忽略流经 AB 段的能量损失,则 $h_2 = $＿＿＿＿＿ m,$h_3 = $＿＿＿＿＿ m;

（2）若流经 AB 段的能量损失为 0.2 mH₂O,则 $h_2 = $＿＿＿＿＿ m,$h_3 = $＿＿＿＿＿ m。

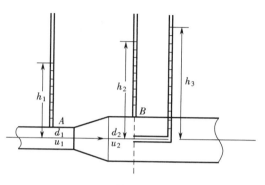

18题　附图

19. 水流经图示的系统从细管喷出,已知水流经 d_1 管段的压头损失为 $H_{f,1} = 1$ m,流经 d_2 管段的 $H_{f,2} = 2$ m,则管口喷出时水的速度 $u_3 = $＿＿＿＿＿ m/s,$d_1$ 管段的速度 $u_1 = $＿＿＿＿＿ m/s,水喷射到地面处的水平距离 $x = $＿＿＿＿＿ m,水的流量为＿＿＿＿＿ m³/h。

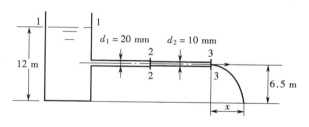

19题　附图

20. 下图中高位槽液面恒定,液体以一定流量流经管路 ab 与 cd,其管长与管径、粗糙度均相同,则:

（1）U 形管压差计读数 R_1 ＿＿＿＿＿ R_2;

（2）管段能量损失 $h_{f,ab}$ ＿＿＿＿＿ $h_{f,cd}$;

（3）两种情况下压差 Δp_{ab} ＿＿＿＿＿ Δp_{cd};

（4）R_1 表示＿＿＿＿＿＿＿＿＿＿＿＿。

21. 如图所示,一敞口容器底部连接等径的进水管和出水管,容器内水面维持恒定 1.5 m,管内水的动压头均为 0.5 m,则进水管的点 A、容器内的点 C、出水管的点 B 的静压头分别为 $p_A = $＿＿＿＿＿ m,$p_C = $＿＿＿＿＿ m,$p_B = $＿＿＿＿＿ m。

22. 在 SI 单位制中,通用气体常数 R 的单位为(　　　)。

A. atm · cm³/(mol · K)　　　　　　　　B. Pa · m³/(mol · K)

C. kgf · m/(kmol · K)　　　　　　　　D. lbf · ft/(lbmol · K)

23. 通常流体黏度随温度 t 的变化规律为(　　　)。

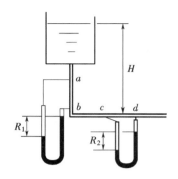

20题　附图

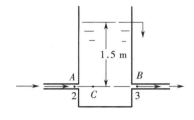

21题　附图

A. t 升高，μ 减小　　　　　　　　　　　B. t 升高，μ 增大

C. 对液体 t 升高，μ 减小，对气体则相反　　D. 对液体 t 升高，μ 增大，对气体则相反

24. 流体在圆形直管中流动时，若其已进入阻力平方区，则摩擦系数 λ 与雷诺数 Re 的关系为(　　　)。

　　A. Re 增加，λ 增大　　　　　　　　　B. Re 增加，λ 减小

　　C. Re 增加，λ 基本上不变　　　　　　D. Re 增加，λ 先增大后减小

25. 滞流和湍流的本质区别是(　　　)。

　　A. 湍流流速大于滞流流速　　　　　　　　　B. 滞流时 Re 数小于湍流时 Re 数

　　C. 流道截面大时为湍流，截面小时为滞流　　D. 滞流无径向脉动，而湍流有径向脉动

26. 量纲分析的目的在于(　　　)。

　　A. 得到各变量间的确切定量关系

　　B. 用量纲为 1 的数群代替变量，使实验与关联简化

　　C. 得到量纲为 1 数群间的定量关系

　　D. 无须进行实验，即可得到关联式

27. 滞流内层越薄，则以下结论正确的是(　　　)。

　　A. 近壁面处速度梯度越小　　　　　　　　　B. 流体湍动程度越低

　　C. 流动阻力越小　　　　　　　　　　　　　D. 流动阻力越大

28. 在一水平变径管路中，在小管截面 A 和大管截面 B 连接一支 U 形管压差计，当流体流过该管段时，压差计读数 R 值反映(　　　)。

　　A. A、B 两截面间的压强差　　　　　　　B. A、B 两截面间的流动阻力

　　C. A、B 两截面间动压头变化　　　　　　D. 突然扩大或缩小的局部阻力

29. 在一定管路中，当孔板流量计的孔径和文丘里流量计的喉径相同时，相同流动条件下，文丘里流量计的孔流系数 C_V 和孔板流量计的孔流系数 C_0 的大小为(　　　)。

　　A. $C_0 = C_V$　　　　B. $C_0 > C_V$　　　　C. $C_0 < C_V$　　　　D. 不确定

30. 流体流过两个并联管路管段 1 和 2，两管内均呈滞流状态。两管的管长 $L_1 = 2L_2$、管内径 $d_1 = 2d_2$，则体积流量 V_2/V_1 为(　　　)。

　　A. 1/2　　　　　　B. 1/4　　　　　　　C. 1/8　　　　　　D. 1/16

31. 在完全湍流区，流动摩擦阻力损失与(　　　)成正比；在层流区，流动摩擦阻力损失与(　　　)成正比。

A. 流速的一次方　　B. 流速的平方　　　C. 流速的三次方　　D. 流速的五次方

二、计算

1. 本题附图为远距离测量控制装置,用以测定分相槽内煤油和水的两相界面位置。已知两吹气管出口的距离 H = 1.2 m, U 形管压差计的指示液为水银,煤油的密度为 820 kg/m³。试求当压差计读数 R = 83 mm 时,相界面与油层的吹气管出口距离 h。

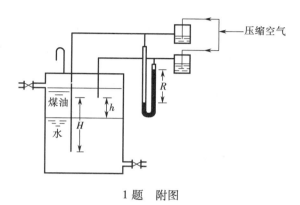

1 题　附图

2. 如图所示,用离心泵将水以 10 m³/h 的流量由水池送至敞开的高位槽,两液面保持不变,液面高差为 20 m,管路总长度(包括所有当量长度)为 100 m,压强表后管路长度为 80 m(包括当量长度),管路摩擦系数为 0.025,管子内径为 0.05 m,水的密度为 1 000 kg/m³,泵的效率为 80%。试求:

(1)泵的轴功率;

(2)泵出口阀开大,真空表与压强表的读数将如何变化?

3. 用离心泵将 20 ℃的清水从水池送至水洗塔的塔顶经喷头喷出,其流程如本题附图所示。泵入口真空表的读数为 24.66 kPa,喷头与连接管接头处 C 截面的表压为 98.1 kPa。吸入管内径为 70 mm,其流动阻力(包括所有局部阻力)可表达为 $h_{f,1} = 2u_1^2$(u_1 为吸入管内水的流速,m/s);排出管内径为 50 mm,其所有流动阻力可表达为 $h_{f,2} = 10u_2^2$(u_2 为排出管内水的流速,m/s)。试求:

(1)水的流量(m³/h);

(2)泵的有效功率。

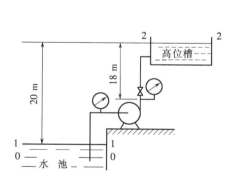

2 题　附图

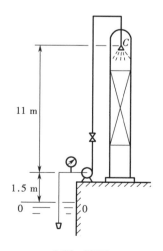

3 题　附图

4. 如图所示,用离心泵将储槽 A 中的液体输送到高位槽 B(两个槽为敞开),两槽液面保持恒定的高度差 12 m,管路内径为 38 mm,管路总长度为 50 m(包括管件、阀门、流量计的当量长度)。管路上安装一孔板流量计,孔板的孔径为 20 mm,流量系数 C_0 为 0.63,U 管压差计读数 R 为 540 mm,指示液为汞(汞的密度为 13 600 kg/m³)。操作条件下液体密度为 1 260 kg/m³,黏度为 1×10^{-3} Pa·s。若泵的效率为 80%,试求泵的轴功率(W)。

摩擦系数可按下式计算:

滞流时 $\lambda = 64/Re$

湍流时 $\lambda = 0.316\,4/Re^{0.25}$

5. 水经变径管路系统从上向下流动,如本例附图所示。粗、细管的内径分别为 $d_2 = 184$ mm 及 $d_1 = 100$ mm,水在粗管内流速 $u_2 = 2$ m/s,两测压口之间垂直距离 $h = 1.5$ m。突然扩大局部阻力系数的计算式为

$$\zeta = \left(1 - \frac{A_1}{A_2}\right)^2$$

试判断或计算:

(1)U 形管中哪侧水银面较高,并计算读数 R;

(2)保持管内流速不变,将管路倒置(即粗管在上,水从下向上流动),R 将如何变化?

计算时忽略两测压口之间的直管阻力。

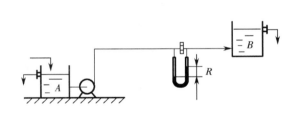

4 题　附图

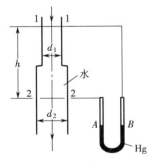

5 题　附图

第2章 流体输送机械

本章符号说明

英文字母

a——活塞杆的截面积，m^2；

A——活塞的截面积，m^2；

C——离心泵叶轮内液体质点运动的绝对
速度，m/s；

d——管子直径，m；

D——叶轮或活塞直径，m；

g——重力加速度，m/s^2；

H——泵的压头，m；

H_c——离心泵的动压头，m；

H_e——管路系统所需要的压头，m；

H_f——管路系统的压头损失，m；

H_g——离心泵的允许吸上（安装）高度，m；

H_p——离心泵的静压头，m；

H_{st}——离心通风机的静风压，Pa；

H_T——离心通风机的全风压，Pa；

$H_{T,\infty}$——离心泵的理论压头，m；

i——压缩机的级数；

l——长度，m；

l_e——当量长度，m；

m——多变指数；

n——离心泵的转速，r/min；

n_r——活塞的往复次数，$1/min$；

N——泵或压缩机的轴功率，W 或 kW；

N_e——泵的有效功率，W 或 kW；

p——压强，Pa；

p_a——当地大气压，Pa；

p_v——液体的饱和蒸气压，Pa；

Q——泵或风机的流量，m^3/s 或 m^3/h；

Q_e——管路系统要求的流量，m^3/s 或 m^3/h；

Q_s——泵的额定流量，m^3/s 或 m^3/h；

Q_T——泵的理论流量，m^3/s；

S——活塞的冲程，m；

t——温度，$℃$；

T——热力学温度，K；

u——流速或离心泵叶轮内液体质点的圆周
速度，m/s；

V——体积，m^3；

V_{min}——往复压缩机的排气量，m^3/min；

w——离心泵叶轮内液体质点运动的相对
速度，m/s；

W——往复压缩机的理论功，J；

Z——位压头，m。

希腊字母

ε——余隙系数；

ζ——阻力系数；

η——效率；

θ——时间，s；

κ——绝热指数；

λ——摩擦系数；

λ_d——排气系数；

λ_0——容积系数；

μ——黏度，$Pa·s$；

ρ——密度，kg/m^3。

▶ **本章学习指导** ▶ ▶

1. 本章学习目的

本章是流体力学原理的应用。通过学习掌握工业上最常用的流体输送机械的基本结构、工作原理及操作特性,以便根据生产工艺要求,合理选择和正确使用输送机械,以实现高效、可靠、安全的运行。

2. 本章应掌握的内容

本章应重点掌握离心泵的工作原理、操作特性及选型。

通过和离心泵的对比,掌握其他液体和气体输送机械的特性。

3. 本章学习中应注意的问题

在学习过程中,加深对流体力学原理的理解,并从工程应用角度出发,达到经济、高效、安全地实现流体输送。确定输送机械在特定管路系统中的工作点是本章的核心。

▶ **本章学习要点** ▶ ▶

一、概述

(一)管路系统对流体输送机械性能的要求

流体输送是化工生产及日常生活中最常见、最重要的单元操作之一。从输送的工程目的出发,了解管路系统(体现为管路特性曲线)对输送机械的性能要求:

①应满足工艺上对流量及能量(压头、风压或压缩比)的要求。

②结构简单,质量轻,设备费低。

③操作效率高,日常操作费用低。

④能适应物料特性(如黏度、腐蚀性、含固体物质等)要求。

(二)输送机械的分类

1. 根据被输送流体的种类或状态分类

通常将输送液体的机械称为泵,将输送气体的机械按其产生压强的高低分别称之为通风机、鼓风机、压缩机及真空泵。

2. 根据工作原理分类

按照工作原理,流体输送机械大致可分为表 2-1 所列的四大类。

表 2-1　输送机械按工作原理分类

机械类型 / 流体状态	离心式	回转式	往复式	流体作用式
液体输送	离心泵、旋涡泵及轴流泵	齿轮泵、螺杆泵	往复泵、计量泵	喷射泵、酸蛋
气体压送	离心式通风机、鼓风机、压缩机	罗茨鼓风机、液环压缩机与真空泵	往复压缩机与真空泵	蒸汽喷射真空泵

表 2-1 中的回转式及往复式输送机械称为容积式(又称正位移式或定排量式),其突出特点是在一定工况下能保持被输送流体的排出量恒定,而不受管路压头或压强的影响。

二、液体输送机械

一般地讲,根据流量和压头的关系,液体输送机械分为离心式(离心泵、旋涡泵)和正位移式(包括表 2-1 中的回转式与往复式)两大类。各种类型泵都有其自身特点和适用场合,在设计和使用时应视具体情况正确选择。

（一）离心泵

离心泵不仅因其结构简单、流量均匀、易于控制及调节、可用耐腐蚀材料制造等优点，因而应用广泛，而且还在于将其作为流体力学应用的一个实例，具有典型性。

1. 离心泵的工作原理和基本结构

（1）工作原理　依靠高速旋转的叶轮，液体在惯性离心力作用下自叶轮中心被抛向外周并获得能量，最终体现为液体静压能的增加。

围绕工作原理，应搞清楚如下概念和术语：离心泵无自吸力，启动前要"灌泵"，吸入管路安装单向底阀，以避免气缚现象发生。

（2）基本结构　离心泵的基本结构分为两部分：

①供能装置——叶轮，按机械结构分为闭式、半闭式与开式；按吸液方式分单吸式（注意轴向推力及平衡孔）、双吸式两种；按叶片形状分后弯式、径向式及前弯式。

②集液及转能装置——蜗壳及导向轮。

蜗牛形泵壳、后弯叶片及导向轮均可使动能有效地转化为静压能，提高泵的效率。

另外，泵的轴封装置有填料函、机械（端面）密封两种。

2. 离心泵的基本方程

离心泵的基本方程是从理论上描述在理想情况下离心泵可能达到的最大压头（又称扬程）与泵的结构、尺寸、转速及液体流量诸因素之间关系的表达式。由于影响因素的复杂性，很难提出一个定量表达上述诸因素之间关系的方程，工程上常采用数学模型法来研究此类问题。

数学模型法是半经验半理论的方法。该方法是在对实际过程的机理深入分析的基础上，抓住过程的本质，作某些合理简化，建立物理模型，进行数字描述，得到数学模型，再通过实验测定模型参数。

具体到液体在叶轮中的复杂运动，首先作一些简化假设，即

①叶轮为具有无限多、无限薄的叶片组成的理想叶轮。

②被输送的是理想液体。

③泵内液体为定态流动过程。

按上面简化假设，提出了速度三角形的物理模型，依离心力做功为基础，推导离心泵的基本方程。

离心泵基本方程的推导紧紧扣住一个主题——提高液体的静压能。离心泵基本方程有如下两种表达式。

（1）离心泵的工作原理表达式

$$H_{T,\infty} = \frac{u_2^2 - u_1^2}{2g} + \frac{w_1^2 - w_2^2}{2g} + \frac{c_2^2 - c_1^2}{2g} \tag{2-1}$$

下标 1、2 分别表示叶片的入口和出口。

式（2-1）说明离心泵的理论压头由两部分组成，其右边前两项代表液体流经叶轮后所增加的静压能，以 H_p 表示；右边最后一项说明液体流经叶轮后所增加的动能，以 H_c 表示，其中有一部分转变为静压能，即

$$H_p = \frac{u_2^2 - u_1^2}{2g} + \frac{w_1^2 - w_2^2}{2g} \tag{2-2}$$

$$H_c = \frac{c_2^2 - c_1^2}{2g} \tag{2-3}$$

则 $\qquad H_{T,\infty} = H_p + H_c \tag{2-1a}$

（2）分析影响因素的表达式

$$H_{T,\infty} = \frac{u_2^2}{g} - \frac{u_2 \cot \beta_2}{g \pi D_2 b_2} Q_T \tag{2-4}$$

泵的理论流量表达式为

$$Q_T = C_{r,2} \pi D_2 b_2 \tag{2-5}$$

式中 $C_{r,2}$ 为液体在叶轮出口处绝对速度的径向分量,m/s。

式（2-4）表明了离心泵的理论压头与理论流量、叶轮的转速和直径、叶片几何形状之间的关系,用于分析各项因素对 $H_{T,\infty}$ 的影响,即

①离心泵的理论压头随叶轮转速与直径的增大而提高,此即比例定律与切割定律的理论根据。

②对后弯叶片: $H_{T,\infty} < u_2^2/2g$,这种结构可减小能量损失,增加静压能,提高效率。

③对后弯叶片:因 $\cot \beta_2 > 0$,理论压头随理论流量的增加而下降,即

$$H_{T,\infty} = A - G'Q_T \tag{2-4a}$$

式中 $A = u_2^2/g$ 及 $G' = u_2 \cot \beta_2/(g \pi D_2 b_2)$。

考虑各种损失,泵的特性方程为

$$H = Aa - GQ^2 \tag{2-4b}$$

④离心泵的理论压头与液体密度无关,但泵出口的压强与液体密度成正比。

3. 离心泵的性能参数与特性曲线

（1）离心泵的性能参数　离心泵的主要性能参数包括如下四项,即

①流量 Q:离心泵在单位时间内排送到管路系统的液体体积,单位为 m^3/s 或 m^3/h。Q 与泵的结构、尺寸、转速等有关,还受管路特性所影响。

②压头 H:离心泵的压头又称扬程,它是指离心泵对单位重量（1 N）液体所提供的有效能量,单位为 m。H 与泵的结构、尺寸、转速及流量有关。泵压头 H 通常在特定转速下于图 2-1 所示的装置用清水来测定。其测定式为

$$H = h_0 + H_1 + H_2 + \frac{u_2^2 - u_1^2}{2g} \tag{2-6}$$

由于两测压口之间管路很短,其间的压头损失忽略不计。

③效率 η:效率用来反映离心泵中的容积损失、机械损失和水力损失三项能量损失的总影响,称总效率。一般小型泵的效率为 50% ~ 70%,大型泵的效率可达 90%。

④有效功率和轴功率

$$N_e = HgQ\rho \tag{2-7}$$

$$N = N_e/(1\ 000\eta) = HQ\rho/(102\eta) \tag{2-8}$$

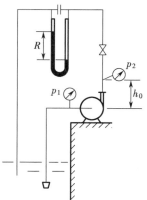

图 2-1　离心泵性能参数测量装置

（2）离心泵的特性曲线　表示离心泵的压头 H、功率 N、效率 η 与流量 Q 之间关系的曲线称为离心泵的特性曲线或工作性能曲线。特性曲线是在固定转速下用 20 ℃ 的清水于常压下由实验测定。对于离心泵特性曲线,应掌握如下要点:

①每种型号的离心泵在特定转速下有其独有的特性曲线。

②在固定转速下,离心泵的流量和压头不随被输送流体的密度而变,泵的效率也不随密度而变,但泵的轴功率与液体密度成正比。

③当 $Q=0$ 时,轴功率最低,启动泵和停泵应关闭出口阀。停泵关闭出口阀还有防止设备内液体倒流、防止损坏泵的叶轮的作用。

④若被输送液体黏度比清水的大得多时(运动黏度 $\nu > 20 \times 10^{-5}\,\mathrm{m^2/s}$),泵的流量、压头都减小,效率下降,轴功率增大,即泵原来的特性曲线不再适用,需要进行换算。

⑤当离心泵的转速或叶轮直径发生变化时,其特性曲线需要进行换算。在忽略效率变化的前提下,采用如下两个定律进行换算:

比例定律 $\quad \dfrac{Q_1}{Q_2}=\dfrac{n_1}{n_2};\dfrac{H_1}{H_2}=\left(\dfrac{n_1}{n_2}\right)^2;\dfrac{N_1}{N_2}=\left(\dfrac{n_1}{n_2}\right)^3$ (2-9)

切割定律 $\quad \dfrac{Q}{Q'}=\dfrac{D_2}{D'_2};\dfrac{H}{H'}=\left(\dfrac{D_2}{D'_2}\right)^2;\dfrac{N}{N'}=\left(\dfrac{D_2}{D'_2}\right)^3$ (2-10)

⑥离心泵铭牌上所标的流量和压头,是泵在最高效率点所对应的性能参数(Q_s、H_s、N_s),称为设计点。泵应在高效区(即 92% η_{max} 的范围内)工作。

4. 离心泵的工作点与流量调节

(1)管路特性方程及特性曲线

$$H_e = \Delta Z + \frac{\Delta p}{\rho g} + \frac{\Delta u^2}{2g} + \left(\lambda\,\frac{l+\Sigma l_e}{d}+\Sigma\zeta\right)\frac{u^2}{2g}$$ (2-11)

在特定管路系统中,于一定条件下工作时,若输送管路的直径均一,忽略摩擦系数 λ 随 Re 的变化,则上式可写作

$$H_e = K + BQ_e^2$$ (2-11a)

此式即管路特性方程,它表明管路中液体的流量 Q_e 与压头 H_e 之间的关系。表示 H_e 与 Q_e 的关系曲线称为管路特性曲线。

(2)离心泵的工作点 联立求解管路特性方程和离心泵特性方程所得的流量和压头即为泵的工作点。若将离心泵的特性曲线 H—Q 与其所在管路特性曲线 H_e—Q_e 绘于同一坐标上,两线交点 M 称为泵在该管路上的工作点,如图2-2所示。该点所对应的流量和压头既能满足管路系统的要求,又为泵所能提供。

需要强调指出,同一台离心泵装在不同管路系统时,转速固定,泵的特性曲线并不发生变化,但泵的工作点却受管路特性所制约。这一点将在后面举例说明。

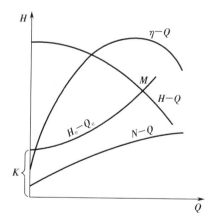

图2-2 离心泵特性曲线与工作点

(3)离心泵的流量调节 离心泵的流量调节即改变泵的工作点,可通过改变管路特性或泵的特性来实现。

①改变管路特性。调节泵出口阀的开度便改变了管路特性曲线,从而改变了泵的工作点。此法操作简便,工程上广泛采用,其缺点是关小阀门时,额外增加了动力消耗,不够经济。

②改变泵的特性。在冬季和夏季送水量相差较大时,用比例定律或切割定律改变泵的性能参数或特性曲线,此法甚为经济。

③泵的并联或串联操作。泵的并联或串联操作按下列三个原则选择:当单台泵的压头低于管路系统所要求的压头时,只能选择泵的串联操作;对高阻型管路系统(即管路特性曲线较陡,如图 2-3 中曲线 1),两台泵串联可获得较大流量,如图中的 Q_1'(串联) $> Q_1''$(并联) $> Q_1$(单台);对低阻型管路系统(即管路特性曲线较平坦,如图 2-3 中曲线 2),两台泵并联可获得较大流量,如图中的 Q_2''(并联) $> Q_2'$(串联) $> Q_2$(单台)。

5. 离心泵的安装高度

离心泵的安装高度受液面上的压强 p_0、流体的性质及流量、操作温度及泵本身性能所影响。安装合理的泵,在一年四季操作中都不应该发生气蚀现象。

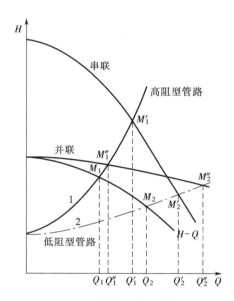

图 2-3　泵的并联和串联

(1)离心泵安装高度的限制　在图 2-1 所示的贮槽液面(为 0 - 0 截面)与离心泵吸入口截面(为 1 - 1 截面)之间列伯努利方程,得

$$H_g = \frac{p_0 - p_1}{\rho g} - \frac{u_1^2}{2g} - H_{f,0-1} \qquad (2-12)$$

若液面上方为大气压强,则上式变为

$$H_g = \frac{p_a - p_1}{\rho g} - \frac{u_1^2}{2g} - H_{f,0-1} \qquad (2-12a)$$

离心泵的安装高度受泵吸入口附近最低允许压强的限制,其极限值为操作条件下液体的饱和蒸气压 p_v。泵吸入口附近压强等于或低于 p_v,将发生气蚀现象。泵的扬程较正常值下降 3% 以上即标志着气蚀现象产生。

气蚀的危害是:

①泵体产生振动与噪音。

②泵的性能(Q,H 与 η)下降。

③泵壳及叶轮冲蚀(点蚀到裂缝)。

注意区别气缚现象与气蚀现象。

(2)离心泵的允许安装高度

①离心泵的抗气蚀性能——气蚀余量:为防止气蚀现象发生,在泵吸入口处液体的静压头 $p_1/(\rho g)$ 与动压头 $u_1^2/(2g)$ 之和必须大于液体在操作温度下的饱和蒸气压头 $p_v/(\rho g)$ 某一最小值,此最小值即离心泵的气蚀余量,即

$$NPSH = \frac{p_1}{\rho g} + \frac{u_1^2}{2g} - \frac{p_v}{\rho g} \qquad (2-13)$$

在 IS 系列泵的手册中列出必需气蚀余量 $(NPSH)_r$ 的数据。按标准规定,实际气蚀余量 $NPSH$ 为 $(NPSH)_r + 0.5$ m。其值随流量增大而加大。

注意,离心油泵的允许气蚀余量常用 Δh 表示。

②离心泵的允许安装高度:将式(2-13)与式(2-14)的关系代入式(2-12),便可得到泵的允许安装高度计算式,即

$$H_g = \frac{p_a - p_v}{\rho g} - NPSH - H_{f,0-1} \qquad (2-14)$$

离心泵的安装高度应以当地操作的最高温度和最大流量为依据。

工程上为了安全起见,离心泵的实际安装高度比允许安装高度 H_g 还要低 $0.5 \sim 1.0$ m。

若泵的允许安装高度较小时,可采取措施减小 $H_{f,0-1}$,或把泵安装在液面下,利用位差使液体自动灌入泵壳内。

6. 离心泵的类型及选择

离心泵种类齐全,能适应各种不同用途,选泵时应注意以下几点:

①根据管路在最大的流量和压头下要求的 Q_e 和 H_e 选泵时,要使泵所提供的 Q 与 H 略大于 Q_e 和 H_e,并要使泵在高效率区操作。泵的型号选出后,要列出泵的性能参数。

②当单台泵不能满足管路要求的 Q_e 和 H_e 时,可考虑泵的并联或串联。

③当被输送液体密度大于水的密度时,要核算泵的轴功率。

另外,要会利用泵的系列特性曲线选泵。

7. 离心泵的相关内容联系图

为了清晰起见,将离心泵的相关内容列于图2-4,供参考。

(二)其他类型液体输送机械

在全面掌握离心泵的基础上,通过对比,了解不同类型液体输送机械的特点,最后能根据介质性质和工艺要求,经济合理地选择适宜类型和型号的输送机械。表2-2 为几种类型泵的性能比较。

表2-2　几种典型泵的性能比较

泵的类型	旋转式			往复式	流体作用式
	离心泵(IS、AY、F、P)	旋涡泵	齿轮泵、螺杆泵	往复泵	喷射泵,酸蛋等
工作原理	惯性离心力(无自吸力——灌泵,防气缚)		吸入空间(低压)和排出空间(高压)吸液与排液	活塞的往复运动	能量转换
特性曲线				正位移(定排量)泵,H 随管路要求	
操作特性	启动前灌泵,关出口阀;连续吸液与排液;出口阀开度调流量	启动前灌泵,不能关出口阀;连续吸液与排液;支路调流量	启动前不灌泵,不能关出口阀;连续吸液与排液;支路调流量	启动时不灌泵,不能关出口阀;周期吸液与排液;支路(冲程)调流量	无运动部件,可连续排液
适用场合	不太黏稠液体;流量大,中等压头	低黏度清洁液体,小流量,较高压头	膏糊状黏稠液体,小流量,高压头	黏性不含杂质液体,小流量,高压头	腐蚀性液体

一、性能参数与离心泵特性曲线

1. 流量 Q——单位时间通过泵的液体量，m^3/s 或 m^3/h；

2. 扬程（压头）H——1N 液体通过泵获得的有效能，m；

测量式：$H = h_0 + H_1$（真空度）$+ H_2$（出口压强）

3. 效率 η——外加能量利用的程度，由水力、容积及机械三个效率的乘积决定；

4. 有效功率 $N_e = W_e w_s = HgQ\rho$

轴功率 $N = N_e/\eta = HQ\rho/(102\eta)$

5. 泵的特性曲线（一定转速下，常温清水为工质，在常压下测得）。

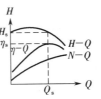

二、影响因素分析

1. 由基本方程，对后弯叶片：$H_{T,\infty}$ 与 ρ 无关，$H_{T,\infty} \propto \omega^2 R^2$，

$Q \uparrow, H_{T,\infty} \downarrow$；

2. ρ 变化：对泵本身，Q、H、η 不变，而 $N \propto \rho$（但 Q、H、η 受管路特性制约）；

3. μ 加大：$Q \downarrow, H \downarrow, \eta \downarrow, N \uparrow$；

$Q' = C_Q Q, H' = C_H H, \eta' = C_\eta \eta$（$C$ 小于 1）

4. 泵转速 n 变化——比例定律

$$\frac{Q'}{Q} = \frac{n'}{n}; \frac{H'}{H} = \left(\frac{n'}{n}\right)^2; \frac{N'}{N} = \left(\frac{n'}{n}\right)^3$$

5. 叶轮直径 D 变化——切割定律

$$\frac{Q'}{Q} = \frac{D'}{D}; \frac{H'}{H} = \left(\frac{D'}{D}\right)^2; \frac{N'}{N} = \left(\frac{D'}{D}\right)^3$$

性能参数 ↑ 影响因素

1. 允许气蚀余量

$$NPSH = \frac{p_1}{\rho g} + \frac{u^2}{2g} - \frac{p_v}{\rho g}$$

2. 允许安装高度 H_g

$$H_g = \frac{p_a - p_v}{\rho g} - NPSH - H_{f,0-1}$$

3. 气蚀与防止措施

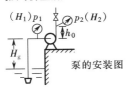

泵的安装图

安装

工作原理，基本结构，基本方程

一、工作原理：依靠惯性离心力而连续吸液和排液。

无自吸力——灌泵——吸入管单向阀。

二、基本结构：着眼于提高液体的静压能（结构分析）。

叶轮——供能装置（分类）；

蜗壳——集液及转能装置；

后弯叶片、蜗壳、导向轮——使 η 提高；

轴封——填料及端面密封。

三、基本方程（理想流体理想泵）

$$H_{T,\infty} = \frac{u_2^2 - u_1^2}{2g} + \frac{w_1^2 - w_2^2}{2g} + \frac{c_2^2 - c_1^2}{2g}$$

或 $H_{T,\infty} = \dfrac{u_2^2}{g} - \dfrac{u_2 \cot \beta_2}{g\pi D_2 b_2} Q_T$

泵特性方程 $H = Aa - GQ^2$

选型

一、分类

1. 根据用途分为清水泵（IS、D、Sh）、油泵（AY 型）、耐腐蚀泵（F 型）、杂质泵（P 型、PW、PS、PN）；

2. 根据结构分为单级与多级、单吸与双吸。

二、泵的选型

1. 根据工作介质和操作条件选类型；

2. 根据 Q 和 H 选型号，列出泵的性能参数（Q、H、η、N）；

3. 当 $\rho > \rho_{H_2O}$ 时，核算功率 N。

泵的操作 ↓ 流量调节

一、操作

1. 启动前应先灌泵（无自吸力，防气缚）；

2. 启动时关闭出口阀（降低启动功率），停泵也应先关闭出口阀；

3. 泵的工作点：泵的特性曲线与管路特性曲线的交点，它表明泵提供的流量 Q 和压头 H 与管路要求的 Q_e 和 H_e 一致。

管路 $H_e = \Delta Z + \dfrac{\Delta p}{\rho g} + BQ_e^2 = K + BQ_e^2$

泵的压头 $H = Aa - GQ^2$

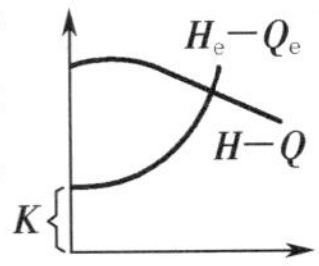

二、流量调节

1. 改变管路特性曲线——调节泵的出口阀开度（最常用、方便，但增加能量损失）；

2. 改变泵的特性曲线：

(1) 调泵的转速 n（需增加变速装置）；

(2) 更换泵的叶轮（季节性流量调节）；

(3) 泵的并联或串联。

3. 当泵的出口连到密闭容器（表压或真空度）时，工质 ρ 变大而 Δp 不变，则输送流量相应加大（$H \downarrow$、$Q \uparrow$、$N \uparrow$）。

图 2-4　离心泵相关内容联系图

表 2-2 中,往复泵的理论流量可按下式计算:

单动泵　　$Q_T = A S n_r$ 　　　　　　　　　　　　　(2-15)

双动泵　　$Q_T = (2A - a) S n_r$ 　　　　　　　　　(2-16)

三、气体输送和压缩机械

(一)气体压送机械分类

根据工程应用目的,气体压送机械有如下效能:

①克服管路阻力,进行气体输送或通风。

②产生高压气体,如制冷、空气液化及合成氨生产等均需增高气体压强。

③从设备中抽出气体,产生真空。

1. 根据结构和工作原理分类

根据给予气体机械能的工作原理,气体压送机械可分为离心式、旋转式、往复式及流体作用式。

2. 根据出口气体的压强或压缩比(出口与入口气体绝对压强比值)分类

(1)通风机　按照出口风压将离心式通风机分为三类:

低压通风机　出口风压 $H_T \leq 0.981 \times 10^3$ Pa(表压强)

中压通风机　出口风压 $H_T = (0.981 \sim 2.94) \times 10^3$ Pa(表压强)

高压通风机　出口风压 $H_T = (2.94 \sim 14.7) \times 10^3$ Pa(表压强)

气体经过风机前后绝压变化不超过20%,可当作不可压缩流体处理,故离心泵基本方程可用来分析离心式通风机的性能。

(2)鼓风机　终压为 14.7 ~ 294 kPa(表压强),压缩比不大于4。

(3)压缩机　终压大于 294 kPa(表压强),压缩比大于4。

(4)真空泵　终压为大气压强,压缩比由真空度决定。

(二)离心式通风机

1. 性能参数与特性曲线

(1)风量 Q　风量是指单位时间从风机出口排出的气体体积,但以风机进口处的气体状态计,计量单位为 m^3/h。

(2)风压 H_T　风压是指单位体积气体通过风机时所获得的能量,计量单位为 J/m^3 或 Pa,习惯上用 mmH_2O 表示。

风机的全风压由静风压与动风压组成,即

$$H_T = (p_2 - p_1) + \rho u_2^2 / 2 \tag{2-17}$$

风机铭牌或手册中所列的全风压 H_T 是在气体密度为 1.2 kg/m³(20 ℃、101.33 kPa 条件)时测得的,当工作条件与实验条件不一致时,要把工作条件下的 H_T' 换算为实验条件下的 H_T,然后按 H_T 选择风机,即

$$H_T = H_T' \left(\frac{1.2}{\rho'} \right) \tag{2-18}$$

(3)轴功率与效率

$$N = H_T Q_s / (1\,000\eta) \tag{2-19}$$

注意用式(2-19)计算 N 时,H_T 与 Q_s 必须是同一状态下的数值。

离心通风机的特性曲线如图 2-5 所示。与离心泵的特性曲线相比,此处增加了一条静

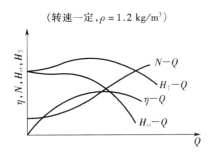

图 2-5　离心通风机的特性曲线

8-18 型或 9-27 型风机。

③根据风量 Q 和 H_T 选型号。

④当 $\rho' > 1.2 \ \mathrm{kg/m^3}$ 时,要核算轴功率 N。

(三)往复压缩机

往复压缩机的结构、工作原理、操作特性等与往复泵基本相似,但由于气体的压缩性和压缩过程中温度明显升高,因而带来了一些特殊性,如汽缸及级间冷却、余隙的影响等。往复压缩机的实际压缩循环如图 2-6 所示。

1. 往复压缩机的特性参数

(1)排气量 $V_{\min}$　通常将单位时间内排出的气体体积换算为入口状态下的数值,计量单位为 $\mathrm{m^3/min}$。

$$V_{\min} = \lambda_d V'_{\min} \tag{2-20}$$

排气系数 λ_d 的数值范围为 $(0.8 \sim 0.95)\lambda_0$。

$$V'_{\min} = ASn_r（单动） \tag{2-21}$$

$$= (2A - a)Sn_r（双动） \tag{2-21a}$$

容积系数 λ_0 数值范围为 $0.7 \sim 0.92$。

$$\lambda_0 = \frac{V_1 - V_4}{V_1 - V_3} = 1 - \varepsilon\left[\left(\frac{p_2}{p_1}\right)^{\frac{1}{m}} - 1\right] \tag{2-22}$$

余隙系数 ε_0 的数值一般在 8% 以下。

$$\varepsilon = \frac{V_3}{V_1 - V_2} \tag{2-23}$$

风压 H_{st} 随流量 Q 的变化曲线。

2. 离心通风机的选择

与离心泵的选择遵循相似的步骤:

①由生产任务与管路布局,根据伯努利方程计算输送系统所需的实际风压 H'_T,再按式(2-20)换算为实验条件下的 H_T。

②根据输送气体性质(如清洁气体,易燃、易爆或腐蚀性等)与风压范围,确定风机的类型,如输送清洁的空气或与空气性质相近似的气体,可选用 4-72 型、

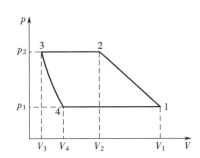

图 2-6　往复压缩机的实际压缩循环

(2)理论压缩功 W

$$W = \int_{p_1}^{p_2} V \mathrm{d}p \begin{cases} = p_1 V_1 \ln\dfrac{p_2}{p_1}（等温） & (2\text{-}24) \\[3mm] = p_1 V_1 \dfrac{k}{k-1}\left[\left(\dfrac{p_2}{p_1}\right)^{\frac{k-1}{k}} - 1\right]（绝热） & (2\text{-}24a) \\[3mm] = p_1 V_1 \dfrac{m}{m-1}\left[\left(\dfrac{p_2}{p_1}\right)^{\frac{m-1}{m}} - 1\right]（多变） & (2\text{-}24b) \end{cases}$$

绝热压缩时,排出气体的温度为

$$T_2 = T_1 \left(\frac{p_2}{p_1} \right)^{\frac{k-1}{k}} \tag{2-25}$$

（3）理论功率

$$N_a = p_1 V'_{\min} \frac{m}{m-1} \left[\left(\frac{p_2}{p_1} \right)^{\frac{m-1}{m}} - 1 \right] \tag{2-26}$$

（4）轴功率和效率

$$N = N_a / \eta_a \tag{2-27}$$

2. 多级压缩

当工艺上要求压缩比 $\frac{p_2}{p_1} > 8$ 时，应考虑采用多级压缩。多级压缩的优点是：避免排出气体温度过高；减少功耗；提高汽缸容积利用率（即保持 λ_0 在较高范围）；压缩机结构更加合理，从而提高压缩机的经济效益。

多级压缩中，每级压缩比相同时最省功。每级压缩比为

$$x = \left(\frac{p_n}{p_0} \right)^{1/i} \tag{2-28}$$

（四）其他类型气体压送机械

几种典型气体压送机械的操作特性与适用场合如表 2-3 所示。

表 2-3　典型气体压送机械的操作特性与适用场合

机械类型		出口压强（kPa）	操作特性	适用场合
离心式	通风机	低 0.981（表） 中 2.94（表） 高 14.7（表）	风量大（可达 186 300 m^3/h），连续均匀，通过出口阀或风机并串联调节流量	主要用于通风
	鼓风机 （透平式）	≤294（表）	多级，温升不高，不设级间冷却装置	主要用于高炉送风
	压缩机 （透平式）	>294（表）	多级，段间设冷却装置	气体压缩
往复式	压缩机	低压 <981 中压 981～9 810 高压 >9 810	脉冲式供气，支路调节流量，高压时要采用多级，级间设冷却装置	适用于高压气体场合，如合成氨生产
旋转式	罗茨鼓风机	181	流量可达 120～3×10⁴ m^3/h，支路调流量	操作温度不大于 85℃
	液环压缩机 （纳氏泵）	490～588（表）	风量大，供气均匀	腐蚀性气体压送（如 H_2SO_4 作工质送 Cl_2）
真空泵*	水环真空泵	最高真空度 83.4	结构简单，操作平稳可靠	可产生真空，也可用作鼓风机
	蒸汽喷射真空泵	0.07～13.3	结构简单，无运动部件	多级可达高的真空度

* 所有压缩机，当其入口连到设备上时，均可用作真空泵。

🔹🔹🔹　**本章小结**　🔹🔹🔹

本章将离心泵作为流体力学原理应用的典型实例加以重点讨论。在学习中着重理解或

掌握如下几个方面的内容。

离心泵的主要零部件、工作原理及其基本方程的介绍都是围绕提高液体静压能而展开的,要理解设计思想,掌握提高液体静压能的措施。

掌握离心泵的性能参数、特性曲线及实验测定方法。

掌握离心泵在管路中的运行特性,包括管路特性方程、工作点、流量调节方法、安装高度的确定原则。

了解离心泵的类型及选用方法。

离心泵各知识点的相互关系见图2-4。

其他类型的流体输送机械的工作原理、结构特点、操作性能通过与离心泵的比较来理解和掌握,请参见表2-2及表2-3。其中应注意掌握往复泵、离心风机及往复压缩机的有关内容。

▶ 例题与解题指导 ▶ ▶

本章通过对流体输送过程有关参数的计算,加深对流体力学基本原理的理解,掌握典型输送机械的操作特性。解题的基本方程仍然是连续性方程、伯努利方程和流动阻力方程。

[**例 2-1**] 在图 2-1 所示的实验装置上,用 20 ℃的清水测定离心泵的性能参数。泵的吸入管内径为 80 mm,压出管内径为 50 mm,孔板流量计的孔径 d_0 为 28 mm,两测压口之间的垂直距离 $h_0 = 0.4$ m,泵的转速为 2 900 r/min,实验测得一组数据为:压差计读数 $R = 725$ mm,指示液为汞;泵入口处真空度 $p_1 = 70.0$ kPa;泵出口处表压强 $p_2 = 226$ kPa;电动机功率为 2.25 kW;泵由电动机直接带动,电动机效率为 92%。

试求该泵在操作条件下的流量、压头、轴功率和效率,并列出泵的性能参数。

解:本题涉及实验测定泵的性能参数的计算,关键是根据压差计读数 R 求出流量。因孔流系数 C_0 为未知,故需试差计算。

(1)泵的流量

$$A_0/A_2 = (28/50)^2 = 0.313\ 6$$

假设 C_0 在常数区,则由 A_0/A_2 值从图查得 $C_0 = 0.635$,则

$$u_0 = C_0 \sqrt{\frac{2R(\rho_A - \rho)g}{\rho}} = 0.635 \sqrt{\frac{2 \times 0.725(13\ 600 - 1\ 000) \times 9.807}{1\ 000}} = 8.5 \text{ m/s}$$

核算 C_0 是否在常数区

$$u_2 = u_0 \left(\frac{d_0}{d_2}\right)^2 = 8.5 \times 0.313\ 6 = 2.666 \text{ m/s}$$

20 ℃下水的黏度 $\mu = 1.005 \times 10^{-3}$ Pa·s

$$Re = \frac{du\rho}{\mu} = \frac{0.05 \times 2.666 \times 1\ 000}{1.005 \times 10^{-3}} = 1.326 \times 10^5 > Re_c = 9.5 \times 10^4$$

原假设正确,求得的 $u_0(u)$ 有效。

$$Q = A_0 u_0 = \frac{\pi}{4}(0.028)^2 \times 8.5 = 5.234 \times 10^{-3} \text{ m}^3/\text{s} = 18.84 \text{ m}^3/\text{h}$$

（2）泵的压头

泵的压头由式(2-6)计算,即

$$H = h_0 + H_1 + H_2 + \frac{u_2^2 - u_1^2}{2g}$$

式中　　$h_0 = 0.4$ m, $u_2 = 2.666$ m/s

$$H_1 = 70.0 \times 10^3 / (1\,000 \times 9.807) = 7.138 \text{ m}$$

$$H_2 = 226 \times 10^3 / (1\,000 \times 9.807) = 23.04 \text{ m}, u_1 = u_2 \left(\frac{d_2}{d_1}\right)^2 = 2.666 \left(\frac{50}{80}\right)^2 = 1.041 \text{ m/s}$$

所以　　$H = 0.4 + 7.138 + 23.04 + (2.666^2 - 1.041^2)/(2 \times 9.807) = 30.89$ m

（3）泵的轴功率和效率

$$N = 0.92 \times 2.25 = 2.07 \text{ kW}$$

$$\eta = N_e/N = HQ\rho/(102N) = \frac{30.89 \times 5.234 \times 10^{-3} \times 10^3}{102 \times 2.07} = 76.6\%$$

在操作条件下泵的性能参数为:转速 $n = 2\,900$ r/min,流量 $Q = 18.8$ m³/h,压头 $H = 30.9$ m,轴功率 $N = 2.07$ kW,效率 $\eta = 76.6\%$。

讨论:通过测定多组 H—Q、N—Q 及 η—Q 数据便可作出泵的特性曲线。在泵的特性曲线或性能参数表上一定要指明泵的转速,因为泵的转速改变,泵的特性曲线或性能参数均发生变化。

[例2-2]　假设在例2-1的泵入口真空度读数下,刚好出现气蚀现象,试求该泵在操作条件下的允许气蚀余量 $NPSH$。

当地大气压强为 100 kPa,20 ℃时水的饱和蒸汽压为 2.238 kPa。

解:本例涉及泵的气蚀性能实验的计算。根据定义计算 $NSPH$ 的极限值。

允许气蚀余量 $NPSH$

$$NPSH = \frac{p_1}{\rho g} - \frac{p_v}{\rho g} + \frac{u_1^2}{2g}$$

式中　$p_1 = p_a -$ 真空度 $= 100 - 70 = 30$ kPa

$p_v = 2.238$ kPa

$u_1 = 1.041$ m/s

所以　$NPSH = \frac{(30 - 2.238) \times 10^3}{1\,000 \times 9.807} + \frac{1.041^2}{2 \times 9.807} = 2.886$ m

讨论:该题的目的在于加深对离心泵的允许气蚀余量 $NPSH$ 的理解,并掌握泵抗气蚀性能参数的测定方法。

[例2-3]　用离心油泵将真空精馏塔底的釜液送至贮槽,其流程如本题附图所示。液体的流量为 7.5 m³/h,密度为 780 kg/m³,已知塔内液面上方的饱和蒸气压为 26 kPa。操作条件下泵的允许气蚀余量 $\Delta h = 3$ m,吸入管路的压头损失为 0.6 m,试估算:泵应安装在塔内液面下若干米?

解:该题为离心泵的安装高度计算问题。由于给出了允许气蚀余量 Δh 的值,故用式(2-14)确定安装高度,即

$$H_g = \frac{p_0 - p_v}{\rho g} - \Delta h - H_{f,0-1}$$

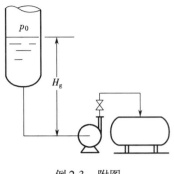

例2-3 附图

在本题给定条件下,液面上方的压强 p_0 即为溶液的饱和蒸气压 p_v,故泵的安装高度为

$$H_g = \frac{(26-26) \times 10^3}{780 \times 9.807} - 3 - 0.6 = -3.6 \text{ m}$$

得负值说明泵应安装在液面下。为安全起见,泵在液面下的高度需在 4.0 m 以上。

讨论: 当饱和蒸气在换热器中冷凝,用离心泵从冷凝器中抽出冷凝液,在确定泵的安装高度时,和本例的情况有相似之处。凡输送高温或低沸点液体,一般需将泵安装在液面之下。

[**例2-4**] 用离心泵将 20 ℃ 的清水送到某设备中,泵的前后分别装有真空表和压强表,如本题附图所示。已知泵吸入管路的压头损失为 2.2 m,动压头为 0.2 m,水面与泵吸入口中心线之间的垂直距离为 2.2 m,操作条件下泵的必需气蚀余量为 2.5 m。试求:

(1)真空表的读数(kPa)为若干?

(2)当水温由 20 ℃ 升至 60 ℃(此时饱和蒸汽压为 19.92 kPa)时,发现真空表与压强表读数跳动,流量骤然下降,试判断出了什么故障并提出排除措施。

当地大气压强为 98.1 kPa。

解: 该题的内容是伯努利方程的应用和泵的安装高度核算,现计算如下。

(1)真空表读数

以池内水面为 0-0 面,泵吸入管测压中心线为 1-1 截面,在两个截面之间列伯努利方程得

$$\frac{p_a}{\rho g} = Z_1 + \frac{u_1^2}{2g} + \frac{p_1}{\rho g} + H_{f,0-1}$$

整理上式得

$$\frac{p_a - p_1}{\rho g} = Z_1 + \frac{u_1^2}{2g} + H_{f,0-1}$$

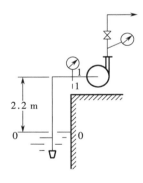

例2-4 附图

由题已知数据知:$Z_1 = 2.2$ m,$\dfrac{u_1^2}{2g} + H_{f,0-1} = 2.4$ m,所以

$$p_a - p_1 = \left(Z_1 + \frac{u_1^2}{2g} + H_{f,0-1} \right) \rho g$$

$$= (2.2 + 2.4) \times 1\,000 \times 9.807 = 45\,130 \text{ Pa}$$

此即真空表的读数——真空度。

(2)判断故障及排除故障措施

当水温从 20 ℃ 升至 60 ℃ 时,由于水的饱和蒸汽压增大,泵吸入口压强若低于操作温度下水的饱和蒸汽压,即可能出现气蚀现象,下面通过核算安装高度来验证。

20 ℃ 清水时,泵的允许安装高度为

$$H_g = \frac{p_a - p_v}{\rho g} - NPSH - H_{f,0-1} = \frac{(98.1 - 2.238) \times 10^3}{1\,000 \times 9.807} - (2.5 + 0.5) - 2.2 = 4.57 \text{ m}$$

允许安装高度大于实际安装高度,故可安全运行。

当输送 60 ℃水时,水的密度为 983.2 kg/m³,饱和蒸汽压为 19.92 kPa,则

$$H_g = \frac{(98.1 - 19.92) \times 10^3}{983.2 \times 9.807} - (2.5 + 0.5) - 2.2 = 2.91 \text{ m}$$

泵的实际安装高度应比允许安装高度再降低 0.5 ~ 1 m。显然,实际安装为 2.2 m 时,输送 60 ℃水可能出现气蚀现象。

防止气蚀现象发生的措施如下:

①降低泵的实际安装高度;

②适当加大吸入管径或采用其他措施减小吸入管路压头损失。

讨论:当其他条件相同时,水温升高、流量加大,泵的允许安装高度下降,故确定 H_g 时应以一年四季中最高水温和最大流量为依据。

[**例2-5**] 用离心泵将 20 ℃的清水(密度取 1 000 kg/m³)从水池送往敞口的高位槽,在泵的入口和出口分别装有真空表和压强表。泵在一定转速、阀门 C 开度下,测得一组数据:泵的流量 Q、压头 H、真空度 p_1、压强 p_2、功率 N。现分别改变如下某一条件,试判断上面五个参数将如何变化。

(1)将泵的出口阀 C 的开度加大;

(2)改送密度为 1 200 kg/m³ 的水溶液(其他性质与水相近);

(3)泵的转速提高 8%;

(4)泵的叶轮直径减小 5%。

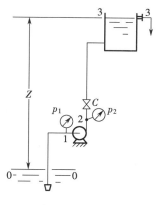

例2-5 附图1

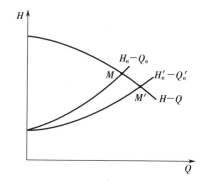

例2-5 附图2

解:本题的内容为根据泵的基本方程讨论影响泵性能的因素,从应用角度出发,讨论泵的流量调节方法。截面和基准面的选取如本例附图1所示。

(1)加大阀门 C 的开度

阀门开度加大,减小了管路局部阻力,从而改变了管路特性曲线,使泵的工作点从 M 移至 M′,如本题附图2所示。从图中看出,此时流量加大,压头降低,泵的功率随 Q 加大而增加。

泵入口真空表读数如何变化,可从 0-0 液面与泵入口管测压中心线之间列伯努利方程来判断:

$$Z_0 + \frac{p_a}{\rho g} + \frac{u_0^2}{2g} = Z_1 + \frac{p_1}{\rho g} + \frac{u_1^2}{2g} + H_{f,0-1}$$

$$\frac{p_a - p_1}{\rho g} = (Z_1 - Z_0) + \frac{u_1^2}{2g} + H_{f,0-1}$$

随 Q 加大,$u_1^2/2g$ 与 $H_{f,0-1}$ 均增加,而($Z_1 - Z_0$)不变,故真空表的读数将变大。

根据离心泵的基本方程,对于后弯叶片,在泵的叶轮尺寸和转速一定的条件下,流量加大,泵的压头下降(泵的特性曲线显示同样规律),因而泵的出口压强表读数 p_2 将随着离心泵流量 Q 的加大而降低,泵实验中也证实这一点。从 0-0 液面与 2-2 截面之间列伯努利方程,可得到与实验结果一致的结论。

(2)改送水溶液

从泵的理论流量方程和泵的基本方程看出,当泵的转速 n、叶轮外径 D_2 不变,且当 $p_3 - p_a = 0$ 时,泵的 Q、H 与液体密度 ρ 无关,故改送水溶液这两个参数将不发生变化;而 $N = HQ\rho/(102\eta)$,N 随 ρ 加大而增大,根据伯努利方程可判断泵的真空表和压强表读数均增大。

(3)泵的转速提高 8%

根据泵的比例定律

$$\frac{Q_2}{Q_1} = \frac{n_2}{n_1} \quad \frac{H_2}{H_1} = \left(\frac{n_2}{n_1}\right)^2 \quad \frac{N_2}{N_1} = \left(\frac{n_2}{n_1}\right)^3$$

可看出,随 n 的提高,泵的流量 Q、压头 H、功率 N 均增大。同样,根据伯努利方程可判断泵的真空度和出口表压也上升。

(4)泵的叶轮直径减小 5%

根据泵的切割定律

$$\frac{Q'}{Q} = \frac{D_2'}{D_2} \quad \frac{H'}{H} = \left(\frac{D_2'}{D_2}\right)^2 \quad \frac{N'}{N} = \left(\frac{D_2'}{D_2}\right)^3$$

可见,Q、H 与 N 分别按 D_2 的一次方、二次方及三次方的规律下降。根据伯努利方程可知,泵的真空表和压强表读数同时减小。

讨论:从上面讨论可以看出,当泵的上下游均为开口容器或 $\Delta p = 0$ 时,泵的操作点不受液体密度 ρ 的影响;在泵的流量调节方法中,从操作上来说,改变出口阀开度非常简便,从节能角度考虑,宜采用改变转速或叶轮直径的方法。

[例 2-6] 如本题附图所示的输水系统,管路直径为 $\phi 80$ mm $\times 2$ mm,当流量为 36 m³/h 时,吸入管路的能量损失为 6 J/kg,排出管的压头损失为 0.8 m,压强表读数为 246 kPa,吸入管轴线到 U 形管汞面的垂直距离 $h = 0.5$ m,当地大气压强为 98.1 kPa,试计算:

(1)泵的扬程与升扬高度;

(2)泵的轴功率($\eta = 70\%$);

(3)泵吸入口压差计读数 R。

解:该题包括了伯努利方程、连续性方程、静力学方程的综合运用,解题技巧在于根据题给数据恰当选取截面,以便使计算过程清晰简化。

(1)泵的扬程与升扬高度

截面与基准面的选取如本题附图所示。

由题给条件,在 1-1 与 2-2 两截面之间列伯努利方程可直接求得泵的扬程,即

$$H = Z_2 + u_2^2/(2g) + p_2/(\rho g) + H_{f,1-2}$$

式中　　$Z_2 = 5$ m

$$u_2 = 36/\left(3\ 600 \times \frac{\pi}{4} \times 0.076^2\right) = 2.204 \text{ m/s}$$

$$p_2/(\rho g) = 246 \times 10^3/(1\ 000 \times 9.807) = 25.08 \text{ m}$$

$$H_{f,1-2} = 6/9.807 = 0.611\ 8 \text{ m}$$

所以　　$H = 5 + 2.204^2/(2 \times 9.807) + 25.08 + 0.611\ 8 = 30.94$ m

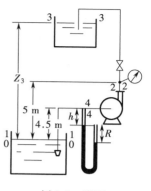

例 2-6　附图

在 1-1 与 3-3 两截面之间列伯努利方程并整理便可求得泵的升扬高度,即

$$Z_3 = H - H_{f,1-3} = 30.94 - (0.611\ 8 + 0.8) = 29.5 \text{ m}$$

(2)泵的轴功率

$$N = \frac{HQ\rho}{102\eta} = \frac{30.94 \times 36 \times 1\ 000}{3\ 600 \times 102 \times 0.7} = 4.33 \text{ kW}$$

(3)真空表读数 R

欲求真空表读数 R,需在 1-1、4-4 两截面之间列伯努利方程以计算泵入口处压强 p_4,然后再利用静力学方程求解。

由伯努利方程得

$$\frac{p_a}{\rho g} = Z_4 + \frac{p_4}{\rho g} + \frac{u_4^2}{2g} + H_{f,1-4}$$

整理上式并将有关数据代入得

$$p_4 = p_a - \left(Z_4 + \frac{u_4^2}{2g} + H_{f,1-4}\right)\rho g$$

$$= 98.1 \times 10^3 - \left(4.5 + \frac{2.204^2}{2 \times 9.807} + 0.611\ 8\right) \times 1\ 000 \times 9.807 = 45\ 540 \text{ Pa}$$

对 U 形管压差计列静力学方程得

$$p_a = R\rho_A g + h\rho g + p_4$$

$$R = (p_a - h\rho g - p_4)/(\rho_A g)$$

$$= (98\ 100 - 0.5 \times 1\ 000 \times 9.807 - 45\ 540)/(13\ 600 \times 9.807)$$

$$= 0.357\ 3 \text{ m}$$

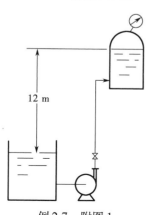

例 2-7　附图 1

讨论:通过该题(1)的计算,从概念上应该搞清楚泵的扬程是 1 N 流体从输送机械获得的有效能量,而升扬高度是伯努利方程中 ΔZ 的一项,切不可将二者混淆。

[**例 2-7**]　用离心泵向密闭高位槽送料,流程如本题附图 1 所示。在特定转速下,泵的特性方程为

$$H = 42 - 7.60 \times 10^4 Q^2 \quad (Q \text{ 的单位为 m}^3/\text{s})$$

当水在管内的流量 $Q = 0.01$ m³/s 时,流动进入阻力平方区。

(1)现改送密度 $\rho = 1\ 260$ kg/m³ 的水溶液(其他性质和水相近)时,密闭容器内维持表压 118 kPa 不变,试求输送溶液时的流量和有效功率;

（2）若将高位槽改为常压，送水量（m³/h）为若干？

解：（1）溶液的流量和有效功率

本题条件下，泵的特性方程和特性曲线不变，而当流动在阻力平方区时，管路特性方程中的比例系数 B 值保持恒定，在维持密闭高位槽表压强不变的情况下，随被输送液体密度加大，管路特性方程中的 K（$K = \Delta Z + \Delta p/\rho g$）值变小，因而管路特性曲线向下平移，从而导致泵的工作点向流量加大方向移动，如本例附图 2 中的曲线 2 所示。下面进行定量计算。

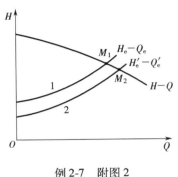

例 2-7　附图 2

输送清水时，管路特性方程为
$$H_e = \Delta Z + \Delta p/(\rho g) + BQ_e^2$$
将有关数据代入上式得
$$H_e = 12 + \frac{118 \times 10^3}{1\,000 \times 9.807} + BQ_e^2 = 24 + BQ_e^2$$
此式与泵的特性方程联解以确定 B 值：
$$42 - 7.60 \times 10^4 (0.01)^2 = 24 + B(0.01)^2$$
解得　　$B = 1.040 \times 10^5 \text{ s}^2/\text{m}^5$
当输送溶液时，B 值不变，管路特性方程变为
$$H'_e = 12 + \frac{118 \times 10^3}{1\,260 \times 9.807} + 1.040 \times 10^5 (Q'_e)^2$$
$$= 21.55 + 1.040 \times 10^5 (Q'_e)^2$$

此方程与泵的特性方程联解，便可求解改送溶液时的流量，即
$$42 - 7.60 \times 10^4 (Q')^2 = 21.55 + 1.040 \times 10^5 (Q')^2$$
解得　　$Q' = 0.010\,66 \text{ m}^3/\text{s}$
所以　　$H = 42 - 7.60 \times 10^4 \times 0.010\,66^2 = 33.36 \text{ m}$

泵的有效功率为
$$N_e = HQ'\rho/102 = 33.36 \times 0.010\,66 \times 1\,260/102 = 4.39 \text{ kW}$$

（2）高位槽改为常压的送水量

当高位槽改为常压时，管路特性方程中的 $\Delta p = 0$，则管路特性方程变为
$$H_e = 12 + 1.04 \times 10^5 (Q''_e)^2$$
此式与泵的特性方程联解，得到
$$Q'' = 0.012\,9 \text{ m}^3/\text{s}$$

讨论：由上面计算可知，当泵上下游两容器的压强差不为零时，被输送液体密度的变化必引起管路特性曲线的改变，从而导致泵工作点的移动。在本题条件下，密度加大，使泵的流量加大，压头下降，功率上升。同理，高位槽改为常压，管路曲线下移，引起流量、功率加大，压头下降。

［例 2-8］ 用离心泵向水洗塔送水。在规定转速下，泵的送水量为 0.013 m³/s，压头为 48 m。此时，管路进入阻力平方区。当泵的出口阀全开时，管路特性方程为
$$H_e = 26 + 1.0 \times 10^5 Q_e^2 \quad (Q_e \text{ 的单位为 m}^3/\text{s})$$
为了适应泵的特性，将泵的出口阀关小以改变管路特性。试求：

（1）因关小阀门而损失的压头；

（2）关小阀门后的管路特性方程。

解：因关小阀门而损失的压头为泵的压头与管路要求压头的差值。关小阀门后，增加了局部阻力，使管路特性方程中比例系数 B 值变大，管路特性曲线变陡。关小阀门前后管路特性曲线如本例附图中的曲线1、2所示。A、B两点之间的垂直距离代表 H'_f。

（1）关小阀门的压头损失

当流量 $Q = 0.013$ m³/s 时，泵提供的压头 $H = 48$ m，而管路要求的压头为

$$H_e = 26 + 1.0 \times 10^5 (0.013)^2 = 42.9 \text{ m}$$

损失的压头为

$$H'_f = H - H_e = 48 - 42.9 = 5.10 \text{ m}$$

（2）关小阀门后的管路特性方程

管路特性方程的通式为

$$H_e = K + BQ_e^2$$

在本例条件下，$K\left(= \Delta Z + \dfrac{\Delta p}{\rho g}\right)$ 不发生变化，而 B 值则因关小阀门而变大。关小阀门后应满足如下关系：

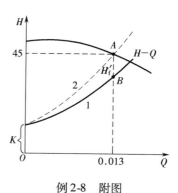

例2-8　附图

$$48 = 26 + B(0.013)^2$$

解得：　$B = 1.302 \times 10^5 \text{ s}^2/\text{m}^5$

关小阀门后的管路特性方程为

$$H_e = 26 + 1.302 \times 10^5 Q_e^2$$

讨论：用出口阀调节流量方便快捷，但附加了泵的功率消耗。

[**例2-9**]　用离心泵将水库中的水送至灌溉渠，两液面维持恒差16 m，管路系统的压头损失可表示为

$$H_f = 5.2 \times 10^5 Q_e^2 \quad (Q_e \text{ 的单位为 } \text{m}^3/\text{s})$$

库房里有两台规格相同的离心泵，单台泵的特性方程为

$$H = 28 - 4.2 \times 10^5 Q^2 \quad (Q \text{ 的单位为 } \text{m}^3/\text{s})$$

试计算两台泵如何组合操作能获得较大的输水量。

解：管路特性方程为

$$H_e = 16 + 5.2 \times 10^5 Q_e^2$$

（1）两台泵串联操作

单台泵的送水量即管路中的总流量，而泵的压头为单台的两倍，即

$$16 + 5.2 \times 10^5 Q_e^2 = 2(28 - 4.2 \times 10^5 Q_e^2)$$

解得　　$Q_e = 5.423 \times 10^{-3} \text{ m}^3/\text{s} = 19.52 \text{ m}^3/\text{h}$

（2）两台泵并联操作

每台泵的流量为管路中总送水量的1/2，单台泵的压头不变，即

$$16 + 5.2 \times 10^5 Q_e^2 = 28 - 4.2 \times 10^5 \left(\frac{Q_e}{2}\right)^2$$

解得　　$Q_e = 4.382 \times 10^{-3} \text{ m}^3/\text{s} = 15.77 \text{ m}^3/\text{h}$

讨论：本题条件下，两台泵串联操作可获得较大送水量。

[**例2-10**]　用离心泵将20 ℃的清水从蓄水池送至水洗塔，塔顶压强表读数为49.1 kPa，输水量为30 m³/h。输水管出口与水池液面保持恒定高度差10 m，管路内径81 mm，直

管长度18 m,管线中阀门全开时所有局部阻力系数之和为13,摩擦系数可取0.021。在规定转速下,泵的特性方程为

$$H = 22.4 + 5Q - 20Q^2 \quad (Q \text{ 的单位为 } m^3/\text{min,下同})$$

泵的效率可表达为

$$\eta = 2.5Q - 2.1Q^2$$

(1)计算泵的轴功率(kW);

(2)评价泵的适用性(在规定流量下,压头能否满足管路要求,是否在高效区操作)。

解:(1)泵的轴功率

$$N = \frac{H_e Q \rho}{102 \eta}$$

$$Q = \frac{30}{3\,600} = 0.008\,33 \text{ m}^3/\text{s} = 0.5 \text{ m}^3/\text{min}$$

$$u = \frac{Q_s}{\frac{\pi}{4}d^2} = \frac{0.008\,33}{\frac{\pi}{4}(0.081)^2} = 1.617 \text{ m/s}$$

$$H_e = \Delta Z + \frac{\Delta p}{\rho g} + \left(\lambda \frac{l}{d} + \Sigma \zeta\right)\frac{u^2}{2g}$$

$$= 10 + \frac{49.1 \times 10^3}{9.807 \times 10^3} + \left(0.021 \times \frac{18}{0.081} + 13\right) \times \frac{1.617^2}{2 \times 9.807} = 17.36 \text{ m}$$

$$\eta = 2.5 \times 0.5 - 2.1(0.5)^2 = 0.725 \text{ 即 } 72.5\%$$

则

$$N = \frac{17.36 \times 0.008\,33 \times 1\,000}{102 \times 0.725} = 1.955 \text{ kW}$$

(2)核算泵的适用性

泵的送水量(对应最高效率点)

$$\frac{\mathrm{d}\eta}{\mathrm{d}Q} = 2.5 - 4.2Q = 0$$

$$Q_s = \frac{2.5}{4.2} = 0.595\,2 \text{ m}^3/\text{min} > 0.5 \text{ m}^3/\text{min}$$

$$H = 22.4 + 5 \times 0.5 - 20 \times 0.5^2 = 19.9 \text{ m} > 17.36 \text{ m}$$

$$\eta_{max} = 2.5 \times 0.595\,2 - 2.1 \times 0.595\,2^2 = 0.744 \text{ 即 } 74.4\%$$

$$\frac{\eta}{\eta_{max}} = \frac{0.725}{0.744} = 0.974 \text{ 即 } 97.4\%$$

讨论:离心泵的流量 Q、压头 H 均大于管路要求,且在高效区运行,故该泵能够适用。

[**例2-11**] 如图所示,用离心泵将甲地油罐的油品送到乙地油罐。离心泵的进、出口及出口阀的下游处分别装有压力表 A、B、C。离心泵启动前 A、C 压强表的读数相等,启动离心泵并将出口阀开到某一开度,此时输油量为 30 m³/h,A、B、C 的读数分别为 100 kPa、620 kPa、616 kPa。设输油管的内径为 100 mm,摩擦系数为 0.02,油品的密度为 810 kg/m³,试求:

(1)出口阀在此开度下管路的特性方程;

(2)估算出口阀在此开度下的当量长度(忽略 B、C 两测压点之间的直管阻力);

(3)估算输油管线的长度。

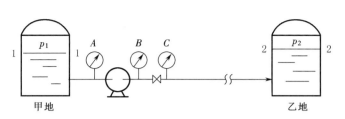

例 2-11 附图

解：泵启动前，压强表 A、C 的读数相等，即表示两油罐的总势能相等（即 $Z_1 g + \dfrac{p_1}{\rho} = Z_2 g + \dfrac{p_2}{\rho}$），则泵的有效功完全用来克服管路阻力（包括直管阻力和所有局部阻力），管路特性方程即阻力方程。

（1）管路特性方程

甲、乙两地油罐液面分别取作 1-1 与 2-2 截面，以水平管轴线为基准面，在两截面之间列伯努利方程并化简，得到

$$H_e = K + B Q_e^2$$

式中 $\qquad K = \Delta Z + \dfrac{\Delta p}{\rho g} = 0$

则 $\qquad H_e = B Q_e^2$ $\hfill$ （1）

H_e 由 A、B 两压强表的读数求得。在 A、B 两截面之间列伯努利方程，并将有关数据代入，得到

$$H_e = \frac{(620 - 100) \times 10^3}{810 \times 9.807} = 65.46 \ \text{m}$$

将 $Q_e = 30 \ \text{m}^3/\text{h}$ 及 $H_e = 65.46 \ \text{m}$ 代入式（1），得

$$B = \frac{H_e}{Q_e^2} = \frac{65.46}{30^2} = 7.273 \times 10^{-2} \ \text{h}^2/\text{m}^5$$

于是 $\qquad H_e = 7.273 \times 10^{-2} Q_e^2 \qquad$（$Q_e$ 的单位为 m^3/h）

或 $\qquad H_e = 9.426 \times 10^5 Q_e^2 \qquad$（$Q_e$ 的单位为 m^3/s）

（2）出口阀的当量长度

在 B、C 两压强表所在截面之间列伯努利方程，在忽略两截面间直管阻力条件下，得到

$$\frac{p_B - p_C}{\rho} = \frac{(620 - 616) \times 10^3}{810} = \lambda \frac{l_e}{d} \cdot \frac{u^2}{2}$$

即 $\qquad 4.938 = 0.02 \times \dfrac{l_e}{0.10} \cdot \dfrac{u^2}{2} = 0.1 l_e u^2$ $\hfill$ （2）

式中 $\qquad u = \dfrac{V_s}{\dfrac{\pi}{4} d^2} = \dfrac{\dfrac{30}{3\ 600}}{\dfrac{\pi}{4} \times 0.10^2} = 1.061 \ \text{m/s}$

由式（2）解得

$$l_e = 43.86 \ \text{m}$$

（3）输油管线的长度

由阻力方程，得到

$$H_e = \left(\lambda \frac{l + \Sigma l_e}{d} + 1.5 \right) \frac{u^2}{2g} \tag{3}$$

将有关数据代入式（3），得

$$65.46 = \left(0.02 \times \frac{l + \Sigma l_e}{0.10} + 1.5 \right) \frac{1.061^2}{2 \times 9.807}$$

则 $l + \Sigma l_e = 5\,695$ m

讨论：解该题的关键在于清楚泵的压头完全用来克服管路压头损失，管路特性方程即阻力方程。

[**例 2-12**]　用一台三效单动往复泵向压强为 981 kPa（表压强）的密闭容器送 20 ℃ 的清水，管路结构如本题附图所示。主管路内径为 50 mm（绝对粗糙度 $\varepsilon = 0.25$ mm），管长（包括局部阻力的当量长度）为 100 m；旁路内径为 30 mm。已知泵的活塞直径 $D = 70$ mm，冲程 $S = 0.2$ m，往返次数 $n_r = 240$ min^{-1}，容积效率 $\eta_v = 0.95$。试求：

（1）支管阀门全关时泵的功率（$\eta = 0.9$）；

（2）欲使主管流量减少 1/3，则支管长度（包括所有局部阻力当量长度）及泵的功率为若干？

（3）若调节冲程使主管流量减少 1/3，再求此时泵的功率（假设 η 不变）。

解：该题的主要目的是比较往复泵不同流量调节方法的经济性。解题的第一步是求出泵的流量，然后用伯努利方程计算。

（1）A 阀全关时的功率

泵的实际流量为

$$Q = 3\eta_v A S n_r / 60 = 3 \times 0.95 \times \frac{\pi}{4} \times 0.07^2 \times 0.2 \times 240 / 60 = 0.008\,772 \text{ m}^3/\text{s}$$

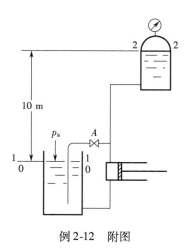

例 2-12　附图

20 ℃ 时水的有关物性参数为

$$\rho = 1\,000 \text{ kg/m}^3, \mu = 1.005 \times 10^{-3} \text{ Pa} \cdot \text{s}$$

$$u = Q/A = 0.008\,772 / \left(\frac{\pi}{4} 0.05^2 \right) = 4.468 \text{ m/s}$$

$$Re = \frac{du\rho}{\mu} = \frac{0.05 \times 4.468 \times 1\,000}{1.005 \times 10^{-3}} = 2.22 \times 10^5$$

$$\frac{\varepsilon}{d} = \frac{0.25}{50} = 0.005$$

由 Re 和 ε/d 值查摩擦系数图，得 $\lambda = 0.030\,5$，所以

$$H_e = \Delta Z + \frac{\Delta p}{\rho g} + \lambda \frac{l + \Sigma l_e}{d} \cdot \frac{u^2}{2g}$$

$$= 10 + \frac{981 \times 10^3}{1\,000 \times 9.807} + 0.030\,5 \times \frac{100}{0.05} \times \frac{4.468^2}{2 \times 9.807}$$

$$= 172.1 \text{ m}$$

$$N = HQ\rho / (102\eta) = 172.1 \times 0.008\,772 \times 1\,000 / (102 \times 0.9) = 16.45 \text{ kW}$$

（2）支路调节流量

因主管路流量减少 $1/3$，使其管路压头损失减小，但通过泵的流量不变，因而功率消耗降低。下面进行计算：

$$u' = \frac{2}{3}u = \frac{2}{3} \times 4.468 = 2.979 \text{ m/s}$$

$$Re' = \frac{2}{3}Re = \frac{2}{3} \times 2.22 \times 10^5 = 1.48 \times 10^5$$

由 Re' 和 ε/d 值查摩擦系数图，得 $\lambda' = 0.031$，所以

$$H'_f = 0.031 \times \frac{100}{0.05} \times \frac{2.979^2}{2 \times 9.807} = 28.05 \text{ m}$$

$$H'_e = 10 + 100 + 28.05 = 138.1 \text{ m}$$

$$N' = 138.1 \times 0.008\,772 \times 1\,000/(102 \times 0.9) = 13.2 \text{ kW}$$

对于分支管路，泵对每根支路提供的压头均相同，即旁路的压头也为 138.1 m。旁路的管长计算如下。

$$u_支 = \frac{1}{3} \times 0.008\,772/(\frac{\pi}{4} \times 0.03^2) = 4.137 \text{ m/s}$$

$$Re_支 = d'u_支\rho/\mu = 0.03 \times 4.137 \times 1\,000/(1.005 \times 10^{-3}) = 1.23 \times 10^5$$

$$\varepsilon/d' = 0.25/30 = 0.008\,3$$

由 $Re_支$ 与 ε/d' 值查摩擦系数图，得 $\lambda_支 = 0.036\,1$，故

$$H_{e支} = 138.1 = 0.036\,1 \frac{(l + \Sigma l_e)_支 u_支^2}{d'\,2g} = 0.036\,1 \times \frac{4.137^2}{2 \times 9.807} \frac{(l + \Sigma l_e)_支}{0.03} = 1.05(l + \Sigma l_e)_支$$

所以　　　$(l + \Sigma l_e)_支 = 131.5 \text{ m}$

（3）冲程调流量

用调节冲程使流量减少 $1/3$，主管路要求的压头仍为 138.1 m，通过泵的流量相应减少 $1/3$，则此时消耗的功率为

$$N''_e = \frac{H'_e Q'\rho}{102\eta} = \frac{138.1 \times \frac{2}{3} \times 0.008\,772 \times 1\,000}{102 \times 0.9} = 8.8 \text{ kW}$$

讨论：由上面计算结果可看出，对于往复泵用改变冲程方法调节流量要比支路调节流量的方法更为经济。但若需经常进行流量调节，调节冲程操作上比较麻烦。

[例2-13]　某一气流干燥装置系统如本题附图所示。进入 1# 风机的空气量 $Q_1 =$ 10 000 m³/h，其温度为 30 ℃，经空气加热器升温至 200 ℃进入干燥器；离开干燥器的废气温度为 60 ℃，2# 风机的风量 $Q_2 = 12\,000$ m³/h（其密度 $\rho_2 = 1.06$ kg/m³），干燥器维持在 10 mmH₂O 的负压下操作。干燥器前后平均温度下的风压损失如图中所标注（以 mmH₂O 表示），忽略干燥器内的压强降。试确定以下各项：

（1）两台风机的型号；

（2）把 1# 风机放在加热器后可否？

（3）一台风机出了故障，只用另一台风机可否？

当地大气压强为 101.33 kPa。

解：本题的主要目的在于熟悉风机选型的方法，分析风机的操作性能。在选型时，以气

流干燥器为界,分别确定两台风机的风量和风压,然后确定风机的型号。要注意,选风机时要把操作条件下的风压换算为实验条件下的风压。

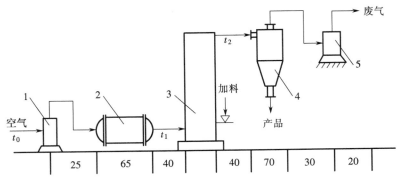

例 2-13 附图

1—1#风机 2—空气加热器 3—气流干燥器 4—旋风分离器 5—2#风机

(1)两台风机的型号

①1#风机:在 1#风机入口外侧和干燥器入口外侧两截面之间列伯努利方程得

$$H'_{T_1} = 25 + 65 + 40 - 10 = 120 \text{ mmH}_2\text{O}$$

该区间的平均温度为

$$t_m = \frac{1}{2}(30 + 200) = 115 \text{ ℃} = 388 \text{ K}$$

近似按常压空气计算气体密度,即

$$\rho_1 = \frac{pM}{RT} = \frac{101.33 \times 29}{8.315 \times 388} = 0.911 \text{ kg/m}^3$$

把操作条件下的风压换算为实验条件下的风压,即

$$H_{T_1} = H'_{T_1}\left(\frac{1.2}{\rho_1}\right) = 120\left(\frac{1.2}{0.911}\right) = 158 \text{ mmH}_2\text{O} = 1\,550 \text{ Pa}$$

根据风量 Q_1 与风压 H_{T_1} 选择 4-72-5A 型风机,其性能参数为:$n = 2\,900 \text{ min}^{-1}$,$Q = 11\,054 \text{ m}^3/\text{h}$,$H_T = 2\,962 \text{ Pa}$,$N = 10.47 \text{ kW}$,$\eta = 86\%$。

②2#风机:在干燥器废气出口管外侧及 2#风机出口管外侧两截面之间列伯努利方程得

$$H'_{T_2} = 10 + 40 + 70 + 30 + 20 = 170 \text{ mmH}_2\text{O}$$

换算为实验条件下的风压为

$$H_{T_2} = 170\left(\frac{1.2}{1.06}\right) = 192 \text{ mmH}_2\text{O} = 1\,883 \text{ Pa}$$

由 Q_2 及 H_{T_2} 值选择 4-72-5A 型风机,其性能参数为:$n = 2\,900 \text{ min}^{-1}$,$Q = 12\,128 \text{ m}^3/\text{h}$,$H_T = 2\,792 \text{ Pa}$,$N = 10.82 \text{ kW}$,$\eta = 86\%$。

(2)1#风机可否放到加热器之后

1#风机可否放到加热器之后,关键是看风量能否满足要求。在加热器后空气的流量为

$$Q'_1 = Q_1\left(\frac{t_1 + 273}{273}\right) = 10\,000 \times \frac{473}{273} = 17\,330 \text{ m}^3/\text{h}$$

显然,原风机满足不了流量要求。另外,加热器后空气的温度为 200 ℃,风机在高温下

运行易被烧坏,故 1# 风机不宜移到加热器后。

（3）只用一台风机可否

只用一台风机从技术上和工艺上均不可行,原因如下:

①单台风机满足不了管路系统总风压的要求。

②单台风机不能保证干燥器在 10 mmH$_2$O 的负压下操作:只用 1# 风机干燥器在正压 170 mmH$_2$O 下操作,而只用 2# 风机干燥器处于 120 mmH$_2$O 的负压下操作。

③原两台风机的安装合适,不宜移动位置,也不能用单台操作。

[例 2-14]　用三级单动往复压缩机将 20 ℃ 的空气从 100 kPa 压缩至 6 400 kPa,设中间冷却器将送至后一级的空气冷却至 20 ℃。现知第一级的汽缸内径为 200 mm,活塞冲程为 240 mm,往返次数为 240 min^{-1},余隙系数为 6%,排气系数为容积系数的 89%,多变压缩指数 $m = 1.25$,试求:

（1）压缩机的生产能力（以第一级计,kg/h）;

（2）三级压缩所需的理论功率;

（3）第一级气体的出口温度。

解:本题包含了多级压缩的各项计算。首先计算每级的压缩比。对于三级压缩过程:

$$x = \left(\frac{p_n}{p_0}\right)^{\frac{1}{i}} = \left(\frac{6\,400}{100}\right)^{\frac{1}{3}} = 4$$

然后直接利用相应公式进行有关计算。

（1）生产能力

$$V'_{min} = ASn_r = \frac{\pi}{4}(0.2)^2 \times 0.24 \times 240 = 1.81 \text{ m}^3/\text{min}$$

$$\lambda_0 = 1 - \varepsilon\left[\left(\frac{p_2}{p_1}\right)^{\frac{1}{m}} - 1\right] = 1 - 0.06(4^{\frac{1}{1.25}} - 1) = 0.878$$

$$\lambda_d = 0.89\lambda_0 = 0.89 \times 0.878 = 0.781\,4$$

$$V_{min} = \lambda_d V'_{min} = 0.781\,4 \times 1.81 = 1.414 \text{ m}^3/\text{min}$$

压缩机入口状态下空气的密度为

$$\rho = \frac{pM}{RT} = \frac{100 \times 29}{8.315 \times 293} = 1.19 \text{ kg/m}^3$$

压缩机的质量流量为

$$m_h = 60\rho V_{min} = 60 \times 1.19 \times 1.414 = 101 \text{ kg/h}$$

（2）理论功率

三级压缩机所需理论功率按式（2-26）计算,即

$$N_a = p_1 V_{min}\frac{im}{m-1}\left[\left(\frac{p_2}{p_1}\right)^{\frac{m-1}{m}} - 1\right]\frac{1}{60 \times 1\,000}$$

$$= 100 \times 10^3 \times 1.414 \times \frac{3 \times 1.25}{1.25 - 1}(4^{\frac{1.25-1}{1.25}} - 1) \times \frac{1}{60 \times 1\,000}$$

$$= 11.3 \text{ kW}$$

（3）第一级气体的出口温度

第一级气体的出口温度按式（2-25）计算（将绝热指数 k 变为多变指数 m）,即

$$T_2 = T_1 \left(\frac{p_2}{p_1} \right)^{\frac{m-1}{m}} = 293 \times 4^{\frac{1.25-1}{1.25}} = 387 \text{ K}$$

讨论:当压缩比大于 8 时,一般都采用多级压缩,以防止气体出口温度过高,并降低压缩功,保持较高生产能力。

➡ 学生自测 ➡ ➡

一、填空或选择

1.离心泵的主要部件有_____、_____和_____。

2.离心泵的泵壳制成蜗壳状,其作用是_____。

3.离心泵的主要特性曲线包括_____、_____和_____三条曲线。

4.离心泵特性曲线是在一定_____下,用常温_____为介质,通过实验测定得到的。

5.离心泵启动前需要先向泵内充满被输送的液体,否则将可能发生_____现象;而当离心泵的安装高度超过允许安装高度时,将可能发生_____现象。

6.离心泵压头的物理意义是:_____,它的单位是_____。

7.用离心泵将某储槽 A 内的液体输送到一常压设备 B,若设备 B 变为高压设备,则泵的输液量_____,轴功率_____。

8.离心泵安装在特定管路系统中,已知泵的性能:$Q = 0.02 \text{ m}^3/\text{s}, H = 20 \text{ m}$;管路性能:$Q = 0.02 \text{ m}^3/\text{s}, H_e = 16 \text{ m}$。则调节阀门的压头损失为_____ m,其消耗的理论功率为_____ W。

9.离心泵安装在一定管路上,其工作点是指_____。

10.若被输送流体的黏度增高,则离心泵的压头_____、流量_____、效率_____、轴功率_____。

11.离心泵通常采用_____调节流量;往复泵采用_____调节流量。

12.离心泵允许气蚀余量($NPSH$)定义式为_____。

13.离心泵在一管路系统中工作,管路要求流量为 Q_e,阀门全开时管路所需压头为 H_e,而与 Q_e 相对应的泵所提供的压头为 H_m,则阀门关小压头损失百分数为_____%。

14.离心通风机的全风压是指_____,它的单位是_____。

15.离心通风机的特性曲线包括_____、_____、_____和_____四条曲线。

16.往复泵的往复次数增加时,流量_____,扬程_____。

17.写出三种正位移(定排量)泵的名称:_____、_____、_____。

18.齿轮泵的特点是_____,适宜于输送_____,不宜于输送_____。

19.有自吸能力的泵是(   )。

A.离心泵　　　　B.往复泵　　　　C.旋涡泵　　　　D.轴流泵

20.试选择适宜的输送机械输送下列流体:

(1)含有纯碱颗粒的水悬浮液(   );

(2)高分子聚合物黏稠液体(   );

(3)黏度为 0.8 mPa·s 的有机液(要求 $Q = 1 \text{ m}^3/\text{h}, H = 30 \text{ m}$)(   )。

A.离心泵　　　　B.旋涡泵　　　　C.往复泵　　　　D.开式碱泵

21. 离心泵的气蚀余量越小,则其抗气蚀能力(   )。

　A. 越强　　　　　B. 越弱　　　　　C. 无关　　　　　D. 不确定

22. 离心泵的效率随流量的变化情况是(   )。

　A. Q 增大, η 增大　　　　　　　　　B. Q 增大, η 先增大后减小

　C. Q 增大, η 减小　　　　　　　　　D. Q 增大, η 先减小后增大

23. 离心泵的轴功率 N 和流量 Q 的关系为(   )。

　A. Q 增大, N 增大　　　　　　　　　B. Q 增大, N 先增大后减小

　C. Q 增大, N 减小　　　　　　　　　D. Q 增大, N 先减小后增大

24. 离心泵在一定管路系统下工作时,压头与被输送液体的密度无关的条件是(   )。

　A. $Z_2 - Z_1 = 0$　　　　　　　　　　B. $\sum h_f = 0$

　C. $\dfrac{u_2^2}{2} - \dfrac{u_1^2}{2} = 0$　　　　　　　　D. $p_2 - p_1 = 0$

25. 离心泵停止操作时宜(   )。

　A. 先关出口阀后停电　　　　　　　　　B. 先停电后关阀

　C. 先关出口阀或先停电均可　　　　　　D. 单级泵先停电,多级泵先关出口阀

26. 往复泵适用于(   )。

　A. 大流量且要求流量特别均匀的场合　　B. 介质腐蚀性特别强的场合

　C. 流量较小、压头较高的场合　　　　　D. 投资较小的场合

27. 在测定离心泵性能时,若将压强表装在调节阀以后,则压强表读数 p_2 将(   ),若将压强表装在调节阀以前,则压强表读数 p_2' 将(   )。

　A. 随流量增大而减小　　　　　　　　　B. 随流量增大而增大

　C. 随流量增大而基本不变　　　　　　　D. 随真空表读数的增大而减小

28. 离心泵铭牌上标出的流量和压头数值是(   )。

　A. 最高效率点对应值　　　　　B. 操作点对应值

　C. 最大流量下对应值　　　　　D. 计算值

二、计算

1. 用 IS80-50-200 型($n = 2\,900$ r/min)离心泵将 20 ℃ 的清水由水池送到水洗塔内,流程如本例附图所示。塔的操作压强为 177 kPa(表压强),管径为 $\phi108$ mm $\times 4$ mm,管路全长(包括除管路出口阻力外的所有局部阻力当量长度)为 288 m,摩擦系数 λ 取为 0.025。试计算:

(1)管路特性方程;

(2)若要求输水量 50 m³/h,该泵能否满足要求;列出该流量下泵的性能参数;

(3)调节阀门所损失的压头占泵压头的百分数。

2. 用离心泵将常压水池中 20 ℃ 的清水送至敞口高位槽中。泵入口真空表和出口压力表的读数分别为 $p_1 = 60$ kPa 和 $p_2 = 220$ kPa,两测压口之间的垂直距离 $h_0 = 0.5$ m。泵吸入管内径为 80 mm,清水在吸入管中的流动阻力可表

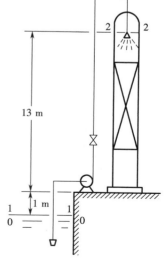

1 题　附图

达为 $\Sigma h_f = 3.0\ u_1^2$（u_1 为吸入管内水的流速，m/s）。离心泵的安装高度为 2.5 m。试求泵的轴功率（其效率为 68%）。

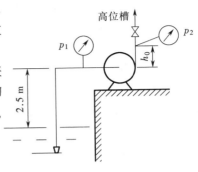

3. 用离心泵将池中清水送至高位槽，两液面恒差 13 m，管路系统的压头损失为 $H_f = 3 \times 10^5\ Q_e^2$（$Q_e$ 的单位为 m³/s），流动在阻力平方区。在指定转速下，泵的特性方程为

$$H = 28 - 2.5 \times 10^5\ Q^2\ (Q\ 的单位为\ m^3/s)$$

2 题　附图

试求：

（1）两槽均为敞口时，泵的流量、压头和轴功率；

（2）两槽敞口，改送碱的水溶液（$\rho = 1\ 250$ kg/m³），泵的流量和轴功率；

（3）若高位槽改为密闭，表压强为 49.1 kPa，输送清水和碱液流量将如何变化？

（4）库房里有一台规格相同的离心泵，欲向表压强为 49.1 kPa 的密闭高位槽送碱液（$\rho = 1\ 250$ kg/m³），试比较与原泵并联还是串联能获得较大输液量。

各种情况下泵的效率均取 70%。

4. 用 IS100-80-125（$n = 2\ 900$ r/min）型的离心泵将常压、20 ℃的清水送往 A、B 两槽，如本题附图，其流量均为 25 m³/h，主管段 CO 长 50 m，管内径为 100 mm，OA 与 OB 段管长均为 40 m，管内径均为 60 mm（以上各管段长度包括局部阻力的当量长度，OB 段的阀门除外）。假设所有管段内的流动皆进入阻力平方区，且摩擦系数 $\lambda = 0.02$。分支点处局部阻力可忽略。试求：

（1）泵的压头与有效功率；

（2）支管 OB 中阀门的局部阻力系数 ζ；

（3）若吸入管线长（包括局部阻力当量长度）为 10 m，试确定泵的安装高度。

20 ℃下水的饱和蒸汽压为 $p_v = 2\ 334.6$ Pa。泵的允许气蚀余量为 4 m。

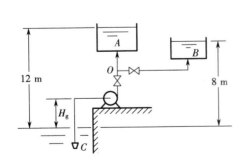

4 题　附图

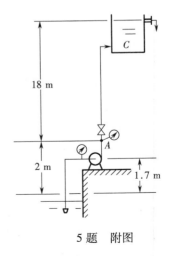

5 题　附图

5. 用离心泵将池中水送至高位槽 C，管路总长度（包括所有局部阻力当量长度，下同）为 100 m，压强表以后 AC 管长为 80 m，吸入管长度 18 m，管子内径为 50 mm，摩擦系数 $\lambda =$

0.025，要求输水量为 10 m³/h，泵的效率为 80%。试求：

(1)泵的轴功率；

(2)泵出口压强表读数 p_A(Pa)；

(3)若操作条件下泵的必需气蚀余量为 2.0 m，水的饱和蒸气压为 4.25 kPa，当地大气压为 100 kPa，泵的安装高度是否合适。

6.如本题附图所示，用离心泵将清水从敞口贮槽输送至某密闭高位槽。两槽液面维持恒定，高位槽液面上方压力为 100 kPa(表压)。管路直径均为 $\phi89$ mm × 4.5 mm，离心泵出口阀门全开时，全部管路长度为 150 m(包括所有局部阻力的当量长度)，此时管路流动处于阻力平方区，流动摩擦系数 λ 为 0.02；离心泵的效率为 70%，必需气蚀余量$(NPSH)_r$ 为 3 m，泵的吸入管路阻力损失为 1.0 m。离心泵的特性方程为 $H = 25 - 3.6 \times 10^4 Q_2$ (H 的单位为 m，Q 的单位为 m³/s)。试确定：

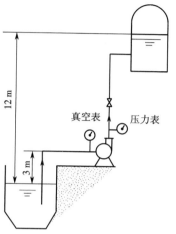

(1)泵的出口阀门全开时，泵的安装高度是否适合；

(2)泵的出口阀门全开时，管路中流体的流量(m³/h)和离心泵的轴功率(kW)；

(3)若将泵的出口阀门关小，试证明离心泵进口真空表和出口压力表的读数如何变化。(当地大气压为 100 kPa，操作温度下清水的饱和蒸气压为 10 kPa，清水密度近似取为 1 000 kg/m³。)

6 题 附图

7.如本题附图所示，用离心泵将某水溶液从敞口贮槽输送至某密闭高位槽。两槽液面维持恒定，高位槽液面上方压力为 50 kPa(表压)。泵的吸入管路直径为 $\phi108$ mm × 4 mm，长度为 100 m；排出管路直径为 $\phi89$ mm × 4.5 mm，长度为 200 m(以上长度均包括了管路上所有局部阻力的当量长度)。离心泵出口阀门全开时，泵入口真空表的读数为 45 kPa。假设管路流动均处于阻力平方区，流动摩擦系数 λ 为 0.02；离心泵的特性方程为 $H = 55 - BQ^2$ (H 的单位为 m，Q 的单位为 m³/s)，泵的效率为 85%。试确定：

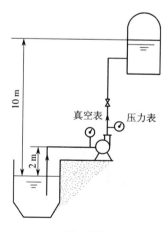

(1)泵的出口阀门全开时，管路中溶液的流量(m³/h)；

(2)泵的出口阀门全开时，离心泵的轴功率(kW)；

(3)若根据生产工艺的需要，要求管路中流体的流量较(1)增加 30%，试通过计算判断可否由两台原有型号的泵并联达到要求(忽略两台泵并联对管路特性的影响)。

(当地大气压为 100 kPa，水溶液的密度为 1 200 kg/m³。)

7 题 附图

8.如本题附图所示，用离心泵将敞口低位槽中液体(密度为 1 000 kg/m³)输送至敞口高位槽 A 和 B，输送系统的总管路和 OA、OB 分支管路的管径均为 $\phi38$ mm × 3 mm。

(1)系统工作正常后，调节出口阀门开度，当分支点 O 附近压力表 P 读数为 88 kPa 时，主管路向 A、B 槽输送的流量分别为 $V_{hA1} = 4.5$ m³/h、$V_{hB1} = 3.0$ m³/h；当压力表 P 读数为 98

kPa 时,主管路向 A、B 槽输送的流量分别为 $V_{hA2}=6.556\ \text{m}^3/\text{h}$、$V_{hB2}=3.557\ \text{m}^3/\text{h}$。试求:在将出口阀门关闭的瞬间,分支点处压力表的读数(kPa)。

(假设在不同流动情况下,A、B 分支管路流动摩擦阻力系数保持不变;不计压力表压力导管内液体的静压力。)

(2)本系统在安装完成之后试车调试时,启动离心泵后,发现流量计仪表 F 的流量读数为 0,试分析出现此现象的可能原因。

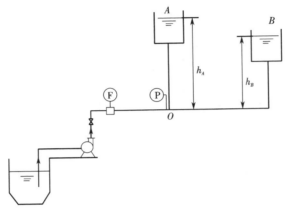

8 题　附图

9.用离心泵将 20 ℃的清水从水池 A 送至密闭高位槽 B,泵的安装高度 3.0 m,如本题附图所示。现场测得如下数据:

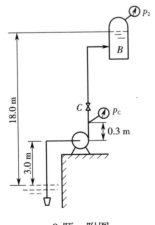

9 题　附图

当泵出口阀 C 全关时,泵出口压强表 p_C 的读数为 410.5 kPa;

当泵出口阀 C 全开时,管内清水的流量为 25.5 m^3/h,泵提供的压头为 38.0 m,此时管内流动在阻力平方区,管路特性方程可表达为

$$H_e = 28.0 + BQ_e^2 \quad (Q_e\ \text{的单位为}\ \text{m}^3/\text{s})$$

试求:(1)高位槽 B 的压强表 p_2 的读数及出口阀全开时泵的轴功率(泵的效率为 70%);

(2)为了尽可能增加送水量,两台相同型号的离心泵应如何组合;

(3)当地夏季的最高水温可达 43.0 ℃($p_v = 8.87\ \text{kPa}$,$\rho = 991\ \text{kg/m}^3$),试核算此情况下离心泵能否正常运行。

吸入管路的压头损失为 2.0 m,泵的 $(NPSH)_r = 3.0\ \text{m}$,当地大气压为 100 kPa。

第3章 非均相物系的分离及固体流态化

英文字母

a——颗粒的比表面积，m^2/m^3；加速度，m/s^2；常数；

A——截面面积，m^2；

b——降尘室宽度，m；常数；

B——旋风分离器的进口宽度，m；

C——悬浮物系中分散相浓度，kg/m^3；

C_d——孔流系数，量纲为 1；

d——颗粒直径，m；

d_c——旋风分离器的临界粒径，m；

d_{50}——旋风分离器的分隔粒径，m；

d_e——当量直径，m；

D——设备直径，m；

F——作用力，N；

g——重力加速度，m/s^2；

h——旋风分离器的进口高度，m；

H——设备高度，m；

k——滤浆的特性常数，$m^4/(N \cdot s)$；

K——过滤常数，m^2/s；

K_c——分离因数；

l——降尘室的长度，m；

L——滤饼厚度，m；

L_e——过滤介质的当量滤饼厚度，m；

L_0——固定床高度，m；

n——转速，r/min；

N_e——旋风分离器内气体的有效回转圈数；

Δp——压强降或过滤推动力，Pa；

Δp_b——床层压强降，Pa；

Δp_d——分布板压强降，Pa；

Δp_W——洗涤推动力，Pa；

q——单位过滤面积上获得的滤液体积，m^3/m^2；

q_e——单位过滤面积上的当量滤液体积，m^3/m^2；

Q——过滤机的生产能力，m^3/h；

r——滤饼的比阻，$1/m^2$；

r'——单位压强差下滤饼的比阻，$1/m^2$；

R——滤饼阻力，$1/m$；

Re——雷诺数；

Re_p——颗粒的雷诺数；

Re_t——等速沉降时的雷诺数；

s——滤饼的压缩性指数；

S——表面积，m^2；

T——操作周期或回转周期，s；

u——流速，过滤速度，m/s；

u_i——旋风分离器的进口气速，m/s；

u_t——沉降速度，m/s；

u_0——孔速，m/s；

u_r——径向速度或离心沉降速度，m/s；

u_R——恒速过滤速度，m/s；

u_T——切向速度，m/s；

v——滤饼体积与滤液体积之比；

V——滤液体积或每个操作周期所得滤液体积，m^3；

V_c——滤饼体积，m^3；

V_e——过滤介质的当量滤液体积，m^3；

V_p——颗粒体积，m^3；

V_s——含尘气体的体积流量，m^3/s；

W——重力，N；单位体积床层的质量，kg/m^3；

x——悬浮物系中分散物质的质量分数。

72 希腊字母

α——转筒过滤机的浸没角度数;

ε——床层空隙率;

ζ——阻力系数;

η——效率;

θ——通过时间或过滤时间,s;

$θ_D$——辅助操作时间,s;

$θ_t$——沉降时间,s;

$θ_W$——洗涤时间,s;

μ——流体黏度或滤液黏度,Pa·s;

$μ_W$——洗水黏度,Pa·s;

ρ——流体密度,kg/m³;

$ρ_s$——固相或分散相密度,kg/m³;

$φ_s$——球形度或形状系数;

ψ——转筒过滤机的浸没度。

下标

b——浮力的、床层的;

c——离心的、临界的、滤饼或滤渣的;

d——阻力的;

D——辅助操作的;

e——当量的、有效的、与过滤介质阻力相当的;

g——重力的;

i——进口的;

i——第 i 分段的;

m——介质的;

o——总的;

p——部分的、粒级的、颗粒的;

r——径向的;

R——等速过滤阶段的;

s——固相的或分散相的;

t——终端的;

T——切向的;

W——洗涤的;

1——进口的;

2——出口的。

◈ 本章学习指导 ◈◈

1. 本章学习目的

通过本章学习,要重点掌握沉降和过滤两种机械分离操作的原理、过程计算、典型设备的结构与特性,能够根据生产工艺要求,合理选择设备类型和尺寸。

建立固体流态化的基本概念。

2. 本章应掌握的内容

①沉降分离(包括重力沉降和离心沉降)的原理、过程计算、降尘室的设计和旋风分离器的选型。

②过滤操作的原理、过滤基本方程推导的思路,恒压过滤的计算、过滤常数的测定、过滤操作的强化、过滤设备的选型。

③固体流态化现象、提高流化质量的途径。

④用数学模型法规划实验的研究方法。

3. 本章学习中应注意的问题

本章从理论上讨论颗粒与流体间相对运动问题,其中包括颗粒相对于流体的运动(沉降和流态化)、流体通过颗粒床层的流动(过滤),并借此实现非均相物质分离、固体流态化技术及固体颗粒的气力输送等工业过程。学习过程中要能够将流体力学的基本原理用于处理绕流和流体通过颗粒床层流动等复杂工程问题,即注意学习对复杂的工程问题进行简化处理的思路和方法。

➡ ➡ 本章学习要点 ➡ ➡

一、概述

(一)非均相混合物的分类

由具有不同物理性质(如尺寸、密度差别)的分散物质(分散相)和连续介质(连续相)所组成的物系称为非均相物系或非均相混合物。显然,非均相物系中存在相界面,且界面两侧物料的性质不同。

根据连续相状态的不同,非均相混合物又可分为两种类型:

①气态非均相混合物,如含尘气体、含雾气体等。

②液态非均相混合物,如悬浮液、乳浊液、泡沫液等。

(二)非均相混合物分离方法的分类

对于非均相混合物,工业上一般采用机械分离方法将两相进行分离,即造成分散相和连续相之间的相对运动。

根据两相运动方式的不同,非均相物系的机械分离过程可按两种操作方法进行——沉降分离和过滤分离。

气态非均相物系的分离,工业上主要采用重力沉降和离心沉降的方法。某些场合下,根据分散物质尺寸和分离程度要求,还可采用其他方法,如表3-1所示。

表3-1 气固分离设备性能

分离设备类型	分离效率(%)	压强降(Pa)	应 用 范 围
重力沉降室	50～60	50～150	除大粒子,$d > 75\ \mu m$
惯性分离器及一般旋风分离器	50～70	250～800	除大粒子,$d > 20\ \mu m$
高效旋风分离器	80～90	1 000～1 500	$d > 10\ \mu m$
袋式分离器	95～99	800～1 500	细尘,$d \leqslant 1\ \mu m$
文丘里(湿式)除尘器		2 000～5 000	
静电除尘器	90～98	100～200	细尘,$d \leqslant 1\ \mu m$

对于液态非均相物系,根据工艺过程要求可采用不同的分离设备。若仅要求悬浮液在一定程度上增浓,可采用重力沉降和离心沉降设备;若要求固液较彻底地分离,则可采用过滤操作来实现;乳浊液的分离,则常在旋液分离器及离心分离机中进行。

膜过滤作为一种精密分离技术,已经得到广泛的应用。

(三)非均相混合物分离的目的

(1)收集分散物质 例如收取从气流干燥器或喷雾干燥器出来的气体以及从结晶器出来的晶浆中带有的固体颗粒,这些悬浮的颗粒作为产品必须回收;又如回收从催化反应器出来的气体中夹带的催化剂颗粒以循环使用。

(2)净化分散介质 某些催化反应,原料气中夹带有杂质会影响触媒的效能,必须在气体进反应器之前清除催化反应原料气中的杂质,以保证触媒的活性。

(3)环境保护与安全生产 为了保护人类生态环境,消除工业污染,要求对排放的废气、废液中的有害物质加以处理,使其达到规定的排放标准;很多含碳物质或金属细粉与空气混合会形成爆炸物,必须除去这些物质以消除爆炸的隐患。

二、颗粒及颗粒床层的特性

颗粒与流体之间的相对运动特性与颗粒本身的特性密切相关,因而首先介绍颗粒的特性。

(一)单一颗粒的特性

表述颗粒特性的主要参数为颗粒的形状、大小(体积)及表面积。

1. 球形颗粒

不言而喻,球形颗粒的形状为球形,其尺寸由直径 d 来确定,其他有关参数均可表示为直径 d 的函数,诸如

体积　$V = \dfrac{\pi d^3}{6}$ (3-1)

表面积　$S = \pi d^2$ (3-2)

比表面积(单位颗粒体积具有的表面积)　$a = \dfrac{S}{V} = \dfrac{6}{d}$ (3-3)

2. 非球形颗粒

非球形颗粒必须有两个参数才能确定其特性,即球形度和当量直径。

(1)球形度 ϕ_s　颗粒的球形度又称形状系数,它表示颗粒形状与球形的差异,定义为与该颗粒体积相等的球体的表面积除以颗粒的表面积,即

$$\phi_s = \frac{S}{S_p}$$ (3-4)

由于同体积不同形状的颗粒中,球形颗粒的表面积最小,因此对非球形颗粒,总有 $\phi_s < 1$,颗粒的形状越接近球形,ϕ_s 越接近 1;对球形颗粒,$\phi_s = 1$。

(2)颗粒的当量直径　工程上常用等体积当量直径来表示非球形颗粒的大小,其定义为

$$d_e = \sqrt[3]{\frac{6}{\pi} V_p}$$ (3-5)

用上述的形状系数及当量直径便可表述非球形颗粒的特性,即

$$V_p = \frac{\pi}{6} d_e^3$$ (3-1a)

$$S_p = \frac{\pi d_e^2}{\phi_s}$$ (3-2a)

$$a = \frac{6}{\phi_s d_e}$$ (3-3a)

(二)多分散性(非均一性)颗粒群的特性

1. 颗粒群的粒度分布

不同粒径范围内所含粒子的个数或质量称为粒度分布。颗粒粒度的测量方法有筛分法、显微镜法、沉降法、电感应法、激光衍射法、动态光散射法等。工业上应用最普遍的是筛分法,并且采用泰勒标准筛。目前各种筛制正向国际标准组织 ISO 筛统一。

2. 颗粒群的平均粒径

根据实测的各层筛网上的颗粒质量分数 x_i(对应的平均直径为 d_{pi}),按下式可计算出颗

粒群的平均粒径,即

$$d_p = 1 / \sum \frac{x_i}{d_{pi}} \tag{3-6}$$

（三）颗粒床层的特性

大量固体颗粒堆积在一起便形成颗粒床层。静止的颗粒床层又称为固定床。对流体通过床层流动产生重要影响的床层特性有如下几项。

1. 床层的空隙率

床层中颗粒之间的空隙体积与整个床层体积之比称为空隙率（或称空隙度），以 ε 表示,即

$$\varepsilon = \frac{床层体积 - 颗粒体积}{床层体积}$$

床层的空隙率可通过实验测定。一般非均匀、非球形颗粒的乱堆床层的空隙率大致在 0.47 ~ 0.7 之间。均匀的球体最松排列时的空隙率为 0.48,最紧密排列时的空隙率为 0.26。

2. 床层的自由截面积

床层截面上未被颗粒占据的流体可以自由通过的面积,称为床层的自由截面积。

小颗粒乱堆床层可认为是各向同性的。各向同性床层的重要特性之一是其自由截面积与床层截面积之比在数值上与床层空隙率相等。同床层空隙率一样,由于壁效应的影响,壁面附近的自由截面积较大。

3. 床层中颗粒的密度

单位体积内粒子的质量称为密度,其单位为 kg/m^3。若粒子的体积不包括颗粒之间的空隙,则称为粒子的真密度,用 ρ_s 表示;若粒子所有体积包括颗粒之间空隙,即以床层体积计算密度,则称为堆积密度或表观密度,用 ρ_b 表示。设计颗粒贮存设备时,应以堆积密度为准。

$$\rho_b = \rho_s (1 - \varepsilon) \tag{3-7}$$

4. 床层的比表面积

床层的比表面积是指单位体积床层中具有的颗粒表面积（即颗粒与流体接触的表面积）。如果忽略床层中颗粒间相互重叠的接触面积,对于空隙率为 ε 的床层,床层的比表面积 $a_b (m^2/m^3)$ 与颗粒物料的比表面积 a 具有如下关系:

$$a_b = a(1 - \varepsilon) \tag{3-8}$$

床层的比表面积也可用颗粒的堆积密度估算,即

$$a_b = \frac{6\rho_b}{\rho_s d} = \frac{6(1 - \varepsilon)}{d} \tag{3-9}$$

5. 床层通道的当量直径

床层的当量直径可由床层空隙率 ε 和颗粒的比表面积计算,即

$$d_{eb} = \frac{4\varepsilon}{(1 - \varepsilon)a} \tag{3-10}$$

三、沉降分离

在外力场作用下,利用分散相和连续相之间的密度差,使之发生相对运动而实现分离的操作称为沉降分离。根据外力场的不同,分为重力沉降和离心沉降两种方式;根据沉降过程

中颗粒是否受到其他颗粒或器壁的影响而分为自由沉降和干扰沉降。

显然,实现沉降分离的前提条件是分散相和连续相之间存在密度差,并且有外力场的作用。

沉降属于流体相对于颗粒的绕流问题。流—固之间的相对运动有三种情况:流体静止,颗粒相对于流体作沉降或浮升运动;固体颗粒静止,流体相对于固体作绕流;固体和流体都运动,但二者保持一定的相对速度。

只要相对速度相同,上述三种情况并没有本质区别。

本节从最简单的沉降过程——刚性球形颗粒的自由沉降入手,讨论沉降速度的计算,分析影响沉降速度的因素,介绍沉降设备的设计或操作原则。

(一)重力沉降

利用重力场的作用而进行的沉降过程称为重力沉降。

1. 沉降速度

密度大于流体密度的球形颗粒在流体中降落时受到重力、浮力和阻力三个力的作用。根据牛顿第二运动定律可写出:

$$\frac{\pi}{6}d^3(\rho_s-\rho)g - \zeta\frac{\pi}{4}d^2\left(\frac{\rho u^2}{2}\right) = \frac{\pi}{6}d^3\rho_s\frac{du}{d\theta} \tag{3-11}$$

颗粒从静止状态开始沉降,经历加速运动(即 $du/d\theta > 0$)和等速运动($du/d\theta = 0$)两个阶段。等速运动阶段颗粒相对于流体的运动速度称为沉降速度或终端速度,用 u_t 表示。

(1)沉降速度的通式   当 $du/d\theta = 0$ 时,$u = u_t$,由式(3-11)可得到

$$u_t = \sqrt{\frac{4d(\rho_s-\rho)g}{3\rho\zeta}} \tag{3-12}$$

(2)阻力系数 ζ ζ 值是沉降雷诺数 $Re_t(du_t\rho/\mu)$ 与球形度或形状系数 ϕ_s 的函数,即

$$\zeta = f(Re_t,\phi_s) \tag{3-13}$$

对于球形颗粒($\phi_s = 1$),三个沉降区域内 ζ 与 Re_t 的关系式为

滞流区或斯托克斯定律区($10^{-4} < Re_t \leq 2$)

$$\zeta = \frac{24}{Re_t} \tag{3-14}$$

过渡区或艾仑定律区($2 < Re_t \leq 500$)

$$\zeta = 18.5/Re_t^{0.6} \tag{3-15}$$

湍流区或牛顿定律区($500 < Re_t < 2\times10^5$)

$$\zeta = 0.44 \tag{3-16}$$

颗粒在三个沉降区相应沉降速度表达式为

滞流区 $$u_t = \frac{d^2(\rho_s-\rho)g}{18\mu} \tag{3-17}$$

过渡区 $$u_t = 0.27\sqrt{\frac{d(\rho_s-\rho)g}{\rho}Re_t^{0.6}} \tag{3-18}$$

湍流区 $$u_t = 1.74\sqrt{\frac{d(\rho_s-\rho)g}{\rho}} \tag{3-19}$$

式(3-17)、式(3-18)及式(3-19)分别称为斯托克斯公式、艾仑公式及牛顿公式。

（3）影响沉降速度的因素

①由各区沉降速度的表达式可看出，沉降速度由颗粒特性（d、ρ_s）及流体特性（ρ、μ）综合因素决定，但在各区黏度的影响相差悬殊：在滞流沉降区，流体黏性引起的表面摩擦力占主要地位；在湍流区，流体黏性对沉降速度已无影响，形体阻力占主要地位；在过渡区，表面摩擦阻力和形体阻力二者都不可忽略。

②随 ϕ_s 值减小，阻力系数 ζ 值加大，在相同条件下，沉降速度 u_t 变小。

③当悬浮物系中分散相浓度较高时将发生干扰沉降，某些情况下对容器壁的影响要予以校正。

（4）沉降速度的计算　在给定介质中颗粒的沉降速度可采用以下方法计算。

①试差法：一般先假设在滞流沉降区，用斯托克斯公式求出 u_t 后，再校核 Re_t。

②用量纲为 1 数群 K 值判断流型：

$$K = d\sqrt[3]{\frac{\rho(\rho_s - \rho)g}{\mu^2}} \tag{3-20}$$

斯托克斯定律区 K 值的上限为 3.3，牛顿定律区 K 值的下限为 43.6。

③摩擦数群法：已知颗粒沉降速度 u_t 求粒径 d 或对于非球形颗粒的沉降计算，此法非常方便。

2. 重力沉降设备

利用重力沉降使分散物质从分散介质中分离出来的设备称为重力沉降设备。从气流中分离出尘粒的设备称为降尘室；用来提高悬浮液浓度并同时得到澄清液的设备称为沉降槽，也称增稠器或澄清器。重点掌握降尘室的有关内容。

（1）降尘室的设计或操作原则　从理论上讲，气体在降尘室内的停留时间 θ 必须至少等于或略大于颗粒从降尘室的最高点降落至室底所要求的时间 θ_t，即

$$l/u \geqslant H/u_t \tag{3-21}$$

同时，气体在室内的流动雷诺数 $Re(D_e u\rho/\mu)$ 应处于滞流区，以免干扰颗粒的沉降或使已经沉降的颗粒重新扬起。

（2）降尘室的生产能力　气体在降尘室内的水平通过速度为

$$u = V_s/(bH)$$

则　　　　$$V_s \leqslant blu_t \tag{3-22}$$

从理论上讲，降尘室的生产能力 V_s 只与其底面积 bl 及颗粒的沉降速度 u_t 有关，而与高度 H 无关。

（3）多层降尘室　在保证除尘效果的前提下，为提高降尘室的生产能力，可在室内均匀设置若干层水平隔板，构成多层降尘室。隔板间距一般为 40 ~ 100 mm。若降尘室内共设置 n 层水平隔板，则多层降尘室的生产能力为

$$V_s \leqslant (n+1)blu_t \tag{3-23}$$

需要强调指出，式中的 u_t 应根据要求完全分离下来的最小颗粒尺寸来计算。

（4）分级器　欲使悬浮液中不同粒度的颗粒进行粗略分离，或者使两种不同密度的颗粒进行分类，可借分级器来完成。

（二）离心沉降

依靠惯性离心力场的作用而实现的沉降过程称为离心沉降。一般含尘气体的离心沉降

在旋风分离器中进行;液固悬浮物系在旋液分离器或沉降离心机中进行离心沉降。本节以旋风分离器为讨论重点,通过和旋风分离器比较来了解旋液分离器的结构和操作特点。

1. 离心沉降速度

把重力沉降速度诸式中重力加速度改为离心加速度便可用来计算相应的离心沉降速度。

(1)离心沉降速度的通式

$$u_r = \sqrt{\frac{4d(\rho_s - \rho)}{3\rho\zeta} \frac{u_T^2}{R}} \tag{3-24}$$

(2)离心沉降速度　在斯托克斯定律区的离心沉降速度为

$$u_r = \frac{d^2(\rho_s - \rho)}{18\mu} \frac{u_T^2}{R} \tag{3-25}$$

离心沉降速度与重力沉降速度有相似的关系式,二者又有明显的区别。

(3)离心分离因数　同一颗粒在同一介质中,所在位置上的离心力场强度与重力场强度的比值称为离心分离因数,用 K_c 表示:

$$K_c = u_T^2/gR \tag{3-26}$$

K_c 是离心分离设备的重要指标。旋风分离器与旋液分离器的 K_c 值一般在 $5 \sim 2\,500$ 之间,某些高速离心机的 K_c 值可达数十万。

2. 旋风分离器的操作原理

含尘气体在器内做螺旋运动时,由于存在密度差,颗粒在惯性离心力作用下被抛向器壁而与气流分离。外旋流上部为主要除尘区,净化气沿内旋流从排气管排出。内外旋流气体的旋转方向相同。

3. 旋风分离器的性能参数

除离心分离因数 K_c 外,评价旋风分离器的主要性能指标是分离效率和压强降。

(1)旋风分离器的分离效率　包括理论上能够完全被除去的最小颗粒尺寸(称为临界粒径,用 d_c 表示)及尘粒从气流中分离出来的质量分率。

①临界粒径:d_c 可用下式估算,即

$$d_c = \sqrt{\frac{9\mu B}{\pi N_e \rho_s u_i}} \tag{3-27}$$

显然,d_c 愈小,分离效率愈高。采用若干个小旋风分离器并联操作(称为旋风分离器组)、降低气体温度(减小黏度 μ)、适当提高入口气速,均有利于提高分离效率。

②分离总效率:指进入旋风分离器的全部颗粒被分离出来的质量百分率,即

$$\eta_o = \frac{C_1 - C_2}{C_1} \times 100\% \tag{3-28}$$

③粒级效率:指规定粒径 d_i 的颗粒被分离下来的质量百分率,即

$$\eta_p = \frac{C_{1i} - C_{2i}}{C_{1i}} \times 100\% \tag{3-29}$$

η_p 与 d_i 的关系可用粒级效率曲线(即 η_p—d_i 关系曲线)或通用粒级效率曲线(即 η_p—d_i/d_{50} 关系曲线)表示。

曲线图中的 d_{50} 是粒级效率恰好为 50% 的颗粒直径,称为分割粒径。对标准旋风分离

器，d_{50} 可用下式估算：

$$d_{50} \approx 0.27 \sqrt{\frac{\mu D}{(\rho_s - \rho) u_i}} \qquad (3\text{-}30)$$

④由粒级效率求总效率：如果已知气流中所含尘粒的粒度分布数据，则可用通用粒级效率曲线按下式估算总效率，即

$$\eta_o = \sum_{i=1}^{n} x_i \eta_{pi} \qquad (3\text{-}31)$$

（2）旋风分离器的压强降　压强降可表示为进口气体动能的倍数，即

$$\Delta p = \zeta \frac{\rho u_i^2}{2} \qquad (3\text{-}32)$$

式中 ζ 为阻力系数。同一结构形式及相同尺寸比例的旋风分离器，不论其尺寸大小，ζ 值为常数。对于标准旋风分离器，可取 $\zeta = 8$。

4. 旋风分离器的结构形式及选用

为了提高分离效率和减小压强降，设计出一些各具特点的结构形式。工业上常用旋风分离器类型及其操作性能如表 3-2 所示。

表 3-2　旋风分离器的结构形式及其性能

类型 \ 性能	XLT/A	XLP/B	扩散式（XLK）
适宜气速（m/s）	12 ~ 18	12 ~ 20	12 ~ 20
除尘粒度（μm）	>10	>5	>5
含尘浓度（g/m³）	4.0 ~ 50	>0.5	1.7 ~ 200
阻力系数 ζ 值	5.0 ~ 5.5	4.8 ~ 5.8	7 ~ 8

选择旋风分离器结构形式及决定其主要尺寸的依据有三个方面。一是含尘气体的处理量，即生产能力 V_s。二是允许的压强降。三是除尘效率。一般是在保证满足生产能力及允许压强降的前提下，对效率作粗略估算。

5. 旋液分离器

和旋风分离器相比，旋液分离器具有直径小而圆锥部分相对长的结构特点。小直径的圆筒有利于增大惯性离心力，锥长可增大液流行程，从而提高分离效果。

目前，世界各国对超小型旋液分离器（旋流子的直径小于 15 mm）给予极大关注并在工业化生产中取得很好效果。

四、过滤分离

过滤是分离悬浮液最常用最有效的单元操作之一。其突出优点是使悬浮液分离更迅速更彻底（与沉降相比），耗能较低（与干燥、蒸发相比）。

本节以饼层过滤为讨论重点，其中包括过滤操作原理、过滤过程计算及过滤设备。

（一）过滤操作的基本概念

过滤是以多孔物质为介质，在外力作用下，使悬浮液中的液体通过介质的孔道，固体颗粒被截留在介质上，从而实现固液分离的操作。被处理的悬浮液称为滤浆或料浆，穿过多孔介质的液体称为滤液，被截留的固体物质称为滤饼或滤渣。

1. 过滤介质

过滤操作所采用的多孔物质称为过滤介质。应了解对过滤介质的性能要求及工业上常用过滤介质的种类。

2. 饼层过滤与深床过滤

饼层过滤是指固体物质沉降于过滤介质表面而形成滤饼层的操作。深床过滤是指固体颗粒并不形成滤饼,而是沉积于较厚的粒状过滤介质床层内部的过滤操作。要了解两种过滤方式的操作特点及适用场合。

对饼层过滤,当颗粒在孔道中形成"架桥"现象之后,真正发挥截留颗粒作用的是滤饼层而不是过滤介质。

另外,随着膜分离技术应用领域的扩大,作为精密分离技术的膜过滤(包括微孔过滤和超滤)近年来发展非常迅速。

3. 滤饼的压缩性及助滤剂

当过滤压强差发生变化时,根据构成滤饼的颗粒形状及颗粒间空隙是否发生明显变化,即单位厚度床层的流动阻力是否发生明显变化,将滤饼分为可压缩滤饼及不可压缩滤饼。当以获得清净的滤液为目的产品时,可采用助滤剂(预涂或预混)以降低可压缩滤饼的流动阻力,提高过滤速率。

(二)过滤基本方程(数学模型法)

从分析滤液通过滤饼层流动的特点入手,将复杂的实际流动加以简化,对滤液的流动用数学方程进行描述,并以基本方程为依据,分析强化过滤操作的途径。

1. 滤液通过滤饼层流动的特点

①滤液通道细小曲折,形成不规则的网状结构。

②随着过滤进行,滤饼厚度不断增加,流动阻力逐渐加大,因而过滤属非定态操作。

③细小而密集的颗粒层提供了很大的液固接触表面,滤液的流动大都在滞流区。

2. 简化模型

对于颗粒层不规则的通道可简化成长度为 l 的一组平行细管。细管的当量直径可由床层的孔隙率 ε 和颗粒的比表面积 a 来计算(即用式 3-10 表示),细管长度 l 随滤饼层的厚度而变。并且规定:

①细管的全部流动空间等于床层的空隙容积。

②细管的内表面积等于床层中颗粒的全部表面积。

对于滤液通过平行细管的滞流流动,可用泊谡叶方程加以描述,即

$$u_i \propto \frac{d_e^2(\Delta p_c)}{\mu l}$$

或
$$u = \frac{\varepsilon^3}{5a^2(1-\varepsilon)^2}\frac{\Delta p_c}{\mu L} \tag{3-33}$$

3. 过滤速率和过滤速度

单位时间内获得的滤液体积称为过滤速率,单位为 m^3/s 或 m^3/h。单位过滤面积上的过滤速率称为过滤速度,单位为 $m^3/(s \cdot m^2)$ 或 m/s。对于非定态流动的任一瞬间,可写出如下微分式,即

$$\frac{dV}{d\theta} = \frac{A\Delta p_c}{\mu r L} = \frac{A\Delta p_c}{\mu R} \tag{3-34}$$

及
$$\frac{dV}{Ad\theta} = \frac{\Delta p_c}{\mu r L} = \frac{\Delta p_c}{\mu R} \tag{3-35}$$

式中 $r = 5a^2(1 - \varepsilon)^2/\varepsilon^3$ 为滤饼的比阻,即单位厚度滤饼的阻力,$1/m^2$;$R = rL$ 为滤饼阻力,$1/m$。

对于过滤介质,可写出相似的表达式。

综合滤饼和过滤介质两层的推动力和阻力可得到

$$\frac{dV}{d\theta} = \frac{A\Delta p}{\mu r(L + L_e)} \tag{3-36}$$

及 $$\frac{dV}{Ad\theta} = \frac{\Delta p}{\mu r(L + L_e)} \tag{3-37}$$

4. 不可压缩滤饼的过滤基本方程

为了便于计算,常用过滤操作中易于测取的滤液体积来表示滤饼厚度,即

$$L = Vv/A \tag{3-38}$$

及 $$L_e = V_e v/A \tag{3-39}$$

于是得到

$$\frac{dV}{d\theta} = \frac{A^2\Delta p}{\mu rv(V + V_e)} \tag{3-40}$$

及 $$\frac{dV}{Ad\theta} = \frac{A\Delta p}{\mu rv(V + V_e)} \tag{3-41}$$

式(3-36)、式(3-37)、式(3-40)及式(3-41)均称为不可压缩滤饼的过滤基本方程。

5. 可压缩滤饼的过滤基本方程

可压缩滤饼的比阻是其两侧压强差的函数,可用下面的经验公式估算比阻随压强差的变化情况,即

$$r = r'(\Delta p)^s \tag{3-42}$$

一般情况下 $s = 0 \sim 1$,对于不可压缩滤饼,$s = 0$。

可压缩滤饼的过滤基本方程为

$$\frac{dV}{d\theta} = \frac{A^2(\Delta p)^{1-s}}{\mu r'v(V + V_e)} \tag{3-43}$$

及 $$\frac{dV}{Ad\theta} = \frac{A(\Delta p)^{1-s}}{\mu r'v(V + V_e)} \tag{3-44}$$

6. 过滤基本方程的应用

①提高过滤速率的措施:从式(3-43)可以看出,在现有设备上进行过滤操作,在条件允许时,提高过滤压强差、选用阻力低的过滤介质、及时清洗滤布、适当提高过滤操作温度(降低黏度)、可压缩滤饼采用助滤剂(降低比阻)对提高过滤速率均是有利的。

②分析洗涤速率和最终过滤速率之间的关系。

③指导过滤机的设计(如板框厚度),使过滤机获得最大生产能力。

④针对具体的过滤操作方式,对基本方程积分,可得到不同操作条件下的计算式,如恒压过滤方程。

(三)恒压过滤

过滤操作有两种典型方式,即恒压过滤及恒速过滤。有时采用先恒速后恒压的操作方法。在工业过滤机中进行的过滤操作大都可视为恒压操作。

1. 恒压过程方程

对于一定的悬浮液在恒定的压强差下进行过滤操作,则式(3-43)中的 μ、r'、v、Δp、s 皆可视作常数,令

$$k = 1/\mu r' v \tag{3-45}$$

及 $$K = 2k(\Delta p)^{1-s} \tag{3-46}$$

于是式(3-43)可写作如下形式:

$$\frac{\mathrm{d}V}{\mathrm{d}\theta} = \frac{KA^2}{2(V + V_e)} \tag{3-47}$$

在不同边界条件下积分式(3-47)可得到

$$V^2 + 2VV_e = KA^2\theta \tag{3-48}$$

当过滤介质阻力可忽略时,式(3-48)简化为

$$V^2 = KA^2\theta \tag{3-49}$$

若令 $q = V/A$ 及 $q_e = V_e/A$,则式(3-48)及式(3-49)分别变为下式

$$q^2 + 2qq_e = K\theta \tag{3-48a}$$

$$q^2 = K\theta \tag{3-49a}$$

2. 过滤常数的测定

前面诸式中的 q_e($q_e = V_e/A$)是反映过滤介质阻力大小的常数,称为介质常数。

恒压下的过滤常数 K、q_e 由恒压过滤实验测定。

测得两个压强差下的过滤常数 K,便可用下式求算滤浆的特性常数 k 及压缩性指数 s:

$$\lg K = (1 - s)\lg(\Delta p) + \lg(2k) \tag{3-50}$$

(四)先恒速后恒压过滤方程

过滤起始,用恒定速率过滤 θ_R 时间,得到滤液体积 V_R,以后转入恒压过滤,则恒压阶段的过滤方程如下:

$$(V^2 - V_R^2) + 2V_e(V - V_R) = KA^2(\theta - \theta_R) \tag{3-51}$$

(五)过滤设备

过滤设备按照操作方式可分为间歇过滤机及连续过滤机;按照操作压强差可分为压滤、吸滤及离心过滤机。工业上广泛采用的板框过滤机及叶滤机为间歇压滤型过滤机;转筒真空过滤机则为连续吸滤型过滤机。要了解上述过滤机的基本结构、操作特点及适用场合。

(六)滤饼的洗涤

1. 滤饼洗涤的目的

洗涤滤饼的目的是回收滞留在颗粒缝隙间的滤液或净化构成滤饼的颗粒。

2. 洗涤速率

间歇过滤机滤饼的洗涤分为置换洗涤法(叶滤机)及横穿洗涤法(板框过滤机)。

若洗涤操作的压强差与过滤终了时相同,洗液黏度与滤液黏度一致,则洗涤过程具有恒压恒速的特点,且洗涤速率和最终过滤速率存在一定关系,即

板框机 $$\left(\frac{\mathrm{d}V}{\mathrm{d}\theta}\right)_W = \frac{1}{4}\left(\frac{\mathrm{d}V}{\mathrm{d}\theta}\right)_E = \frac{KA^2}{8(V + V_e)} \tag{3-52}$$

叶滤机　　$\left(\dfrac{\mathrm{d}V}{\mathrm{d}\theta}\right)_{\mathrm{W}} = \left(\dfrac{\mathrm{d}V}{\mathrm{d}\theta}\right)_{\mathrm{E}} = \dfrac{KA^2}{2(V+V_e)}$　　　　　　　　　　　（3-53）

式中的下角 W 及 E 分别代表洗涤和过滤终了。

3. 洗涤时间

若洗液量为 V_{W}，则洗涤时间可用下式计算，即

$$\theta_{\mathrm{W}} = V_{\mathrm{W}} \Big/ \left(\dfrac{\mathrm{d}V}{\mathrm{d}\theta}\right)_{\mathrm{W}}\tag{3-54}$$

当洗涤操作压强差及洗液黏度与过滤终了时有明显差异时，上式算出的洗涤时间 θ_{W} 需加以校正。

要特别注意板框压滤机过滤面积的计算及横穿洗涤滤饼时洗涤速率与最终过滤速率的关系。

（七）过滤机的生产能力

过滤机的生产能力，通常指单位时间内获得的滤液体积，用 Q 表示，单位为 $\mathrm{m^3/h}$。

1. 间歇过滤机的生产能力

$$Q = \dfrac{3\,600V}{T} = \dfrac{3\,600V}{\theta + \theta_{\mathrm{W}} + \theta_{\mathrm{D}}}\tag{3-55}$$

可以证明，在一个操作周期中，当过滤时间大致等于洗涤时间与辅助时间之和时，过滤机获得最大生产能力。

2. 连续过滤机的生产能力

转筒真空过滤机在回转一周中转筒任一表面的有效过滤时间为

$$\theta = \dfrac{60\psi}{n}\tag{3-56}$$

则过滤机的生产能力为

$$Q = 60nV = 60n\left[\sqrt{KA^2\left(\dfrac{60\psi}{n}\right) + V_e^2} - V_e\right]\tag{3-57}$$

当过滤介质阻力可忽略时，$V_e = 0$，$\theta_e = 0$，则式（3-57）变为下式：

$$Q = 465A\sqrt{K\psi n}\tag{3-57a}$$

式（3-59a）指出了提高连续过滤机生产能力的途径。

五、离心机

要求了解如下基本内容：

①根据离心机的分离方式或功能，将离心机分为过滤机、沉降机和分离机。

②根据分离因数 K_c 值将离心机分为常速（$K_c < 3\,000$）、高速（$K_c = 3\,000 \sim 50\,000$）和超高速（$K_c > 50\,000$）离心机。

③工业上应用最广泛的几种离心机的结构、操作特性及适用场合，其中包括三足式离心机、卧式刮刀卸料离心机、活塞推料离心机及管式高速离心机等。

六、固体流态化

使大量固体颗粒悬浮于流动流体之中并呈现出类似于液体沸腾的状态，称为固体流态化。应用固体流态化现象以强化传热、传质，促进化学反应，实现物理加工乃至颗粒的输送

等工业过程,称为流态化技术。

流态化技术用于工业操作有以下优点:

①颗粒流动平稳,类似液体流动,操作易于实现连续化和自动化。

②由于固体颗粒的激烈运动和迅速混合,使床层温度均匀,便于调节和维持所需的温度。

③由于流化床所用固体颗粒尺寸小,比表面积大,因此,气体与固体颗粒之间的传热、传质速率高。又因为流化床颗粒的运动使得流化床与传热壁面之间有较高的传热速率。

由于上述优点,近几十年来,流态化技术广泛用于化学工业的物理操作和化学操作中。

但是,流态化技术在应用中还存在以下一些问题:

①由于气体返混和气泡的存在,使气固接触效率降低。

②由于固体颗粒在床层内迅速混合,在连续进料的情况下,将导致颗粒在床层内停留时间不均,使得产品质量不均匀。

③由于固体颗粒的磨蚀作用,管子和容器的壁面磨损严重。脆性固体颗粒易被磨成粉末被气流带走,需要考虑由此引起的各种问题。

(一)固体流态化的基本概念

1. 流态化现象

以均匀颗粒构成的理想流化床为例,介绍流态化的基本概念。

当一种流体以不同速度向上通过颗粒床层时,可能出现以下几种情况。

(1)固定床阶段　流体通过颗粒之间空隙流动,床层高度不变(保持 L_0),单位高度床层压强降正比于流体流速,即

$$\frac{\Delta p}{Z} \propto u$$

保持固定床状态的最大空床流速为 $\varepsilon_0 u_t$。

(2)流化床阶段　随流速变大又可出现如下现象:

①临界流化状态:当 $u_1 > \varepsilon_0 u_t$ 时,床层略有膨胀,但颗粒仍不能自由运动。临界或起始流化速度用 u_{mf} 表示。

②流化床(沸腾床)状态:条件是 $u_1 = u_t$,固体颗粒悬浮于流动流体中作随机运动,床层有明显的上界面和恒定的压强降(等于床层颗粒的净重力)。

(3)稀相输送阶段　当 $u_1 > u_t$ 时,床层上界面消失,颗粒被流体带出设备外。

广义流化床泛指各种非固定床的流—固系统(包括载流床和气力输送),狭义流化床则专指上述的第二阶段(即流化床阶段)。

2. 实际流化床中两种不同的流化方式

(1)散式流化　又称理想流化或均匀流化,以颗粒均匀分散于介质中为特征,多发生于两相密度差较小的液—固流化系统。

(2)聚式流化　床层内分为乳化相和气泡相,发生于两相密度差大的气—固流化系统。聚式流化系统中,内在的不稳定性常可导致床层中的沟流或腾涌等不正常现象。

3. 流化床的主要特性

①恒定的压强降。

$$\Delta p = L_{mf}(1-\varepsilon_{mf})(\rho_s-\rho)g = L(1-\varepsilon)(\rho_s-\rho)g \tag{3-58}$$

通过测定 Δp 可判断流化质量的优劣。非理想流化床的 $\dfrac{\Delta p}{Z}$—u 曲线上有"驼峰",且在一定范围内波动。

②类似于流体的特点,如流动性(连通器)、无固定形状、小孔喷出等。

③床层中温度或组成的均匀混合和分布。

4. 流化床的操作范围

要使固体颗粒床层在流化状态下操作,必须使气速高于临界气速 u_{mf},而最大气速又不得超过颗粒带出速度 u_t。

(1)临界流化速度 u_{mf}　确定临界流化速度主要有两种方法,即实验测定法和关联式计算法。

①实验测定法:实验测定 Δp—u 曲线来确定 u_{mf}。

②关联式计算法:

对于单分散性固体颗粒,其临界流化速度为

$$u_{mf} = \varepsilon_{mf} u_t$$

对于多分散性粒子床层,则需通过关联计算。

小颗粒($Re_b < 20$)　　$u_{mf} = \dfrac{d_p^2(\rho_s-\rho)g}{1\,650\mu}$ (3-59)

大颗粒($Re_b > 1\,000$)　　$u_{mf}^2 = \dfrac{d_p(\rho_s-\rho)g}{24.5\rho}$ (3-60)

上述计算公式可用来分析影响 u_{mf} 的因素。

(2)带出速度　颗粒带出速度即颗粒的沉降速度,可用对应的沉降速度公式计算。

值得注意的是,计算 u_{mf} 时要用实际存在于床层中不同粒度颗粒的平均直径 d_p,而计算 u_t 时则必须用具有相当数量的最小颗粒直径。

(3)流化床的操作范围　流化床的操作范围,可用比值 u_t/u_{mf} 的大小来衡量,该比值称为流化数。

均匀的细颗粒　　$u_t/u_{mf} = 91.7$

大颗粒　　　　　$u_t/u_{mf} = 8.62$

(二)提高流化质量的措施

1. 流化质量的评价指标

流化质量是指气体分布及气固接触的均匀程度。影响流化质量的因素为

①设备因素,包括高径比、直径、床层高度、分布板等。

②固相物性,即 ρ_s、黏附性、粒度及其分布。

③流体物理,主要为 ρ、μ 及其与固相的密度差。

2. 提高流化质量的措施

①分布板应有足够的流动阻力,即 $\Delta p_d \geq 0.1\Delta p_b$。

$$\Delta p_d = \zeta\frac{\rho u_0^2}{2}\quad(\zeta\text{ 通常取 }1.5\sim2.5) \tag{3-61}$$

而 $\qquad u_0 = C_d \left(\dfrac{2\Delta p_d}{\rho} \right)^{1/2}$ （C_d 通常取 0.6） $\hspace{2cm}$ (3-62)

使气体分布均匀，克服聚式流化的不稳定性。

②设备内部构件，如挡网、挡板、垂直管束等。

③采用小粒径、宽分布的颗粒。

（三）气力输送简介

利用气体在管内的流动来输送粉粒状固体的方法称为气力输送。作为输送介质的气体通常是空气，但在输送易燃易爆粉料时，也可采用惰性气体，如氮气等。气力输送的主要优点有：

①系统密闭，避免了物料的飞扬、受潮、受污染，改善了劳动条件。

②可在运输过程中（或输送终端）同时进行粉碎、分级、加热、冷却以及干燥等操作。

③设备紧凑，占地面积小，可以根据具体条件灵活地安排线路。例如，可以水平、倾斜或垂直布置管路。

④易于实现连续化、自动化操作，便于同连续的化工过程衔接。

气力输送可按两种方法分类：

1. 按气流压强分类

输送管道中气体压强低于常压的为吸引式（如吸尘器、工厂的吸引式稀相输送等），若气体压强高于常压的称为压送式（如压送式稀相输送等）。

2. 按气流中固气比（又称混合比）分类

固气比（混合比） $\quad R = \dfrac{G_s}{G}$ $\hspace{2cm}$ (3-63)

$R \leq 25$ 为稀相输送（通常为 0.1~5），$R > 25$ 为密相输送（如脉冲式密相压送）。

本章小结

本章重点讨论根据流体力学原理，利用流体和固相之间物理性质的差异，借助外力场作用，造成两相之间的相对运动，从而达到非均相混合物分离的目的。同时，对固体流态化技术作了简单介绍。

从工程方法论来说，应加深对用数学模型法研究复杂工程问题方法步骤的理解。

根据相态、分散物质尺寸的大小及工艺要求，非均相混合物的分离方法如图 3-1 所示。

本章的主要内容是沉降和过滤两种机械分离方法，包括原理、过程及设备计算、影响因素分析及强化措施，最后能进行设备选型。计算的主要关系式如图 3-2 所示。

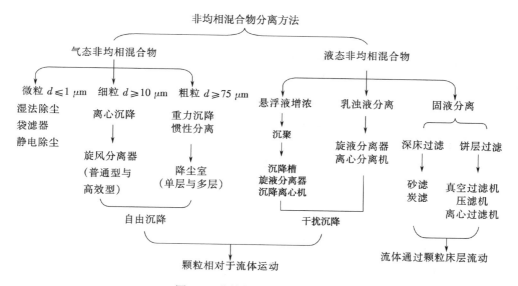

图 3-1 非均相混合物分离方法

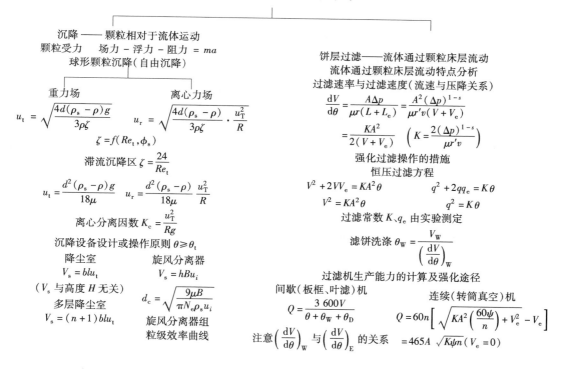

图 3-2 非均相物系分离计算的关系式

▶ **例题与解题指导** ▶ ▶

[**例 3-1**] 密度为 2 650 kg/m³、粒径为 80 μm 的石英粒子在 20 ℃水中作自由沉降,试

求：

(1)石英粒子的沉降速度 u_t；

(2)石英粒子由静止状态到达99%终端速度所需时间。

解：由于石英粒子在静止水中作自由沉降，故可用重力沉降速度公式求解。首先由已知数据计算判断因子 K 值，然后选用相应的沉降速度公式求沉降速度。为了计算达99% u_t 所需时间，需以牛顿运动第二定律表达式为基础。

(1)沉降速度 u_t

查得 20 ℃下水的密度为 998.2 kg/m³，黏度为 1.005×10^{-3} Pa·s。将有关数据代入式(3-20)得

$$K = d \sqrt[3]{\frac{\rho(\rho_s - \rho)g}{\mu^2}} = 8.0 \times 10^{-5} \sqrt[3]{\frac{998.2(2\,650 - 998.2) \times 9.807}{(1.005 \times 10^{-3})^2}} = 2.01 < 3.3$$

沉降在滞流区，用斯托克斯公式求沉降速度，即

$$u_t = \frac{d^2(\rho_s - \rho)g}{18\mu} = \frac{(8.0 \times 10^{-5})^2(2\,650 - 998.2) \times 9.807}{18 \times 1.005 \times 10^{-3}} = 5.73 \times 10^{-3} \text{ m/s}$$

(2)达99% u_t 所需时间

牛顿运动第二定律表达式为式(3-11)，即

$$\frac{\pi}{6}d^3(\rho_s - \rho)g - \zeta \frac{\pi}{4}d^2 \frac{\rho u^2}{2} = \frac{\pi}{6}d^3 \rho_s \frac{du}{d\theta}$$

滞流沉降区阻力系数 ζ 由式(3-14)计算，即

$$\zeta = 24/Re_t = \frac{24\mu}{du\rho}$$

将式(3-14)代入式(3-11)并整理得到

$$\frac{du}{d\theta} = \frac{(\rho_s - \rho)g}{\rho_s} - \frac{18\mu u}{d^2 \rho_s} \tag{1}$$

由斯托克斯公式得到

$$\frac{18\mu}{d^2} = \frac{(\rho_s - \rho)g}{u_t} \tag{2}$$

将式(2)代入式(1)并整理得到

$$\frac{du}{d\theta} = \frac{(\rho_s - \rho)g}{\rho_s}\left[1 - \frac{u}{u_t}\right]$$

分离变量积分上式得到

$$\theta = -\frac{u_t \rho_s}{(\rho_s - \rho)g}\ln\left[1 - \frac{u}{u_t}\right] = -\frac{d^2 \rho_s}{18\mu}\ln\left[1 - \frac{u}{u_t}\right] \tag{3}$$

或 $$u = u_t\left[1 - \exp\left(-\frac{18\mu}{d^2 \rho_s}\theta\right)\right] \tag{4}$$

将有关数据代入式(3)求得

$$\theta = -\frac{(8.0 \times 10^{-5})^2 \times 2\,650}{18 \times 1.005 \times 10^{-3}}\ln(1 - 0.99) = 4.32 \times 10^{-3} \text{ s}$$

讨论：对于符合斯托克斯定律的重力沉降过程，理论上达到终端沉降速度需无限长的时间(式(4))，但达99% u_t 却只需要 6.52×10^{-3} s 的时间。因此，微小颗粒的沉降过程，忽略

加速沉降阶段是允许的。

[例3-2] 粒径为76 μm的不挥发油珠(可视作刚性体)在20℃常压空气中自由沉降，在恒速沉降阶段测得20 s内沉降高度 $H = 2.7$ m。试求：

(1)油品的密度 ρ_s(kg/m^3)；

(2)若将同样尺寸的油珠注入到20℃水中，再求20 s内油珠的运动距离。

解：该题为重力沉降的有关计算，前者为已知沉降速度求 ρ_s，后者为由已知参数求 u_t。

(1)油品密度 ρ_s

20℃常压空气的密度为1.205 kg/m^3，黏度为 1.81×10^{-5} Pa·s。由已知数据计算 Re_t，选用相应的沉降速度公式求 ρ_s。

$$u_t = \frac{H}{\theta_t} = \frac{2.7}{20} = 0.135 \text{ m/s}$$

$$Re_t = \frac{du_t\rho}{\mu} = \frac{7.6 \times 10^{-5} \times 0.135 \times 1.205}{1.81 \times 10^{-5}} = 0.684 < 2$$

沉降在滞流区，由斯托克斯公式可得

$$\rho_s \approx \frac{18\mu u_t}{d^2 g} = \frac{18 \times 1.81 \times 10^{-5} \times 0.135}{(7.6 \times 10^{-5})^2 \times 9.807} = 776.5 \text{ kg/m}^3$$

(2)油珠在水中的运动距离

20℃时水的密度为998.2 kg/m^3，黏度为 1.005×10^{-3} Pa·s。由于水的密度和黏度比空气的大得多，故油珠在水中的沉降必在滞流区。将有关数据代入斯托克斯公式得

$$u_t' = \frac{d^2(\rho_s - \rho)g}{18\mu} = \frac{(7.6 \times 10^{-5})^2(776.5 - 998.2) \times 9.807}{18 \times 1.005 \times 10^{-3}} = -6.94 \times 10^{-4} \text{ m/s}$$

同一尺寸的油珠在水中的沉降速度也可用下式求得，即

$$u_t' = u_t \frac{(\rho_s - \rho')u}{(\rho_s - \rho)\mu'} = 0.135 \times \frac{(776.5 - 998.2) \times 1.81 \times 10^{-5}}{(776.5 - 1.205) \times 1.005 \times 10^{-3}} = -6.94 \times 10^{-4} \text{ m/s}$$

u_t' 得负值表明油珠在水中作升浮运动，即运动方向与重力沉降方向相反。所以

$$h = u_t'\theta_t = -6.94 \times 10^{-4} \times 20 = -13.9 \times 10^{-3} \text{ m}$$

即在20 s内油珠上升距离为 13.9×10^{-3} m。

讨论：(1)同一尺寸的油珠在不同介质中沉降时，沉降速度相差很大，而且运动方向相反。可见，颗粒的沉降速度是由颗粒特性和介质特性综合因素决定的。

(2)当颗粒密度 ρ_s 小于介质密度 ρ 时，颗粒将在介质中作升浮运动。

[例3-3] 根据重力场中层流沉降原理，设计一简易装置测量牛顿型流体的黏度，并写出基本关系式和需要测取的参数。

解：测量液体黏度的简易方法是在玻璃容器中用落球法测定，即在玻璃容器中倒入已知密度 ρ 的液体，用已知直径 d 和密度 ρ_s 的球体在液体内降落，测定一定时间间隔 θ 内球体降落的高度 h，便可求得液体的黏度，即

$$u_t = \frac{h}{\theta}$$

$$\mu = \frac{d^2(\rho_s - \rho)g}{18u_t}$$

显然，需要测取的参数为 d,ρ_s,ρ,h 及 θ。

讨论：选择球体直径及密度时，一定要保证沉降在滞流区，测定要在定态沉降下进行，并消除器壁对沉降过程的影响（即不存在壁效应）。

[**例3-4**] 流量为 $1~m^3/s$ 的 20 ℃ 常压含尘气体在进入反应器之前需要尽可能除尽尘粒并升温至 400 ℃。已知固粒密度 $\rho_s = 1~800~kg/m^3$，降尘室底面积为 $65~m^2$。试求：

（1）先除尘后升温理论上能够完全除去的最小颗粒直径；

（2）先升温后除尘理论上能够完全除去的最小颗粒直径；

（3）如欲更彻底地除去尘粒，对原降尘室应如何改造？

含尘气的物性数据可按空气查取，即

20 ℃ 时，$\rho = 1.205~kg/m^3$，$\mu = 1.81 \times 10^{-5}~Pa \cdot s$

400 ℃ 时，$\rho = 0.524~kg/m^3$，$\mu = 3.31 \times 10^{-5}~Pa \cdot s$

解：本题涉及流程的选择及降尘室的优化设计。

（1）先除尘后升温

降尘室生产能力的表达式为

$$V_s = blu_t$$

或

$$u_t = V_s/bl = 1/65 = 0.015~38~m/s$$

假设沉降在滞流区，则

$$d_{min} = \sqrt{\frac{18\mu u_t}{(\rho_s - \rho)g}} = \sqrt{\frac{18 \times 1.81 \times 10^{-5} \times 0.015~38}{(1~800 - 1.205) \times 9.807}} = 1.69 \times 10^{-5}~m$$

核算沉降区

$$Re_t = \frac{du_t\rho}{\mu} = \frac{1.69 \times 10^{-5} \times 0.015~38 \times 1.205}{1.81 \times 10^{-5}} = 0.014~65 < 2$$

（2）先升温后除尘

同样按上述步骤计算。

$$V_s' = 1 \times \frac{273 + 400}{273 + 20} = 2.297~m^3/s$$

$$u_t' = 2.297/65 = 0.035~34~m/s$$

$$d_{min}' \approx \sqrt{\frac{18 \times 3.31 \times 10^{-5} \times 0.035~34}{1~800 \times 9.807}} = 3.453 \times 10^{-5}~m$$

$$Re_t' = \frac{d'u_t\rho'}{\mu} = \frac{3.453 \times 10^{-5} \times 0.035~34 \times 0.524}{3.31 \times 10^{-5}} = 0.019~32 < 2$$

（3）提高除尘效果的措施

在原降尘室设置若干层水平隔板，构成多层降尘室，便可使更细的尘粒被除去。如设置 10 层隔板，采用先除尘后升温的操作流程，理论上可完全除去的最小颗粒直径变为

$$d_{min}'' = 1.69 \times 10^{-5}/\sqrt{n+1} = 1.69 \times 10^{-5}/\sqrt{11} = 0.509~6 \times 10^{-5}~m$$

讨论：从上面计算数据可看出，在已有降尘室中进行除尘操作，在低温下操作可获得较好除尘效果。对于本例题，宜采用先除尘后升温的设计方案。先除尘对于换热器的污染也可大为减轻。欲获得更好除尘效果，则可采用多层降尘室。

[**例3-5**] 用旋风分离器组来处理例3-4气体中的尘粒。旋风分离器组由四台直径为

560 mm 的标准旋风分离器组成。采用先除尘后升温的流程。气体的处理量为 2.4 m³/s，试计算：

（1）旋风分离器的离心分离因数；

（2）临界粒径及分割粒径；

（3）气体在旋风分离中的压强降。

解：本例为旋风分离器性能参数核算问题，逐项计算如下。

操作条件下的生产能力为 2.40 m³/s，单台旋风分离器的生产能力为

$$V_1 = \frac{1}{4}V_s = \frac{1}{4} \times 2.40 = 0.60 \text{ m}^3/\text{s}$$

对于标准旋风分离器，有关参数为

进口管宽度　$B = D/4 = 0.56/4 = 0.14$ m

进口管高度　$h = D/2 = 0.56/2 = 0.28$ m

进口气速为　$u_i = V_1/Bh = 0.60/(0.14 \times 0.28) = 15.31$ m/s

气流旋转的有效圈数 $N_e = 5$

阻力系数 $\zeta = 8$

（1）离心分离因数

$$K_c = \frac{u_T^2}{Rg} = \frac{15.31^2}{0.28 \times 9.807} = 85.36$$

（2）临界粒径及分割粒径

$$d_c = \sqrt{\frac{9\mu B}{\pi N_e \rho_s u_i}} = \sqrt{\frac{9 \times 1.81 \times 10^{-5} \times 0.14}{\pi \times 5 \times 1\,800 \times 15.31}} = 7.26 \times 10^{-6} \text{ m}$$

$$d_{50} \approx 0.27\sqrt{\frac{\mu D}{(\rho_s - \rho)u_i}} = 0.27\sqrt{\frac{1.81 \times 10^{-5} \times 0.56}{(1\,800 - 1.205) \times 15.31}} = 5.18 \times 10^{-6} \text{ m}$$

（3）压强降

$$\Delta p = \zeta \frac{\rho u_i^2}{2} = 8 \times \frac{1.205 \times 15.31^2}{2} = 1\,130 \text{ Pa}$$

讨论：通过本例可看出，在旋风分离器中可获得更好的除尘效果。

［例 3-6］　拟用旋风分离器回收由流化床干燥器排出的 50 ℃常压尾气中的球形化肥细粒。操作条件下，气体的处理量为 9 000 m³/h，固相密度为 1 800 kg/m³，气体密度为 1.09 kg/m³，黏度为 1.96×10^{-5} Pa·s，要求气体通过旋风分离器的压强降不超过 1.20 kPa，且规定 15 μm 粒径颗粒的回收率不低于 90%，试选择适宜的旋风分离器的类型和型号。

解：本例为旋风分离器的设计型（选型）计算。按题给条件，所选择的旋风分离器必须同时满足生产能力、压强降及除尘效率三项要求。允许压强降为 50 ℃尾气对应数值，需进行密度校正。根据规定的生产能力和压强降选择型号后，再核算粒级效率。

（1）旋风分离器的选型

由于本例对除尘效率要求较高，应该从高效旋风分离器中选择，XLP/B 型和扩散式旋风分离器均属高效型，但扩散式结构简单，且在相同圆筒直径条件下生产能力最大，故选择扩散式旋风分离器。其尺寸及台数计算如下。

操作条件下压强降的校正：

$$\Delta p = \Delta p' \frac{1.2}{\rho} = 1.20 \times \frac{1.2}{1.09} = 1.32 \text{ kPa}$$

根据生产能力 $Q = 9\ 000\ \text{m}^3/\text{h}$ 及压强降 $\Delta p = 1.32\ \text{kPa}$ 选择两台 5 型分离器并联操作。单台有关参数如下:圆筒直径 $D = 525\ \text{mm}$,生产能力 $Q_1 = 4\ 500\ \text{m}^3/\text{h}$,允许压强降 $\Delta p = 1.35\ \text{kPa}$,进口管高度 $h = 525\ \text{mm}$,进口管宽度 $B = 136.5\ \text{mm}$。

(2)核算粒级效率

由于手头缺乏扩散式旋风分离器的通用粒级效率曲线,故用标准式旋风分离器的通用粒级效率曲线对 15 μm 颗粒的粒级效率进行估算。

在规定生产能力下,气体的实际入口速度为

$$u_i = \frac{V_s}{hB} = \frac{4\ 500}{3\ 600 \times 0.525 \times 0.136\ 5} = 17.44\ \text{m/s}$$

将有关参数代入式(3-30)来估算 d_{50},即

$$d_{50} \approx 0.27 \sqrt{\frac{\mu D}{\rho_s u_i}} = 0.27 \sqrt{\frac{1.81 \times 10^{-5} \times 0.525}{1\ 800 \times 17.44}} = 4.70 \times 10^{-6}\ \text{m}$$

$$d/d_{50} = 15/4.70 = 3.19$$

由 d/d_{50} 的数值查通用粒级效率曲线得到 $\eta_{pi} = 92\%$,大于 90% 的要求。

讨论:(1)旋风分离器性能表中所列的压强降是在气体密度为 $1.2\ \text{kg/m}^3$ 条件下测得的,当操作条件下气体密度不同于 $1.2\ \text{kg/m}^3$ 时,需将操作条件下的压强降校正为测定条件下的数值。

(2)本例在估算粒级效率时采用的是标准旋风分离器的通用粒级效率曲线,这样的估算是偏保守的,由于扩散式旋风分离器是高效型的,实际上 15 μm 颗粒的除尘效率要高于 92%,实践证明,扩散式旋风分离器对大于 5 μm 的颗粒都有较高的除尘效果。

(3)旋风分离器的选型,在满足生产能力及不超过允许压强降的条件下,可以有多种方案,但效率高低和费用大小将不相同。合适型号只能根据实际情况并参考工业实践经验确定。

[例 3-7] 用板框压滤机在恒压强差下过滤某种悬浮液,测得过滤方程为

$$V^2 + V = 6 \times 10^{-5} A^2 \theta (\theta \text{ 的单位为 s})$$

试求:(1)欲在 30 min 内获得 5 m³ 滤液,需要边框尺寸为 635 mm × 635 mm × 25 mm 的滤框若干个?

(2)过滤常数 K、q_e。

解:(1)所需滤框数

由已知的过滤时间和相应的滤液体积,利用恒压过滤方程求过滤面积。再由滤框尺寸确定所需的滤框数。

将有关数据代入恒压过滤方程并整理得到

$$A = \sqrt{\frac{V^2 + V}{K\theta}} = \sqrt{\frac{5^2 + 5}{6 \times 10^{-5} \times 30 \times 60}} = 16.67\ \text{m}^2$$

又 $A = 2 \times 0.635^2 n$

则 $n = A/(2 \times 0.635^2) = 16.67/(2 \times 0.635^2) = 20.67$

实取 21 个滤框,则实际过滤面积为

$$A = 2 \times 0.635^2 \times 21 = 16.94 \text{ m}^2$$

（2）过滤常数 K、q_e

根据恒压过滤方程（3-48）确定过滤常数 K、V_e。

恒压过滤方程（3-48）为

$$V^2 + 2VV_e = KA^2\theta$$

该式与题给恒压过滤方程相比较可得

$$K = 6 \times 10^{-5} \text{ m}^2/\text{s}$$

$$2V_e = 1 \text{ 即 } V_e = 0.5 \text{ m}^3$$

$$q_e = V_e/A = 0.5/16.94 = 0.030 \text{ m}^3/\text{m}^2$$

注意：对于板框过滤机，每个滤框提供两个正方形的过滤面积，在由过滤面积求滤框数或由滤框数求过滤面积时都需注意这一点。

［例 3-8］ 在实验室于 294 kPa 的压强差下对某种颗粒在水中的悬浮液进行恒压过滤试验。悬浮液中固相的质量分数为 0.09，固相密度为 2 000 kg/m³，滤饼不可压缩，其中水的质量分数为 0.4，比阻 $r = 1.4 \times 10^{14}$ 1/m²。试验测得介质常数 $q_e = 0.01$ m³/m²，滤液黏度 $\mu = 1.005 \times 10^{-3}$ Pa·s。

现拟采用 BMS20/635-25 型板框压滤机在与试验相同的条件下过滤上述悬浮液，共 26 个框，所用滤布与试验时相同。试求：

（1）滤饼充满滤框所需时间 θ；

（2）过滤毕，用滤液体积10%的清水以横穿洗涤法洗涤滤饼，操作压强差、洗水黏度与过滤终了均相同，洗涤时间 θ_W 为若干？

（3）若每个操作周期中辅助时间为 20 min，则过滤机的滤液生产能力为若干（m³/h）？

解：本例为恒压过滤综合性计算题，包括用相应的公式计算过滤时间、洗涤时间及生产能力。关键是根据试验数据和固相的物料衡算求算滤饼与滤液体积之比 v，然后计算过滤常数 K 及每批操作可得滤液体积 V。

由于滤饼不可压缩，滤饼的密度可按下式近似估算：

$$\rho_c = 1 \Big/ \left(\frac{x_W}{\rho_s} + \frac{1-x_W}{\rho} \right) = 1 \Big/ \left(\frac{0.6}{2\,000} + \frac{0.4}{1\,000} \right) = 1\,429 \text{ kg/m}^3$$

每 m³ 滤饼中水所占的体积（即空隙率）为

$$\varepsilon = \frac{0.4\rho_c}{\rho} = \frac{0.4 \times 1\,429}{1\,000} = 0.571\,6$$

以 1 m³ 滤液为基准计算滤饼与滤液体积之比 v，即

$$\rho_s(1-\varepsilon)v = \left[1\,000 + \rho_s(1-\varepsilon)v + \rho\varepsilon v \right] \times \frac{9}{100}$$

或　　　$$2\,000(1-0.571\,6)v = \left[1\,000 + 2\,000(1-0.571\,6)v + 1\,000 \times 0.571\,6v \right] \times \frac{9}{100}$$

解得　　　$v = 0.123\,5$

每批操作可得滤饼体积为

$$V_c = 26 \times 0.635^2 \times 0.025 = 0.262 \text{ m}^3$$

94

则 $\qquad V = V_c/v = 0.262/0.123\ 5 = 2.12\ \text{m}^3$

过滤面积为

$$A = 2 \times 26 \times 0.635^2 = 21.0\ \text{m}^2$$

$$q = V/A = 2.12/21.0 = 0.101\ \text{m}^3/\text{m}^2$$

联解式(3-45)及式(3-46),将有关数据代入便可求得过滤常数 K,即

$$K = 2k(\Delta p)^{1-s} = 2(\Delta p)^{1-s}/(\mu r'v)$$

对于不可压缩滤饼,$s = 0, r' = r$,故

$$K = \frac{2 \times 294 \times 10^3}{1.005 \times 10^{-3} \times 1.4 \times 10^{14} \times 0.123\ 5} = 3.38 \times 10^{-5}\ \text{m}^2/\text{s}$$

(1)过滤时间 θ

将有关数据代入式(3-47a)便可求得过滤时间 θ,即

$$\theta = (q^2 + 2qq_e)/K = (0.101^2 + 2 \times 0.101 \times 0.01)/3.38 \times 10^{-5} = 362\ \text{s}$$

(2)洗涤时间 θ_W

对于板框过滤机,洗涤速率由式(3-52)计算:

$$\left(\frac{\mathrm{d}V}{\mathrm{d}\theta}\right)_W = \frac{1}{4}\left(\frac{\mathrm{d}V}{\mathrm{d}\theta}\right)_E = \frac{KA}{8(q + q_e)} = \frac{3.38 \times 10^{-5} \times 21.0}{8(0.101 + 0.01)} = 7.99 \times 10^{-4}\ \text{m}^3/\text{s}$$

$$V_W = 0.1V = 0.1 \times 2.12 = 0.212\ \text{m}^3$$

所以 $\qquad \theta_W = V_W \Big/ \left(\frac{\mathrm{d}V}{\mathrm{d}\theta}\right)_W = 0.212/7.99 \times 10^{-4} = 265\ \text{s}$

(3)生产能力 Q

间歇过滤机的生产能力用式(3-55)计算,即

$$Q = \frac{3\ 600V}{\theta + \theta_W + \theta_D} = \frac{3\ 600 \times 2.12}{362 + 265 + 20 \times 60} = 4.18\ \text{m}^3/\text{h}$$

讨论:解题时要注意过滤面积的计算、洗涤速率和最终过滤速率之间的关系。

[例3-9] 在一定压差下对某悬浮液进行恒压过滤试验,过滤 5 min 时测得滤饼厚度为 3 cm,又过滤 5 min,测得滤饼厚度为 5 cm。现用滤框厚度为 26 cm 的板框压滤机,采用试验条件下的压差过滤该悬浮液,试求一个操作周期内的过滤时间。

(**提示**:滤液体积与滤饼厚度的关系为 $V \cdot v = L \cdot A$)。

解:恒压过滤方程为

$$V^2 + 2VV_e = KA^2\theta$$

式中 $\qquad V = LA/v$ 及 $V_e = L_eA/v$

则 $\qquad L^2 + 2LL_e = Kv^2\theta$

令 $\qquad a = 1/Kv^2$ 及 $b = 2L_e/Kv^2$

于是 $\qquad \theta = aL^2 + bL$

将两组数据代入上式,得到

$$5 = 9a + 3b$$

及 $\qquad 10 = 25a + 5b$

解得 $\qquad a = \frac{1}{6}$ 及 $b = 3.5/3$

于是可计算滤饼充满滤框($L = 13$ cm)所需时间为

$$\theta = \frac{1}{6} \times 13^2 + \frac{3.5}{3} \times 13 = 43\frac{1}{3} \text{ min}$$

该题也可取 3 cm 滤饼时得滤液 1 m³,5 cm 及 13 cm 滤饼厚度分别对应 5/3 m³ 及 13/3 m³ 滤液,由恒压过滤方程组求得 V_e 及 KA^2 值,最后求得滤饼充满滤框所需时间。计算结果相同。

讨论:需特别注意,过滤终点滤饼厚度为滤框厚度的一半,即 $L = \frac{1}{2} \times 26 = 13$ cm。

[例 3-10]　用小型板框过滤机对某悬浮液进行恒压过滤试验,过滤压强差为 150 kPa,测得过滤常数 $K = 2.5 \times 10^{-4}$ m²/s,$q_e = 0.02$ m³/m²。今拟用一转筒真空过滤机过滤该悬浮液,过滤介质与试验时相同,操作真空度为 60 kPa,转速为 0.5 r/min,转筒的浸没度为 1/3。若要求转筒真空过滤机的滤液生产能力为 5 m³/h,试求转筒真空过滤机的过滤面积。已知滤饼不可压缩。

解:连续过滤机的生产能力用式(3-57)计算,而已规定生产能力,则可求得过滤面积。

$$Q = 60nA\left[\sqrt{K\left(\frac{60\psi}{n}\right) + q_e^2} - q_e\right]$$

式中　　$K = 2.5 \times 10^{-4} \times \frac{60}{150} = 1.0 \times 10^{-4}$ m²/s

于是　　$5 = 60 \times 0.5A\left[\sqrt{1.0 \times 10^{-4}\left(\frac{60}{3 \times 0.5}\right) + 0.02^2} - 0.02\right] = 1.39A$

则　　　$A = 3.6$ m²

讨论:操作压强改变导致 K 值变化,对于不可压缩滤饼,q_e 值则不随压强而变化。

[例 3-11]　用叶滤机过滤某种固体物料的水悬浮液。先以等速过滤 15 min,得滤液 1.5 m³,维持此时的压强差再恒压过滤 60 min。过滤毕,用总滤液量 10% 的清水洗涤滤饼,每批操作的辅助时间为 28 min。滤布阻力可忽略不计,试求:

(1)每天(24 h)可得滤液若干(m³)?

(2)欲使叶滤机达到最大生产能力,每批操作的恒压过滤时间应如何确定?

解:本例为先恒速后恒压过滤操作的计算问题。求生产能力的关键是计算一个操作周期中所得滤液总体积并计算洗涤时间。至于过滤机达到最大生产能力过滤时间的确定,则需对间歇过滤机生产能力的定义式求极值。

(1)每天可得滤液体积

由于滤布阻力可忽略不计,则过滤速率可表达为

$$\frac{dV}{d\theta} = \frac{KA^2}{2V}$$

在恒速过滤阶段

$$\frac{dV}{d\theta} = \frac{KA^2}{2V_R} = \frac{V_R}{\theta_R}$$

$$KA^2 = 2V_R^2/\theta_R = 2 \times 1.5^2/(60 \times 15) = 5 \times 10^{-3} \text{ m}^6/\text{s}$$

恒压过滤阶段

$$V^2 - V_R^2 = KA^2(\theta - \theta_R)$$

每批操作可得滤液总体积为

$$V = \sqrt{V_R^2 + KA^2(\theta - \theta_R)} = \sqrt{1.5^2 + 5 \times 10^{-3} \times 60 \times 60} = 4.5 \text{ m}^3$$

对于叶滤机置换洗涤法,洗涤速率为

$$\left(\frac{\mathrm{d}V}{\mathrm{d}\theta}\right)_W = \left(\frac{\mathrm{d}V}{\mathrm{d}\theta}\right)_E = \frac{KA^2}{2V}$$

则

$$\theta_W = \frac{V_W}{\left(\dfrac{\mathrm{d}V}{\mathrm{d}\theta}\right)_W} = \frac{2 \times 0.1 \times 4.5^2}{5 \times 10^{-3}} = 810 \text{ s}$$

$$T = (15 + 60) \times 60 + 810 + 28 \times 60 = 6\,990 \text{ s}$$

所以

$$V_d = \frac{24 \times 3\,600 \times 4.5}{6\,990} = 55.62 \text{ m}^3/\text{d}$$

(2)恒压阶段过滤时间的确定

令在一个操作中的洗涤时间与辅助时间为规定值,则生产能力的定义式为

$$Q = \frac{3\,600V}{\theta + \theta_W + \theta_D}$$

对上式求极值,即

$$\frac{\mathrm{d}Q}{\mathrm{d}\theta} = \frac{\mathrm{d}\left(\dfrac{3\,600V}{\theta + \theta_W + \theta_D}\right)}{\mathrm{d}\theta} = 0$$

将式 $V = \sqrt{V_R^2 + KA^2(\theta - \theta_R)}$ 及式 $V_R^2 = \dfrac{KA^2\theta_R}{2}$ 代入上式并整理,得到

$$\mathrm{d}\left[\frac{\sqrt{\dfrac{KA^2}{2}(2\theta - \theta_R)}}{\theta + \theta_W + \theta_D}\right] \Big/ \mathrm{d}\theta = 0$$

(1)

解得

$$\theta - \theta_R = \theta_W + \theta_D$$

上式表明,当滤布阻力可忽略且恒压过滤时间恰好等于洗涤与辅助时间之和时,过滤机的生产能力为最大。这种过滤操作循环为最佳操作循环。在本例条件下,最佳操作循环的生产能力计算如下:

令每一个操作周期得滤液总体积为 V,则

$$V^2 = \frac{KA^2}{2}(2\theta - \theta_R)$$

$$\theta_W = \frac{2 \times 0.1V^2}{KA^2} = \frac{0.2KA^2(2\theta - \theta_R)}{2KA^2} = 0.1(2\theta - \theta_R)$$

将该式代入式(1)并整理得

$$\theta = 1.125\theta_R + 1.25\theta_D = 1.125 \times 15 \times 60 + 1.25 \times 28 \times 60 = 3\,113 \text{ s}$$

$$\theta - \theta_R = 3\,113 - 15 \times 60 = 2\,213 \text{ s}$$

$$V = \sqrt{1.5^2 + 5 \times 10^{-3} \times 2\,213} = 3.65 \text{ m}^3$$

$$\theta_W = 0.1(2 \times 3\,113 - 15 \times 60) = 533 \text{ s}$$

$$V_d = \frac{24 \times 3\,600 \times 3.65}{3\,113 + 533 + 28 \times 60} = 59.21 \text{ m}^3/\text{d}$$

讨论: 在最佳操作循环下,叶滤机的生产能力大于原工况的生产能力。一般,间歇过滤机的恒压过滤时间大致等于非过滤时间(包括洗涤时间与辅助时间)时,获得最大生产能力。

[例3-12] 拟用810 mm×810 mm的板框压滤机过滤某种水的悬浮液。在147.2 kPa的恒压差下,过滤常数 $K = 2.73 \times 10^{-5}$ m²/s,滤饼不可压缩,过滤介质阻力可忽略不计。每 m³ 滤液可得滤饼体积0.04 m³,试求:

(1)欲在1 h时得滤饼0.4 m³,所需的滤框数和框的厚度;

(2)欲使过滤机在最佳工况下操作,操作压强需提高至多少(kPa)?已知每批操作的洗涤时间和辅助时间共约45 min。

解:(1)框数和框厚

根据滤液体积用恒压过滤方程计算过滤面积,进而确定框数。由滤饼的体积计算框厚。

$$V = V_c/v = 0.4/0.04 = 10 \text{ m}^3$$

由于忽略介质阻力,恒压过滤方程简化为

$$V^2 = KA^2\theta$$

即

$$10^2 = 2.73 \times 10^{-5} \times 3\,600A^2$$

解得

$$A = 31.9 \text{ m}^2$$

又

$$A = 0.81 \times 0.81 \times 2n$$

则

$$n = 24.31, \text{取25个}$$

实际过滤面积为

$$A = 0.81^2 \times 2 \times 25 = 32.81 \text{ m}^2$$

所需滤框厚度为

$$b = 0.4/(25 \times 0.81^2) = 0.024\,4 \text{ m}$$

实取框厚25 mm。

(2)操作压强

最佳工况的过滤时间为45 min,则

$$10^2 = 32.81^2 \times 45 \times 60K'$$

$$K' = 3.44 \times 10^{-5} \text{ m}^2/\text{s}$$

$$\Delta p' = \frac{3.44}{2.73} \times 147.2 = 185.5 \text{ kPa}$$

讨论: 在规定板框的边长前提下,框数和框厚的选择应同时满足过滤面积和滤饼体积的要求,并尽可能在接近最佳操作循环下运行,以使过滤机获得最大生产能力。

⯈ 学生自测 ⯈ ⯈

一、填空或选择

1. 表述颗粒特性的主要参数为颗粒的_____、_____及_____。

2. 表述颗粒床层特性的主要参数为_____、_____、及_____。

3. 固体粒子的沉降过程分_____阶段和_____阶段。沉降速度是指_____阶段颗粒相对于_____的速度。

4. 在斯托克斯区,颗粒的沉降速度与其直径的_____次方成正比,而在牛顿区,与其直径的_____次方成正比。

5. 沉降雷诺数 Re_t 越大,流体黏性对沉降速度的影响_____。

6. 一球形石英粒子在空气中作滞流自由沉降。若空气温度由 20 ℃ 提高至 50 ℃,气体的黏度_____,则沉降速度将_____。

7. 降尘室内,固粒可被分离的条件是_____。降尘室操作时,气体的流动应控制在_____区。

8. 理论上降尘室的生产能力与_____和_____有关,而与_____无关。

9. 在降尘室中除去某粒径的颗粒时,若降尘室高度增加一倍,则颗粒的沉降时间_____,气流速度_____,生产能力_____。

10. 含尘气体通过长 4 m、宽 3 m、高 1 m 的降尘室,颗粒的沉降速度为 0.03 m/s,则降尘室的最大生产能力为_____ m^3/s。

11. 在降尘室内,粒径为 60 μm 的颗粒理论上能全部除去,则粒径为 42 μm 的颗粒能被除去的分率为_____。(沉降在滞流区)

12. 在离心分离操作中,分离因数是指_____。某颗粒所在旋风分离器位置上的旋转半径 $R = 0.2$ m,切向速度 $u_T = 20$ m/s,则分离因数为_____。

13. 选择旋风分离器的依据是:_____、_____、_____。

14. 化工生产中,除去气体中尘粒的设备有_____、_____、_____、_____等。

15. 旋风分离器的分离效率随器身_____的增大而减小。

16. 旋风分离器组设计的出发点是_____,_____。

17. 评价旋风分离器性能的主要参数为_____、_____和_____。

18. 饼层过滤是指_____;深床过滤是指_____。

19. 用板框压滤机恒压过滤某种悬浮液,其过滤方程为 $q^2 + 0.062q = 5 \times 10^{-5}\theta$,式中 q 的单位为 m^3/m^2,θ 的单位为 s,则过滤常数值及其单位为:$K =$ _____,$q_e =$ _____。

若该过滤机由 635 mm × 635 mm × 20 mm 的 10 个框组成,则其过滤面积 $A =$ _____ m^2,介质的虚拟滤液体积 $V_e =$ _____ m^3。

20. 根据过滤基本方程 $\left(\dfrac{dV}{d\theta} = \dfrac{A^2 \Delta p^{1-s}}{\mu r'v(V + V_e)}\right)$ 说明提高过滤机生产能力的措施是(最少写出三条)_____、_____、_____。

21. 工业上应用最广泛的间歇压滤机有_____和_____,连续吸滤型过滤机为_____。

22. 对于不可压缩滤饼,忽略过滤介质阻力,根据下式提出提高现有转筒真空过滤机生产能力的途径。

$$Q = 465A \sqrt{K\psi n}$$

23. 根据分离目的,离心机可分为_____、_____、_____三大类。

24. 要使固粒在流态化操作,通常要使气速高于_____而低于_____。

25. 实际流化床可能有两种不同的流化形式,即_____和_____。流化床的不正常现象有_____和_____。

26. 按固气比 R,气力输送分为_____和_____两类;而按气流压强又可分为_____和_____两类。

27. 在重力场中,固粒的自由沉降速度与下列因素无关_____。

　　A. 粒子几何形状　　　　　　B. 粒子几何尺寸

　　C. 粒子及流体密度　　　　　D. 流体的流速

28. 含尘气体,初始温度为 30 ℃,需在进入反应器前除去尘粒并升温至 120 ℃,在流程布置上宜_____。

　　A. 先除尘后升温　　　B. 先升温后除尘　　　C. 升温除尘哪个在先均可

29. 板框压滤机中横穿洗涤法的洗涤速率与最终过滤速率之比为_____;叶滤机置换洗涤法的洗涤速率与最终过滤速率之比为_____。(Δp、μ 在过滤最终与洗涤相同)

　　A. 1/4　　　　B. 1/2　　　　C. 4　　　　D. 1

30. 恒压过滤某种悬浮液(介质阻力可忽略,滤饼不可压缩),已知 10 min 单位过滤面积上得滤液 0.1 m³。若 1 h 得滤液 2 m³,则所需过滤面积为_____m²。

31. 连续转筒真空过滤机的生产能力为 $Q \propto A^a n^b \Delta p^c$（$A$ 为过滤面积,m²;n 为转筒转速,r/min;Δp 为过滤压强差,Pa;介质阻力可忽略,滤饼不可压缩),则式中的 $a = $_____,$b = $_____,$c = $_____。

32. 叶滤机过滤某种悬浮液,介质阻力可忽略,滤饼不可压缩,$K = 2.5 \times 10^{-3}$ m²/s。若过滤终了时,$q = 2.5$ m³/m²,每 m² 过滤面积上用 0.5 m³ 清水洗涤(Δp、μ 与过滤终了相同),则所需过滤时间 $\theta = $_____ s,洗涤时间 $\theta_w = $_____ s。

33. 在空床气速 u 增加时,气体通过流化床的压强降_____。

　　A. $\Delta p \propto u'$　　　B. $\Delta p \propto u^2$　　　C. $\Delta p \propto u^{1.75}$　　D. Δp 不变

二、计算

1. 体积流量为 0.95 m³/s,温度为 20 ℃,压强为 9.81×10^4 Pa 的含尘气体,在进入反应器之前需除尘并升温至 260 ℃。尘粒密度 $\rho_s = 1\,800$ kg/m³,除尘室的底面积为 60 m²,试求:

　　(1)若先预热后除尘,理论上可全部除去的最小颗粒直径;

　　(2)若先除尘后预热,为保证除去的最小颗粒直径不变,则空气的流量为若干(m³/s)?

　　20 ℃时,$\mu = 1.81 \times 10^{-5}$ Pa·s,$\rho = 1.205$ kg/m³;260 ℃时,$\mu = 2.79 \times 10^{-5}$ Pa·s,$\rho = 0.662\,2$ kg/m³。

2. 恒压过滤某悬浮液,过滤 5 min 得滤液 1 L,又过滤 5 min 得滤液多少升? 此时过滤速率为多少(L/min)(忽略过滤介质阻力)?

3. 在一定条件下恒压过滤某悬浮液,实验测得 $K = 5 \times 10^{-5}$ m²/s,$V_e = 0.5$ m³,$v = 0.046$。现采用滤框尺寸为 635 mm × 635 mm × 25 mm 的板框压滤机在同一条件下过滤该悬浮液,欲在 30 min 过滤时间内获得 5 m³ 滤液,试求所需滤框的个数 n。

4. 采用板框压滤机进行恒压过滤,操作 1 h 后,得滤液 16 m³,然后用 2 m³ 的清水在相

同的压强下对滤饼进行横穿洗涤。假设清水的黏度与滤液的相同。滤布的阻力可忽略,试求:

(1)洗涤时间;

(2)若不进行洗涤,继续恒压过滤 1 h,可另外得滤液多少(m^3)?

5. 用板框过滤机恒压差过滤某水悬浮液,滤框共 10 个,其规格为 810 mm×810 mm,框的厚度为 42 mm。现已测得过滤 10 min 后得滤液 1.31 m^3,再过滤 10 min 共得滤液 1.905 m^3。滤饼体积和滤液体积之比为 0.1。试计算:

(1)将滤框完全充满滤饼所需的过滤时间(h);

(2)若洗涤时间和辅助时间共 45 min,该装置的生产能力(以每小时滤饼体积计)。

6. 拟用一板框过滤机在 204 kPa 的压强差下过滤某悬浮液,已知过滤常数 $K = 7 \times 10^{-5}$ m^2/s,$q_e = 0.015$ m^3/m^2,滤渣充满滤框时,所需时间为 0.5 h,得滤液为 10 m^3。设滤饼不可压缩,且滤饼与滤液体积比 $v = 0.03$ m^3/m^3,试问:

(1)需要多大的过滤面积;

(2)如操作压强差提高至 409 kPa,现有一台板框过滤机,每一个框的尺寸为 635 mm×635 mm×25 mm;仍要求滤渣充满滤框时(过滤介质不变)所得滤液为 10 m^3,则至少需要多少个框才能满足要求? 所需过滤时间为多少(h)?

7. 采用板框过滤机恒压过滤某悬浮液,悬浮液中固相体积分率为 1.5%,滤饼不可压缩且空隙率为 40%。滤框尺寸为 810 mm×810 mm×25 mm,过滤常数 K 为 1.0×10^{-4} m^2/s,试求滤饼刚好充满滤框所需要的时间。(过滤介质阻力可忽略。)

8. 采用板框过滤机过滤某悬浮液。悬浮液中固相的密度为 3 000 kg/m^3,质量分率为 10%;液相为水,密度为 1 000 kg/m^3。滤饼不可压缩且空隙率为 40%。过滤开始时,过滤机在一定压差下操作,过滤常数 K 为 2.0×10^{-5} m^2/s。当滤饼体积充满滤框容积的一半时,将过滤压差加倍,试求滤饼刚好充满滤框所需要的时间。滤框尺寸为 635 mm×635 mm×25 mm。(过滤介质阻力可忽略。)

9. 用加压叶滤机过滤某悬浮液,先以 0.1 m^3/min 的速率恒速过滤 20 min,然后保持此时的压力差进行恒压过滤,试求:再恒压过滤 40 min 后所得滤液的总体积(m^3)。(忽略滤布阻力)

第4章 传 热

英文字母

A——流通面积,m^2;

A——辐射吸收率;

b——厚度,m;

b——润湿周边,m;

c_p——定压比热容,kJ/(kg·℃);

C——辐射系数,W/(m^2·K^4);

d——管径,m;

D——换热器壳径,m;

D——透过率;

g——重力加速度,m/s^2;

h——挡板间距,m;

I——焓,kJ/kg;

K——总传热系数,W/(m^2·℃);

L——长度,m;

M——冷凝负荷,kg/(m·s);

n——指数;

n——管数;

Nu——努塞尔特数;

p——压强,Pa;

Pr——普兰特数;

q——热通量,W/m^2;

Q——传热速率,W;

r——半径,m;

r——汽化热,kJ/kg;

R——污垢热阻,m^2·℃/W;

R——因数;

R——反射率;

Re——雷诺数;

S——传热面积,m^2;

t——冷流体温度,℃;

t——管心距,m;

T——热流体温度,℃;

u——流速,m/s;

W——质量流量,kg/s。

希腊字母

α——对流传热系数,W/(m^2·℃);

β——体积膨胀系数,1/℃;

ε——传热效率;

ε——黑度;

λ——导热系数,W/(m·℃);

μ——黏度,Pa·s;

ρ——密度,kg/m^3;

φ——校正系数;

φ——角系数。

下标

b——黑体的;

c——冷流体的,临界的;

e——当量的;

h——热流体的;

i——管内的;

m——平均的;

o——管外的;

s——污垢的;

s——饱和的;

w——壁面的;

Δt——温度差的。

◗ **本章学习指导** ◗ ◗

1. 本章学习目的

通过本章学习,掌握传热的基本原理、传热的规律,并运用这些原理和规律去分析和计算传热过程的有关问题,诸如:

①换热器的设计和选型。

②换热器的操作调节和优化。

③强化传热或削弱传热(保温)。

2. 本章要掌握的内容

(1)本章重点掌握的内容

①单层、多层平壁热传导速率方程,单层、多层圆筒壁热传导速率方程及其应用。

②换热器的能量衡算,总传热速率方程和总传热系数的计算,并用平均温度差法进行传热计算。

③对流传热系数的影响因素及量纲分析法。

(2)本章应掌握的内容

①传热的基本方式。

②换热器的结构形式和强化途径。

③两固体间的辐射传热速率方程及其应用。

(3)本章一般了解的内容

①保温层临界直径。

②传热单元数法及应用场合。

③对流—辐射联合传热。

④一般传热设计的规范、相关计算和设备选型要考虑的问题。

3. 本章学习中应注意的问题

①边界层概念。

②传热单元数法。

③量纲分析法。

④辐射传热的基本概念和定律,影响辐射传热速率的因素。

◗ **本章学习要点** ◗ ◗

一、传热过程概述

本章主要讨论定态传热,即传热速率在任何时刻都为常数,并且系统中各点的温度仅随位置变化而与时间无关。

(一)传热的基本方式

根据传热机理的不同,热量传递有三种基本方式,即热传导、对流传热和辐射传热。热量传递可以其中一种方式进行,也可以二种或三种方式同时进行。在无外功输入时,净的热流方向总是由高温处向低温处流动。

(二)传热过程中冷热流体(接触)热交换方式

1. 冷热流体接触方式及换热器

对于某些传热过程可使热、冷流体以直接混合接触式进行热交换,所采用的设备称为混合式换热器。蓄热式换热是热、冷流体交替地流过蓄热器,利用固体填充物来积蓄和释放热量而达到换热的目的。而在化工生产中遇到的多是间壁两侧流体的热交换,即冷、热流体在壁面两侧流动,固体壁面即构成间壁式换热器。间壁式换热是本章讨论的重点。

2.冷、热流体通过间壁两侧的传热过程三个基本步骤

①热流体以对流方式将热量传递给管壁。

②热量以热传导方式由管壁的一侧传递至另一侧。

③传递至另一侧的热量又以对流方式传递给冷流体。

对流传热是由流体内部各部分质点发生宏观运动而引起的热量传递过程,因而对流传热只能发生在有流体流动的场合,在化工生产中,通常将流体与固体壁面之间的传热称为对流传热过程,将热、冷流体通过壁面之间的传热称为热交换过程,简称传热过程。

(三)典型的间壁式换热器

套管式换热器是最简单的间壁式换热器,冷热流体分别流经内管和环隙,而进行热的传递。管壳式换热器是应用最广的换热设备。在管壳式换热器中,在管内流动的流体称为管程流体,而另一种在壳与管束之间从管外表面流过的流体称为壳程流体。管(壳)程流体在管束内(壳方)来回流过的次数,则称为管(壳)程数。

两流体间的传热管壁表面积即为传热面积。对于一定的传热任务,分别用管内径、外径或平均直径计算,则对应的传热面积分别为管内侧、管外侧或平均面积。

传热速率和热通量是评价换热器性能的重要指标。传热速率 Q 是指单位时间内通过传热面的热量,其单位为 W,可表示传热的快慢。热通量则是指单位面积的传热速率,其单位为 W/m^2。由于换热器的传热面积可以用圆管的内、外或平均面积表示,因此相应的热通量计算应标明选择的基准面积。

(四)载热体及其选择

物料在换热器内被加热或冷却时,通常需要用另一种流体供给或取走热量,此种流体称为载热体,其中起加热作用的载热体称为加热剂(或加热介质);起冷却(冷凝)作用的载热体称为冷却剂(或冷却介质)。

对于一定的传热过程,选择的载热体及工艺条件决定了需要提供或取出的热量,从而决定了传热过程的操作费用。选择载热体时还应考虑载热体的温度易调控;饱和蒸气压较低,加热时不易分解;毒性小,不易燃、易爆,不腐蚀设备;价格便宜,来源容易等。

二、热传导

热量不依靠宏观混合运动而从物体中的高温区向低温区移动的过程叫热传导,简称导热。物体或系统内的各点间的温度差,是热传导的必要条件。由热传导方式引起的热传递速率(简称导热速率)决定于物体内温度的分布情况。热传导在固体、液体和气体中都可以发生,但它们的导热机理各有所不同,其中在固体中的热传导最为典型。

(一)热传导的基本概念和傅里叶定律

1.温度场和温度梯度

(1)温度场 温度场就是任一瞬间物体或系统内各点的温度分布总和。若温度场内各点的温度不随时间而变,即为定态温度场,否则称为非定态温度场。若物体内的温度仅沿一个坐标方向发生变化,此温度场为定态的一维温度场,即

$$t = f(x) \quad \frac{\partial t}{\partial \theta} = 0 \quad \frac{\partial t}{\partial y} = \frac{\partial t}{\partial z} = 0 \tag{4-1}$$

（2）等温面　温度场中同一时刻下相同温度各点所组成的面积为等温面。温度不同的等温面彼此不相交；在等温面上将无热量传递，而沿和等温面相交的任何方向则有热量传递。

（3）温度梯度　将两相邻等温面的温度差 Δt 与其垂直距离 Δn 之比的极限称为温度梯度。对定态的一维温度场，温度梯度可表示为

$$\text{grad } t = \frac{\mathrm{d}t}{\mathrm{d}x} \tag{4-2}$$

温度梯度 $\overrightarrow{\frac{\partial t}{\partial n}}$ 为向量，它的正方向是指向温度增加的方向。通常，将温度梯度的标量 $\frac{\partial t}{\partial n}$ 也称为温度梯度。

2. 傅里叶定律

描述热传导现象的物理定律为傅里叶定律（Fourier's Law），其数学表达式为

$$\frac{\mathrm{d}Q}{\mathrm{d}S} = -\lambda \frac{\partial t}{\partial n} \tag{4-3}$$

式(4-3)中的负号表示热传导服从热力学第二定律，即热通量的方向与温度梯度的方向相反，也即热量朝着温度下降的方向传递。

（二）导热系数

导热系数的定义式为

$$\lambda = -\frac{\mathrm{d}Q/\mathrm{d}S}{\partial t/\partial n} \tag{4-4}$$

该式表明，导热系数在数值上等于单位温度梯度下的热通量。导热系数 λ 表征了物质导热能力的大小，是物质的物理性质之一。导热系数的大小和物质的形态、组成、密度、温度及压强有关。一般来说，金属的导热系数最大，非金属固体次之，液体较小，气体最小。

（三）平壁的热传导

1. 单层平壁热传导

假设材料均匀，导热系数不随温度变化，或可取平均值；平壁内的温度仅沿垂直于平壁的方向变化，即等温面垂直于传热方向；平壁面积与平壁厚度相比很大，故可以忽略热损失。这是最简单的定态、一维、平壁热传导，则有

$$Q = \frac{\lambda S}{b}(t_1 - t_2) = \frac{\Delta t}{R} \tag{4-5}$$

式(4-5)适用于 λ 为常数的定态热传导过程。在工程计算中，对于各处温度不同的固体，其导热系数可以取固体两侧面温度下 λ 值的算术平均值。

式(4-5)表明导热速率与导热推动力成正比，与导热热阻成反比；还可以看出，导热距离愈大，传热面积和导热系数愈小，则导热热阻愈大。即

$$Q = \frac{t_1 - t_2}{\dfrac{b}{\lambda S}} = \frac{\Delta t}{R} = \frac{热传导推动力}{热传导热阻} = 过程传递速率$$

该式与电学中的欧姆定律相比，形式完全类似。可以利用电学中串、并联电阻的计算办

法类比计算复杂导热过程的热阻。

2. 多层平壁的热传导

在多层平壁稳态热传导时,除了与单层平壁热传导一样的假设外,还假设层与层之间接触良好,即互相接触的两表面温度相同。若各表面温度分别为 t_1、t_2、t_3、t_4……,且 $t_1 > t_2 > t_3 > t_4 > \cdots\cdots$,则通过各层平壁截面的传热速率必相等,即 $Q_1 = Q_2 = Q_3 = Q_4 = \cdots = Q$。

由此得出其热传导速率方程式可表示为

$$Q = \frac{t_1 - t_{n+1}}{\sum \dfrac{b_i}{\lambda_i S}} \tag{4-6}$$

式(4-6)中下标 i 表示平壁的序号。由式(4-6)可见,多层平壁热传导的总推动力为各层温度差之和,即总温度差;总热阻为各层热阻之和。

应予指出,在多层平壁的计算中,不同材料构成的层与层界面之间可能出现明显的温度降低。这种温度变化是由于表面粗糙不平而产生接触热阻的缘故。接触热阻与接触面材料、表面粗糙度及接触面上压强等因素有关,目前主要依靠实验测定。

(四)圆筒壁的热传导

化工生产中,经常遇到圆筒壁的热传导问题,它与平壁热传导的不同之处在于圆筒壁的传热面积和热通量不再是常量,而随半径而变;同时温度也随半径而变,但传热速率在稳态时依然是常量。

与单层平壁的热传导类似,可得

$$Q = \frac{2\pi\lambda L(t_1 - t_2)}{\ln(r_2/r_1)} = \lambda S_m \frac{t_1 - t_2}{r_2 - r_1} \tag{4-7}$$

式(4-7)即为单层圆筒壁的热传导速率方程。

其中
$$S_m = 2\pi \frac{r_2 - r_1}{\ln(r_2/r_1)} L = 2\pi r_m L \tag{4-8}$$

$$r_m = \frac{r_2 - r_1}{\ln \dfrac{r_2}{r_1}} \tag{4-9}$$

应予指出,当 $\dfrac{r_2}{r_1} \leqslant 2$ 时,上述各式中的对数平均值可用算术平均值代替。

像多层平壁一样,也可以将串联热阻的概念应用于多层圆筒壁,其表达式为

$$Q = \frac{t_1 - t_{n+1}}{\sum\limits_{i=1}^{n} \dfrac{b_i}{\lambda_i S_{mi}}} = \frac{t_1 - t_{n+1}}{\sum\limits_{i=1}^{n} \dfrac{1}{2\pi L \lambda_i} \ln \dfrac{r_{i+1}}{r_i}} \tag{4-10}$$

式中下标 i 表示圆筒壁的序号。多层圆筒壁热传导的总推动力亦为总温度差,总热阻亦为各层热阻之和,只是计算各层热阻所用的传热面积应采用各自的对数平均面积。

三、对流传热概述

(一)对流传热速率方程和对流传热系数

1. 对流传热速率方程

对流传热是一个复杂的传热过程,影响对流传热速率的因素很多,因此目前的工程计算仍按半经验法处理。

根据传递过程普遍关系,以流体和壁面间的对流传热为例,对流传热速率方程可以用牛顿冷却定律表示为

$$Q = \alpha S \Delta t = \frac{\Delta t}{1/\alpha S} \tag{4-11}$$

牛顿冷却定律表达了复杂的对流传热问题,实质上是将矛盾集中到了对流传热系数 α,因此研究各种情况下 α 的大小、影响因素及 α 的计算式,成为研究对流传热的核心。

2. 对流传热系数

牛顿冷却定律也是对流传热系数的定义式,即

$$\alpha = \frac{Q}{S \Delta t}$$

由此可见,对流传热系数在数值上等于单位温度差下、单位传热面积的对流传热速率,其单位为 $W/(m^2 \cdot °C)$,它反映了对流传热的快慢,α 愈大表示对流传热愈快。对流传热系数 α 不是流体的物理性质,而是受诸多因素影响的一个系数,反映了对流传热热阻的大小。

(二)对流传热机理

1. 对流传热分析

当流体流过固体壁面时,壁面附近的流体会形成边界层。处于层流状态下的流体在与流动方向相垂直的方向上进行热量传递时,其传递方式为热传导。

当湍流的流体流经固体壁面形成湍流边界层时,固体壁面处的热量首先以热传导方式通过静止的流体层进入层流内层,在层流内层中传热方式亦为热传导;然后热流经层流内层进入缓冲层,在这层流体中,兼有热传导和涡流传热两种传热方式;热流最后由缓冲层进入湍流核心,湍流核心的热量传递以旋涡传热为主。就热阻而言,层流内层的热阻占总对流传热热阻的大部分,因此,减薄滞流内层的厚度是强化对流传热的主要途径。

2. 热边界层

当流体流过固体壁面时,若二者温度不同,则壁面附近的流体受壁面温度的影响将建立一个温度梯度,一般将流动流体中存在温度梯度的区域称为温度边界层,亦称热边界层。若紧靠壁面附近薄层流体(滞流内层)中的温度梯度用 $\left(\dfrac{dt}{dy}\right)_w$ 表示,由于通过这一薄层的传热只能是流体间的热传导,因此传热速率可用傅里叶定律表示,联立牛顿冷却定律和傅里叶定律表示式,并消去 dQ/dS,则可得

$$\alpha = -\frac{\lambda}{T - T_w}\left(\frac{dt}{dy}\right)_w = -\frac{\lambda}{\Delta t}\left(\frac{dt}{dy}\right)_w \tag{4-12}$$

式(4-12)是对流传热系数 α 的另一定义式。该式表明,对于一定的流体和温度差,只要知道壁面附近的流体层的温度梯度,就可由该式求得 α。式(4-12)是理论上分析和计算 α 的基础。

热边界层的厚薄影响层内的温度分布,因而影响温度梯度。当边界层内、外侧的温度差一定时,热边界层愈薄,则 $(dt/dy)_w$ 愈大,因而 α 就愈大。反之则相反。

(三)保温层的临界直径

化工管路外常需要保温,以减少热量(或冷量)的损失。通常,热损失随保温层厚度的变化存在最大值,Q 为最大值时的临界直径为

$$d_c = 2\lambda/\alpha$$

若保温层的外径小于 d_c，则增加保温层的厚度反而使热损失增大。只有在 $d_o > 2\lambda/\alpha$ 下，增加保温层的厚度才使热损失减少。由此可知，对管径较小的管路包扎 λ 较大的保温材料时，需要核算 d_o 是否小于 d_c。

四、传热过程计算

换热器的传热计算包括设计型和校核型两类计算。但是，无论哪种类型的计算，都是以热量衡算和总传热速率方程为基础的。

（一）能量衡算

对于间壁式换热器作能量衡算，以小时为基准，因系统中无外功加入，且一般位能和动能项均可忽略，故实质上为焓衡算。

假设换热器绝热良好，热损失可以忽略时，则在单位时间内换热器中对于微元面积 dS，热流体放出的热量等于冷流体吸收的热量，对于整个换热器，其热量衡算式为

$$Q = W_h(I_{h1} - I_{h2}) = W_c(I_{c2} - I_{c1}) \tag{4-13}$$

式中 Q 为换热器的热负荷，kJ/h 或 kW。下标 1 和 2 分别表示换热器的进口和出口。

若换热器中两流体均无相变，且流体的比热容不随温度变化或可取流体平均温度下的比热容时，则分别表示为

$$Q = W_h c_{ph}(T_1 - T_2) = W_c c_{pc}(t_2 - t_1) \tag{4-14}$$

若换热器中流体有相变，例如饱和蒸汽冷凝时，则

$$Q = W_h r = W_c c_{pc}(t_2 - t_1) \tag{4-15}$$

式（4-15）的应用条件是冷凝液在饱和温度下排出。若冷凝液温度低于饱和温度时，则为

$$Q = W_h[r + c_{ph}(T_s - T_2)] = W_c c_{pc}(t_2 - t_1) \tag{4-16}$$

（二）总传热速率微分方程和总传热系数

据导热速率方程和对流传热速率方程进行换热器的传热计算时，必须知道壁温，而实际上壁温往往是未知的。为便于计算，需避开壁温，而直接用已知的冷、热流体的温度进行计算。为此，需要建立以冷、热流体温度差为传热推动力的传热速率方程，该方程即为总传热速率方程。

1. 总传热速率方程的微分形式

冷、热流体通过任一微元面积 dS 的间壁传热过程的传热速率方程，可以仿照牛顿冷却定律写出，即

$$dQ = K(T - t)dS = K\Delta t dS \tag{4-17}$$

式（4-17）为总传热速率微分方程，该方程又称传热基本方程，它是换热器传热计算的基本关系式。式中局部总传热系数 K 可表示为单位传热面积、单位传热温差下的传热速率，它反应了传热过程的强度。应予指出，总传热系数必须和所选择的传热面积相对应，因此有

$$dQ = K_i(T - t)dS_i = K_o(T - t)dS_o = K_m(T - t)dS_m \tag{4-18}$$

在传热计算中，选择何种面积作为计算基准，结果完全相同，但工程上大多以外表面积作为基准，故后面讨论中，除特别说明外，K 都是基于外表面积的总传热系数。K_i、K_o、K_m 间的关系为

$$\frac{K_o}{K_i} = \frac{dS_i}{dS_o} = \frac{d_i}{d_o} \quad \text{及} \quad \frac{K_o}{K_m} = \frac{dS_m}{dS_o} = \frac{d_m}{d_o} \tag{4-19}$$

2. 总传热系数

总传热系数 K(简称传热系数)是评价换热器性能的一个重要参数,也是对换热器进行传热计算的依据。K 的数值取决于流体的物性、传热过程的操作条件及换热器的类型等。

传热系数 K 的来源主要有总传热系数公式计算、总传热系数的测定和采用总传热系数的推荐值。其中利用串联热阻叠加的原理导出的总传热系数计算公式为重点。

当冷热流体通过间壁换热时,由传热机理可知,其传热是一个"对流—传导—对流"的串联过程。对于定态传热过程,各串联环节速率必然相等,根据串联热阻叠加原理,可得总传热系数计算式,即

$$\frac{1}{K_o} = \frac{d_o}{\alpha_i d_i} + \frac{bd_o}{\lambda d_m} + \frac{1}{\alpha_o}$$

换热器在实际操作中,传热表面上常有污垢积存,对传热产生附加热阻,该热阻称为污垢热阻。设管壁内、外侧表面上的污垢热阻分别用 R_{si} 及 R_{so},根据热阻叠加原理有

$$\frac{1}{K_o} = \frac{d_o}{\alpha_i d_i} + R_{si}\frac{d_o}{d_i} + \frac{bd_o}{\lambda d_m} + R_{so} + \frac{1}{\alpha_o} \tag{4-20}$$

式(4-20)表明,间壁两侧流体间传热总热阻等于两侧流体的对流传热热阻、污垢热阻及管壁导热热阻之和。

3. 提高总传热系数途径的分析

若传热面为平壁或薄管壁,d_i、d_o 和 d_m 相等或近于相等,则式(4-20)可简化为

$$\frac{1}{K} = \frac{1}{\alpha_i} + R_{si} + \frac{b}{\lambda} + R_{so} + \frac{1}{\alpha_o}$$

当管壁热阻和污垢热阻均可忽略时,上式可简化为

$$\frac{1}{K} = \frac{1}{\alpha_i} + \frac{1}{\alpha_o}$$

若 $\alpha_i \gg \alpha_o$,则 $\frac{1}{K} \approx \frac{1}{\alpha_o}$,称为管壁外侧对流传热控制,此时欲提高 K 值,关键在于提高管壁外侧的对流传热系数;若 $\alpha_o \gg \alpha_i$,则 $\frac{1}{K} \approx \frac{1}{\alpha_i}$,称为管壁内侧对流传热控制,此时欲提高 K 值,关键在于提高内侧的对流传热系数。由此可见,K 值总是接近于 α 小的流体的对流传热系数值,且永远小于 α 的值。若 $\alpha_o = \alpha_i$,则称为管内、外侧对流传热控制,此时必须同时提高两侧的对流传热系数,才能提高 K 值。同样,若管壁两侧对流传热系数很大,即两侧的对流传热热阻很小,而污垢热阻很大,则称为污垢热阻控制,此时欲提高 K 值,必须设法减慢污垢形成速率或及时清除污垢。

(三)平均温度差法

在总传热速率方程式中,冷、热流体的温度差 Δt 是传热过程的推动力,它随传热过程冷、热流体的温度变化而改变。若以 Δt_m 表示传热过程冷、热流体的平均温度差,则积分结果可表示为

$$Q = KS\Delta t_m \tag{4-21}$$

式(4-21)为总传热速率方程的积分形式,用该式进行传热计算时需先计算出 Δt_m,故此方法称为平均温度差法。

随着冷、热流体在传热过程中温度变化情况不同,Δt_m 的计算也不同。推导平均温度差

时假定:传热为定态过程;两流体的定压比热容均为常量或可取为换热器进、出口温度下的平均值;总传热系数 K 为常量,即 K 值不随换热器的管长而变化;忽略热损失。

换热器的传热有恒温传热和变温传热。恒温传热时有:

$$\Delta t_m = \Delta t \tag{4-22}$$

变温传热时,两流体可有逆流、并流、错流和折流几种流向。逆流和并流时的平均温度差等于换热器两端温度差的对数平均值,称为对数平均温度差,即

$$\Delta t_m = \frac{\Delta t_2 - \Delta t_1}{\ln \dfrac{\Delta t_2}{\Delta t_1}} \tag{4-23}$$

式(4-23)是计算逆流和并流平均温度差 Δt_m 的通式。在工程计算中,当 $\Delta t_2 / \Delta t_1 \leqslant 2$ 时,可用算术平均温度差 $[(\Delta t_1 + \Delta t_2)/2]$ 来代替。

两流体呈错流和折流时,平均温度差 Δt_m 的计算基本思路是先按逆流计算对数平均温度差 $\Delta t'_m$,然后再乘以考虑流动方向的校正系数,即

$$\Delta t_m = \varphi_{\Delta t} \Delta t'_m \tag{4-24}$$

由于各种复杂流动中同时存在逆流和并流,因此其 $\Delta t_m < \Delta t_{m逆}$,故 $\varphi_{\Delta t}$ 恒小于 1。通常在换热器的设计中规定 $\varphi_{\Delta t}$ 值不应小于 0.8。当两流体之一为恒温时(如蒸汽冷凝或液体沸腾),则 $\varphi_{\Delta t}$ 恒等于 1。

若两流体均为变温传热时,且在两流体进、出口温度各自相同的条件下,逆流时的平均温度差最大,并流时的平均温度差最小,其他流向的平均温度差介于逆流和并流两者之间,因此就传热推动力而言,逆流优于并流和其他流动形式。

当换热器的传热量 Q 及总传热系数 K 一定时,采用逆流操作,所需的换热器传热面积较小;逆流的另一优点是可节省加热介质或冷却介质的用量。例如当逆流操作时,热流体的出口温度 T_2 可以降低至接近冷流体的进口温度 t_1,即逆流时热流体的温降较并流时的温降为大,因此逆流时加热介质用量较少。所以,除了某些工艺,对流体的温度有所限制时宜采用并流操作外,换热器应尽可能采用逆流操作。

（四）传热单元数法

传热单元数(NTU)法又称传热效率—传热单元数(ε—NTU)法,该法在换热器的校核计算、换热器系统最优化计算方面得到了广泛的应用。

1.传热效率

换热器的传热效率 ε 定义为

$$\varepsilon = \frac{实际的传热量\ Q}{最大可能的传热量\ Q_{max}}$$

当换热器的热损失可以忽略,实际传热量等于冷流体吸收的热量或热流体放出的热量,当两流体均无相变时

$$Q = W_c c_{pc}(t_2 - t_1) = W_h c_{ph}(T_1 - T_2)$$

最大可能的传热量为流体在换热器中可能发生的最大温度变化时的传热量。理论上,冷、热流体的进口温度之差($T_1 - t_1$)便是换热器中可能达到的最大温度差,若忽略热损失时,两流体中热容量流率 $W c_p$ 值较小的流体将具有较大的温度变化,并称此流体为最小值流体。因此,最大可能传热量可表示为

$$Q_{\max} = (W\,c_p)_{\min}(T_1 - t_1) \tag{4-25}$$

若热流体为最小值流体,则传热效率为

$$\varepsilon = \frac{W_h\,c_{ph}(T_1 - T_2)}{W_h c_{ph}(T_1 - t_1)} = \frac{T_1 - T_2}{T_1 - t_1} \tag{4-26}$$

若冷流体为最小值流体,则传热效率为

$$\varepsilon = \frac{W_c\,c_{pc}(t_2 - t_1)}{W_c\,c_{pc}(T_1 - t_1)} = \frac{t_2 - t_1}{T_1 - t_1} \tag{4-26a}$$

应予指出,换热器的传热效率只是说明流体可用能量被利用的程度和作为传热计算的一种手段,并不说明某一换热器在经济上的优劣。

若已知传热效率,则可确定换热器的传热量,即

$$Q = \varepsilon Q_{\max} = \varepsilon (Wc_p)_{\min}(T_1 - t_1)$$

2. 传热单元数 NTU

由换热器的热量衡算及总传热速率微分方程可得传热单元数。以冷流体为例,令

$$H_c = \frac{W_c c_{pc}}{n\pi dK} \quad 及 \quad (NTU)_c = \int_{t_1}^{t_2} \frac{\mathrm{d}t}{T - t}$$

则 $\qquad L = H_c(NTU)_c \tag{4-27}$

式中,H_c 为基于冷流体的传热单元长度,m;$(NTU)_c$ 为基于冷流体的传热单元数。

对于不同的流动形式,可利用 ε—NTU 算图进行计算。具体步骤参考教材和本书例 4-19。

五、对流传热系数关联式

对流传热是指运动流体与固体壁面之间的热量传递过程,故对流传热与流体的流动状况密切相关。根据流体在传热过程中的状态,对流传热可分为两类。

①流体无相变的对流传热:包括强制对流(强制层流和强制湍流)、自然对流。

②流体有相变的对流传热:包括蒸汽冷凝和液体沸腾等形式的传热过程。

对流传热系数的计算成为解决对流传热的关键。求算对流传热系数的方法有两种,即理论方法和实验方法。由于过程的复杂性,对于工程上遇到的对流传热仍依赖于实验方法。

(一)影响对流传热系数的因素

由对流传热的机理分析可知,影响对流传热系数的因素有:流体的种类和相变化的情况、流体的特性(包括导热系数、黏度、比热容、密度以及对自然对流影响较大的体积膨胀系数等)、流体的温度、流体的流动状态、流体流动的原因和传热面的形状、位置和大小。

(二)对流传热过程的量纲分析

所谓量纲分析方法,即根据对问题的分析,找出影响对流传热的因素,然后通过量纲分析的方法确定相应的量纲为 1 数群(准数),继而通过实验确定求算对流传热系数的关联式,以供设计计算使用。

常用的量纲分析方法有雷莱法和伯金汉法(Buckingham Method)两种,前者适合于变量数目较少的场合,而当变量数目较多时,采用伯金汉法较为简便。

伯金汉法的一般过程为:首先列出影响该过程的物理量,然后确定量纲为 1 数群 π 的数目。伯金汉 π 定理规定:量纲为 1 数群的数目 i 等于变量数 j 与基本量纲数 m 之差。最后按量纲一致性原则确定准数的形式。

表 4-1 列出了对流系数关联式中各量纲为 1 数群的名称、符号、表达式和含义。

表 4-1　量纲为 1 数群的名称、符号和含义

量纲为 1 数群名称	符　号	数群表达式	含　义
努塞尔特数	Nu	$\dfrac{\alpha l}{\lambda}$	表示对流传热系数的数群
雷诺数	Re	$\dfrac{lu\rho}{\mu}$	表示惯性力与黏性力之比,是表征流动状态的数群
普兰特数	Pr	$\dfrac{c_p\mu}{\lambda}$	表示速度边界层和热边界层相对厚度的一个参数,反映与传热有关的流体物性
格拉斯霍夫数	Gr	$\dfrac{l^3\rho^2 g\beta\Delta t}{\mu^2}$	表示由温度差引起的浮力与黏性力之比

(三)流体无相变时的对流传热系数

1.流体在管内作强制对流

(1)低黏度流体在光滑圆形直管内作强制湍流,　可应用迪特斯(Dittus)—贝尔特(Boelter)关系式

$$Nu = 0.023 Re^{0.8} Pr^n \tag{4-28}$$

或　　　　$$\alpha = 0.023\frac{\lambda}{d_i}\left(\frac{d_i u\rho}{\mu}\right)^{0.8}\left(\frac{c_p\mu}{\lambda}\right)^n \tag{4-28a}$$

式中的 n 值视热流方向而定,当流体被加热时,$n=0.4$;当流体被冷却时,$n=0.3$。

应用范围:$Re>10\,000$,$0.7<Pr<120$;$\dfrac{L}{d_i}>60$(L 为管长)。若 $\dfrac{L}{d_i}<60$ 时,需考虑传热进口段对 α 的影响,此时可将由式(4-28a)算得的 α 值乘以 $\left[1+\left(\dfrac{d_i}{L}\right)^{0.7}\right]$ 进行校正。

特征尺寸:管内径 d_i。

定性温度:流体进、出口温度的算术平均值。

(2)高黏度流体　可应用西德尔(Sieder)—泰特(Tate)关联式

$$Nu = 0.027\,Re^{0.8} Pr^{1/3}\varphi_w \tag{4-29}$$

或　　　　$$\alpha = 0.027\frac{\lambda}{d_i}\left(\frac{d_i u\rho}{\mu}\right)^{0.8}\left(\frac{c_p\mu}{\lambda}\right)^{1/3}\left(\frac{\mu}{\mu_w}\right)^{0.14} \tag{2-29a}$$

式中 $\varphi_w=\left(\dfrac{\mu}{\mu_w}\right)^{0.14}$ 也是考虑热流方向的校正项。μ_w 为壁面温度下流体的黏度。

应用范围:$Re>10\,000$,$0.7<Pr<1\,700$,$\dfrac{L}{d_i}>60$。

特征尺寸:管内径 d_i。

定性温度:除 μ_w 取壁温外,均取流体进、出口温度的算术平均值。

式中引入 φ_w 都是为了校正热流方向对 α 的影响。当液体被加热时,$\varphi_w\approx1.05$,液体被冷却时,$\varphi_w\approx0.95$;对气体,则不论加热或冷却,均取 $\varphi_w\approx1.0$。

流体在管内作其他形式的流动可查阅相关手册,这里从略。至于流体在非圆形管内作强制对流,只要将管内径改为当量直径 d_e,则仍可采用相应的各关联式。

2.流体在管外作强制对流

(1)流体在管束外作强制垂直流动　平均对流传热系数可分别用下式计算:

对于错列管束　　$Nu = 0.33\,Re^{0.6}Pr^{0.33}$　　　　　　　　　　　　　　　　　　　　(4-30)

对于直列管束　　$Nu = 0.26\,Re^{0.6}Pr^{0.33}$　　　　　　　　　　　　　　　　　　　(4-30a)

应用范围：$Re > 3\,000$。

特征尺寸：管外径 d_o。

流　　　速：取流体通过每排管子中最狭窄通道处的速度。

定性温度：流体进、出口温度的算术平均值。

管束排数应为 10，否则应乘以修正系数。

（2）流体在换热器的管间流动　对于常用的列管式换热器，当换热器内装有圆缺形挡板（缺口面积约为 25% 的壳体内截面积）时，壳方流体的对流传热系数关联式有多诺呼（Donohue）法和凯恩（Kern）法，需要时可查阅手册。

需要指出，对不同的对流传热要会选用相应的关联式，在使用关联式时必须注意关联式的应用范围、特征尺寸和定性温度。

3. 自然对流

自然对流时的对流传热系数量纲为 1 数群关联式为

$$Nu = c(Gr\,Pr)^n$$

（四）流体有相变时的对流传热系数

有相变的对流传热具有对流传热系数高（相界面上的剧烈湍动）和恒温的特点。其中以蒸气冷凝传热和液体沸腾传热最为常见。

1. 蒸气冷凝传热

（1）蒸气冷凝传热方式　当蒸气处于比其饱和温度低的环境中时，将发生冷凝现象。蒸气冷凝主要有膜状冷凝和滴状冷凝两种方式。进行冷凝计算时，通常总是将冷凝视为膜状冷凝。

（2）膜状冷凝时的对流传热系数　膜状冷凝时的对流传热系数理论公式为努塞尔特（Nusselt）理论公式。在公式的推导中作了以下假设：冷凝液膜呈滞流流动，传热方式为通过液膜的热传导；蒸气静止不动，对液膜无摩擦阻力；蒸气冷凝成液体时所释放的热量仅为冷凝潜热，蒸气温度和壁面温度保持不变；冷凝液的物性可按平均液膜温度取值，且为常数。

据上述假设，对蒸气在垂直管外或垂直平板侧的冷凝，可推得努塞尔特理论公式，即

$$\alpha = 0.943\left(\frac{r\rho^2 g\lambda^3}{\mu L\Delta t}\right)^{1/4}$$

特征尺寸：取垂直管或板的高度。

定性温度：除蒸气冷凝潜热取其饱和温度 t_s 下的值外，其余物性均取液膜平均温度 $t_m = (t_w + t_s)/2$ 下的值。

应予指出，努塞尔特理论公式适用于膜内液体为层流、温度分布为直线的垂直平板或垂直管内外冷凝时对流传热系数的求算。一般认为，从滞流到湍流的临界 Re 值可取为 1 800。

实际上，在雷诺数低至 30 或 40 时，液膜即出现了波动，而使实际的值较理论值升高，麦克亚当斯（McAdams）建议应将计算结果提高 20%，即麦克亚当斯修正公式。

$$\alpha = 1.13\left[\frac{r\rho^2 g\lambda^3}{\mu L(t_s - t_w)}\right]^{1/4}$$　　　　　　　　　　　　　(4-31)

当液膜呈现湍流流动时可应用柯克柏瑞德（Kirkbride）经验公式计算。

$$\alpha = 0.007\,6\lambda\left(\frac{\rho^2 g}{\mu^2}\right)^{1/3}Re^{0.4}$$　　　　　　　　　　　　　　　(4-32)

式中的定性温度仍取液膜的平均温度。

当 Re 值增加时,对滞流,a 值减小;而对湍流,a 值增大。

对于蒸气在单根水平管外的层流膜状冷凝,努塞尔特曾经获得下述关联式:

$$\alpha = 0.725 \left[\frac{r\rho^2 g\lambda^3}{\mu d_o (t_s - t_w)} \right]^{1/4} \tag{4-33}$$

式中特征尺寸为管外径 d_o。

若水平管束在垂直列上的管数为 n,则冷凝传热系数可用凯恩(Kern)公式计算,即

$$\alpha = 0.725 \left[\frac{r\rho^2 g\lambda^3}{\mu n^{2/3} d_o (t_s - t_w)} \right]^{1/4} \tag{4-34}$$

(3)影响冷凝传热的因素 单组分饱和蒸气冷凝时,热阻集中在冷凝液膜内。因此对一定的组分,液膜的厚度及其流动状况是影响冷凝传热的关键因素。凡是有利于减薄液膜厚度的因素都可提高冷凝传热系数。这些因素有冷凝液膜两侧的温度差、流体物性、蒸气的流速和流向、蒸气中不凝气体含量的影响和冷凝壁面的影响。此外,冷凝壁面的表面情况对传热系数的影响也很大。

2. 液体沸腾传热

所谓液体沸腾是指在液体的对流传热过程中,伴有由液相变为气相,即在液相内部产生气泡或气膜的过程。

(1)液体沸腾的分类 工业上的液体沸腾主要有两种:其一是将加热表面浸入液体的自由表面之下,液体在壁面受热沸腾时,液体的运动仅缘于自然对流和气泡的扰动,称之为池内沸腾或大容器沸腾;其二是液体在管内流动过程中于管内壁发生的沸腾,称为流动沸腾,或强制对流沸腾,亦称为管内沸腾。

无论是池内沸腾还是强制对流沸腾,又均可分为过冷沸腾和饱和沸腾。池内饱和沸腾为主要讨论内容。

(2)液体沸腾曲线 池内沸腾时,热通量的大小取决于加热壁面温度与液体饱和温度之差 $\Delta t = t_w - t_s$,池内沸腾时的热通量 q、对流传热系数 α 与 Δt 之间的关系曲线称为液体沸腾曲线。

由沸腾曲线分析得知,液体沸腾分三个阶段,即自然对流、泡核沸腾或泡状沸腾和膜状沸腾。工程上总是设法控制在泡核沸腾下操作。

(3)沸腾传热系数的计算 液体沸腾传热的影响因素有液体性质、温度差 Δt、操作压强和加热壁面等。

由于沸腾传热的机理十分复杂,故其传热系数的计算仍主要借助于经验公式。

(五)壁温的估算

在某些对流传热系数的关联式中,需要用试算法来确定壁温。具体的方法是:根据算出的 α_i、α_o 及污垢热阻,用下列近似关系核算,即

$$\frac{|t_o - t_w|}{\frac{1}{\alpha_o} + R_{so}} = \frac{|t_w - t_i|}{\frac{1}{\alpha_i} + R_{si}} \tag{4-35}$$

上述的 t_o、t_i 和 t_w 是指管外流体、管内流体及管壁的平均温度。

由此算出的 t_w 值应与原来假设的 t_w 值相符。

应予指出,所设的 t_w 值应接近 α 值大的那个流体的温度,且 α 相差愈大,壁温愈接近于 α 大的那个流体的温度。

六、辐射传热

因热的原因而产生的电磁波在空间的传递称为热辐射。热辐射与热传导和对流传热的最大区别就在于它可以在完全真空的地方传递而无须任何介质。热辐射的另一个特征是不仅产生能量的转移,而且还伴随着能量形式的转换。辐射传热是物体间相互辐射和吸收能量的总结果。应予说明的是,仅当物体间的温度差较大时,辐射传热才能成为主要的传热方式。

热辐射和光辐射的本质完全相同,所不同的仅仅是波长的范围。热射线和可见光线一样,都服从反射和折射定律,在均匀介质中作直线传播,在真空和大多数气体中可以完全透过,但不能透过工业上常见的大多数固体或液体。

(一)基本概念和定律

假设投射在某一物体上的总辐射能量为 Q,其中有一部分能量 Q_A 被吸收,一部分能量 Q_R 被反射,另一部分能量 Q_D 透过物体。$A = \dfrac{Q_A}{Q}$、$R = \dfrac{Q_R}{Q}$、$D = \dfrac{Q_D}{Q}$ 分别为物体的吸收率、反射率、透过率。根据能量守恒定律可得,$A + R + D = 1$。

1. 黑体、镜体、透热体和灰体

能全部吸收辐射能的物体,即 $A = 1$ 的物体,称为黑体或绝对黑体。

能全部反射辐射能的物体,即 $R = 1$ 的物体,称为镜体或绝对白体。

能透过全部辐射能的物体,即 $D = 1$ 的物体,称为透热体。黑体和镜体都是理想物体,实际上并不存在。引入黑体等的概念,可作为实际物体的比较标准,以简化辐射传热计算。

物体的吸收率 A、反射率 R 和透过率 D 的大小取决于物体的性质、表面状况及辐射线的波长等。能够以相等的吸收率吸收所有波长辐射能的物体,称为灰体。灰体也是理想物体,但是大多数工业上常见的固体材料均可视为灰体。灰体有如下特点:

①它的吸收率 A 与辐射线的波长无关。

②它是不透热体,即 $A + R = 1$。

2. 物体的辐射能力 E

物体在一定温度下,单位表面积、单位时间内所发射的全部波长的辐射能,称为该物体在该温度下的辐射能力,以 E 表示,单位为 W/m^2。辐射能力可以表征物体发射辐射能的本领。在相同条件下,物体发射特定波长的能力,称为单色辐射能力,用 E_λ 表示,若用下标 b 表示黑体,则黑体辐射能力和单色辐射能力分别用 E_b 和 $E_{b\lambda}$ 表示。

3. 普朗克定律、斯蒂芬—玻尔兹曼定律及克希霍夫定律

普朗克定律揭示了黑体的单色辐射能力 $E_{b\lambda}$ 随波长变化的规律。

斯蒂芬—玻尔兹曼定律揭示了黑体的辐射能力与其表面温度的关系,其表达式为

$$E_b = \sigma_0 T^4 = C_0 \left(\frac{T}{100}\right)^4 \tag{4-36}$$

斯蒂芬—玻尔兹曼定律通常称为四次方定律,它表明黑体的辐射能力与其表面温度的四次方成正比。

克希霍夫定律揭示了物体的辐射能力 E 与吸收率 A 之间的关系,即

$$E_1/A_1 = E_2/A_2 = \cdots = E/A = E_b = f(T) \tag{4-37}$$

克希霍夫定律表明任何物体(灰体)的辐射能力与吸收率的比值恒等于同温度下黑体的辐射能力,即仅和物体的绝对温度有关。

4. 物体的辐射能力的影响因素

对于实际物体,因 $A < 1$,由此可见,在任一温度下,黑体的辐射能力最大,对于其他物体而言,物体的吸收率愈大,其辐射能力也愈大。

在同一温度下,灰体的辐射能力与黑体的辐射能力之比称为灰体的黑度或发射率,用 ε 表示。在同一温度下,灰体的吸收率和黑度在数值上是相等的。黑度 ε 和物体的性质、温度及表面情况(如表面粗糙度及氧化程度)有关,一般由实验测定。

(二)两固体间的辐射传热

化学工业中经常遇到的两固体间的辐射传热可视为灰体间的辐射传热。在两灰体间的辐射传热中,相互进行着辐射能的多次被吸收和多次被反射的过程,因而在计算时必须考虑它的吸收率和反射率、形状和大小以及相互间的位置和距离等因素的影响。

两灰体间辐射传热的结果,是高温物体向低温物体传递了能量。推导得出的灰体间辐射传热的计算式为

$$Q_{1-2} = C_{1-2} \varphi S \left[\left(\frac{T_1}{100} \right)^4 - \left(\frac{T_2}{100} \right)^4 \right] \tag{4-38}$$

上式表明,两灰体间的辐射传热速率正比于二者的热力学温度四次方之差。

(三)对流和辐射联合传热

在化工生产中,许多设备的外壁温度常高于环境温度,此时热量将以对流和辐射两种方式自壁面向环境传递而引起热损失。设备的热损失可根据对流传热速率方程和辐射传热速率方程来计算,散热速率为

$$Q = Q_C + Q_R = (\alpha + \alpha_R) S_w (t_w - t) = \alpha_T S_w (t_w - t) \tag{4-39}$$

式中,$\alpha_T = \alpha + \alpha_R$ 为对流—辐射联合传热系数,其单位为 $W/(m^2 \cdot ℃)$。对于有保温层的设备,其外壁与周围环境的联合传热系数 α_T 可用公式估算。

七、间壁式换热器

(一)换热器的结构形式

间壁式换热器按换热面的形状分管式换热器、板式换热器和热管换热器几大类。

管式换热器有管壳式(列管式)换热器、蛇管式换热器、套管式换热器和翅片管式换热器。列管式换热器是应用最为广泛的通用标准换热器,根据其结构特点又分为固定管板式、浮头式、U 形管式、填料函式和釜式等类型。

板式换热器有平板式换热器、螺旋板式换热器和热板式换热器。板式换热器作为一种新型的换热器具有广阔的应用前景。

热管换热器是一种新型高效换热器,它特别适用于低温差传热及某些等温性要求较高的场合。

至于各种换热器的结构及特点,可参考相关手册和资料,这里不再赘述。

(二)换热器传热过程的强化

所谓换热器传热过程的强化就是力求使换热器在单位时间内、单位传热面积传递的热量尽可能增多。

换热器传热计算的基本关系式揭示了换热器中传热速率 Q、传热系数 K、平均温度差 Δt_m 以及传热面积 S 之间的关系。根据此式,要使 Q 增大,无论是增加 K、Δt_m,还是 S,都能收到一定的强化传热过程效果。

1. 增大传热面积

增大传热面积,可以提高换热器的传热速率。但增大传热面积实际是指提高单位体积

的传热面积。工业上往往通过改进传热面的结构来实现。目前已研制出并成功使用了多种高效能传热面，它不仅使传热面得到充分的扩展，而且还使流体的流动和换热器的性能得到相应的改善。例如，用翅（肋）化面、异型面、多颗粒传热表面和减小管子直径等。

2.增大平均温度差

增大平均温度差，可以提高换热器的传热速率。平均温度差的大小主要取决于两流体的温度条件和两流体在换热器中的流动形式。一般来说，物料的温度由生产工艺决定，不能随意变动，而加热介质或冷却介质的温度由于所选介质不同，可以有很大的差异。需指出的是，提高介质的温度必须考虑到技术上的可行性和经济上的合理性。

3.增大总传热系数

增大总传热系数，可以提高换热器的传热速率。总传热系数的计算公式为

$$K = \frac{1}{\frac{d_o}{\alpha_i d_i} + R_{si}\frac{d_o}{d_i} + \frac{bd_o}{\lambda d_m} + R_{so} + \frac{1}{\alpha_o}}$$

要提高 K 值就必须减少各项热阻。但因各项热阻所占比例不同，故应设法减少对 K 值影响较大的热阻。减少热阻的主要方法有：提高流体的速度、增强流体的扰动、在流体中加固体颗粒、在气流中喷入液滴、采用短管换热器、防止结垢和及时清除垢层。

(三)管壳式换热器的设计和选型

1.设计的基本原则

(1)流体流径的选择　流体流径的选择是指在管程和壳程各走哪一种流体，此问题受多方面因素的制约。以固定管板式换热器为例，不洁净和易结垢、腐蚀性、压强高、有毒易污染的流体宜走管程；被冷却、饱和蒸气、流量小或黏度大的流体宜走壳程。在选择流体的流径时，必须根据具体的情况，抓住主要矛盾进行确定。

(2)流体流速的选择　流体流速的选择涉及传热系数、流动阻力及换热器结构等方面。一般需通过多方面权衡选择适宜的流速。

(3)冷却介质(或加热介质)终温的选择　在换热器的设计中，进、出换热器物料的温度一般是由工艺确定的，而冷却介质(或加热介质)的进口温度一般为已知，出口温度则由设计者确定。应结合热量衡算和传热速率方程，从经济角度权衡后再确定。

(4)管程和壳程数的确定

①管程数的确定：当换热器的换热面积较大而管子又不能很长时，为了提高流体在管内的流速，需将管束分程。

②壳程数的确定：当温度差校正系数 $\varphi_{\Delta t} < 0.8$ 时，应采用多壳程。常用的方法是将几个换热器串联使用，以代替壳方多程。

2.设计与选型的具体步骤

(1)估算传热面积，初选换热器型号

①根据换热任务，计算传热量。

②确定流体在换热器中的流动途径。

③确定流体在换热器中两端的温度，计算定性温度，确定在定性温度下的流体物性。

④计算平均温度差，并根据温度差校正系数不能小于0.8的原则，确定壳程数，调整加热介质或冷却介质的终温。

⑤根据两流体的温差和设计要求，确定换热器的形式。

⑥依据换热流体的性质及设计经验,选取总传热系数值 $K_{选}$。

⑦依据总传热速率方程,初步算出传热面积 S,并确定换热器的基本尺寸或按系列标准选择设备规格。

(2)设计合理性检验

①计算管、壳程压降:根据初选的设备规格,计算管、壳程的流速和压降,检查计算结果是否合理或满足工艺要求。

②核算总传热系数:计算管、壳程对流传热系数,确定污垢热阻 R_{so} 和 R_{si},再计算总传热系数 $K_{计}$,若 $K_{计}/K_{选} = 1.15 \sim 1.25$,则初选的换热器合适。

应予指出,上述计算步骤为一般原则,设计时需视具体情况而定。

本章小结

1. 三种传热方式比较

传热方式	热传导	对流传热	辐射传热
描述定律名称	傅里叶定律	牛顿冷却定律	辐射三定律
描述定律表达式	$dQ = -\lambda \dfrac{\partial t}{\partial n}dS$	$dQ = \alpha(T - T_w)dS$	$E = C_0(T/100)^4$
组合结果	两流体通过间壁换热		高(低)温设备散热(冷)

2. 两流体通过间壁换热内容联系图

换热器的热负荷(热量衡算)

$$Q = W_h(I_{h1} - I_{h2}) = W_c(I_{c2} - I_{c1}) \text{(焓差法)}$$
$$= W_h c_{ph}(T_1 - T_2) = W_c c_{pc}(t_2 - t_1) \text{(温差法)}$$
$$= W_h r + W_h c_{ph}(T_s - T_2) \text{(潜热法)}$$

如果有热损失,在热衡算时应予以考虑

设计型计算或选型

$$S = (Q/K\Delta t_m) \text{(依此选型)}$$
$$S = \pi dl \text{(套管)} \ 或 \ S = n\pi d(l - 0.1) \text{(管壳式或列管式)}$$

列管换热器的热补偿及分类,壳方板间距,管方分程的作用。换热器的发展趋向及新型换热器

传热基本方程(应用条件) $\qquad Q = K\,S\,\Delta t_m \qquad$ (传热三要素)

总传热系数(串联热阻)

$$\frac{1}{K_o} = \frac{1}{\alpha_o} + R_{so} + \frac{b d_o}{\lambda d_m} + R_{si}\frac{d_o}{d_i} + \frac{d_o}{\alpha_i d_i}$$

R_{so}、R_{si} 垢阻,$\dfrac{b d_o}{\lambda d_m}$ 壁阻

视具体情况上式可以简化。

α_i、α_o 的影响因素及量纲为1数群关联式

$\alpha_i = 0.023\dfrac{\lambda}{d_i}Re^{0.8}Pr^n$(加热 $n = 0.4$,冷却 $n = 0.3$)

列管换热器壳方 α_o 关联式分析

蒸气冷凝膜系数的计算式及分析

液体沸腾曲线及操作条件选择

平均温度差(平均推动力)Δt_m

并流、逆流及一边恒温传热:

$$\Delta t_m = (\Delta t_2 - \Delta t_1)/\ln\frac{\Delta t_2}{\Delta t_1}$$

当 $\Delta t_2/\Delta t_1 \leq 2$ 时,$\Delta t_m = \dfrac{1}{2}(\Delta t_2 + \Delta t_1)$

折流、复杂折流及错流:

$$\Delta t_m = \Delta t_{m逆}\varphi_{\Delta t}$$

$\varphi_{\Delta t}$ 为温差校正系数 $\varphi_{\Delta t} = f(P, R)$

一边恒温(冷凝或沸腾)时 $\varphi_{\Delta t} = 1$

传热效率,传热单元数,最小值流体等概念

注意各种传热速率方程中传热面积与传热系数对应、阻力与推动力相一致,还应注意应用条件。

例题与解题指导

[**例 4-1**]　质量流量为 7 200 kg/h 的常压空气,要求将其温度由 20 ℃加热到 80 ℃,选用 108 ℃的饱和水蒸气作加热介质。若水蒸气的冷凝传热膜系数为 1×10^4 W/(m² · ℃),

且已知空气在平均温度下的物性数据如下:比热容为 1 kJ/(kg·℃),导热系数为 2.85 × 10^{-2} W/(m·℃),黏度为 1.98×10^{-5} Pa·s,普兰特准数为 0.7。

现有一单程列管式换热器,装有 $\phi 25$ mm × 2.5 mm 钢管 200 根,管长为 2 m,核算此换热器能否完成上述传热任务?

计算中可忽略管壁及两侧污垢的热阻,不计热损失。

解:空气需要吸收的热量是已知的,蒸汽冷凝放出热量能否通过该换热器的传递为空气所获得,就与列管换热器的传热速率密切相关。核算现有的列管换热器是否合用,就是用工艺本身的要求与现有换热器相比较,最直接的方法就是比较两者的 Q 或 S。

(1)核算空气所需的热负荷应小于换热器的传热速率,即 $Q_{需要} < Q_{换热器}$;

(2)核算空气所需要的传热面积应小于换热器提供的传热面积,即 $S_{o需要} < S_{o换热器}$。

解题时,首先应确定列管换热器中流体的流径,因蒸汽安排在壳程易排出冷凝水,故蒸汽走壳程,空气走管程。

空气热负荷为

$$Q_{需要} = W_c c_{pc}(t_2 - t_1) = \frac{7\,200}{3\,600} \times 10^3(80 - 20) = 1.2 \times 10^5 \text{ W}$$

换热器的传热速率 $Q_{换热器} = K_o S_o \Delta t_m$

管内空气的对流传热系数计算如下,因

$$Re = \frac{du\rho}{\mu} = \frac{dG}{\mu} = \frac{0.02 \times 7\,200}{3\,600 \times 0.785 \times (0.02)^2 \times 200 \times 1.98 \times 10^{-5}} = 3.217 \times 10^4 > 10^4$$

$$Pr = 0.7, \frac{L}{d_i} = \frac{2}{0.02} = 100$$

所以 $a_i = 0.023 \dfrac{\lambda}{d_i} Re^{0.8} Pr^{0.4} = 0.023 \times \dfrac{2.85 \times 10^{-2}}{0.02} \times (3.217 \times 10^4)^{0.8} \times (0.7)^{0.4}$

$\qquad\qquad = 114.7$ W/(m²·℃)

因忽略壁阻及两侧污垢的热阻,则

$$\frac{1}{K_o} = \frac{1}{\alpha_o} + \frac{d_o}{\alpha_i d_i} = \frac{1}{10^4} + \frac{25}{114.7 \times 20} = 0.011\,0 \text{ m}^2 \cdot ℃/W$$

所以总传热系数 $K_o = 90.9$ W/(m²·℃)

平均温度差为

$$\Delta t_m = \frac{(T - t_1) - (T - t_2)}{\ln \dfrac{T - t_1}{T - t_2}} = \frac{(108 - 20) - (108 - 80)}{\ln \dfrac{108 - 20}{108 - 80}} = 52.4 \text{ ℃}$$

换热器传热面积为

$$S_o = n\pi d_o L = 200 \times 3.14 \times 0.025 \times 2 = 31.4 \text{ m}^2$$

换热器的传热速率为

$$Q_{换热器} = K_o S_o \Delta t_m = 90.9 \times 31.4 \times 52.4 = 1.496 \times 10^5 \text{ W}$$

则 $Q_{换热器} > Q_{需要}$,说明该换热器能完成上述传热任务。

另解:假如空气的热负荷即为换热器的传热速率,传出 $Q_{需要}$ 热量所需要的传热面积为

$$S_{o需要} = \frac{Q_{需要}}{K_o \Delta t_m} = \frac{1.2 \times 10^5}{90.9 \times 52.4} = 25.2 \text{ m}^2$$

则 $S_{o换热器} > S_{o需要}$，说明该换热器能完成上述传热任务。

讨论：要掌握换热器的核算方法。

[例4-2] 有一单程列管换热器，传热面积为 4 m²，由 $\phi25$ mm × 2.5 mm 的管子组成。用初温为 25 ℃ 的水将机油由 200 ℃ 冷却至 100 ℃，水走管内，油走管间。已知水和机油的质量流量分别为 1 200 kg/h 和 1 400 kg/h，其比热容分别为 4.2 kJ/(kg·℃) 和 2.0 kJ/(kg·℃)；水侧和油侧的对流传热系数分别为 1 800 W/(m²·℃) 和 200 W/(m²·℃)。两流体呈逆流流动，忽略管壁和污垢热阻，忽略热损失。

（1）校核该换热器是否合用？

（2）如不合用，采用什么措施可在原换热器中完成上述传热任务？（假设传热系数及水的比热容不变）

解：（1）校核换热器是否合用

校核的方法如例4-1。

机油放出的热量为

$$Q = W_h c_{ph}(T_1 - T_2) = 1\ 400 \times 2 \times (200 - 100) = 280\ 000 \text{ kJ/h}$$

冷却水的出口温度为

$$t_2 = t_1 + \frac{Q}{W_c c_{pc}} = 25 + \frac{280\ 000}{1\ 200 \times 4.2} = 80.6 \text{ ℃}$$

平均温度差为

$$\Delta t_m = \frac{(T_1 - t_2) - (T_2 - t_1)}{\ln \dfrac{T_1 - t_2}{T_2 - t_1}} = \frac{(200 - 80.6) - (100 - 25)}{\ln \dfrac{200 - 80.6}{100 - 25}} = 95.5 \text{ ℃}$$

总传热系数为

$$K_o = \frac{1}{\dfrac{1}{\alpha_o} + \dfrac{d_o}{\alpha_i d_i}} = \frac{1}{\dfrac{1}{200} + \dfrac{25}{1\ 800 \times 20}} = 175.6 \text{ W/(m}^2 \cdot \text{℃)}$$

所需要的传热面积为

$$S_{o需要} = \frac{Q}{K_o \Delta t_m} = \frac{280\ 000 \times 10^3}{3\ 600 \times 175.6 \times 95.5} = 4.64 \text{ m}^2 > 4 \text{ m}^2$$

则该换热器不适用。

（2）采取的措施

本题的中心问题是，当换热器的传热面积不够用时，如何改变操作因素，使之在原换热器面积的条件下，能完成上述的传热任务。因机油冷却传出热量 Q 的任务一定，能够采取的措施就是调节冷却水的用量。下面用热量衡算方程和传热速率方程来分析水流量的改变引起的水出口温度、平均温度差及传热面积的相应变化。

热量衡算方程　　$Q = W_c c_{pc}(t_2 - t_1)$

传热速率方程　　$Q = K_o S_o \Delta t_m$

在 Q 及 K_o（K_o 受水侧 α 影响较小）一定的前提下，若增大冷却水用量，先从热量衡算方程看：Δt 必减小，而 t_1 不变，则冷水出口温度 t_2 下降；再从传热速率方程看：Δt_m 必增加，使 S_o 下降，从而使原换热器面积够用。所以采取的措施为增大冷却水用量。

因 Q 一定，K_o 不变，$S_{o换热器} = 4$ m²，则用原换热器面积操作时的平均温度差为

$$\Delta t_\mathrm{m} = \frac{Q}{K_\mathrm{o} S_\mathrm{o}} = \frac{280\,000 \times 10^3}{3\,600 \times 175.6 \times 4} = 110.7\ ℃$$

假定平均温度差可用算术均值计算,即

$$\Delta t_\mathrm{m} = \frac{(T_1 - t_2) + (T_2 - t_1)}{2} = \frac{(200 - t_2) + (100 - 25)}{2} = 110.7℃$$

则冷水出口温度为

$$t_2 = 53.6\ ℃$$

校核 $\quad \dfrac{\Delta t_2}{\Delta t_1} = \dfrac{200 - 53.6}{100 - 25} = 1.952 < 2$

冷却水用量为

$$W_\mathrm{c} = \frac{Q}{c_{pc}(t_2 - t_1)} = \frac{280\,000}{4.2 \times (53.6 - 25)} = 2\,331\ \mathrm{kg/h}$$

讨论:从计算结果可以看出,增大冷却水用量,使冷却水出口温度下降,平均温度差增加,故使原换热器面积适用。

在由平均温度差 Δt_m 求算冷却水出口温度 t_2 时,因用对数平均温度差求算 t_2 较麻烦,故采用了算术均值。

[例 4-3] 用 120 ℃ 的饱和水蒸气加热单程列管换热器管内湍流流动的空气。空气流量为 2 400 kg/h,从 20 ℃ 加热至 80 ℃。操作条件下空气的密度为 1.093 kg/m³,比热容为 1.005 kJ/(kg·℃),根据任务要求的换热器主要尺寸为:管长 3 m,管径为 $\phi25\ \mathrm{mm} \times 2.5\ \mathrm{mm}$ 的钢管 100 根。

现仓库里有一台换热器,其管长为 3 m,管径为 $\phi19\ \mathrm{mm} \times 2\ \mathrm{mm}$ 的钢管 100 根。

试验算:现有换热器能否代替所设计的换热器?

计算时可忽略壁阻、垢阻和换热器的热损失。

解:传热任务所需要的换热器的管长与管根数和仓库现有设备的相同,仅现有列管换热器的钢管直径减小了。

由于管径减小,一方面使传热面积减小;但另一方面,在体积流量一定的条件下,管内对流传热系数 $\alpha_\mathrm{i} \propto d_\mathrm{i}^{-1.8}$,管径减小,使 α_i 增大。就本例的情况,用饱和蒸汽加热管内空气时,$\alpha_\mathrm{o} \gg \alpha_\mathrm{i}$,在忽略壁阻和垢阻的前提下,热阻主要集中在空气侧,总传热系数 $K_\mathrm{i} \propto \alpha_\mathrm{i}$。所以 d_i 的减少,可使 K_i 增大。另外,要考虑现有换热器空气出口温度要改变,使平均温度差 Δt_m 也变化。总之,从传热速率方程 $Q = K_\mathrm{i} S_\mathrm{i} \Delta t_\mathrm{m}$ 看,现有的换热器也有可能代替所设计的换热器。现有换热器若能代替,则必须满足:现有换热器的传热速率 Q' 大于等于原设计换热器的传热速率 Q,即

$$K_\mathrm{i}' S_\mathrm{i}' \Delta t_\mathrm{m}' \geqslant K_\mathrm{i} S_\mathrm{i} \Delta t_\mathrm{m}$$

原设计换热器

$$Q = W_\mathrm{c} c_{pc} (t_2 - t_1) = \frac{2\,400}{3\,600} \times 1.005 \times (80 - 20) = 40.2\ \mathrm{kW}$$

$$S_\mathrm{i} = \pi d_\mathrm{i} L n = 3.14 \times 0.02 \times 3 \times 100 = 18.84\ \mathrm{m}^2$$

$$\Delta t_\mathrm{m} = \frac{(T - t_1) - (T - t_2)}{\ln \dfrac{T - t_1}{T - t_2}} = \frac{80 - 20}{\ln \dfrac{120 - 20}{120 - 80}} = 65.5\ ℃$$

$$K_i = \frac{Q}{S_i \Delta t_m} = \frac{40.2 \times 1\,000}{18.84 \times 65.5} = 32.58 \text{ W/(m}^2 \cdot \text{℃)}$$

$$\alpha_i \approx K_i = 32.58 \text{ W/(m}^2 \cdot \text{℃)}$$

现有换热器

$$K_i' \approx \alpha_i' = \left(\frac{d_i}{d_i'}\right)^{1.8} \alpha_i = \left(\frac{20}{15}\right)^{1.8} \times 32.58 = 54.7 \text{ W/(m}^2 \cdot \text{℃)}$$

$$S_i' = \pi d_i' L n = 3.14 \times 0.015 \times 3 \times 100 = 14.13 \text{ m}^2$$

因　　$W_c c_{pc}(t_2' - t_1) = K_i' S_i' \Delta t_m'$

即　　$W_c c_{pc}(t_2' - t_1) = K_i' S_i' \dfrac{(T - t_1) - (T - t_2')}{\ln \dfrac{T - t_1}{T - t_2'}}$

$$\ln \frac{T - t_1}{T - t_2'} = \frac{K_i' S_i'}{W_c c_{pc}}$$

$$\ln \frac{120 - 20}{120 - t_2'} = \frac{54.7 \times 14.13}{\dfrac{2\,400}{3\,600} \times 1.005 \times 1\,000} = 1.153$$

解得　　$t_2' = 88.5 \text{ ℃}$

则　　$\Delta t_m' = \dfrac{(T - t_1) - (T - t_2')}{\ln \dfrac{T - t_1}{T - t_2'}} = \dfrac{88.5 - 20}{\ln \dfrac{120 - 20}{120 - 88.5}} = 59.3 \text{ ℃}$

所以　　$Q' = K_i' S_i' \Delta t_m' = 54.7 \times 14.13 \times 59.3 = 45\,800 \text{ W} = 45.8 \text{ kW} > 40.2 \text{ kW}$

故库存现有换热器能够代替原设计换热器。

讨论：值得注意的是，管径的减小，虽因 α_i 的提高满足了传热要求，但减小管径，空气流速增加，使通过换热管内的摩擦阻力增大，则风机的功率消耗增加。

[例 4-4]　在一列管式蒸汽冷凝器中，110 ℃ 的饱和水蒸气在壳程冷凝为同温度的水，水蒸气的冷凝传热系数为 1.1×10^4 W/(m²·℃)。水在管内被加热，其进口温度为 25 ℃，比热容为 4.18 kJ/(kg·℃)，流量为 12 500 kg/h，管壁对水的对流传热系数为 1 000 W/(m²·℃)。列管式换热器由 $\phi25$ mm × 2.5 mm、长 3 m 的 32 根钢管组成。试求冷水的出口温度。计算中忽略管壁及污垢热阻，不计换热器的热损失。

解：从已知条件看，不可能从冷、热流体的热量衡算式求出 t_2，可考虑联合热量衡算方程和传热速率方程式，从平均温度差 Δt_m 中求 t_2。

联立冷流体的热量衡算方程和传热速率方程式如下：

$$Q = W_c c_{pc}(t_2 - t_1) = K_o S_o \Delta t_m$$

因　　$\Delta t_m = \dfrac{(T - t_1) - (T - t_2)}{\ln \dfrac{T - t_1}{T - t_2}} = \dfrac{t_2 - t_1}{\ln \dfrac{T - t_1}{T - t_2}}$

所以　　$W_c c_{pc}(t_2 - t_1) = K_o S_o \dfrac{t_2 - t_1}{\ln \dfrac{T - t_1}{T - t_2}}$

整理上式得

$$\ln \frac{T - t_1}{T - t_2} = \frac{K_o S_o}{W_c c_{pc}}$$

则 $$\frac{T - t_1}{T - t_2} = e^{\frac{K_o S_o}{W_c c_{pc}}}$$ (1)

其中 $$K_o = \frac{1}{\frac{1}{\alpha_o} + \frac{d_o}{\alpha_i d_i}} = \frac{1}{\frac{1}{1.1 \times 10^4} + \frac{25}{1\,000 \times 20}} = 745.8 \ \text{W/(m}^2 \cdot \text{℃})$$

$$S_o = n\pi d_o L = 32 \times 3.14 \times 0.025 \times 3 = 7.536 \ \text{m}^2$$

$$W_c c_{pc} = \frac{12\,500}{3\,600} \times 4.18 \times 10^3 \approx 14\,510 \ \text{W/℃}$$

$$\frac{K_o S_o}{W_c c_{pc}} = \frac{745.8 \times 7.536}{14\,510} = 0.387\,3$$

将 $T = 110$ ℃, $t_1 = 25$ ℃ 及 $\frac{K_o S_o}{W_c c_{pc}} = 0.387\,3$ 代入式(1),得

$$\frac{110 - 25}{110 - t_2} = e^{0.387\,3} = 1.473$$

解出 $t_2 = 52.3$ ℃

讨论:(1)当传热为一侧流体恒温传热时,由对数平均温差求 t_2 比较容易,因为可联合热量衡算方程与传热速率方程,消掉 Δt_m 分子中的未知量。

(2)当两流体为变温传热时,由对数平均温度差 Δt_m 求 t_2 较困难,因代数法与试差法麻烦,采用传热单元数法较为简便,这将在后面例题中介绍。

[例4-5] 在一双管程列管换热器中,壳方通入饱和水蒸气加热管内的空气。110 ℃的饱和水蒸气冷凝成同温度的水,将空气由 20 ℃加热至 80 ℃。试计算:

(1)换热器第一管程出口空气的温度;

(2)第一管程内的传热量占总传热量的百分数。

解:此为一侧流体恒温传热,可由对数平均温度差 Δt_m 求空气出口温度。未知 $W_c c_{pc}$ 及 KS 的具体数值,可由双管程的热量衡算方程及传热速率方程式求出 $\frac{KS}{W_c c_{pc}}$ 值,再代入经过第一管程传热情况下的热量衡算方程及传热速率方程,即可由 $\Delta t'_m$ 求出经第一管程空气出口温度 t_i。

(1)换热器第一管程出口空气的温度

双管程传热

$$Q = W_c c_{pc}(t_2 - t_1) = KS\Delta t_m$$

$$\Delta t_m = \frac{(T - t_1) - (T - t_2)}{\ln \frac{T - t_1}{T - t_2}} = \frac{80 - 20}{\ln \frac{110 - 20}{110 - 80}} = 54.6 \ \text{℃}$$

则 $$W_c c_{pc}(80 - 20) = KS \times 54.6$$

$$\frac{KS}{W_c c_{pc}} = \frac{60}{54.6} = 1.099$$

第一管程传热

$$W_c c_{pc}(t_i - t_1) = K\frac{S}{2}(\Delta t'_m)$$

$$W_c c_{pc}(t_i - t_1) = \frac{KS}{2} \frac{t_i - t_1}{\ln \dfrac{T - t_1}{T - t_i}}$$

消去等式两边$(t_i - t_1)$，整理得

$$\ln \frac{T - t_1}{T - t_i} = \frac{KS}{2W_c c_{pc}} = \frac{1.099}{2} = 0.55$$

$$\frac{T - t_1}{T - t_i} = e^{0.55} = 1.732$$

$$\frac{110 - 20}{110 - t_i} = 1.732$$

解出　　$t_i = 58 \ ℃$

（2）第一管程的传热量占总传热量的百分数

第一管程内的传热量

$$Q_1 = W_c c_{pc}(t_i - t_1)$$

总传热量

$$Q = W_c c_{pc}(t_2 - t_1)$$

则　　$\dfrac{Q_1}{Q} = \dfrac{W_c c_{pc}(t_i - t_1)}{W_c c_{pc}(t_2 - t_1)} = \dfrac{t_i - t_1}{t_2 - t_1} = \dfrac{58 - 20}{80 - 20} = 0.633 = 63.3\%$

讨论：对于一侧恒温传热，直接使用由热量衡算方程和传热速率方程联立求得的简化式计算更为简便。如本题条件下，热流体为恒温时，简化式为

$$\ln \frac{T - t_1}{T - t_2} = \frac{KS}{W_c c_{pc}}$$

将已知数代入

$$\frac{KS}{W_c c_{pc}} = \ln \frac{110 - 20}{110 - 80} = 1.099$$

第一管程出口空气的温度为t_i，则

$$\ln \frac{T - t_1}{T - t_i} = \frac{1}{2}\left(\frac{KS}{W_c c_{pc}}\right) = \frac{1.099}{2} = 0.55$$

解出　　$t_i = 58 \ ℃$

[例 4-6]　在传热面积为 20 m^2 的某换热器中，用温度为 20 ℃、流量为 13 200 kg/h 的冷却水，冷却进口温度为 110 ℃的醋酸，两流体呈逆流流动。换热器刚投入使用时，冷却水出口温度为 45 ℃，醋酸出口温度为 40 ℃。运转一段时间后，两流体的流量、进口温度均不变，而冷水的出口温度降至 38 ℃，试求传热系数下降的百分率。

水的比热容可取 4.2 kJ/(kg·℃)，换热器的热损失可忽略不计。

解：换热器运转一段时间后，因管壁产生污垢，使传热系数 K 下降，具体分析如下：

$$Q = W_h c_{ph}(T_1 - T_2) = W_c c_{pc}(t_2 - t_1)$$

由热量衡算式看出，运转前后，当两流体的 W、c_p 及 T_1、t_1 不变时，仅冷水出口温度 t_2 由 45 ℃降至 38 ℃，势必使 T_2 增加，则传热量 Q 下降，$\Delta t'_m$ 增加，由传热速率方程 $Q = KS\Delta t_m$ 可知，K 必然下降。

两种情况下，S_o 为已知，Q、Δt_m 均可计算，于是 K 即可求得。

开始运转时

$$Q = W_c c_{pc}(t_2 - t_1) = \frac{13\ 200}{3\ 600} \times 4\ 200 \times (45 - 20) = 385 \times 10^3\ \text{W}$$

$$\Delta t_m = \frac{(T_1 - t_2) - (T_2 - t_1)}{\ln \dfrac{T_1 - t_2}{T_2 - t_1}} = \frac{(110 - 45) - (40 - 20)}{\ln \dfrac{110 - 45}{40 - 20}} = 38.2\ ℃$$

$$K = \frac{Q}{S \Delta t_m} = \frac{385 \times 10^3}{20 \times 38.2} = 504\ \text{W}/(\text{m}^2 \cdot ℃)$$

运转一段时间后

因　　　$$\frac{W_h c_{ph}}{W_c c_{pc}} = \frac{t_2 - t_1}{T_1 - T_2} = \frac{t'_2 - t_1}{T_1 - T'_2}$$

即　　　$$\frac{38 - 20}{110 - T'_2} = \frac{45 - 20}{110 - 40} = 0.357$$

解出　　$$T'_2 = 59.6\ ℃$$

$$\Delta t'_m = \frac{(T_1 - t'_2) - (T'_2 - t_1)}{\ln \dfrac{T_1 - t'_2}{T'_2 - t_1}} = \frac{(100 - 38) - (59.6 - 20)}{\ln \dfrac{110 - 38}{59.6 - 20}} = 54.2\ ℃$$

$$Q' = W_c c_{pc}(t'_2 - t_1) = \frac{13\ 200}{3\ 600} \times 4\ 200 \times (38 - 20) = 277.2 \times 10^3\ \text{W}$$

则　　　$$K' = \frac{Q'}{S \Delta t'_m} = \frac{277.2 \times 10^3}{20 \times 54.2} = 255.7\ \text{W}/(\text{m}^2 \cdot ℃)$$

传热系数下降的百分率为

$$\frac{K - K'}{K} \times 100\% = \frac{504 - 255.7}{504} \times 100\% = 49.3\%$$

讨论:已知原来情况下冷、热流体的进、出口温度 t_1、t_2、T_1、T_2,当进口温度不变,由于某些参数的变化使出口温度变为 t'_2 及 T'_2。在流体的流量和比热容未知(但不变)的情况下,可用热量衡算式前后情况相比的形式求出 t'_2 或 T'_2。

如本题情况,因产生污垢使流体出口温度改变,虽热流体流量及比热容未知,但 $\dfrac{W_h c_{ph}}{W_c c_{pc}}$ 的比值不变,故可用 $\dfrac{W_h c_{ph}}{W_c c_{pc}} = \dfrac{t_2 - t_1}{T_1 - T_2} = \dfrac{t'_2 - t_1}{T_1 - T'_2}$ 求出 T'_2。

[例 4-7]　在并流换热器中,用水冷却油。水的进、出口温度分别为 25 ℃ 和 40 ℃,油的进、出口温度分别为 150 ℃ 和 100 ℃。现因生产任务要求油的出口温度降至 80 ℃,设油和水的流量、进口温度及物性均不变,若原换热器的管长为 1.2 m,试求将此换热器的管长增至多少米后才能满足要求。换热器的热损失可忽略。

解:本题是讨论一流体出口温度的变化引起另一流体出口温度改变,从而使 Δt_m 改变,传热面积也相应改变。

当油的出口温度由 $T_2 = 100$ ℃ 降至 $T'_2 = 80$ ℃ 时,两流体的 W、c_p 及 t_1、T_1 不变,由热量衡算式 $W_h c_{ph}(T_1 - T'_2) = W_c c_{pc}(t'_2 - t_1)$ 可知,冷流体出口温度增加为 t'_2,显然,$\Delta t'_m$ 下降。欲求新情况下的加热管长,必须联合热量衡算式与传热速率方程统一考虑。

因未给出 W、c_p 及 K、S 等具体数值，需将原来情况与后来情况的热量衡算及传热速率方程列出后，进行比较，消去未知量，就可求出后来情况下的换热器管长 L'。

原来情况的平均温度差为

$$\Delta t_m = \frac{(T_1 - t_1) - (T_2 - t_2)}{\ln \frac{T_1 - t_1}{T_2 - t_2}} = \frac{(150 - 25) - (100 - 40)}{\ln \frac{150 - 25}{100 - 40}} = 88.6 \ ℃$$

当 $T_2' = 80 \ ℃$ 时，求冷流体出口温度 t_2'。

因

$$\frac{W_h c_{ph}}{W_c c_{pc}} = \frac{t_2 - t_1}{T_1 - T_2} = \frac{t_2' - t_1}{T_1 - T_2'}$$

即

$$\frac{40 - 25}{150 - 100} = \frac{t_2' - 25}{150 - 80} = 0.3$$

解出 $t_2' = 46 \ ℃$

后来情况的平均温度差为

$$\Delta t_m' = \frac{(T_1 - t_1) - (T_2' - t_2')}{\ln \frac{T_1 - t_1}{T_2' - t_2'}} = \frac{(150 - 25) - (80 - 46)}{\ln \frac{150 - 25}{80 - 46}} = 69.9 \ ℃$$

列出原来情况与后来情况的热量衡算与传热速率方程：

原来 $W_h c_{ph}(150 - 100) = KS\Delta t_m = Kn\pi dL \times 88.6$ (1)

后来 $W_h c_{ph}(150 - 80) = KS'\Delta t_m' = Kn\pi dL' \times 69.9$ (2)

$$\frac{(2)}{(1)} \quad \frac{150 - 80}{150 - 100} = \frac{69.9 L'}{88.6 L}$$

则 $L' = \frac{70}{50} \times \frac{88.6}{69.9} \times 1.2 = 2.13 \ m$

讨论： 从以上计算可知，换热过程中，流体的一个参数改变，引起热量衡算及传热速度方程中相应参数的变化，解题时必须同时考虑热量衡算方程及传热速率方程。另外，用前后两种情况相比的方法，消除未知的 W、c_p 及 K 等参数，这是解题的一种方法。

[例 4-8] 在一单程列管换热器内，某溶液在管内作湍流流动，其流量为 10 800 kg/h，平均比热容为 4.18 kJ/(kg·℃)，由 15 ℃ 加热到 100 ℃，管内对流传热系数为 600 W/(m²·℃)。温度为 110 ℃ 的饱和水蒸气在壳方冷凝为同温度的水，其对流传热系数为 1.2×10^4 W/(m²·℃)。列管换热器由 $\phi25$ mm × 2 mm 的 160 根不锈钢管组成，不锈钢管的导热系数为 17 W/(m·℃)。忽略垢层热阻和换热器的热损失。试求：

(1) 管程为单程时的列管长度；

(2) 若总管数不变，管程改为 4 管程时的列管长度。

解： (1) 管程为单程时，列管有效长度

$$Q = W_c c_{pc}(t_2 - t_1) = \frac{10\ 800}{3\ 600} \times 4.18 \times (100 - 15) = 1\ 065.9 \ kW$$

$$K_o = \frac{1}{\frac{1}{\alpha_o} + \frac{b}{\lambda}\frac{d_o}{d_m} + \frac{d_o}{\alpha_i d_i}} = \frac{1}{\frac{1}{12\ 000} + \frac{0.002}{17} \times \frac{25}{23} + \frac{25}{600 \times 21}} = 455.5 \ W/(m^2·℃)$$

$$\Delta t_{m} = \frac{(T - t_1) - (T - t_2)}{\ln \dfrac{T - t_1}{T - t_2}} = \frac{(110 - 15) - (110 - 100)}{\ln \dfrac{110 - 15}{110 - 100}} = 37.8 \ ℃$$

$$S_o = n\pi d_o L = \frac{Q}{K_o \Delta t_m} = \frac{1\ 065.9 \times 10^3}{455.5 \times 37.8} = 61.9 \ m^2$$

$$L = \frac{S_o}{n\pi d_o} = \frac{61.9}{160 \times 3.14 \times 0.025} = 4.93 \ m$$

（2）管程为 4 程时，列管有效长度

本题的关键是改为 4 管程时引起哪些变化。因管内流体流量一定，改为 4 管程，使管内流速提高为原来的 4 倍，原来在管中为湍流流动，流速提高后仍为湍流，则 $\alpha \propto u^{0.8}$，α 提高使传热系数 K 提高。因传热任务 Q 一定，冷、热流体温度不变，使 Δt_m 一定，从传热速率方程 $Q = KS\Delta t_m$ 看，K 的提高，必使 S 减小，总管数不变，则 4 管程时，列管有效长度减少。

4 管程时：$\alpha'_i = 4^{0.8}\alpha_i = 4^{0.8} \times 600 = 1\ 819 \ W/(m^2 \cdot ℃)$

则

$$K'_o = \frac{1}{\dfrac{1}{\alpha_o} + \dfrac{bd_o}{\lambda d_m} + \dfrac{d_o}{\alpha'_i d_i}} = \frac{1}{\dfrac{1}{12\ 000} + \dfrac{0.002}{17} \times \dfrac{25}{23} + \dfrac{25}{1\ 819 \times 21}} = 1\ 156 \ W/(m^2 \cdot ℃)$$

$$S'_o = \frac{Q}{K'_o \Delta t_m} = \frac{1\ 065.9 \times 10^3}{1\ 156 \times 37.8} = 24.4 \ m^2$$

$$L' = \frac{S'_o}{n\pi d_o} = \frac{24.4}{160 \times 3.14 \times 0.025} = 1.94 \ m$$

讨论：在化工生产中换热器的冷、热流体大多处于湍流状态，对湍流流动的流体，对流传热系数 $\alpha \propto u^{0.8}$。所以当流量增加时（或流量一定，由单管程改为多管程时），α 就以流量增加倍数的 0.8 次方比例增加，从而引起换热器的传热面积和其他操作参数的变化。

[例 4-9]　在一列管换热器中，管内的氢氧化钠溶液与管外的冷却水进行逆流传热。氢氧化钠溶液的流量为 1.2 kg/s，比热容为 3 770 J/(kg·℃)，从 70 ℃冷却到 35 ℃，对流传热系数为 900 W/(m² ·℃)。冷却水的流量为 1.8 kg/s，比热容为 4 180 J/(kg·℃)，入口温度 15 ℃，对流传热系数为 1 000 W/(m² ·℃)。按平壁处理，管壁热阻、污垢热阻及换热器热损失均忽略。试求：

（1）换热器的传热面积；

（2）操作中，冷、热流体初温不变，两流体流量都增大一倍，冷、热流体的出口温度。

假设两流体均为湍流，物性不变，传热温度差可用算术平均值计算。

解：（1）换热器的传热面积

先求冷流体出口温度

$$W_h c_{ph}(T_1 - T_2) = W_c c_{pc}(t_2 - t_1)$$

$$1.2 \times 3\ 770 \times (70 - 35) = 1.8 \times 4\ 180 \times (t_2 - 15) = 158\ 300 \ W$$

解出　　$t_2 = 36 \ ℃$

因　　$\dfrac{\Delta t_1}{\Delta t_2} = \dfrac{70 - 36}{35 - 15} = 1.7 < 2$

所以平均温度差可用算术平均值计算

$$\Delta t_m = \frac{\Delta t_1 + \Delta t_2}{2} = \frac{(70-36)+(35-15)}{2} = 27 \ \text{℃}$$

因按平壁处理　$K = \dfrac{1}{\dfrac{1}{\alpha_1} + \dfrac{1}{\alpha_2}} = \dfrac{1}{\dfrac{1}{900} + \dfrac{1}{1\,000}} = 473.7 \ \text{W/(m}^2 \cdot \text{℃)}$

则　　　$S = \dfrac{Q}{K\Delta t_m} = \dfrac{158\,300}{473.7 \times 27} = 12.4 \ \text{m}^2$

（2）冷、热流体流量增大一倍后，出口温度 T_2' 及 t_2'

当冷、热流体的流量均增大一倍时，流速也增大一倍，因管内、外流体均为湍流流动，$\alpha \propto u^{0.8}$，则管内、外的 $\alpha' = 2^{0.8}\alpha$，致使总传热系数 K 提高。因仍在原换热器中换热，传热面积不变，必使冷、热流体的出口温度发生变化，平均温度差 Δt_m 也改变，T_2' 及 t_2' 应由热量衡算与传热速率方程联合考虑解决。

热量衡算式

$$2W_h c_{ph}(T_1 - T_2') = 2W_c c_{pc}(t_2' - t_1)$$

即　　$2 \times 1.2 \times 3\,770 \times (70 - T_2') = 2 \times 1.8 \times 4\,180 \times (t_2' - 15)$

化简得　$T_2' = 95 - 1.663 t_2'$ 　　　　　　　　　　　　　　　　　　　　　　（1）

传热速率方程

$$Q = K'S\Delta t_m' = 2W_h c_{ph}(T_1 - T_2')$$

$$K' = \frac{1}{\dfrac{1}{\alpha_1'} + \dfrac{1}{\alpha_2'}}$$

因 W_h 及 W_c 均增大一倍，$u' = 2u$，且为湍流流动，则 $\alpha' = 2^{0.8}\alpha$

$$K' = \frac{1}{\dfrac{1}{2^{0.8} \times 900} + \dfrac{1}{2^{0.8} \times 1\,000}} = 824.7 \ \text{W/(m}^2 \cdot \text{℃)}$$

$$S = 12.4 \ \text{m}^2$$

$$\Delta t_m' = \frac{(T_1 - t_2') + (T_2' - t_1)}{2} = \frac{(70 - t_2') + (T_2' - 15)}{2} = \frac{(55 + T_2' - t_2')}{2}$$

将 K'、S 及 $\Delta t_m'$ 代入传热速率方程

$$824.7 \times 12.4 \times (55 + T_2' - t_2')/2 = 2 \times 1.2 \times 3\,770 \times (70 - T_2')$$

化简得　$2.77 T_2' - 68.9 = t_2'$ 　　　　　　　　　　　　　　　　　　　　　（2）

联立式（1）、式（2）解出

$$T_2' = 37.4 \ \text{℃}, \quad t_2' = 34.7 \ \text{℃}$$

讨论：由计算结果可知，两流体流量增倍后，热流体出口温度升高了，冷流体出口温度降低了。所以流体流量的变化，不仅影响到 α 及 K 值的改变，而且，当传热面积不变时，使流体出口温度以至平均温度差都发生变化。

[例 4-10]　在一单程列管换热器中，用饱和蒸汽加热原料油。温度为 160 ℃ 的饱和蒸汽在壳程冷凝为同温度的水。原料油在管程湍流流动，并由 20 ℃ 加热到 106 ℃。列管换热器的管长为 4 m，内有 $\phi19 \ \text{mm} \times 2 \ \text{mm}$ 的列管 25 根。若换热器的传热负荷为 125 kW，蒸汽冷凝传热系数为 7 000 W/(m$^2 \cdot$ ℃)，油侧垢层热阻为 0.000 5(m$^2 \cdot$ ℃)/W，管壁热阻和蒸

汽侧垢层热阻可忽略。试求：

（1）管内油侧对流传热系数；

（2）油的流速增加一倍，保持饱和蒸汽温度及油入口温度不变，假设油的物性不变，求油的出口温度；

（3）油的流速增加一倍，保持油进、出口温度不变，求饱和蒸汽的温度。

解：因管内油为湍流流动，$\alpha_i \propto u^{0.8}$，当油的流速增加一倍，α_i 提高 $2^{0.8}$ 倍，使 K 提高。由热量衡算与传热速率方程结合起来看，$Q = W_c c_{pc}(t_2 - t_1) = KS\Delta t_m$，式中 c_{pc}、t_1 及 S 不变，当 W_c 提高至 2 倍，而 K 的提高小于 2 倍，故 t_2 必下降，又 T 不变，使 Δt_m 增加。

若保持 t_1 及 t_2 不变，则 W_c 增至 2 倍，Q 也增加到 2 倍，而 K 的提高小于 2 倍。同样，Δt_m 要提高，必然使饱和蒸汽温度 T 增大。

列出油流速增加前后的油的热量衡算与传热速率方程的等式，两种情况相比，可求出油增速后的 $\Delta t'_m$，再由 $\Delta t'_m$ 求出 t'_2 或 T'。

（1）管内油侧对流传热系数

α_i 应由 K_i 求取，因 $K_i = \dfrac{Q}{S_i \Delta t_m}$，而

$$Q = 125 \text{ kW}$$

$$S_i = n\pi d_i L = 25 \times 3.14 \times 0.015 \times 4 = 4.71 \text{ m}^2$$

$$\Delta t_m = \frac{(T - t_1) - (T - t_2)}{\ln \dfrac{T - t_1}{T - t_2}} = \frac{(160 - 20) - (160 - 106)}{\ln \dfrac{160 - 20}{160 - 106}} = 90 \text{ ℃}$$

所以

$$K_i = \frac{Q}{S_i \Delta t_m} = \frac{125 \times 10^3}{4.71 \times 90} = 295 \text{ W/(m}^2 \cdot \text{℃)}$$

$$\frac{1}{K_i} = \frac{1}{\alpha_i} + R_{si} + \frac{d_i}{\alpha_o d_o}$$

即

$$\frac{1}{295} = \frac{1}{\alpha_i} + 0.0005 + \frac{15}{7000 \times 19}$$

则

$$\alpha_i = 360 \text{ W/(m}^2 \cdot \text{℃)}$$

（2）油的出口温度

油的流速增加一倍，则

$$\alpha'_i = 2^{0.8} \alpha_i = 2^{0.8} \times 360 = 626.8 \text{ W/(m}^2 \cdot \text{℃)}$$

$$\frac{1}{K'_i} = \frac{1}{\alpha'_i} + R_{si} + \frac{d_i}{\alpha_o d_o}$$

$$\frac{1}{K'_i} = \frac{1}{626.8} + 0.0005 + \frac{15}{7000 \times 19}$$

解出

$$K'_i = 452.9 \text{ W/(m}^2 \cdot \text{℃)}$$

则

$$\frac{K'_i}{K_i} = \frac{452.9}{295} = 1.535$$

列热量衡算与传热速率方程：

原来　$W_c c_{pc}(t_2 - t_1) = K_i S_i \Delta t_m$ \hfill （1）

后来　$2W_c c_{pc}(t'_2 - t_1) = K'_i S_i \Delta t'_m = 1.535 K_i S_i \Delta t'_m$ \hfill （2）

$$\frac{(1)}{(2)}\quad \frac{(t_2-t_1)}{2(t_2'-t_1)}=\frac{\Delta t_m}{1.535\Delta t_m'}$$

因

$$\Delta t_m'=\frac{(160-20)-(160-t_2')}{\ln\dfrac{160-20}{160-t_2'}}=\frac{t_2'-20}{\ln\dfrac{140}{160-t_2'}}$$

则

$$\frac{160-20}{2(t_2'-20)}=\frac{90}{1.535\dfrac{t_2'-20}{\ln\dfrac{140}{160-t_2'}}}$$

解得　　$t_2'=92.8\ ℃$

（3）饱和蒸汽温度

因 t_1 及 t_2 不变，列热量衡算及传热速率方程如下：

原来　　$W_c c_{pc}(t_2-t_1)=K_i S_i \Delta t_m$　　　　　　　　　　　　　　　　　　　（1）

后来　　$2W_c c_{pc}(t_2-t_1)=K_i' S_i \Delta t_m'=1.535\ K_i S_i \Delta t_m'$　　　　　　（2）

$$\frac{(1)}{(2)}\quad \frac{1}{2}=\frac{\Delta t_m}{1.535\Delta t_m'}=\frac{90}{1.535\Delta t_m'}$$

$$\Delta t_m'=\frac{2\times 90}{1.535}=117.3\ ℃$$

又

$$\Delta t_m'=\frac{(T'-t_1)-(T'-t_2)}{\ln\dfrac{T'-t_1}{T'-t_2}}=\frac{t_2-t_1}{\ln\dfrac{T'-t_1}{T'-t_2}}=117.3$$

即

$$\frac{106-20}{\ln\dfrac{T'-20}{T'-106}}=117.3$$

解得　　$T'=185.5\ ℃$

讨论：由计算结果可知，油流速增加一倍，使 α 及 K 均提高，且 Δt_m 也提高。若饱和蒸汽温度 T 不变，则油出口温度 t_2 下降；欲保持 t_1 及 t_2 不变，则加热蒸汽温度 T 必然提高，采取的措施是提高加热蒸汽的压强。

［例 4-11］　在一单程列管换热器内，壳程通入 100 ℃的饱和水蒸气，将管内湍流流动的空气从 10 ℃加热至 50 ℃，且饱和水蒸气冷凝成同温度的水。若空气流量及空气进口温度不变，仅将原换热器改为双管程，问此时空气的出口温度为多少度？饱和蒸汽流量如何变化？

计算中忽略管壁热阻、污垢热阻及换热器的热损失。

解：管内空气流量不变，将单程列管换热器改为双管程，传热面积 S 不变，而管内空气流通截面 A 减半，则管内流速 $u'=2u$，因空气为湍流流动，$\alpha\propto u^{0.8}$，α 提高了。又因空气与饱和蒸汽换热，$\alpha_{空气}\ll\alpha_{饱和蒸汽}$，忽略壁阻及垢阻，则 $K\approx\alpha_{空气}$，K 值提高。而空气流量一定，必然提高双管程列管换热器的传热速率和空气的出口温度。

因流量、比热容等参数具体数值未知，可列出单管程与双管程条件下热量衡算与传热速率相等的关系式，再利用两个方程相比的形式，消去未知量，可解出出口温度 t_2'。

换热器改为双管程，空气流量 W_c 不变，则管内流速 $u'=2u$，空气为湍流流动，$\alpha\propto u^{0.8}$，所以

$$\frac{\alpha'}{\alpha} = \left(\frac{u'}{u}\right)^{0.8} = 2^{0.8} = 1.74, \quad \alpha' = 1.74\alpha$$

因 $\alpha_{空气} \ll \alpha_{蒸汽}$，忽略壁阻及垢阻，则

$$K \approx \alpha_{空气}$$

所以 $\quad K' = 1.74K$

$$\Delta t_m = \frac{(T - t_1) - (T - t_2)}{\ln \dfrac{T - t_1}{T - t_2}} = \frac{t_2 - t_1}{\ln \dfrac{T - t_1}{T - t_2}}$$

$$\Delta t'_m = \frac{(T - t_1) - (T - t'_2)}{\ln \dfrac{T - t_1}{T - t'_2}} = \frac{t'_2 - t_1}{\ln \dfrac{T - t_1}{T - t'_2}}$$

列出热量衡算与传热速率方程

单管程 $\quad Q = W_c c_{pc}(t_2 - t_1) = KS \dfrac{t_2 - t_1}{\ln \dfrac{T - t_1}{T - t_2}}$ (1)

双管程 $\quad Q' = W_c c_{pc}(t'_2 - t_1) = K'S \dfrac{t'_2 - t_1}{\ln \dfrac{T - t_1}{T - t'_2}}$ (2)

$$\frac{(2)}{(1)} \quad \frac{1.74 \ln \dfrac{T - t_1}{T - t_2}}{\ln \dfrac{T - t_1}{T - t'_2}} = 1$$

$$1.74 \ln \frac{100 - 10}{100 - 50} = \ln \frac{100 - 10}{100 - t'_2}$$

解得 $\quad t'_2 = 67.6\ ℃$

饱和蒸汽流量的变化为

$$\frac{W'_h}{W_h} = \frac{Q'}{Q} = \frac{W_c c_{pc}(t'_2 - t_1)}{W_c c_{pc}(t_2 - t_1)} = \frac{67.6 - 10}{50 - 10} = 1.44$$

讨论：当管内、外两侧对流传热系数 α 相差悬殊时，总传热系数 K 接近于热阻较大侧（即 α 小一侧）的 α 值，即 $K \approx \alpha_{小}$。热阻大一侧的流体为湍流流动时，有 $\alpha \propto u^{0.8}$，所以其流量的变化使传热过程中流体的出口温度及传热速率均发生变化。

[例 4-12] 有一列管式换热器，105 ℃的饱和水蒸气在壳侧冷凝为同温度的水，将管内一定量的冷水从 30 ℃加热到 60 ℃，若加热蒸汽的压强及水的入口温度不变，改变水的流量，使水的出口温度降为 58 ℃。水在管内均为湍流流动。计算时可忽略管壁、污垢层及蒸汽侧的热阻。试求：

（1）冷水流量为原来的多少倍？

（2）换热器的传热速率为原来的多少倍？

解：本题也为流体流量增加，使其出口温度下降，且为湍流流动，$\alpha \propto W^{0.8}$，壁阻、垢阻及蒸汽侧热阻均忽略，$K \approx \alpha$，则 α 提高 K 提高，传热速率也提高，只是降低后的流体出口温度为已知，流量未知。

（1）冷水流量为原来的多少倍

因忽略壁阻、垢阻及蒸汽侧热阻，则 $K_i \approx \alpha_i$

列热量衡算及传热速率方程

原来　　$W_c c_{pc}(60-30)=K_i S_i \Delta t_m=\alpha_i S_i \Delta t_m$ 　　　　　　　（1）

后来　　$W_c' c_{pc}(58-30)=K_i' S_i \Delta t_m=\alpha_i' S_i \Delta t_m'$ 　　　　　　　（2）

$$\frac{\Delta t_1}{\Delta t_2}=\frac{105-30}{105-60}=\frac{75}{45}<2,\frac{\Delta t_1}{\Delta t_2'}=\frac{105-30}{105-58}=\frac{75}{47}<2$$

故 Δt_m 和 $\Delta t_m'$ 均可用算术平均值计算

$$\Delta t_m=\frac{(105-30)+(105-60)}{2}=60\ ℃$$

$$\Delta t_m'=\frac{(105-30)+(105-58)}{2}=61\ ℃$$

又因管内冷水为湍流流动，则 $\alpha_i \propto W_c^{0.8}$

所以　　$\dfrac{\alpha_i'}{\alpha_i}=\left(\dfrac{W_c'}{W_c}\right)^{0.8}$

$\dfrac{(1)}{(2)}$　$\dfrac{W_c \times 30}{W_c' \times 28}=\left(\dfrac{W_c}{W_c'}\right)^{0.8}\times\dfrac{60}{61}$

$\left(\dfrac{W_c}{W_c'}\right)^{0.2}=0.918$

所以　　$W_c'=1.534\ W_c$

（2）换热器的传热速率为原来的多少倍

$$\frac{Q'}{Q}=\frac{W_c' c_{pc}(58-30)}{W_c c_{pc}(60-30)}=\frac{1.534W_c}{W_c}\times\frac{28}{30}=1.431$$

所以　　$Q'=1.431Q$

讨论：本题除了给出冷、热流体的温度数据外，W、c_p、K、S 等参数的具体数值均未知，同样需列出水流量改变前后热量衡算与传热速率相等的关系式，注意利用 $\alpha \propto W_i^{0.8}$ 及 $K_i \approx \alpha_i$ 的关系，使两个方程相比，消除未知量。

［例 4-13］　在一传热面积为 50 m² 的单程列管换热器中，用水冷却某种溶液。两流体呈逆流流动。冷却水的流量为 36 000 kg/h，其温度由 20 ℃ 升高到 38 ℃。溶液温度由 110 ℃ 降到 60 ℃。若换热器清洗后，在两流体流量和进口温度不变的情况下，冷却水的出口温度升到 45 ℃。试估算换热器在清洗前传热面两侧的总污垢热阻。假设：

（1）两种情况下，流体物性可视为不变。水的平均比热容可取为 4.187 kJ/(kg·℃)；

（2）可按平壁处理，两种工况下 α_i、α_o 分别相同；

（3）忽略管壁热阻和换热器的热损失。

解：换热器清洗前有污垢，K 值小，清洗后 K 增大，可由清洗前后 K 值的变化求总污垢热阻。

清洗后，表现出冷水出口温度 t_2 升高，从热量衡算式看 $Q=W_c c_{pc}(t_2-t_1)=W_h c_{ph}(T_1-T_2)$，因两流体流量、物性及初温不变，则必有 T_2 下降，Q 增高，而 Δt_m 下降，所以还要结合传热速率方程式 $Q=KS\Delta t_m$ 求 K 值。

清洗前总传热系数

$$Q = W_c c_{pc}(t_2 - t_1) = \frac{36\ 000}{3\ 600} \times 4.187 \times 10^3 \times (38 - 20) = 753\ 660\ \text{W}$$

$$\Delta t_{\text{m}} = \frac{(T_1 - t_2) - (T_2 - t_1)}{\ln \dfrac{T_1 - t_2}{T_2 - t_1}} = \frac{(110 - 38) - (60 - 20)}{\ln \dfrac{110 - 38}{60 - 20}} = 54.4\ ℃$$

所以 $$K = \frac{Q}{S \Delta t_{\text{m}}} = \frac{753\ 660}{50 \times 54.4} = 277\ \text{W}/(\text{m}^2 \cdot ℃)$$

清洗后总传热系数

$$\frac{W_h c_{ph}}{W_c c_{pc}} = \frac{t_2 - t_1}{T_1 - T_2} = \frac{t_2' - t_1}{T_1 - T_2'}$$

即 $$\frac{38 - 20}{110 - 60} = \frac{45 - 25}{110 - T_2'}$$

解得 $$T_2' = 40.6\ ℃$$

$$\Delta t_{\text{m}}' = \frac{(T_1 - t_2') - (T_2' - t_1)}{\ln \dfrac{T_1 - t_2'}{T_2' - t_1}} = \frac{(110 - 45) - (40.6 - 20)}{\ln \dfrac{110 - 45}{40.6 - 20}} = 38.6\ ℃$$

$$Q' = W_c c_{pc}(t_2' - t_1) = \frac{36\ 000}{3\ 600} \times 4.187 \times 10^3 \times (45 - 20) = 1\ 046\ 750\ \text{W}$$

所以 $$K' = \frac{Q'}{S \Delta t_{\text{m}}'} = \frac{1\ 046\ 750}{50 \times 38.6} = 542\ \text{W}/(\text{m}^2 \cdot ℃)$$

传热面两侧总污垢热阻

清洗前 $$\frac{1}{K} = \frac{1}{\alpha_o} + \frac{1}{\alpha_i} + \sum R_s = \frac{1}{277} \tag{1}$$

清洗后 $$\frac{1}{K'} = \frac{1}{\alpha_o} + \frac{1}{\alpha_i} = \frac{1}{542} \tag{2}$$

(1) − (2),得

$$\sum R_s = \frac{1}{K} - \frac{1}{K'} = \frac{1}{277} - \frac{1}{542} = 1.765 \times 10^{-3}\ \text{m}^2 \cdot ℃/\text{W}$$

讨论:换热器使用一段时间后传热面上会形成污垢,若污垢热阻较大,会使总传热系数大幅下降而影响传热。这时就要及时清理污垢,使换热器保持较高的总传热系数。

[例 4-14]   现有传热面积为 15 m² 的单程列管换热器,壳程通入饱和水蒸气加热管内的空气。160 ℃ 的饱和水蒸气冷凝为同温度下的水。空气流量为 2.8 kg/s,入口温度为 30 ℃,比热容为 1 kJ/(kg·℃),对流传热系数为 87 W/(m²·℃)。试求:

(1)空气的出口温度;

(2)若还有一台与原换热器传热面积和结构相同的单程列管换热器,在饱和水蒸气温度及空气流量、入口温度不变的条件下,欲提高空气的出口温度,两台换热器采用并联操作还是串联操作?

计算中假定空气物性不随温度变化,空气在管内均为湍流流动,换热器热损失可忽略不计。

解:(1)单台换热器操作时,空气的出口温度 t_2

此题为一侧恒温的传热,且 $\alpha_{蒸汽} \gg \alpha_{空气}$,$K \approx \alpha_{空气}$。求空气的出口温度可联合空气的热量衡算与传热速率方程,由 Δt_m 很容易求取。

$$Q = W_c c_{pc}(t_2 - t_1) = KS\Delta t_m$$

因饱和蒸汽与空气换热,$\alpha_{蒸汽} \gg \alpha_{空气}$,则

$$K \approx \alpha_{空气} = 87 \ \mathrm{W/(m^2 \cdot ℃)}$$

$$\Delta t_m = \frac{t_2 - t_1}{\ln \dfrac{T - t_1}{T - t_2}} = \frac{t_2 - 30}{\ln \dfrac{160 - 30}{160 - t_2}}$$

$$2.8 \times 1\,000 \times (t_2 - 30) = 87 \times 15 \times \frac{t_2 - 30}{\ln \dfrac{130}{160 - t_2}}$$

解得　　$t_2 = 78.4 \ ℃$

(2)两台换热器操作时,空气的出口温度

并联操作,通过每台换热器的流量相等,则与单台相比,流量减半,又管内空气为湍流流动,$\alpha \propto W^{0.8}$,则并联操作时 α 与单台不同,即 K 不同。串联操作,空气流量与原来单台流量相同,则 α 相同,K 相同,计算出口温度时,传热面积增倍。

分别列出单台换热器及两台并联、两台串联三种情况下的 $Q = W_c c_{pc}(t_2 - t_1) = KS\Delta t_m$ 关系式,求出 Δt_m,再由 Δt_m 求出 t_2。

①两台换热器并联操作时,空气的出口温度 t_2'

$$W_c' c_{pc}(t_2' - t_1) = K'S\Delta t_m'$$

$$W_c' = \frac{1}{2}W_c = \frac{2.8}{2} = 1.4 \ \mathrm{kg/s}$$

因空气在管内湍流流动,$\alpha_i \propto W^{0.8}$,所以

$$\frac{\alpha_i'}{\alpha_i} = \left(\frac{W_c'}{W_c}\right)^{0.8} = \left(\frac{1}{2}\right)^{0.8}, \quad \alpha_i' = \left(\frac{1}{2}\right)^{0.8}\alpha_i = 0.574 \times 87 = 50 \ \mathrm{W/(m^2 \cdot ℃)}$$

$$K' \approx \alpha_i' = 50 \ \mathrm{W/(m^2 \cdot ℃)}$$

则　　$$1.4 \times 1\,000 \times (t_2' - 30) = 50 \times 15 \times \frac{t_2' - 30}{\ln \dfrac{130}{160 - t_2'}}$$

解出　　$t_2' = 84 \ ℃$

②两台换热器串联操作时,空气的出口温度 t_2''

$$W_c c_{pc}(t_2'' - t_1) = K(2S)\Delta t_m''$$

$$2.8 \times 1\,000 \times (t_2'' - 30) = 87 \times 2 \times 15 \times \frac{t_2'' - 30}{\ln \dfrac{130}{160 - t_2''}}$$

解出　　$t_2'' = 108.8 \ ℃$

讨论:从计算结果可以看出,两台换热器串联操作,可使被加热的空气出口温度提高。但因传热量增加,所消耗的蒸汽量增加,且空气经过两个串联的换热器,流动阻力也随之增加。

[例4-15]　有一列管式换热器由 $\phi25 \ \mathrm{mm} \times 2.5 \ \mathrm{mm}$、长3 m 的100根钢管组成。饱和

水蒸气将一定量的空气加热。空气在管内作湍流流动,饱和水蒸气在壳方冷凝成同温度的水。今因生产任务增大一倍,除用原换热器外,尚需加一台新换热器,新换热器由 $\phi 19$ mm $\times 2$ mm 的 120 根钢管组成。如果新旧两台换热器并联使用,且使两台换热器在空气流量,进、出口温度及饱和水蒸气温度都相同的条件下操作,求新换热器管长为多少米?

解: 原换热器 $\quad Q_1 = W_c c_{pc}(t_2 - t_1) = K_1 S_1 \Delta t_{m1}$

新换热器 $\quad Q_2 = W_c c_{pc}(t_2 - t_1) = K_2 S_2 \Delta t_{m2}$

因在新、旧换热器中,W_c、t_1、t_2 及 T 均相同。

故 $\quad Q_1 = Q_2, \Delta t_{m1} = \Delta t_{m2}$

则 $\quad K_1 S_1 = K_2 S_2$

因饱和蒸汽与空气换热,$\alpha_{蒸汽} \gg \alpha_{空气}$,故 $K \approx \alpha_{空气}$,又空气在管内湍流流动,$\alpha \propto u^{0.8} d^{-0.2}$,则 $K \propto u^{0.8} d^{-0.2}$。因新、旧换热器流量相等,$W_1 = W_2$,即 $V_1 = V_2$,则有

$$n_1 \frac{\pi}{4} d_1^2 u_1 = n_2 \frac{\pi}{4} d_2^2 u_2$$

$$\frac{u_2}{u_1} = \frac{n_1}{n_2} \left(\frac{d_1}{d_2}\right)^2 = \frac{100}{120} \left(\frac{20}{15}\right)^2 = 1.481$$

则 $\quad \dfrac{K_2}{K_1} = \left(\dfrac{u_2}{u_1}\right)^{0.8} \left(\dfrac{d_1}{d_2}\right)^{0.2} = 1.481^{0.8} \left(\dfrac{20}{15}\right)^{0.2} = 1.450$

原换热器 $\quad S_1 = n_1 \pi d_1 L_1 = 100 \times 3.14 \times 0.025 \times 3 = 23.55$ m^2

新换热器 $\quad S_2 = \dfrac{K_1}{K_2} S_1 = \dfrac{23.55}{1.450} = 16.24$ m^2

则新换热器管长

$$L_2 = \frac{S_2}{n_2 \pi d_2} = \frac{16.24}{120 \times 3.14 \times 0.019} = 2.27 \text{ m}$$

讨论: 因两台并联操作的换热器在空气流量,进、出口温度及饱和水蒸气温度都相同的条件下操作,则由 $Q = W_c c_{pc}(t_2 - t_1) = K S \Delta t_m$ 看出,Q 及 Δt_m 均相同,从而两台换热器的 $K_1 S_1 = K_2 S_2$,关键是要找出 K_2/K_1 的关系,才能求出 S_2,进一步求出新换热器管长 L_2。

[例 4-16] 一卧式列管冷凝器由 $\phi 25$ mm $\times 2.5$ mm、长 3 m 的钢管组成。水以 1 m/s 的流速在管内从 20 ℃ 被加热至 40 ℃,比热容为 4.18 kJ/(kg·℃)。流量为 2.5 kg/s、温度为 80 ℃ 的烃蒸气在管外冷凝成同温度下的液体,其冷凝潜热为 315 kJ/kg。已测得烃蒸气冷凝的传热系数为 1 000 W/(m^2·℃),管内热阻为管外热阻的 50%,污垢热阻又为管内热阻的 54%。忽略管壁热阻及换热器的热损失。试确定换热管的总根数及管程数。

解: 确定总管数实质上就是要先确定传热面积,可由传热速率方程求取。管程数的确定,须先算出每一程的管数,这可通过冷水流量及水在管内的流速求取。解题可用两种方法:① 先由 $\dfrac{Q}{K_0 \Delta t_m} \rightarrow S_o \rightarrow n$,由热量衡算式求出 W_c,由流速求出一根管流量 W_{c1},每程管数 $n_1 = \dfrac{W_c}{W_{c1}}$,管程数 $N_p = \dfrac{n}{n_1}$;② 可先求 n_1,再求每一管程的传热面积 S_1 及总传热面积 S,管程数 $N_p = \dfrac{S}{S_1}$,总管数 $n = n_1 N_p$。按第一种方法计算。

(1)总管数 n

$$Q = W_h r = 2.5 \times 315 \times 10^3 = 787\ 500\ \text{W}$$

$$K_o = \cfrac{1}{\cfrac{1}{\alpha_o} + \cfrac{1}{\alpha_o} \times 0.5 + \cfrac{0.5}{\alpha_o} \times 0.54} = \cfrac{1}{\cfrac{1}{1\ 000} + \cfrac{0.5}{1\ 000} + \cfrac{0.5}{1\ 000} \times 0.54} = \cfrac{1}{0.001\ 77}$$

$$= 565\ \text{W/}(\text{m}^2 \cdot \text{℃})$$

$$\Delta t_m = \cfrac{t_2 - t_1}{\ln \cfrac{T - t_1}{T - t_2}} = \cfrac{40 - 20}{\ln \cfrac{80 - 20}{80 - 40}} = 49.3\ \text{℃}$$

$$S_o = \cfrac{Q}{K_o \Delta t_m} = \cfrac{787\ 500}{565 \times 49.3} = 28.3\ \text{m}^2$$

$$n = \cfrac{S_o}{\pi d_o L} = \cfrac{28.3}{3.14 \times 0.025 \times 3} = 120$$

（2）管程数 N_p

冷水总流量为

$$W_c = \cfrac{Q}{c_p(t_2 - t_1)} = \cfrac{787\ 500}{4.18 \times 10^3 \times (40 - 20)} = 9.42\ \text{kg/s}$$

每根管子内冷水的流量为

$$W_{c1} = \cfrac{\pi}{4} d^2 u \rho = 0.785 \times (0.02)^2 \times 1 \times 1\ 000 = 0.314\ \text{kg/s}$$

每程内的管子根数为

$$n_1 = \cfrac{W_c}{W_{c1}} = \cfrac{9.42}{0.314} = 30$$

管程数为

$$N_p = \cfrac{n}{n_1} = \cfrac{120}{30} = 4$$

讨论：管程数的确定方法是本例的关键。

[**例 4-17**]　有一套管换热器由 $\phi 48\ \text{mm} \times 3\ \text{mm}$ 和 $\phi 32\ \text{mm} \times 2.5\ \text{mm}$ 的钢管组成。两种流体分别在内管和环隙流过。已测得管内及管外对流传热系数分别为 α_1 和 α_2，且 $\alpha_2 = 50\alpha_1$。若两流体的流量保持不变，并忽略出口温度变化对物性的影响。假设流动状况皆为湍流。试求：

（1）将内管改为 $\phi 25\ \text{mm} \times 2.5\ \text{mm}$ 后，管内对流传热系数有何变化？

（2）若总传热系数 K 可用 $K = \cfrac{1}{1/\alpha_1 + 1/\alpha_2}$ 表示，将内管改为 $\phi 25\ \text{mm} \times 2.5\ \text{mm}$ 后，总传热系数 K 为原来的多少倍？

解：本题主要是讨论在湍流情况下管径 d 对 α 的影响。

对于湍流情况下，$\alpha \propto u^{0.8} d^{-0.2}$，当流量 V 一定时，$\alpha \propto \left(\cfrac{V}{\cfrac{\pi}{4} d^2} \right)^{0.8} d^{-0.2}$，则 $\alpha \propto d^{-1.8}$。根据这一关系可进行推导。其步骤为：分别找出管径改变后管内及管外 α' 与原管径 α 之间的关系，进一步可找出 K' 与 K 的关系。

外管内径　$D = 48 - 3 \times 2 = 42\ \text{mm}$

内管为 $\phi32$ mm $\times2.5$ mm 时,内管外径 $d_{1o}=32$ mm, 内径 $d_{1i}=32-2.5\times2=27$ mm

内管为 $\phi25$ mm $\times2.5$ mm 时,内管外径 $d'_{1o}=25$ mm, 内径 $d'_{1i}=25-2.5\times2=20$ mm

计算管内 α_1 时,管内径为 d_{1i};计算环隙 α_2 时,环隙的当量直径为 d_e,即

$$d_e=\frac{4A}{\pi}=\frac{4\times\frac{\pi}{4}(D^2-d_{1o}^2)}{\pi(D+d_{1o})}=D-d_{1o}$$

（1）管内 α_1 的变化

设改用 $\phi25$ mm $\times2.5$ mm 的内管后,内管对流传热系数为 α'_1

$$\frac{\alpha'_1}{\alpha_1}=\left(\frac{d'_{1i}}{d_{1i}}\right)^{-1.8}=\left(\frac{d_{1i}}{d'_{1i}}\right)^{1.8}=\left(\frac{27}{20}\right)^{1.8}=1.716$$

则 $\qquad \alpha'_1=1.716\alpha_1$

（2）总传热系数 K 的变化

因 $\qquad K=\dfrac{1}{1/\alpha_1+1/\alpha_2}$,且已知 $\alpha'_1=1.716\alpha_1$

设改用 $\phi25$ mm $\times2.5$ mm 的内管后,环隙内对流传热系数为 α'_2

$$d'_e=D-d'_{1o}=42-25=17 \text{ mm}$$

$$d_e=D-d_{1o}=42-32=10 \text{ mm}$$

$$\frac{\alpha'_2}{\alpha_2}=\left(\frac{d'_e}{d_e}\right)^{-1.8}=\left(\frac{d_e}{d'_e}\right)^{1.8}=\left(\frac{10}{17}\right)^{1.8}=0.385$$

则 $\qquad \alpha'_2=0.385\,\alpha_2$

又已知 $\qquad \alpha_2=50\,\alpha_1$

设改用 $\phi25$ mm $\times2.5$ mm 的内管后,总传热系数为 K'

$$K=\frac{1}{1/\alpha_1+1/\alpha_2}=\frac{\alpha_1\alpha_2}{\alpha_1+\alpha_2}=\frac{50\alpha_1^2}{\alpha_1+50\alpha_1}=0.98\alpha_1$$

$$K'=\frac{\alpha'_1\alpha'_2}{\alpha'_1+\alpha'_2}=\frac{1.716\alpha_1\times0.385\times50\alpha_1}{1.716\alpha_1+0.385\times50\alpha_1}=1.576\,\alpha_1$$

则 $\qquad \dfrac{K'}{K}=\dfrac{1.576\alpha_1}{0.98\alpha_1}=1.608$

$$K'=1.608K$$

讨论:通过计算可知,在流体湍流传热时,当套管换热器的内管直径减小后,内管流体的 α_1 提高,而环隙尺寸增大,使环隙内流体的 α_2 下降。K 的变化主要取决于 α 小的一方,因 $\alpha_2=50\alpha_1$,管内流体的 α_1 小,所以,α_1 的增加对 K 的提高起决定作用,即 $K'=1.608K$。

[例 4-18] 20 ℃的盐水以 4 500 kg/h 的质量流量通过套管换热器的内管而被加热至 80 ℃。内管为 $\phi38$ mm $\times2.5$ mm 的钢管,每段长 3 m。100 ℃的饱和水蒸气在套管环隙冷凝成同温度的水,内管外壁面温度为 94 ℃。已知盐水在平均温度下的物性如下:密度为 1 200 kg/m³,比热容为 3.3 kJ/(kg·℃),黏度为 0.95 cP,导热系数为 0.56 W/(m·℃)。管内外污垢系数分别为 2.6×10^{-4} m²·℃/W 及 1×10^{-4} m²·℃/W。管壁热阻可忽略不计,忽略换热器的热损失。求套管换热器的段数。

解:本题实质上是求换热器的面积,可由传热速率方程 $Q=K_oS_o\Delta t_m$ 求取。由题给条件看,Q 及 Δt_m 可计算,唯一需要解决的是求出 K_o 值,这可通过计算管内、外的 α 及污垢热阻求

取。

管内为单相流体流动,可先求 Re 及 Pr 准数,寻求合适的 α 关联式以计算管内的 α;管外为单根水平管外的蒸汽冷凝,因壁温 t_w 已给出,不必试差,可由式(4-33)计算管外的 α。

由传热速率方程可知:$S_o = \dfrac{Q}{K_o \Delta t_m}$

$$Q = W_c c_{pc}(t_2 - t_1) = \frac{4\ 500}{3\ 600} \times 3.3 \times (80 - 20) = 247.5 \text{ kW}$$

$$\Delta t_m = \frac{(T - t_1) - (T - t_2)}{\ln \dfrac{T - t_1}{T - t_2}} = \frac{80 - 20}{\ln \dfrac{100 - 20}{100 - 80}} = 43.3 \text{ ℃}$$

管内 α_i 的求算

$$u_i = \frac{W_c}{3\ 600 \rho A_i} = \frac{4\ 500}{3\ 600 \times 1\ 200 \times \dfrac{\pi}{4} \times 0.033^2} = 1.22 \text{ m/s}$$

$$Re = \frac{d_i \rho u_i}{\mu} = \frac{0.033 \times 1\ 200 \times 1.22}{0.95 \times 10^{-3}} = 5.09 \times 10^4 > 1 \times 10^4,\text{流动状况为湍流}$$

$$Pr = \frac{c_p \mu}{\lambda} = \frac{3.3 \times 10^3 \times 0.95 \times 10^{-3}}{0.56} = 5.6$$

$$\alpha_i = 0.023 \frac{\lambda}{d_i} Re^{0.8} Pr^{0.4} = 0.023 \times \frac{0.56}{0.033}(5.09 \times 10^4)^{0.8} 5.6^{0.4} = 4\ 530 \text{ W/(m}^2 \cdot \text{℃)}$$

管外 α_o 的求算

查出 100 ℃饱和水蒸气的汽化热　$r = 2\ 258$ kJ/kg

定性温度 $= \dfrac{1}{2}(t_s + t_w) = \dfrac{1}{2}(100 + 94) = 97$ ℃

查 97 ℃下水的物性为:$\lambda = 0.682$ W/(m·℃),$\rho = 958$ kg/m³,$\mu = 0.282 \times 10^{-3}$ Pa·s
假设冷凝液膜呈滞流流动,α 可依式(4-33)计算。

$$\alpha_o = 0.725 \left(\frac{g \rho^2 \lambda^3 r}{\mu d_o \Delta t} \right)^{1/4} = 0.725 \left[\frac{9.81 \times 958^2 \times 0.682^3 \times 2\ 258 \times 10^3}{0.282 \times 10^{-3} \times 0.038 \times (100 - 94)} \right]^{1/4}$$

$$= 12\ 900 \text{ W/(m}^2 \cdot \text{℃)}$$

$$\frac{1}{K_o} = \frac{d_o}{\alpha_i d_i} + R_{si} \frac{d_o}{d_i} + R_{so} + \frac{1}{\alpha_o} = \frac{38}{4\ 530 \times 33} + 2.6 \times 10^{-4} \times \frac{38}{33} + 1 \times 10^{-4} + \frac{1}{12\ 900}$$

$$= 6.92 \times 10^{-4} \text{ m}^2 \cdot \text{℃/W}$$

$$K_o = 1\ 445 \text{ W/(m}^2 \cdot \text{℃)}$$

$$S_o = \frac{Q}{K_o \Delta t_m} = \frac{247.5 \times 10^3}{1\ 445 \times 43.3} = 3.96 \text{ m}^2$$

套管换热器的段数为

$$n = \frac{S_o}{\pi d_o L} = \frac{3.96}{3.14 \times 0.038 \times 3} \approx 11$$

校核管外冷凝液膜流动的流型

$$W_h = \frac{Q}{r} = \frac{247.5}{2\ 258} = 0.11 \text{ kg/s}$$

$$M = \frac{W}{b} = \frac{0.11}{2Ln} = \frac{0.11}{2 \times 3 \times 11} = 0.001\ 67\ \text{kg/(m} \cdot \text{s)}$$

$$Re = \frac{4M}{\mu} = \frac{4 \times 0.001\ 67}{0.282 \times 10^{-3}} = 23.7 < 1\ 800$$

假设液膜为滞流流动正确。

讨论：对于单根水平管外的蒸汽冷凝，一般说来，液膜的流型均为滞流，故也可不必校核。

[例 4-19] 某换热器的传热面积为 10 m²，在并流操作时，热流体的进、出口温度分别为 180 ℃和 100 ℃，冷流体的进、出口温度分别为 20 ℃和 80 ℃。试求：

（1）若保持冷、热流体的流量及进、出口温度都不变，现有一传热面积为 7.5 m² 的换热器，在该换热器中能否完成上述传热任务？应采取什么措施？

（2）若两流体仍在 10 m² 的换热器中进行换热，仅将并流操作改为逆流操作，保持两流体的流量及进口温度不变，换热器的传热速率有何变化？

解：当要保持冷、热流体的流量及进、出口温度均不变时，表明传热任务 Q 一定，K 没有变化，仅传热面积减少，从传热速率方程 $Q = KS\Delta t_m$ 看，欲完成上述传热任务，只有提高传热推动力 Δt_m 值，唯一的办法是将并流操作改为逆流操作。因为在 T_1、T_2、t_1、t_2 分别相同的情况下，$\Delta t_{m逆} > \Delta t_{m并}$。

当在原换热器中换热，且两流体流量和进口温度不变，仅将并流改为逆流时，两流体的出口温度必然改变。最简便的方法是用 ε—NTU 法算出 T_2' 及 t_2'，从而可计算出 Q 提高的程度。

（1）采取的措施是将并流操作改为逆流操作

$$\Delta t_{m并} = \frac{(T_1 - t_1) - (T_2 - t_2)}{\ln \frac{T_1 - t_1}{T_2 - t_2}} = \frac{(180 - 20) - (100 - 80)}{\ln \frac{180 - 20}{100 - 80}} = 67.3\ ℃$$

$$\Delta t_{m逆} = \frac{(T_1 - t_2) - (T_2 - t_1)}{\ln \frac{T_1 - t_2}{T_2 - t_1}} = \frac{(180 - 80) - (100 - 20)}{\ln \frac{180 - 80}{100 - 20}} = 89.7\ ℃$$

因两流体流量及进、出口温度均不变，故传热量 Q 不变，且 K 也不变。

$$Q = KS_并\ \Delta t_{m并} = KS_逆\ \Delta t_{m逆}$$

$$\frac{S_逆}{S_并} = \frac{\Delta t_{m并}}{\Delta t_{m逆}} = \frac{67.3}{89.7} = 0.75$$

$$S_逆 = 0.75 \times 10 = 7.5\ \text{m}^2$$

则现有传热面积为 7.5 m² 的换热器能完成上述传热任务。因本题中，逆流操作比并流操作刚好可节省传热面积 25%。

（2）换热器传热速率的变化

采用 ε—NTU 法计算逆流操作时冷、热流体的出口温度 t_2' 及 T_2'。

并流情况下热容量流率比为

$$\frac{W_h c_{ph}}{W_c c_{pc}} = \frac{t_2 - t_1}{T_1 - T_2} = \frac{80 - 20}{180 - 100} = 0.75，则热流体为最小值流体$$

传热效率 $\varepsilon_{\text{并}} = \dfrac{T_1 - T_2}{T_1 - t_1} = \dfrac{180 - 100}{180 - 20} = 0.5$

传热单元数 $NTU = \dfrac{KS}{W_h c_{ph}} = \dfrac{T_1 - T_2}{\Delta t_{\text{m并}}} = \dfrac{180 - 100}{67.3} = 1.19$

因改为逆流操作时 $\dfrac{W_h c_{ph}}{W_c c_{pc}}$ 与 NTU 不变,可由 $\dfrac{W_h c_{ph}}{W_c c_{pc}} = 0.75$ 及 $NTU = 1.19$ 查逆流操作时换热器的 ε—NTU 关系图,可得

$\varepsilon_{\text{逆}} = 0.58$

又 $\varepsilon_{\text{逆}} = \dfrac{T_1 - T_2'}{T_1 - t_1} = \dfrac{180 - T_2'}{180 - 20} = 0.58$

解出 $T_2' = 87.2 \ ℃$

$t_2' = \dfrac{W_h c_{ph}}{W_c c_{pc}}(T_1 - T_2') + t_1 = 0.75 \times (180 - 87.2) + 20 = 89.6 \ ℃$

逆流与并流操作情况下,传热速率之比为

$\dfrac{Q_{\text{逆}}}{Q_{\text{并}}} = \dfrac{KS \Delta t_{\text{m逆}}}{KS \Delta t_{\text{m并}}} = \dfrac{\Delta t_{\text{m逆}}}{\Delta t_{\text{m并}}} = \dfrac{W_h c_{ph}(T_1 - T_2')}{W_h c_{ph}(T_1 - T_2)} = \dfrac{T_1 - T_2'}{T_1 - T_2} = \dfrac{180 - 87.2}{180 - 100} = 1.16$

逆流操作比并流操作传热速率提高了 16%。

讨论: 从以上计算结果可对并、逆流操作进行比较。

(1)当冷、热流体的进、出口温度都分别相等时,$\Delta t_{\text{m逆}} > \Delta t_{\text{m并}}$,则 Q 及 K 不变时,必然使 $S_{\text{逆}} < S_{\text{并}}$。

(2)对于同一换热器,在逆流操作时,当冷、热流体的进口温度及流量都与并流操作时相同,尽管热流体出口温度下降且冷流体出口温度上升,但逆流操作的平均推动力较大,从而可使换热器的传热速率提高。

[例 4-20] 在一直径为 $\phi 25 \ \text{mm} \times 2.5 \ \text{mm}$ 的蒸汽管道外,包扎一层导热系数为 0.8 W/(m·℃)的保温层。保温层半径为 50 mm。管内饱和蒸汽温度为 130 ℃,大气温度为 30 ℃。试求:

(1)保温层的表面温度,并通过计算分析此保温材料能否起到减少热损失的作用;

(2)若用导热系数为 0.08 W/(m·℃)的保温材料,而保持其他条件不变,再计算保温效果。

假设管壁热阻和蒸汽侧热阻可忽略。裸管和保温层外表面对大气的对流—辐射联合传热系数均可取为 12 W/(m²·℃)。

解: 算出两种不同导热系数保温材料的临界半径 r_c,再与保温层半径 r_2 相比,当 $r_2 > r_c$ 时,随保温层厚度的增加,热损失才减小。

因管壁热阻和蒸汽侧热阻均可忽略,则可认为蒸汽管道裸管外表面温度即保温层的内表面温度等于饱和蒸汽的温度 130 ℃,大气温度为 30 ℃,定态传热,保温层外表面温度 t_w 亦为定值。根据传热速率 = 温差推动力/热阻,通过保温层的导热损失等于保温层外表面的对流—辐射传热损失,从而可算出 t_w。再计算两种情况下裸管与保温管道的 Q/L,以比较保温效果。

(1)保温材料 $\lambda = 0.8$ W/(m·℃)时

蒸汽管道外半径 $r_1 = 12.5 \ \text{mm}$,保温后的半径 $r_2 = 50 \ \text{mm}$,保温层外表面温度为 t_w。

根据保温层的导热损失等于保温层外表面的对流—辐射传热损失,列方程如下:

$$\frac{Q}{L} = \frac{T - t_w}{\dfrac{1}{2\pi\lambda}\ln\dfrac{r_2}{r_1}} = \frac{t_w - t}{\dfrac{1}{2\pi r_2 \alpha_T}}$$

即

$$\frac{130 - t_w}{\dfrac{1}{2\pi \times 0.8}\ln\dfrac{50}{12.5}} = \frac{t_w - 30}{\dfrac{1}{2\pi \times 0.05 \times 12}}$$

解得　　$t_w = 79$ ℃

临界半径　$r_c = \dfrac{\lambda}{\alpha_T} = \dfrac{0.8}{12} = 0.067$ m $= 67$ mm

裸管时　$\dfrac{Q}{L} = 2\pi r_2 \alpha_T (T - t) = 2\pi \times 0.012\,5 \times 12 \times (130 - 30) = 94.2$ W/m

保温层半径 $r_2 = 50$ mm 时

$$\frac{Q}{L} = \frac{T - t}{\dfrac{1}{2\pi\lambda}\ln\dfrac{r_2}{r_1} + \dfrac{1}{2\pi r_2 \alpha_T}} = \frac{130 - 30}{\dfrac{1}{2\pi \times 0.8}\ln\dfrac{50}{12.5} + \dfrac{1}{2\pi \times 0.05 \times 12}} = 185$$ W/m

(2)保温材料 $\lambda' = 0.08$ W/(m·℃)时

$$\frac{Q}{L} = \frac{130 - t'_w}{\dfrac{1}{2\pi \times 0.08}\ln\dfrac{50}{12.5}} = \frac{t'_w - 30}{\dfrac{1}{2\pi \times 0.05 \times 12}}$$

解得　　$t'_w = 38.8$ ℃

临界半径　$r'_c = \dfrac{\lambda}{\alpha_T} = \dfrac{0.08}{12} = 0.006\,7$ m $= 6.7$ mm

裸管时　$\dfrac{Q}{L} = 94.2$ W/m

保温层半径 $r_2 = 50$ mm 时

$$\frac{Q}{L} = \frac{130 - 30}{\dfrac{1}{2\pi \times 0.08}\ln\dfrac{50}{12.5} + \dfrac{1}{2\pi \times 0.05 \times 12}} = 33.1$$ W/m

讨论:(1)由计算结果看出,保温后热损失大于裸管热损失。这是因为临界半径 $r_c = 67$ mm,此时热阻最小,热损失最大。保温层半径 $r_2 = 50$ mm,$r_2 < r_c$,随保温层厚度增加,热损失增大,则保温后的热损失大于未保温裸管的热损失。

(2)由结果看出,当选用导热系数小的保温材料时,保温层外表面温度降低了(由79 ℃降至38.8 ℃),保温后热损失减小了,与裸管相比,热损失减少了 $\dfrac{94.2 - 33.1}{94.2} \times 100\% \approx 65\%$。这是因为保温材料导热系数的减小,使 $r'_c = 6.7$ mm,而 $r_2 = 50$ mm,则 $r_2 > r_c$,所以,随保温层厚度的增加,热损失减小。

在工业上,加热或冷冻设备及管道的外面必须包扎保温材料,以减少其在周围环境中的热量损失或冷量损失。保温材料的导热系数及厚度的选择很关键。如本题,采用导热系数大的材料包扎较细的管子可能导致热损失增大。因此在工业上要注意选择导热系数小的材料和适宜的保温层厚度才能达到保温效果。

[**例**4-21]　车间内有一个面积为S_1的黑度为0.78的铸铁炉门,其温度为$T_1(\text{K})$,室内温度为$T_2(\text{K})$。为了减少热损失,在紧靠炉门前平行放置一块与铸铁炉门面积相等的遮热板。试求以下两种情况下,放置遮热板后的热损失为放置前热损失的百分数。

（1）遮热板的黑度为0.11的铝板；

（2）遮热板的黑度为0.55的钢板。

解:利用两物体间相互辐射的计算公式,分别列出放置遮热板前后的热损失计算式,再进行比较。

以下标1表示铸铁炉门,2表示室内环境,i表示遮热挡板。

（1）遮热板的黑度为0.11的铝板

放置铝板前因辐射损失的热量

$$Q_{1-2} = C_{1-2}\varphi S_1\left[\left(\frac{T_1}{100}\right)^4 - \left(\frac{T_2}{100}\right)^4\right]$$

因炉门位于室内,属于很大物体2包住物体1的情况,则角系数$\varphi = 1$。

$$C_{1-2} = C_0\varepsilon_1 = 5.67 \times 0.78 = 4.423 \text{ W/(m}^2 \cdot \text{K}^4)$$

则　　　　$$Q_{1-2} = 4.423 S_1\left[\left(\frac{T_1}{100}\right)^4 - \left(\frac{T_2}{100}\right)^4\right] \tag{1}$$

炉门的辐射传热可视为炉门对铝板的辐射传热量,在定态传热情况下,也等于铝板对周围环境的辐射传热量。所以放置铝板后因辐射损失的热量

$$Q_{1-i} = C_{1-i}\varphi S_i\left[\left(\frac{T_1}{100}\right)^4 - \left(\frac{T_i}{100}\right)^4\right] \tag{2}$$

$$Q_{i-2} = C_{i-2}\varphi S_i\left[\left(\frac{T_i}{100}\right)^4 - \left(\frac{T_2}{100}\right)^4\right] \tag{3}$$

炉门及铝板均被周围环境包围,则两种情况$\varphi = 1$,由题给条件知:$S_1 = S_i$。

炉门对铝板的辐射传热可视为两无限大平行平板之间的传热,则

$$C_{1-i} = \frac{C_0}{\dfrac{1}{\varepsilon} + \dfrac{1}{\varepsilon_i} - 1} = \frac{5.67}{\dfrac{1}{0.78} + \dfrac{1}{0.11} - 1} = 0.605 \text{ W/(m}^2 \cdot \text{K}^4)$$

铝板被房间包围,则

$$C_{i-2} = C_0\varepsilon_i = 5.67 \times 0.11 = 0.624 \text{ W/(m}^2 \cdot \text{K}^4)$$

当传热达到稳定时,$Q_{1-i} = Q_{i-2}$,即

$$0.605 S_1\left[\left(\frac{T_1}{100}\right)^4 - \left(\frac{T_i}{100}\right)^4\right] = 0.624 S_1\left[\left(\frac{T_i}{100}\right)^4 - \left(\frac{T_2}{100}\right)^4\right]$$

经整理后可得

$$\left(\frac{T_i}{100}\right)^4 = 0.492\left(\frac{T_1}{100}\right)^4 + 0.508\left(\frac{T_2}{100}\right)^4$$

将$\left(\dfrac{T_i}{100}\right)^4$代入式（2）得

$$Q_{1-i} = 0.605 \times 0.508 S_1\left[\left(\frac{T_1}{100}\right)^4 - \left(\frac{T_2}{100}\right)^4\right]$$

放置铝板后热损失为放置铝板前的百分数为

$$\frac{Q_{1-i}}{Q_{1-2}} = \frac{0.605 \times 0.508 S_1 \left[\left(\frac{T_1}{100}\right)^4 - \left(\frac{T_2}{100}\right)^4 \right]}{4.423 S_1 \left[\left(\frac{T_1}{100}\right)^4 - \left(\frac{T_2}{100}\right)^4 \right]} = \frac{0.605 \times 0.508}{4.423} = 0.069\ 5 = 6.95\%$$

（2）遮热板的黑度为 0.55 的钢板

计算放置钢板后因辐射损失的热量，与前面方法相同。

$$C_{1-i} = \frac{C_0}{\frac{1}{\varepsilon_1} + \frac{1}{\varepsilon_i} - 1} = \frac{5.67}{\frac{1}{0.78} + \frac{1}{0.55} - 1} = 2.7$$

$$C_{i-2} = C_0 \varepsilon_i = 5.67 \times 0.55 = 3.12$$

将 C_{1-i} 及 C_{i-2} 代入式（2）、式（3）

$$2.7 S_1 \left[\left(\frac{T_1}{100}\right)^4 - \left(\frac{T_i}{100}\right)^4 \right] = 3.12 S_1 \left[\left(\frac{T_i}{100}\right)^4 - \left(\frac{T_2}{100}\right)^4 \right]$$

经整理后得

$$\left(\frac{T_i}{100}\right)^4 = 0.464 \left(\frac{T_1}{100}\right)^4 + 0.536 \left(\frac{T_2}{100}\right)^4$$

将 $\left(\frac{T_i}{100}\right)^4$ 代入式（2）得

$$Q_{1-i} = 2.7 \times 0.536 S_1 \left[\left(\frac{T_1}{100}\right)^4 - \left(\frac{T_2}{100}\right)^4 \right]$$

放置钢板后热损失为放置钢板前的百分数为

$$\frac{Q_{1-i}}{Q_{1-2}} = \frac{2.7 \times 0.536}{4.423} = 0.327 = 32.7\%$$

讨论：（1）从计算结果可以看出，减小遮热挡板的黑度，可减少高温物体表面向周围环境的辐射热损失。

（2）为减少工厂中高温炉门前的辐射散热损失，常在炉门前设置黑度较低的遮热挡板。其热损失减少的程度与高温物体表面及遮热板的黑度有关。遮热板的黑度低，即吸收率低，当炉门向遮热挡板发射辐射能，挡板仅吸收其中少部分热量，而将大部分热量反射给炉门（因 $A + R = 1$），挡板又以少部分热量向周围辐射，则辐射热损失减少。

加挡板相当于增加了热阻。在传热速率 Q 不变时，两物体温差必须加大；若保持两物体温差不变，Q 必然下降，即辐射热损失减少。挡板黑度越小，层数越多，则热损失越小。

◈ 学生自测 ◈

一、填空或选择

1. 多层平壁定态导热中，若某层的热阻最小，则该层两侧的温差_____。

2. 一定质量的流体在 $\phi 25\ mm \times 2.5\ mm$ 的直管内作强制的湍流流动，其对流传热系数 $\alpha_i = 1\ 000\ W/(m^2 \cdot ℃)$，如果流量和物性不变，改在 $\phi 19\ mm \times 2\ mm$ 的直管内流动，其 α_i 为_____$W/(m^2 \cdot ℃)$。

A. 1 259   B. 1 496   C. 1 585   D. 1 678

3. 在蒸汽—空气间壁换热过程中，为强化传热，下列方案中在工程上最有效的是

_____。

　　A. 提高空气流速　　　　　　　　　　B. 提高蒸汽流速

　　C. 采用过热蒸汽以提高蒸汽流速

　　D. 在蒸汽一侧管壁上装翅片,增加冷凝面积并及时导走冷凝液

　　4. 在管壳式换热器中饱和蒸汽加热空气,则

　　(1)传热管的壁温接近_____温度;

　　(2)换热器总传热系数 K 将接近_____对流传热系数。

　　5. 对于膜状冷凝传热,冷凝液膜两侧温差愈小,冷凝传热系数愈_____。

　　6. 在蒸汽冷凝传热中,不凝气体的存在对 α 的影响是_____。

　　A. 不凝气体的存在会使 α 大大降低　　B. 不凝气体的存在会使 α 升高

　　C. 不凝气体的存在对 α 无影响

　　7. 大容器里饱和液体沸腾分为_____、_____和_____阶段。工业上总是设法在_____下操作。

　　8. 水与苯通过间壁换热器进行换热。水从 20 ℃ 升至 35 ℃,苯由 80 ℃ 降至 40 ℃,则最小值流体为_____,此换热器的传热效率 ε = _____。

　　9. 斯蒂芬—玻尔兹曼定律的数学表达式是_____,该式表明_____

_____。

　　10. 在两灰体间进行辐射传热,两灰体的温度差为 50 ℃,现因某种原因,两者的温度各升高 100 ℃,则此时的辐射传热量与原来的相比,应该_____。

　　A. 增大　　　　　　B. 变小　　　　　　C. 不变　　　　　　D. 不确定

　　11. 物体的黑度是指在_____温度下,灰体的_____与_____之比,在数值上它与同一温度下物体的_____相等。

　　12. 在卧式管壳式换热器中用饱和水蒸气冷凝加热原油,则原油宜在_____流动。

　　13. 管壳式换热器的壳程内设置折流挡板的作用在于_____。

　　14. 管壳式换热器设置隔板以提高_____程流速,以达到强化传热的目的。

二、计算

　　1. 有一单程管壳式换热器,内装有 $\phi25$ mm $\times2.5$ mm 的钢管 300 根,管长为 2 m。要求将流量为 8 000 kg/h 的常压空气于管程由 20 ℃ 加热到 85 ℃,壳方选用 108 ℃ 的饱和蒸汽冷凝。若蒸汽的冷凝传热膜系数为 1×10^4 W/(m² · ℃),忽略管壁及两侧污垢热阻和热损失。空气在平均温度下的物性常数为 $c_p=1$ kJ/(kg · ℃),$\lambda=2.85\times10^{-2}$ W/(m · ℃),$\mu=1.98\times10^{-5}$ Pa · s,$Pr=0.7$。试求:

　　(1)空气在管内的对流传热系数;

　　(2)换热器的总传热系数(以管子外表面为基准);

　　(3)通过计算说明该换热器能否满足需要;

　　(4)计算说明管壁温度接近哪一侧的流体温度。

　　2. 管壳式换热器由 $\phi25$ mm $\times2$ mm 的 136 根不锈钢管组成。平均比热容为 4 187 J/(kg · ℃)的溶液在管内作湍流流动,流量为 15 000 kg/h,并由 15 ℃ 加热到 100 ℃。温度为 110 ℃ 的饱和水蒸气在壳方冷凝。已知单管程时管壁对溶液的对流传热系数为 $\alpha_i=520$ W/(m² · ℃),蒸汽冷凝时的对流传热系数 $\alpha_o=1.16\times10^4$ W/(m² · ℃),不锈钢管的导热

系数 $\lambda = 17 \ W/(m \cdot ℃)$,忽略污垢热阻和热损失,试求:

(1)管程为单程时的列管有效长度;

(2)管程为四程时的列管有效长度(仍为 136 根)。

3.水在管壳式换热器管内作湍流流动,管外为饱和蒸汽冷凝。列管由 $\phi 25 \ mm \times 2.5$ mm 的钢管组成。当水流速为 1 m/s 时,测得基于管外表面积的总传热系数为 2 000 $W/(m^2 \cdot ℃)$;其他条件不变,而水流速为 1.5 m/s 时,测得基于管外表面积的总传热系数为 2 500 $W/(m^2 \cdot ℃)$。钢的导热系数 $\lambda = 45 \ W/(m \cdot ℃)$。假设污垢热阻可忽略,求蒸汽冷凝的传热系数。

4.有一套管换热器,长为 6 m,内管内径为 38 mm。环隙间用 110 ℃的饱和水蒸气加热管内湍流的空气($Re > 10^4$)。空气由 25 ℃被加热到 60 ℃。若将内管改为 $\phi 25 \ mm \times 2.5$ mm,而长度仍为 6 m,试计算能否完成传热任务。若欲维持气体出口温度不变,定性分析可采取的措施。(计算时可作合理简化)

5.90 ℃的热水在水管内流动。流经 100 m 距离后水温降至 70 ℃。试求在 50 m 中点处水的温度。空气的温度为 20 ℃。(计算时可作合理简化)

6.在一单管程列管式换热器内,用饱和水蒸气冷凝加热某水溶液。换热器由 100 根管径为 $\phi 25 \ mm \times 2.5$ mm,管长为 6 m 的碳钢管构成。温度为 125 ℃饱和水蒸气在壳程冷凝,蒸汽冷凝传热系数为 11 000 $W/(m^2 \cdot ℃)$,冷凝液在饱和温度下排出,水溶液在管内湍流流动,流量为 $1.08 \times 10^5 \ kg/h$,平均比热容为 3.0 $kJ/(kg \cdot ℃)$,进口温度为 25 ℃,出口温度为 75 ℃。试求:

(1)管内对流传热系数($W/(m^2 \cdot ℃)$);

(2)若将列管换热器由单管程改为双管程,列管尺寸和数量均不变,水溶液的进口温度、流量、饱和水蒸气的温度不变,蒸汽冷凝传热系数和水的比热容亦视为不变,试求此时水溶液的出口温度(℃);

(热损失、管壁热阻和污垢热阻可忽略不计)

7.在一单管程列管式换热器内,用饱和水蒸气加热某水溶液。列管管径为 $\phi 25 \ mm \times 2.5$ mm,管长为 4 m,温度为 115 ℃的饱和水蒸气在壳程冷凝,冷凝液在饱和温度下排出。水溶液在管内湍湍流动,流量为 $2 \times 10^5 \ kg/h$,平均比热容为 3.6 $kJ/(kg \cdot ℃)$,进、出口温度分别为 30 ℃和 60 ℃。壳程冷凝传热系数为 10 $kW/(m^2 \cdot ℃)$,管内对流传热系数为 2 000 $W/(m^2 \cdot ℃)$。试求:

(1)列管的根数;

(2)若将列管管径改为 $\phi 19 \ mm \times 2$ mm,管数和管长不变,水溶液的进口温度、流量、饱和水蒸气的温度不变,蒸汽冷凝传热系数和水的比热容亦视为不变,试求此时水溶液的出口温度(℃)。

(热损失、管壁热阻和污垢热阻可忽略不计)

8.在一换热面积为 40 m^2 的平板式换热器中,用河水逆流冷却一定流量的某液体,冷却水的流量为 $3.0 \times 10^4 \ kg/h$、进口温度为 22 ℃,被冷却液体的进口温度为 115 ℃。换热器使用一段时间后,由于换热器产生了结垢,冷却水的出口温度由 40 ℃降至 36 ℃,而被冷却液体的出口温度则由 37.9 ℃升至 55 ℃。试求:换热器使用后的总污垢热阻。

(水的恒压比热容取为 4.174 $kJ/(kg \cdot ℃)$;忽略换热器的热损失;假设换热器结垢前后的对流传热系数保持不变。)

第5章 蒸 发

英文字母

c_p——定压比热容，kJ/(kg·℃)；

D——加热蒸汽消耗量，kg/h；

e——单位蒸汽消耗量，kg/kg；

f——校正系数，量纲为1；

F——进料量，kg/h；

h——液体的焓，kJ/kg；

H——蒸汽的焓，kJ/kg；

k——杜林线的斜率，量纲为1；

K——总传热系数，W/(m²·℃)；

L——液面高度，m；

p——压强，Pa；

Q——传热速率，W；

r——汽化热，kJ/kg；

R——圬层热阻，m²·℃/W；

S——传热面积，m²；

t——溶液的沸点，℃；

T——蒸汽的温度，℃；

U——蒸发强度，kg/(m²·h)；

W——蒸发量，kg/h；

x——溶质的质量分率。

希腊字母

Δ——温度差损失，℃；

η——热损失系数，量纲为1。

下标

1、2——效数的序号；

o——进料的；

a——常压的；

B——溶质的；

i——某效的；

K——冷凝器的；

L——热损失的；

m——平均的；

w——水的。

上标

′——二次蒸汽的；

′——因溶液蒸气压下降而引起的；

″——因液柱静压强而引起的；

‴——因流动阻力而引起的。

本章学习指导

1. 本章学习目的

从分析蒸发操作的特点入手，掌握溶液沸点升高的计算、蒸发操作的节能措施（包括多效蒸发的基本流程及最佳效数的确定）及蒸发器的选型。

2. 本章应掌握的内容

本章重点掌握蒸发操作的特点、溶液的沸点升高及单效蒸发过程的计算（包括物料衡算、热量衡算、传热面积的计算）、蒸发的生产强度和蒸发操作的节能途径。

本章还应掌握蒸发器的基本结构和特点，并能根据情况选择合适的蒸发器。

本章一般了解多效蒸发的操作流程、多效蒸发与单效蒸发的比较，并建立多效蒸发的效数有限制、存在最佳效数的概念。

3.本章学习中应注意的问题

本章是传热原理的应用,要注意本章与传热的联系和蒸发操作的特殊性。

◈ 本章学习要点 ◣ ▷

一、蒸发过程概述与蒸发设备

(一)蒸发过程概述

1.蒸发的概念

将含有不挥发溶质的溶液加热沸腾,使挥发性溶剂部分汽化从而将溶液浓缩的过程称为蒸发。工业上被蒸发的溶液多为水溶液,故本章的讨论仅限于水溶液的蒸发。

2.蒸发操作的目的

①稀溶液的增浓直接制取液体产品,或者将浓缩的溶液再经进一步处理(如冷却结晶)制取固体产品。

②纯净溶剂的制取,此时蒸出的溶剂是产品。

③同时制备浓溶液和回收溶剂。

3.蒸发流程及过程分类

蒸发器由加热室和分离室两部分组成,其中加热室为一垂直排列的加热管束,在管外用加热介质(通常为饱和水蒸气)加热管内的溶液,使之沸腾汽化。浓缩了的溶液(称为完成液)由蒸发器的底部排出。而溶液汽化产生的蒸汽经上部的分离室与溶液分离后由顶部引至冷凝器。为便于区别,将蒸出的蒸汽称为二次蒸汽,而将加热蒸汽称为生蒸汽或新鲜蒸汽。

蒸发过程按蒸发操作压强的不同,可将蒸发过程分为常压蒸发、加压蒸发和减压(真空)蒸发。根据二次蒸汽是否用作另一蒸发器的加热蒸汽,可将蒸发过程分为单效蒸发和多效蒸发。根据蒸发的过程模式,可将其分为间歇蒸发和连续蒸发。

4.蒸发操作的特点

蒸发是间壁两侧均发生相变化的恒温热量传递过程,其传热速率是蒸发过程的控制因素。蒸发所用设备属于热交换设备。但与一般的传热过程比较,蒸发过程又具有其自身的特点,主要表现在:

(1)溶液沸点升高   被蒸发的料液是含有非挥发性溶质的溶液,在相同压强下,溶液的沸点高于纯溶剂的沸点。因此,当加热蒸汽温度一定,蒸发溶液时的传热温度差要小于蒸发溶剂时的温度差。溶液的组成越高,这种影响也越显著。在进行蒸发设备的计算时必须考虑。

(2)物料的工艺特性   其中包括热效性、结垢、析晶和腐蚀性等。

(3)能量利用与回收   包括真空蒸发、多效蒸发、热泵蒸发、额外蒸汽取出等。

(二)蒸发设备

随着工业蒸发技术的不断发展,蒸发设备的结构与形式亦不断改进与创新,其种类繁多,结构各异。目前工业上实用的蒸发设备约有60余种,其中最常用的也有10余种形式,本节仅介绍常用的几种。

1.常用蒸发器的结构与特点

常用蒸发器的多样性在于加热室、分离室的结构及其组合方式的变化。根据溶液在蒸发器中流动的情况,大致可将工业上常用的间接加热蒸发器分为循环型与单程型两类。

循环型蒸发器的特点是溶液在蒸发器内作循环流动。根据造成液体循环的原理不同，又可将其分为自然循环和强制循环两类。目前常用的循环型蒸发器有以下几种，即中央循环管式蒸发器、悬筐式蒸发器、外热式蒸发器、列文蒸发器和强制循环蒸发器。

单程型蒸发器的特点是溶液沿加热管壁成膜状流动，一次通过加热室即达到要求的组成。按物料在蒸发器内的流动方向及成膜原因的不同，单程型蒸发器可以分为：升膜蒸发器、降膜蒸发器、升—降膜蒸发器、刮板薄膜蒸发器。

除上述两大类蒸发器外，还有直接接触传热的蒸发器和汽—液—固三相循环流蒸发器。

2. 蒸发器改进与发展

近年来，国内外对于蒸发器的研究十分活跃，归结起来主要有以下几个方面：

①通过改进加热管的表面形状来提高传热效果，开发出新型蒸发器。

②在蒸发器内装入多种形式的湍流构件或填料，改善蒸发器内液体的流动状况，可提高沸腾液体侧的传热系数。

③通过改进溶液性质来改善传热效果。

3. 蒸发器性能的比较与选型

蒸发器的结构形式很多，在选择蒸发器的形式或设计蒸发器时，在满足生产任务要求、保证产品质量的前提下，还要兼顾所用蒸发器的结构简单、易于制造、操作和维修方便、传热效果好等等。此外，还要对被蒸发物料的工艺特性有良好的适应性，包括物料的黏性、热敏性、腐蚀性以及是否结晶或结垢等因素。

二、单效蒸发

对于单效蒸发，通常给定的生产任务和操作条件是：进料量及其温度和组成、完成液的组成、加热蒸汽的压强和冷凝器的操作压强。要求确定：水的蒸发量或完成液的量、加热蒸汽的消耗量、蒸发器的传热面积。这些可分别由物料衡算、热量衡算和传热速率方程求出。

（一）物料与热量衡算方程

1. 物料衡算

对单效蒸发器进行溶质的质量衡算，可得水的蒸发量为

$$W = F\left(1 - \frac{x_0}{x_1}\right) \tag{5-1}$$

2. 热量衡算

设加热蒸汽的冷凝液在饱和温度下排出，则由蒸发器的热量衡算得

$$Q = D(H - h_{\mathrm{w}}) = WH' + (F - W)h_1 - Fh_0 + Q_{\mathrm{L}} \tag{5-2}$$

由式（5-2）可知，如果各物流的焓值已知及热损失给定，即可求出加热蒸汽用量 D 以及蒸发器的热负荷 Q。

溶液的焓值是其组成和温度的函数。在求算 D 时，按两种情况分别讨论，即溶液的稀释热可以忽略的情形和稀释热较大的情形。

（1）可忽略溶液稀释热的情况 大多数溶液属于此种情况，其焓值可由比热容近似计算。若以 0 ℃的溶液为基准，假定加热蒸汽的冷凝水在饱和温度下排出，则

$$D = \frac{Wr' + Fc_{p0}(t_1 - t_0) + Q_{\mathrm{L}}}{r} \tag{5-2a}$$

上式表示加热蒸汽放出的热量用于：原料液由 t_0 升温到沸点 t_1；使水在 t_1 下汽化成二

148 次蒸汽;弥补热损失。

若原料液在沸点下进入蒸发器并同时忽略热损失,则由式(5-2a)可得单位蒸汽消耗量 e 为

$$e = \frac{D}{W} = \frac{r'}{r} \tag{5-3}$$

e 值是衡量蒸发装置经济程度的指标。对于单效蒸发,理论上每蒸发 1 kg 水约需 1 kg 加热蒸汽。但实际上,由于溶液的热效应和热损失等因素,e 值约为 1.1 或更大。

(2)溶液稀释热不可忽略的情况　有些溶液在稀释时其放热效应非常显著。因而在蒸发时,作为溶液稀释的逆过程,除了提供水分蒸发所需的汽化热之外,还需要提供和稀释热效应相等的浓缩热。溶质的质量分数越大,这种影响越加显著。对于这类溶液,其焓值不能按上述简单的比热容加合方法计算,需由专门的焓浓图查得。此时,加热蒸汽消耗量按下式计算,即

$$D = \frac{WH' + (F-W)h_1 - Fh_0 + Q_L}{r} \tag{5-2b}$$

要会利用焓浓图进行蒸发计算。

(二)传热速率方程

蒸发器的传热速率方程与通常的热交换器相同。热负荷 Q 可通过对加热器作热量衡算求得。若忽略加热器的热损失时,则 Q 为加热蒸汽冷凝放出的热量。

但在确定蒸发器的 Δt_m 和 K 时,与普通的热交换器有着一定的差别。

1. 传热的平均温度差

蒸发器加热室的一侧为蒸汽冷凝,其温度为 T;另一侧为溶液沸腾,其温度为溶液的沸点 t_1。因此,传热的平均温度差为

$$\Delta t_m = T - t_1 \tag{5-4}$$

Δt_m 亦称为蒸发的有效温度差,是传热过程的推动力。

但在蒸发过程的计算中,一般给定的条件是加热蒸汽的压强(或温度 T)和冷凝器内的操作压强。由给定的冷凝器内的压强,可以定出进入冷凝器的二次蒸汽的温度 t_c。一般地,将蒸发器的总温度差定义为

$$\Delta t_T = T - t_c \tag{5-5}$$

蒸发计算中,通常将总温度差与有效温度差的差值称为温度差损失,即

$$\Delta = \Delta t_T - \Delta t_m \tag{5-6}$$

式中 Δ 亦称溶液的沸点升高。蒸发器内溶液的沸点升高(或温度差损失),应由如下三部分组成,即

$$\Delta = \Delta' + \Delta'' + \Delta''' \tag{5-7}$$

(1)由于溶液中溶质存在引起的沸点升高 Δ'　与溶剂相比,在相同压强下,由于溶液中溶质存在引起的沸点升高可定义为

$$\Delta' = t - T' \tag{5-8}$$

溶液的沸点 t 主要与溶质的种类、溶质含量及压强有关。一般需由实验测定,当缺乏实验数据时,可以用下式近似估算溶液的沸点升高。

$$\Delta' = f\Delta'_a \tag{5-9}$$

一般取 $f = \dfrac{0.016\,2(T'+273)^2}{r'}$。 （5-10）

溶液的沸点亦可用杜林规则（Duhring's rule）估算。杜林规则表明：一定组成的某种溶液的沸点与相同压强下标准液体的沸点呈线性关系。此外还可以利用杜林线图来查取溶液沸点。

（2）由于液柱静压头引起的沸点升高 Δ''　由于液层内部的压强大于液面上的压强，故相应的溶液内部的沸点高于液面上的沸点。一般以液层中部点处的压强和沸点代表整个液柱的平均压强和平均温度 t_{av}。t_{av} 和 t 二者之差即为液柱静压头引起的沸点升高。

应当指出，由于溶液沸腾时形成气液混合物，其密度大为减小，因此按上述求得的 Δ'' 值比实际值略大。

（3）由于流动阻力引起的沸点升高 Δ'''　二次蒸汽从蒸发室流入冷凝器的过程中，由于管路阻力，其压强下降，故蒸发器内的压强高于冷凝器内的压强，由此造成的沸点升高以 Δ''' 表示。Δ''' 与二次蒸汽在管道中的流速、物性以及管道尺寸有关，很难定量分析，一般取经验值 $1 \sim 1.5$ ℃。对于多效蒸发，效间的沸点升高一般取 1 ℃。

2. 蒸发器的总传热系数

蒸发器的总传热系数的表达式原则上与普通换热器相同，只是管外蒸汽冷凝的传热系数 α_s 可按膜式冷凝的传热系数公式计算，垢层热阻值 R_s 可按经验值估计。

管内溶液沸腾传热系数受较多因素的影响，例如溶液的性质、蒸发器的形式、沸腾传热的形式以及蒸发操作的条件等等。由于管内溶液沸腾传热的复杂性，现有关联式的准确性较差，所以常用蒸发器管内沸腾传热系数的经验关联式，或大多根据实测或经验值选定。

3. 传热面积计算

在蒸发器的热负荷 Q、传热的有效温度差 Δt_m 及总传热系数 K 确定以后，蒸发器传热面积的计算与换热器相同，即 $Q = KS\Delta t_m$。

（三）蒸发强度与加热蒸汽的经济性

蒸发强度与加热蒸汽的经济性是衡量蒸发装置性能的两个重要技术经济指标。

1. 蒸发器的生产能力和蒸发强度

蒸发器的生产能力通常指单位时间内蒸发的水量，其单位为 kg/h。蒸发器生产能力的大小由蒸发器的传热速率 Q 来决定。

如果忽略蒸发器的热损失且原料液在沸点下进料，则蒸发器的生产能力为

$$W = \frac{Q}{r'} = \frac{KS\Delta t_m}{r'}$$ （5-11）

蒸发器的生产强度简称蒸发强度，是指单位时间内单位传热面积上所蒸发的水量，即

$$U = \frac{W}{S}$$ （5-12）

蒸发器的生产能力只能笼统地表示一个蒸发器生产量的大小，并未涉及蒸发器本身的传热面积，不能定量地反映一个蒸发器的优劣。蒸发强度是评价蒸发器优劣的重要指标，对于给定的蒸发量而言，蒸发强度越大，则所需的传热面积越小，因而蒸发设备的投资越小。

假定沸点进料，并忽略蒸发器热损失，则可得

$$U = \frac{Q}{Sr'} = \frac{K\Delta t_m}{r'}$$ （5-13）

由上式可知,提高蒸发强度的基本途径是提高总传热系数 K 和传热温度差 Δt_m。

(1)提高传热温度差 传热温度差 Δt_m 的大小取决于加热蒸汽的压强和冷凝器操作压强。但加热蒸汽压强的提高,常常受工厂供气条件的限制。而冷凝器中真空度的提高,要考虑到造成真空的动力消耗。而且随着真空度的提高,溶液的沸点降低,黏度增加,使得总传热系数 K 下降。由以上分析可知,传热温度差的提高是有限制的。

(2)增大传热系数 提高蒸发强度的另一途径是增大总传热系数。蒸汽冷凝的传热系数 α 通常总比溶液沸腾传热系数 α_i 大,即在总传热热阻中,蒸汽冷凝侧的热阻较小。但在蒸发器操作中,需要及时排除蒸汽中的不凝气体,否则其热阻将大大增加,使总传热系数下降。

管内溶液侧的沸腾传热系数 α_i 是影响总传热系数的主要因素。要了解影响 α_i 的因素,以便根据实际的蒸发任务,选择适宜的蒸发器形式及其操作条件。

管内溶液侧的污垢热阻往往是影响总传热系数的重要因素。特别当蒸发易结垢和有结晶析出的溶液时,易在传热面上形成垢层,使 K 值急剧下降。为减小垢层热阻,通常的办法是定期清洗。减小垢层热阻的其他措施有选用适宜的蒸发器形式,在溶液中加入晶种或微量阻垢剂等。

2. 加热蒸汽的经济性

能耗是蒸发过程优劣的另一个重要评价指标,通常以加热蒸汽的经济性来表示。加热蒸汽的经济性 E 系指 1 kg 生蒸汽可蒸发的水分量,即 (W/D)。E 越大,蒸发过程经济性越好。为了提高加热蒸汽的利用率或经济性,可有多种途径,采用多效蒸发就是其中之一。

三、多效蒸发

单效蒸发时,单位加热蒸汽消耗量大于1,即采用单效操作在经济上是不合理的。

多效蒸发中,各效的操作压强依次降低,相应地,各效的加热蒸汽温度及溶液的沸点亦依次降低。因此,只有当提供的新鲜加热蒸汽的压强较高或末效采用真空的条件下,多效蒸发才可行。

(一)多效蒸发流程

按溶液与蒸汽相对流向的不同,多效蒸发有三种基本的加料流程(模式)。

采用并流模式,溶液与蒸汽的流动方向相同,均由第一效顺序流至末效。逆流模式时溶液的流向与蒸汽的流向相反,加热蒸汽由第一效进入,而原料液由末效进入,由第一效排出。平流模式的原料液平行加入各效,完成液亦分别自各效排出,蒸汽的流向仍由第一效流向末效。

(二)多效蒸发与单效蒸发的比较

1. 加热蒸汽的经济性

设单效蒸发与 n 效蒸发所蒸发的水量相同,则在理想情况下,单效蒸发时单位蒸汽用量为1,而 n 效蒸发时为 $1/n$(kg 蒸汽/kg 水)。如果考虑了热损失、各种温度差损失以及不同压强下汽化热的差别等因素,则多效蒸发时单位蒸汽用量比 $1/n$ 稍大。

但无论怎样,多效蒸发的效数越多,单位蒸汽的消耗量越小,相应的操作费用越低。

2. 溶液的温度差损失

设多效蒸发与单效蒸发的操作条件相同,即加热蒸汽压强、冷凝器操作压强相同以及料液与完成液组成相同,则多效蒸发的温度差损失较单效蒸发时为大,且效数越多,温度差损失越大。

3. 蒸发强度

设单效蒸发与多效蒸发的操作条件相同,即加热蒸汽压强、冷凝器操作压强相同以及原料与完成液组成均相同,则多效蒸发的蒸发强度较单效蒸发时为小。即效数越多,蒸发强度越小,也就是说,蒸发 1 kg 水需要的设备投资增大。

（三）多效蒸发中的效数限制及最佳效数

随着多效蒸发效数的增加,温度差损失加大。某些溶液的蒸发还可能出现总温度差损失大于或等于总温度差的极端情况,此时蒸发操作则无法进行。因此多效蒸发的效数是有一定限制的。

随着多效蒸发效数的增加,一方面,单位蒸汽的耗量减小,操作费用降低,但降低的幅度越来越小;而另一方面,效数越多,设备投资费也越大。因此,蒸发的适宜效数应根据设备费与操作费之和为最小的原则权衡确定。

通常,多效蒸发操作的效数还取决于被蒸发溶液的性质和温度差损失的大小等因素。

（四）提高加热蒸汽经济性的其他措施

为了提高加热蒸汽的经济性,除采用多效蒸发外还可以采取以下措施。

1. 抽出额外蒸汽

所谓额外蒸汽是指将蒸发器蒸出的二次蒸汽用于其他加热设备的热源,这样不仅大大降低了能耗,而且使进入冷凝器的二次蒸汽量降低,从而减少了冷凝器的负荷。

2. 冷凝水显热的利用

蒸发器的加热室排出大量冷凝水,可以将其用作预热料液、加热其他物料、作为其他工艺用水,或用减压闪蒸的方法使之产生部分蒸汽与二次蒸汽一起作为下一效蒸发器的加热蒸汽。

3. 热泵蒸发

热泵蒸发就是将蒸发器蒸出的二次蒸汽用压缩机压缩提高压强,使其饱和温度超过溶液沸点,然后送回蒸发器的加热室作为加热蒸汽。采用热泵蒸发只需在蒸发器开工阶段供应加热蒸汽,当操作达到稳定后,不再需要加热蒸汽,只需提供使二次蒸汽升压所需要的功,因而节省了大量的生蒸汽,二次蒸汽的潜热不但没有被冷凝水全部带走,而且不消耗冷却水,这是热泵蒸发节能的原因。

◆ 本章小结 ◆

通常,蒸发是间壁两侧流体均发生相变化的恒温差的传热过程,但蒸发过程又有其特殊性,构成了本章的研究重点。

①溶液的沸点升高。当加热蒸汽的压强（或温度）一定时,溶液的沸点升高使传热的有效温度差降低（温度差损失）,在传热计算中需给予注意。

应掌握溶液沸点升高及传热有效温度差的计算方法。

②溶液的性质。被蒸发溶液性质的多样性和蒸发过程中变化的复杂性,在蒸发器选型及蒸发流程设计中必须给予充分考虑。

应掌握蒸发器的分类,结构特点及适用场合;了解各种蒸发流程的优缺点及适用场合。

③蒸发操作中热能的综合利用。应理解蒸发操作中的各种节能途径及及可行性;理解

蒸发装置技术经济评价指标的含义:单位蒸汽耗用量、加热蒸汽的经济性、蒸发设备的生产能力及蒸发强度、多效蒸发效数的限制。

④减少二次蒸汽对液沫的夹带。

▶ 例题与解题指导 ▶ ▶

[例 5-1] 在单效中央循环管蒸发器内,将 4 000 kg/h 的 NaOH 水溶液由 10% 浓缩至 25%,原料液于 40 ℃进入蒸发器。分离室内绝对压强为 15 kPa,NaOH 水溶液在蒸发器加热管内的液层高度为 1.6 m,操作条件下溶液的密度为 1 230 kg/m³。加热蒸汽为 120 kPa 绝压的饱和蒸汽,冷凝水在饱和温度下排除。已测得总传热系数为 1 300 W/(m² · ℃),热损失为总热量的 20%。试求:

(1)加热蒸汽的消耗量;

(2)蒸发器的传热面积。

解:根据物料衡算,水分蒸发量为

$$W = F\left(1 - \frac{x_0}{x_1}\right) = 4\ 000\left(1 - \frac{0.1}{0.25}\right) = 2\ 400\ \text{kg/h}$$

(1)加热蒸汽消耗量 D

NaOH 水溶液蒸发时的浓缩热不可忽略。又因冷凝水在加热蒸汽的饱和温度下排除,$H - h_w = r$,故其热量衡算式应为

$$D = \frac{WH' + (F - W)h_1 - Fh_0 + Q_L}{H - h_w} = \frac{\left[WH' + (F - W)h_1 - Fh_0\right] \times 1.2}{r}$$

由水的饱和蒸汽压表查出:

加热蒸汽　$p = 120\ \text{kPa}, T = 104.5\ ℃, r \approx 2\ 247\ \text{kJ/kg}$

二次蒸汽　$p' = 15\ \text{kPa}, H' = 2\ 594\ \text{kJ/kg}$

由 NaOH 溶液的焓浓图查出:

原料液　$t_0 = 40\ ℃, x_0 = 0.1, h_0 = 145\ \text{kJ/kg}$

完成液　$t = 72.7\ ℃, x_1 = 0.25, h_1 = 280\ \text{kJ/kg}$

将已知数据代入上式

$$D = \frac{\left[2\ 400 \times 2\ 594 + (4\ 000 - 2\ 400) \times 280 - 4\ 000 \times 145\right] \times 1.2}{2\ 247} = 3\ 254\ \text{kg/h}$$

(2)蒸发器的传热面积 S

这是一个正规的单效蒸发器的设计型算题。计算的依据是物料衡算、热量衡算及传热速率方程。因由传热速率方程 $Q = KS\Delta t$ 看,K 为已知,欲求 S 则就要求 Q 及 Δt。将水分蒸发量 W 代入热量衡算式即可求出传热量 Q。而传热温度差为 $\Delta t = T - t$,加热蒸汽温度 T 为已知,关键是要求出溶液的沸点 t。

溶液的沸点 t 为

$$t = T' + \Delta' + \Delta''$$

首先查出 15 kPa 绝压下二次蒸汽的温度 $T' = 53.5\ ℃$,汽化热 $r' = 2\ 370\ \text{kJ/kg}$。

①因溶液蒸气压下降而引起的沸点升高 Δ':由于溶液在中央循环管式蒸发器的加热管内不断循环,管内溶液始终接近完成液组成,故按 25% 的组成计算溶液的沸点升高。

采用校正系数法。首先可查出 25% NaOH 水溶液的沸点为 113.1 ℃,故常压下溶液的沸点升高

$$\Delta'_a = 113.1 - 100 = 13.1 \ ℃$$

15 kPa 压强下溶液的沸点升高

$$\Delta' = f\Delta'_a$$

$$f = \frac{0.016\,2(T'+273)^2}{r'} = \frac{0.016\,2(53.5+273)^2}{2\,370} = 0.729$$

故　　　　$\Delta' = 0.729 \times 13.1 = 9.55 ℃$

另外,若根据 15 kPa 下水的沸点 53.5 ℃ 及 NaOH 溶液组成 25% 查杜林线图,得操作条件下溶液的沸点为 63 ℃,可求得 $\Delta' = 9.5$ ℃。两种方法结果相近。

②因液柱静压强引起的沸点升高 Δ'':蒸发器加热管液层中部的压强为

$$p_m = p' + \frac{\rho g L}{2} = 15 \times 10^3 + \frac{1\,230 \times 9.81 \times 1.6}{2} = 24\,653 \ Pa = 24.65 \ kPa$$

查出与 $p_m = 24.65$ kPa 相对应的饱和蒸汽温度 $t_{pm} = 63.1$ ℃,及 $p' = 15$ kPa 下饱和蒸汽温度 $t_p = 53.5$ ℃,故由静压强引起的沸点升高为

$$\Delta'' = t_{pm} - t_p = 63.1 - 53.5 = 9.6 \ ℃$$

则溶液的沸点为

$$t = T' + \Delta' + \Delta'' = 53.5 + 9.55 + 9.6 \approx 72.7 \ ℃$$

传热速率方程　　$Q = KS\Delta t = KS(T-t)$

传热速率　　$Q = Dr = \frac{3\,254}{3\,600} \times 2\,247 = 2\,031 \ kW$

传热面积　　$S = \frac{Q}{K(T-t)} = \frac{2\,031 \times 10^3}{1\,300(104.5-72.7)} = 49.1 \ m^2$

讨论:(1)在进行蒸发操作的热量衡算时,对于稀释热(浓缩热)可忽略的物系,可用式(5-2a)计算,对于稀释热不可忽略的物系,要用式(5-2b)计算。

(2)一般以完成液的组成来确定溶液的沸点。

[**例 5-2**]　在中央循环管蒸发器中,将 $NaNO_3$ 水溶液从 10% 浓缩到 25%。原料液温度为 40 ℃。加热蒸汽表压为 30 kPa,分离室的真空度为 60 kPa。蒸发器的传热面积为 100 m²,总传热系数为 2 000 W/(m²·℃)。由液柱静压强引起的温度差损失可以忽略,不计蒸发器的热损失。当地大气压强为 101.3 kPa。试求原料液流量及水分蒸发量。

解:这是已知蒸发器传热面积求其他参数的操作型题目。

原料液流量 F 及水分蒸发量 W 两个未知量均在物料衡算及热量衡算式中,但热量衡算式还有一个未知数即传热量 Q,因此,可先由传热速率方程求出 Q 值(K、S 已知,Δt 可求),再代入物料衡算及热量衡算式,联立求解 F 及 W 值。

(1)传热温度差 Δt

$$\Delta t = T - t$$

由水的饱和蒸汽压表查出:

加热蒸汽　$p = 101.33 + 30 = 131.33$ kPa 时,$T = 107.2$ ℃,$r = 2\,240$ kJ/kg

二次蒸汽　$p' = 101.33 - 60 = 41.33$ kPa 时,$T' = 75.8$ ℃,$r' = 2\,311$ kJ/kg

温度差损失仅由溶液的蒸气压下降所引起。由表中查出 25% $NaNO_3$ 水溶液沸点为

103.6 ℃,则常压下溶液的温度差损失为

$$\Delta'_a = 103.6 - 100 = 3.6 ℃$$

校正系数 $\quad f = \dfrac{0.016\,2(T' + 273)^2}{r'} = \dfrac{0.016\,2(75.8 + 273)^2}{2\,311} = 0.853$

操作压强下溶液的温度差损失为

$$\Delta' = f\Delta'_a = 0.853 \times 3.6 = 3.07 ℃$$

溶液的沸点 $\quad t = T' + \Delta' = 75.8 + 3.07 \approx 78.9 ℃$

传热温度差 $\quad \Delta t = T - t = 107.2 - 78.9 = 28.3 ℃$

（2）传热速率 Q

$$Q = KS\Delta t = 2\,000 \times 100 \times 28.3 = 5\,660 \times 10^3\ W = 5\,660\ kW$$

（3）原料液流量 F 及水分蒸发量 W

可列出蒸发器的物料衡算及热量衡算式。蒸发 $NaNO_3$ 水溶液时,可认为无浓缩热效应,故

物料衡算式 $\quad W = F\left(1 - \dfrac{x_0}{x_1}\right)$ $\hspace{3cm}$ (1)

热量衡算式 $\quad Q = Wr' + Fc_{p0}(t - t_0) + Q_L$ $\hspace{2cm}$ (2)

当 $x < 20\%$ 时,其原料液的比热容为

$$c_{p0} = c_{pw}(1 - x_0) = 4.187(1 - 0.1) = 3.77\ kJ/(kg \cdot ℃)$$

已知热损失 $Q_L = 0$,将已知数据均代入式(1)、式(2)得

$$W = F\left(1 - \dfrac{0.1}{0.25}\right)$$

$$5\,660 = 2\,311W + 3.77F(78.9 - 40)$$

联立以上二式可解出

$$F = 3.691\ kg/s = 13\,289.4\ kg/h$$

$$W = 2.215\ kg/s = 7\,973.6\ kg/h$$

讨论:要确定传热温度差,关键是要计算溶液的沸点升高,其中 Δ' 的确定常采用校正系数法,也可采用杜林规则。

[**例 5-3**] 在一传热面积为 145 m^2 的单效蒸发器中将 $CaCl_2$ 水溶液浓缩。蒸发器的传热系数为 1 000 W/($m^2 \cdot ℃$),热损失为 100 kW。原料液的温度为 25 ℃,流量为 18 000 kg/h。将 $CaCl_2$ 水溶液由 15% 浓缩到 25% 时,蒸发室内操作绝对压强为 30 kPa,因蒸汽压引起的沸点升高为 6 ℃,因液柱静压强引起的沸点升高为 8 ℃;加热蒸汽绝对压强为 200 kPa,冷凝液在饱和温度下排出。（计算时可忽略浓缩热效应）

试求:

（1）当原料液组成从 15% 降至 10%,但要求完成液的出口组成仍为 25%,而蒸发室的绝对压强维持不变,求加热蒸汽的压强和蒸汽消耗量各为多少?

（2）当原料液组成从 15% 降至 10%,其他条件不变,求完成液的组成和加热蒸汽消耗量。

解:由水的饱和蒸汽压表查出:

加热蒸汽 $\quad p = 200\ kPa$ 时,$T = 120.2 ℃$,$r = 2\,205\ kJ/kg$

二次蒸汽　$p' = 30$ kPa 时，$T' = 66.5$ ℃，$r' = 2\,334$ kJ/kg

将溶液由 15% 浓缩至 25% 时，由题可知，溶液的沸点为

$$t = T' + \Delta' + \Delta'' = 66.5 + 6 + 8 = 80.5 \text{ ℃}$$

水分蒸发量为

$$W = F\left(1 - \frac{x_0}{x_1}\right) = 18\,000\left(1 - \frac{0.15}{0.25}\right) \approx 7\,200 \text{ kg/h}$$

因原料液 $x_0 < 0.2$

$$c_{p0} = c_{pw}(1 - x_0) = 4.187(1 - 0.15) = 3.56 \text{ kJ/(kg · ℃)}$$

忽略浓缩热，则热量衡算式为

$$Q = Wr' + Fc_{p0}(t_1 - t_0) + Q_L = \frac{7\,200}{3\,600} \times 2\,334 + \frac{18\,000}{3\,600} \times 3.56 \times (80.5 - 25) + 100$$

$$= 5\,756 \text{ kW}$$

（1）加热蒸汽压强和消耗量

当原料液组成 x_0 降低时，还要维持原完成液组成 x_1 不变，可通过物料衡算、热量衡算及传热速率方程顺序计算 W、Q、T 及 D。

水分蒸发量为

$$W = F\left(1 - \frac{x_0}{x_1}\right) = 18\,000\left(1 - \frac{0.1}{0.25}\right) = 10\,800 \text{ kg/h}$$

二次蒸汽　$p' = 30$ kPa 时，$T' = 66.5$ ℃，$r' = 2\,334$ kJ/kg

25% $CaCl_2$ 水溶液因蒸汽压下降、液柱静压强而引起的沸点升高值不变，则溶液沸点为

$$t = T' + \Delta' + \Delta'' = 66.5 + 6 + 8 = 80.5 \text{ ℃}$$

溶液比热容　$c_{p0} = 4.187(1 - 0.1) = 3.77 \text{ kJ/(kg · ℃)}$

热量衡算　$Q = Wr' + Fc_{p0}(t_1 - t_0) + Q_L = \frac{10\,800}{3\,600} \times 2\,334 + \frac{18\,000}{3\,600} \times 3.77(80.5 - 25) + 100$

$$= 8\,148 \text{ kW}$$

传热速率方程　$Q = KS(T - t)$

则　　　　$T = \frac{Q}{KS} + t = \frac{8\,148 \times 10^3}{1\,000 \times 145} + 80.5 = 136.7 \text{ ℃}$

由 $T = 136.7$ ℃ 查出加热蒸汽的绝对压强 $p = 329.5$ kPa，$r = 2\,158$ kJ/kg，则加热蒸汽消耗量为

$$D = \frac{Q}{r} = \frac{8\,148}{2\,158} = 3.776 \text{ kg/s}$$

（2）完成液组成和加热蒸汽消耗量

在其他条件不变时，原料液初始组成下降，必然引起完成液组成下降，而溶液的沸点又与完成液的组成有关，则在利用物料衡算、热量衡算及传热速率方程时，需要采用试差法求解。省略中间试差过程，仅将最后一次试差过程演示如下：

设 $x_1 = 0.175$，则水分蒸发量为

$$W = F\left(1 - \frac{x_0}{x_1}\right) = 18\,000\left(1 - \frac{0.1}{0.175}\right) = 7\,740 \text{ kg/h}$$

由表中查出 17.5% $CaCl_2$ 水溶液在常压下的沸点为 104.1 ℃，则

$$\Delta_a' = 104.1 - 100 = 4.1 \ ℃$$

$$校正系数 \quad f = \frac{0.016\,2(273 + T')^2}{r'} = \frac{0.016\,2(273 + 66.5)^2}{2\,334} = 0.8$$

$$\Delta' = f\Delta_a' = 0.8 \times 4.1 = 3.28 \ ℃$$

由于溶液组成变化后其密度变化不大,故由液柱静压强引起的沸点升高可视为不变,即

$$\Delta'' = 8 \ ℃$$

则溶液的沸点为

$$t = T' + \Delta' + \Delta'' = 66.5 + 3.28 + 8 = 77.8 \ ℃$$

$$原料液比热容 \quad c_{p0} = 4.187(1 - 0.1) = 3.77 \ kJ/(kg \cdot ℃)$$

$$热量衡算 \quad Q = Wr' + Fc_{p0}(t_1 - t_0) + Q_L = \frac{7\,740}{3\,600} \times 2\,334 + \frac{18\,000}{3\,600} \times 3.77(77.8 - 25) + 100$$

$$= 611\,3 \ kW$$

$$传热速率方程 \quad Q = KS(T - t) = 1\,000 \times 145(120.2 - 77.8) = 6\,148 \times 10^3 \ W = 6\,148 \ kW$$

由热量衡算及传热速率方程算出的热量 Q 基本相近,误差约 0.6%,可认为所设 x_1 能满足两方程。故 $x_1 = 0.175$。

$$加热蒸汽消耗量 \quad D = \frac{Q}{r} = \frac{6\,148}{2\,205} = 2.788 \ kg/s$$

讨论:蒸发室的绝对压强维持不变,当原料液组成降低,但要求完成液仍为原组成时,加热蒸汽的压强和流量都要增加,这也是较常采用的措施。

如果只是原料液组成降低,其他条件不变,则必然导致完成液组成下降,加热蒸汽消耗量会有增加。

[例5-4] 在一传热面积为 $65 \ m^2$ 的单效蒸发器中,将 $7\,200 \ kg/h$ 的某水溶液从 20% 浓缩至 40%,原料液的比热容为 $3.35 \ kJ/(kg \cdot ℃)$,预热至 $90 \ ℃$ 进入蒸发器。若因溶液蒸气压下降及静压强效应引起的温度差损失为 $35 \ ℃$。加热蒸汽绝对压强为 $270 \ kPa$,蒸发室绝对压强为 $25 \ kPa$。忽略蒸发器的热损失及溶液的浓缩热效应。试求:

(1)开始使用时,此蒸发器的传热系数为多少?

(2)操作一段时间后,因物料在蒸发器加热管内表面结垢,使蒸发量减少了 20%,计算污垢热阻(管壁很薄,可按平壁处理);

(3)仍要完成原蒸发任务,问加热蒸汽压强应提高至多少?

解:可利用物料衡算、热量衡算及传热速率方程求传热系数 K。要计算污垢热阻,还要算出蒸发量减少后的传热系数 K'。而加热蒸汽温度 T 要用传热系数为 K' 时的传热速率方程求取。

(1)开始使用时蒸发器的传热系数

$$水分蒸发量 \quad W = F\left(1 - \frac{x_0}{x_1}\right) = 7\,200\left(1 - \frac{0.2}{0.4}\right) = 3\,600 \ kg/h$$

由水的饱和蒸汽压表查出:

加热蒸汽　$p = 270 \ kPa$ 时,$T = 130 \ ℃$,$r = 2\,178 \ kJ/kg$

二次蒸汽　$p' = 25 \ kPa$ 时,$T' = 65 \ ℃$,$r' = 2\,343 \ kJ/kg$

溶液沸点　$t = T' + \Delta = 65 + 35 = 100 \ ℃$

因忽略溶液的浓缩热及蒸发器的热损失,热量衡算式为

$$Q = Wr' + Fc_{p0}(t - t_0) = \frac{3\ 600}{3\ 600} \times 2\ 343 + \frac{7\ 200}{3\ 600} \times 3.35(100 - 90) = 2\ 410\ \text{kW}$$

传热速率方程 $Q = KS(T - t)$

将已知数据代入上式,则

$$K = \frac{Q}{S(T - t)} = \frac{2\ 410 \times 10^3}{65(130 - 100)} = 1\ 236\ \text{W}/(\text{m}^2 \cdot ℃)$$

(2)污垢热阻

运转一段时间后,因污垢热阻,使蒸发量减少了20%,即

$$W' = W(1 - 0.2) = 3\ 600 \times 0.8 = 2\ 880\ \text{kg/h}$$

$$Q' = W'r' + Fc_{p0}(t - t_0) = \frac{2\ 880}{3\ 600} \times 2\ 343 + \frac{7\ 200}{3\ 600} \times 3.35(100 - 90) = 1\ 941.4\ \text{kW}$$

产生污垢后的传热系数 K'

$$K' = \frac{Q'}{S(T - t)} = \frac{1\ 941.4 \times 10^3}{65(130 - 100)} = 996\ \text{W}/(\text{m}^2 \cdot ℃)$$

因开始使用时,没有污垢,总热阻由管内流动沸腾传热热阻、管外蒸汽冷凝传热热阻及管壁导热热阻组成。运转一段时间后,总热阻中又增加了污垢热阻,即

开始使用时, $\dfrac{1}{K} = \dfrac{1}{\alpha_1} + \dfrac{1}{\alpha_2} + \dfrac{b}{\lambda}$

运转一段时间后,$\dfrac{1}{K'} = \dfrac{1}{\alpha_1} + \dfrac{1}{\alpha_2} + \dfrac{b}{\lambda} + R_s$

则 $R_s = \dfrac{1}{K'} - \dfrac{1}{K} = \dfrac{1}{996} - \dfrac{1}{1\ 236} = 1.95 \times 10^{-4}\ \text{m}^2 \cdot ℃/\text{W}$

(3)加热蒸汽压强

由于运转一段时间,污垢的存在使传热系数下降,在原蒸发器中,为完成原蒸发任务 $Q = 2\ 410\ \text{kW}$,必须提高传热温度差 Δt,$\Delta t = T - t$,溶液沸点 t 不变,即提高加热蒸汽温度 T。

$$\Delta t = \frac{Q}{K'S} = \frac{2\ 410 \times 10^3}{996 \times 65} = 37.2\ ℃$$

加热蒸汽温度 $T = t + \Delta t = 100 + 37.2 = 137.2\ ℃$

相应的加热蒸汽绝对压强为 $p = 334\ \text{kPa}$

讨论: 蒸发使溶液的组成增大,容易在传热壁面结垢,使总传热系数下降。为了完成原生产任务,通常采用的措施是提高加热蒸汽的压强。

[例5-5] 在一个传热面积为 90 m² 的单效蒸发器中,将 NaOH 溶液由 20% 浓缩到 50%。原料液温度为 60 ℃,比热容为 3.4 kJ/(kg·℃),操作条件下溶液的沸点为 126 ℃。加热蒸汽与二次蒸汽的绝对压强分别为 400 kPa 及 50 kPa。总传热系数为 1 560 W/(m²·℃)。加热蒸汽的冷凝水在饱和温度下排除。蒸发器的热损失可以忽略。试求:考虑浓缩热时,加热蒸汽的消耗量及料液的处理量。

解: 仍是采用物料衡算、热量衡算及传热速率方程解决上述问题。只是考虑浓缩热时要用以焓表示的热量衡算式。

由水的饱和蒸汽压表查出:

加热蒸汽 $p = 400\ \text{kPa}$ 时,$T = 143.4\ ℃$,$r = 2\ 139\ \text{kJ/kg}$,$H = 2\ 742\ \text{kJ/kg}$,$h_w = 604\ \text{kJ/kg}$

二次蒸汽 $p' = 50\ \text{kPa}$ 时,$T' = 81.2\ ℃$,$r' = 2\ 305\ \text{kJ/kg}$,$H' = 2\ 644\ \text{kJ/kg}$

由于加热蒸汽的冷凝水在饱和温度下排除,则

加热蒸汽消耗量 $D = \dfrac{Q}{r}$

由传热速率方程

$$Q = KS(T-t) = 1\ 560 \times 90(143.4 - 126) = 2\ 443\ kW$$

即 $D = \dfrac{2\ 443}{2\ 139} = 1.142\ kg/s = 4\ 111\ kg/h$

由 NaOH 水溶液的焓浓图查出:

原料液   当 $t_0 = 60\ ℃, x_0 = 0.2$ 时, $h_0 = 210\ kJ/kg$

完成液   当 $t_1 = 126\ ℃, x_1 = 0.5$ 时, $h_1 = 620\ kJ/kg$

物料衡算 $W = F\left(1 - \dfrac{x_0}{x_1}\right)$

热量衡算 $Q = WH' + (F-W)h_1 - Fh_0 + Q_L$

忽略蒸发器的热损失,则 $Q_L = 0$,将已知数据代入以上二式:

$$W = F\left(1 - \dfrac{0.2}{0.5}\right) = 0.6F \tag{1}$$

$$2\ 443 = 2\ 644W + 620(F-W) - 210F$$

即 $38F + 2\ 644W = 2\ 443$ (2)

联立式(1)、(2)解出

$$F = 1.504\ kg/s = 5\ 414\ kg/h$$

$$W = 0.902\ 4\ kg/s = 3\ 249\ kg/h$$

讨论:由于要考虑浓缩热,热量衡算需采用式(5-2b)进行。

[例5-6]   在单效蒸发器中将 2 000 kg/h 的某种水溶液从10%浓缩至25%。原料液的比热容为 3.77 kJ/(kg·℃),操作条件下溶液的沸点为 80 ℃。加热蒸汽绝对压强为 200 kPa,冷凝水在加热蒸汽的饱和温度下排除。蒸发室的绝对压强为 40 kPa。忽略浓缩热及蒸发器的热损失。当原料液进入蒸发器的温度分别为 30 ℃ 及 80 ℃ 时,通过计算比较它们的经济性。

解:蒸发操作的经济性为 $e = \dfrac{D}{W}$,则分别用物料衡算求出 W 及热量衡算求出 D,即可进行比较。

先由物料衡算求出水分蒸发量

$$W = F\left(1 - \dfrac{x_0}{x_1}\right) = 2\ 000\left(1 - \dfrac{0.1}{0.25}\right) = 1\ 200\ kg/h$$

因 $Q_L = 0$,则热量衡算的计算式为

$$D = \dfrac{Wr' + Fc_{p0}(t_1 - t_0)}{r}$$

由水的饱和蒸汽压表查出:

加热蒸汽 $p = 200\ kPa$ 时, $r = 2\ 205\ kJ/kg$

二次蒸汽 $p' = 40\ kPa$ 时, $r' = 2\ 319\ kJ/kg$

当 $t_0 = 30\ ℃$ 时

$$D = \dfrac{1\ 200 \times 2\ 319 + 2\ 000 \times 3.77(80 - 30)}{2\ 205} = 1\ 433\ kg/h$$

$$e = \frac{D}{W} = \frac{1\ 433}{1\ 200} = 1.194$$

当 $t_0 = 80\ ^\circ\text{C}$ 时

$$D = \frac{1\ 200 \times 2\ 319}{2\ 205} = 1\ 262\ \text{kg/h}$$

$$e = \frac{1\ 262}{1\ 200} = 1.052$$

讨论：计算结果表明，原料液的温度越高，蒸发 1 kg 水分消耗的加热蒸汽量越少。

学生自测

一、填空

1. 蒸发器的生产强度是指_____。欲提高蒸发器的生产强度，必须设法提高_____。

2. 蒸发过程中引起温度差损失的原因有_____，_____。

3. 多效蒸发与单效蒸发相比，其优点是_____。多效蒸发操作流程有_____、_____和_____这几种模式。

4. 要想提高生蒸汽的经济性，可以采取的措施有：_____，_____，_____，_____。

5. 计算温度差损失时以_____的组成计算。

二、计算

1. 在一单效中央循环管蒸发器内将 10%（质量）的 NaOH 水溶液浓缩至 25%（质量）。分离室内操作的绝对压强为 25 kPa。试计算因溶液蒸汽压下降而引起的沸点升高及相应的沸点。

2. 用一单效蒸发器将 2 000 kg/h 的 NaOH 水溶液由 15%（质量）浓缩至 25%（质量）。已知加热蒸汽压强为 392 kPa（绝压），蒸发室内操作绝对压强为 101.3 kPa，溶液的平均沸点为 113 ℃。若浓缩热与热损失忽略，试计算两种进料状况下所需的加热蒸汽消耗量和单位蒸汽消耗量 D/W。(1)进料温度为 20 ℃；(2)沸点进料。

3. 一蒸发器将 1 000 kg/h 的 NaCl 水溶液由 5%（质量）浓缩至 30%（质量），加热蒸汽压强为 118 kPa（绝压），蒸发器操作压强为 19.6 kPa（绝压），溶液的平均沸点为 75 ℃。已知进料温度为 30 ℃，NaCl 的比热容为 0.95 kJ/(kg·K)，若浓缩热与热损失忽略，试求浓缩液量及加热蒸汽消耗量。

4. 已知 25% 的 NaCl 水溶液在 101.3 kPa（绝压）下的沸点为 107 ℃，在 19.6 kPa（绝压）下的沸点为 65.8 ℃，试利用杜林规则计算在 49 kPa（绝压）下的沸点。

5. 某工厂临时需要将 850 kg/h 的某水溶液由 15% 浓缩至 35%，沸点进料，现有一传热面积为 10 m² 的小型蒸发器可供使用。操作条件下的温度差损失可取为 18 ℃，蒸发室的真空度为 80 kPa。已知蒸发器的传热系数为 1 000 W/(m²·℃)，若浓缩热与热损失可以忽略，试求加热蒸汽的压强至少应为多大才能满足生产要求？当地大气压为 100 kPa。

第6章 蒸 馏

本章符号说明

英文字母

c——比热容,kJ/(kmol · ℃)或kJ/(kg · ℃);

D——馏出液流量,kmol/h;

D——瞬间馏出液量,kmol/h;

E_M——默弗里板效率,%;

$HETP$——理论板当量高度,m;

I——物质的焓,kJ/kmol 或 kJ/kg;

K——相平衡常数,量纲为 1;

L——塔内下降液体流量,kmol/h;

m——提馏段理论板数;

M——摩尔质量,kg/kmol;

n——精馏段理论板数;

N——全塔理论板数;

p——组分的分压,Pa;

P——系统总压,Pa;

q——进料热状态参数;

Q——热负荷,kJ/h 或 kW;

r——蒸气冷凝热,kJ/kg;

R——回流比;

t——温度,℃;

T——热力学温度,K;

V——塔内上升蒸气流量,kmol/h;

W——釜残液流量,kmol/h;

W——瞬间釜液量,kmol;

x——液相中易挥发组分的摩尔分率;

y——气相中易挥发组分的摩尔分率。

希腊字母

α——相对挥发度;

η——组分的收率。

下标

A——易挥发组分;

B——难挥发组分;

B——再沸器;

C——冷凝器;

c——冷却或冷凝;

D——馏出液;

F——原料液;

h——加热;

L——液相;

m——平均;

m——塔板序号;

m——提馏段;

min——最少;

n——塔板序号;

n——精馏段;

P——实际的;

q——q 线与平衡线的交点;

T——理论的;

V——气相;

W——釜残液。

上标

°——纯态;

*——平衡状态;

′——提馏段。

◆ ◆ ◆ **本章学习指导** ◆ ◆ ◆

1. 本章学习目的

通过本章学习,掌握蒸馏的原理、精馏过程计算和优化。

2. 本章应掌握的内容

本章讨论重点为两组分精馏过程的计算,主要应掌握的内容包括:相平衡关系的表达和应用;精馏塔的物料衡算和操作线关系;回流比的确定;理论板数的求法;影响精馏过程主要因素的分析等。

对于其他蒸馏类型,如平衡蒸馏、简单蒸馏和间歇精馏,应掌握它们的特点,进行类比。

3. 本章特点和应注意的问题

精馏是分离混合物最常用、又是最早实现工业化的分离方法。精馏可以直接获得所需要的产品,而不像吸收、萃取等分离方法,需要外加溶剂,再将所提取的物质与溶剂分离,因此精馏过程的流程比较简单。精馏的主要缺点是为造成气、液两相系统,需要消耗较多的能量,或者需要建立高真空、高压、低温等技术条件。通常,由于经济或技术上的原因,才考虑采用吸收或萃取等操作以分离混合物。

精馏操作既可在板式塔中、又可在填料塔中进行。本章以板式塔(分级接触)为主要讨论对象,并引入理论板的概念,以简化精馏计算。对特定的分离任务,确定理论板数是本章的核心。对两组分精馏,用梯形图解法求取理论板数。该法概念清晰,便于分析工程问题。同时,应掌握影响精馏过程因素的分析,预估精馏操作及调节中可能出现的问题,提出解决问题的对策。

精馏与吸收、萃取等操作均属传质过程,应注意它们的共性和个性。例如相平衡关系的表达方法、传质机理和设备的异同等。

◆ ◆ ◆ **本章学习要点** ◆ ◆ ◆

一、描述精馏过程的基本关系

(一)气液平衡关系

溶液的气液平衡是蒸馏过程的热力学基础,因此了解气液平衡是理解和掌握蒸馏过程的基本条件。

1. 气液平衡的作用

(1)选择分离方法 依据物系的气液平衡关系,对特定的分离任务,可确定或选择分离方法,例如对相对挥发度近于1的物系,宜采用特殊精馏或萃取等分离操作。

(2)在相图(t—x—y)上说明蒸馏原理 即利用多次部分汽化和部分冷凝的操作,可使物系得到所需要的高纯度分离。相对挥发度愈大,相图(x—y)中平衡曲线偏离对角线愈远,分离愈易。

(3)气液平衡关系是精馏过程的特征方程 即是计算理论板数的基本方程之一。

(4)利用气液平衡,可分析、判断精馏操作中的实际问题 例如在精馏塔中,恒压下操作,温度和组成间具有对应关系,因此可利用易于测量的温度来判断难于测量的浓度。在实际生产中,时常在精馏塔的适当部位(通常称为灵敏板)上安装温度计,用它来控制、调节整个精馏过程。又如在真空精馏中,如温度出现异常现象,则应考虑系统的气密问题等。

2.气液平衡的表达方式

在精馏过程中,气液平衡可用相图和气液平衡方程表示。

(1)t—x—y 图和 x—y 图　相图中 t 代表温度(℃),x 和 y 分别代表液、气相中易挥发组分的摩尔分率。

在利用相图时应注意以下几点:

①精馏过程的分析多利用 t—x—y 图,过程计算多利用 x—y 图。

②了解沸点、泡点和露点的概念。对同一组成下,露点总是高于泡点。对理论板而言,离开该板的气液两相温度相等,即露点等于泡点,但两相组成不等,而呈平衡关系。

③液化率或汽化率,可在相图上用杠杆规则求得。部分汽化和部分冷凝是精馏的基础。

④恒压下不同物系具有不同的 x—y 曲线。当平衡曲线偏离对角线愈远时,表示传质推动力愈大,该物系愈易分离。对于具有恒沸点的非理想溶液,在恒沸点处 $y = x$,因此不能用普通精馏方法分离该混合液。

⑤同一物系下,不同压强的 x—y 曲线也不相同,一般在低压下平衡曲线偏离对角线愈远,即愈易分离,可见低压操作有利于精馏分离。

(2)气液平衡方程

①用相对挥发度表示的气液平衡方程

$$y = \frac{\alpha x}{1 + (\alpha - 1)x} \tag{6-1}$$

对理想物系,相对挥发度可表示为

$$\alpha = \frac{p_A^\circ}{p_B^\circ} \tag{6-2}$$

由式(6-2)可知,相对挥发度 α 与塔内温度关系不大,因此在计算中可取全塔平均相对挥发度。

对两组分理想物系,系统总压、分压与组成间符合拉乌尔定律和道尔顿分压定律,即

$$p_A = P y_A = p_A^\circ x_A \tag{6-3}$$

$$p_B = P y_B = p_B^\circ x_B \tag{6-4}$$

$$P = p_A + p_B \tag{6-5}$$

$$x_A + x_B = y_A + y_B = 1 \tag{6-6}$$

对非理想溶液,式(6-3)和(6-4)可改写为修正的拉乌尔定律。

联立式(6-3)至式(6-6)可得

$$x_A = \frac{P - p_B^\circ}{p_A^\circ - p_B^\circ} \tag{6-7}$$

$$y_A = \frac{p_A^\circ x_A}{P} \tag{6-8}$$

式(6-7)和式(6-8)即为两组分理想溶液的气液平衡关系式。该关系式与式(6-1)是等效的。读者可自己证明。

②用相平衡常数表示气液平衡方程

$$y_A = K_A x_A \tag{6-9}$$

因相平衡常数 K 与温度有关,因此两组分精馏计算中,多利用式(6-1);在多组分精馏

计算中,多利用式(6-9),因该式表达简单。

3. 气液平衡数据来源

①实验测定得到。

②由热力学公式估算得到。最简单的情况是由安托尼方程计算纯组分在一定温度下的饱和蒸气压,进而计算 x—y 数据。

③由气液平衡手册或其他有关资料中查得。

（二）物料衡算

对连续精馏过程,物料衡算的原则是进、出物料平衡,但应注意衡算范围、基准及单位。

1. 全塔物料衡算

总物料 $\quad F = D + W$

易挥发组分 $\quad Fx_F = Dx_D + Wx_W$ $\qquad\qquad$ (6-10)
$\qquad\qquad\qquad\qquad\qquad\qquad\qquad\qquad\qquad\qquad$ (6-10a)

通常,精馏塔的分离程度可用 x_D 和 x_W 表示,但也可用回收率表示,即

$$\eta_D = \frac{Dx_D}{Fx_F} \times 100\% \qquad\qquad (6\text{-}11)$$

$$\eta_W = \frac{W(1 - x_W)}{F(1 - x_F)} \times 100\% \qquad\qquad (6\text{-}11a)$$

精馏操作中,η_D 和 η_W 恒低于100%。

2. 精馏段物料衡算和操作线方程

假设精馏塔内为恒摩尔流动,则由精馏段物料衡算可得

$$y_{n+1} = \frac{L}{V}x_n + \frac{D}{V}x_D \qquad\qquad (6\text{-}12)$$

令 $\quad R = \frac{L}{D}$ $\qquad\qquad\qquad\qquad\qquad\qquad\qquad\qquad\qquad$ (6-13)

则式(6-12)可改写为

$$y_{n+1} = \frac{R}{R+1}x_n + \frac{x_D}{R+1} \qquad\qquad (6\text{-}14)$$

下标 n 表示精馏段理论板序号(从塔顶往下计)。读者应注意精馏段操作线方程(6-12)及式(6-14)的物理意义。

3. 提馏段物料衡算和操作线方程

假设精馏塔内为恒摩尔流动,则由提馏段物料衡算可得

$$y'_{m+1} = \frac{L'}{V'}x'_m - \frac{W}{V'}x_W \qquad\qquad (6\text{-}15)$$

下标 m 表示提馏段理论板序号(从进料板往下计)。上标代表提馏段。读者应注意提馏段操作线方程(6-15)的物理意义。

应指出,上面的 L 和 L'、V 和 V' 各自不一定相等,它们之间的关系与进料状况有关。

（三）热量衡算

1. 任意塔板的热量衡算和恒摩尔流假定

对精馏塔内没有加料和出料的任意塔板进行热量衡算,若假设:精馏塔热损失可忽略;待分离混合液中各组分的摩尔汽化热相近;混合液中各组分的沸点相差较小,即可忽略板间显热差。则可推得精馏塔内恒摩尔流动的假定,即在精馏段和提馏段内,各板上升蒸气摩尔

流量相等,下降液体摩尔流量也相等。

2. 加料板的热量衡算

对加料板,因有物料从塔外加入,其物料衡算及热量衡算与其他普通板的不同。

通过加料板的热量衡算,并结合其物料衡算可得

$$q = \frac{L' - L}{F} = \frac{I_V - I_F}{I_V - I_L} = \frac{\text{将 1 千摩尔进料变为饱和蒸气所需热量}}{\text{原料的千摩尔汽化热}} \tag{6-16}$$

q 称为进料热状态参数,其值决定于不同的进料热状态,其数值范围见表 6-1。

表 6-1   不同进料状态下的 q 值

进料状态	冷液	饱和液体	饱和蒸气	气液混合物	过热蒸气
q 值	>1	1	0	0 ~ 1	<0

精馏段和提馏段间各流股的流量关系为

$$L' = L + qF \tag{6-17}$$

$$V' = V - (1 - q)F \tag{6-18}$$

提馏段操作线方程(6-15)可改写为

$$y'_{m+1} = \frac{L + qF}{L + qF - W} x'_m - \frac{W}{L + qF - W} x_W \tag{6-19}$$

若联立精馏段操作线方程(6-12)和提馏段操作线方程(6-15),并代入式(6-10a)、式(6-17)及式(6-18),整理可得

$$y = \frac{q}{q-1} x - \frac{x_F}{q-1} \tag{6-20}$$

式(6-20)称为进料方程(又称为 q 线方程),它是精馏段操作线和提馏段操作线交点的轨迹方程。

3. 再沸器、冷凝器的热量衡算

(1)再沸器   对再沸器作热量衡算,则有

$$Q_B \approx V'(I_{VW} - I_{LW}) + Q_L \tag{6-21}$$

若再沸器中用饱和蒸汽加热,且冷凝液在饱和温度下排出,则加热蒸汽消耗量为

$$W_h = \frac{Q_B}{r} \tag{6-22}$$

(2)全凝器   对全凝器作热量衡算,以单位时间为基准,并忽略热损失,则有

$$Q_C \approx V(I_{VD} - I_{LD}) \tag{6-23}$$

冷却介质消耗量为

$$W_c = \frac{Q_c}{c_{pc}(t_2 - t_1)} \tag{6-24}$$

4. 全塔热量衡算

通过全塔热量衡算表明,对特定的分离任务和要求,精馏塔所需的外界热量恒定,但热量可分别从塔底再沸器及原料中加入,即

$$Q_B + Q_F = 常量 \tag{6-25}$$

式中 Q_F 为原料带入的热量，kJ/h。

由式(6-25)可求再沸器的热负荷，也可由该式分析进料热状态的选择。对特定的分离任务和要求，总的耗能量是一定值，它既可从塔底加入，也可从进料中加入。若从能量使用效果来分析，外加热量应施加于塔底，同样所有冷量应施加于塔顶，这样使加热所产生的气相回流可返回全塔中，冷却所产生的液相回流也可通过全塔，因而可获得最大的气相与液相的循环量，增加传质推动力，提高分离效果，减少所需的理论板数。但是从所需能量品位或废热利用而言，由于塔底温度最高，故需要较高品位的能量，相反加热原料所需的能量品位较低，且多可利用废热。由此可见，对特定的分离，热进料时虽然所需理论板数较多，但要求能量品位较低，因此生产实际中仍多采用热进料。

（四）传递速率关系

精馏过程本质上是气液两相传质过程，在塔板上发生的传递过程是很复杂的，即塔板上两相的传质及传热速率不仅决定于物系的性质与操作条件，而且还与塔板类型及结构有关，因此很难用简单的数学方程描述。

1. 理论板的概念

为避免上述困难，工程计算中引入理论板的概念。所谓理论板是指气液两相皆充分混合且无传递过程阻力的理想塔板。也就是说气液两相在理论板上进行接触传递的结果，将使离开该板的两相在传热和传质两方面都达到平衡状态，即两相的温度相等，组成互成平衡，符合相平衡方程。

2. 板效率和实际板

实际塔板不同于理论板，为表示两者的差异，应引入板效率。

（1）单板效率 单板效率是指通过任意 n 层塔板气（液）相组成的实际变化与理论上气（液）相组成变化之比，即

$$E_{MV} = \frac{y_n - y_{n+1}}{y_n^* - y_{n+1}} \tag{6-26}$$

$$E_{ML} = \frac{x_{n-1} - x_n}{x_{n-1} - x_n^*} \tag{6-26a}$$

（2）全塔效率（又称总板效率）

$$E_T = \frac{N_T}{N_P} \tag{6-27}$$

如上所述，由于引入理论板的概念，可将复杂的精馏计算简化，通常分两步解决，即首先根据具体的分离任务，确定所需的理论板数。所需的理论板数只决定于物系的相平衡关系和物料衡算关系，而可不涉及热量衡算关系及速率关系，这样在具体的精馏设计中，可先不确定塔板结构形式，待求得理论板数后，以了解分离任务的难易程度。然后根据分离任务的难易，选定适宜的塔板类型和操作条件，并确定塔板效率及实际板数。

当精馏过程在填料塔中进行时，填料层高度可按下式计算，即

$$Z = N_T(HETP) \tag{6-28}$$

应指出，塔效率或等板高度可分别由半理论公式或经验公式估算得到，也可取生产经验值。

二、精馏过程设计(或操作)变量和条件的选定

(一)精馏塔的操作压强

精馏按操作压强可分为常压精馏、减压精馏和加压精馏。因前者设备、流程简单和操作容易,故工业上多采用常压精馏。一般选择原则如下:

①在常压下沸点在室温到150 ℃左右的混合物,宜采用常压精馏。

②在常压下沸点较高或者在较高温度下易发生分解、聚合等变质现象的混合物,常采用减压精馏。

③在常压下沸点在室温以下的混合物,一般采用加压精馏。

应指出,由于在精馏塔再沸器中液体沸腾温度及冷凝器中蒸气冷凝温度均与操作压强有关,故应选择适当的操作压强。通常,若提高操作压强,可使蒸气冷凝温度升高,从而避免在冷凝器中使用价格昂贵的冷冻剂。若降低操作压强,可使液体沸腾温度下降,从而避免在再沸器中使用高温载热体。而且操作压强也影响物系的平衡关系,因此在严格的精馏设计中,操作压强也应通过经济衡算确定。

(二)精馏过程的加热方式和冷凝方式

1. 加热方式

精馏的加热方式分为间接蒸汽加热和直接蒸汽加热两种,工业生产中大多采用前者。当欲分离的为水与易挥发组分(如乙醇等)构成的混合液时,宜采用直接蒸汽加热方式,这样可节省再沸器,提高传热速率。但是由于精馏塔中加入水蒸气,使从塔底排出的水量增加,若馏出液组成 x_W 维持一定,则随釜液损失的易挥发组分增多,使其回收率减少。若要保持相同的回收率,必须降低 x_W,这样提馏段理论板数就应增加。

在设计中,通常将再沸器视为一层理论板。

2. 冷凝方式

精馏塔的冷凝方式一般分为以下两类:

(1)全凝器冷凝　塔顶上升蒸气进入冷凝器被全部冷凝成饱和液体,部分液体作为回流,其余部分作为塔顶产品。这种冷凝方式的特点是便于调节回流比,但较难保持回流温度。因该法流程较简单,工业生产上大多采用这种冷凝方式。

(2)分凝器冷凝　塔顶上升蒸气先进入一个或几个分凝器,冷凝的液体作为回流或部分作为初馏产品;从分凝器出来的蒸气进入全凝器,冷凝液作为塔顶产品。这种冷凝方式的特点是便于控制冷凝温度,可提取不同组成的塔顶产品,但是该法流程较复杂。

在设计中,分凝器可视为一层理论板。

(三)回流比的选择

1. 全回流

全回流时回流比为无穷大,即 $R = \infty$,此时无精馏段和提馏段之区分,操作线方程为

$$y_{n+1} = x_n \tag{6-29}$$

2. 最小回流比

对特定的分离任务和要求,需要无穷多理论板时的回流比,定义为最小回流比,用 R_{min} 表示。R_{min} 求法如下:

①对正常的平衡曲线,则有

$$R_{min} = \frac{x_D - y_q}{y_q - x_q} \tag{6-30}$$

②对不正常的平衡曲线,一般是通过 x—y 图上的点 (x_D, x_D) 作平衡曲线的切线,该切线即为最小回流比下的操作线,用作图法算出该切线的斜率 $\frac{R_{min}}{R_{min} + 1}$,进而求得 R_{min}。

3. 适宜回流比

适宜回流比应通过经济衡算确定。操作费和投资费之和最低时的回流比为最佳回流比。在设计中一般取经验值,即

$$R_宜 = (1.1 \sim 2.0)R_{min} \tag{6-31}$$

上式中最小回流比的倍数由设计者选定,从耗能角度考虑宜取低限,对难分离物系,宜取高限。

精馏操作中,回流比是重要的调控参数,其值与产品质量及生产能力密切相关。

(四)进料热状态的确定

除了生产工艺条件规定外,进料状态由设计者选定,选择原则见"热量衡算"一节。

三、连续精馏塔理论板数的计算

(一)逐板计算法

逐板计算法的原则是利用相平衡方程和操作线方程计算所需的理论板数。假若塔顶采用全凝器,泡点回流。通常先从塔顶开始计算,即先利用平衡方程和精馏段操作线方程逐板进行计算,直到 $x_n \leq x_q$(q 线和操作线交点坐标),则精馏段理论板数为 $(n-1)$ 层,第 n 层为提馏段第一层理论板,然后依次交替使用提馏段操作线方程和相平衡方程,直到 $x_m \leq x_W$ 为止,提馏段理论板数为 $(m-1)$,全塔总理论板数为 $(n+m-2)$(不包括再沸器)。

应注意,x_q 是由精馏段操作线方程和 q 线方程联立解得,这样求出的加料板为适宜的加料位置。

(二)图解法

上述的逐板计算过程可在 x—y 图上图解进行,即用平衡曲线和两条操作线代替相应的方程。图解法求理论板数简明清晰,便于分析影响因素,但该法准确性较差。

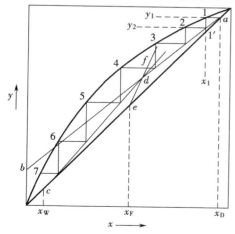

图 6-1 图解法求理论板数

图解法求 N_T 的图解过程如图 6-1 所示。由图 6-1 可知,该分离过程所需理论板数为 7 层(不包括再沸器),第 4 层理论板为加料板。

读者应注意以下几点:

①适宜进料位置的含义和确定;当操作时不在适宜位置进料,将会产生的影响。

②注意图中有关点、线的作法和意义。

③再沸器和分凝器(若设置时)相当于一层理论板。

④由图可见,影响理论板数的直接因素有 α、x_F、q、R、x_D 和 x_W,而与 F 无关。当 α 一定时,若精馏段操作线斜率 $\frac{L}{V}$ 愈大,该段传质推动力

愈大,有利于提高精馏段的分离效果;而若提馏段操作线斜率 $\dfrac{L'}{V'}$ 愈小,该段传质推动力愈大,有利于提馏段的分离效果,使所需理论板数减少。

⑤全回流时,操作线与对角线重合,所需理论板数为最少,用 $N_{\min}$ 表示。$N_{\min}$ 可用芬斯克方程求得,即

$$N_{\min} = \dfrac{\lg\left[\left(\dfrac{x_{\mathrm{D}}}{1-x_{\mathrm{D}}}\right)\left(\dfrac{1-x_{\mathrm{W}}}{x_{\mathrm{W}}}\right)\right]}{\lg \alpha_{\mathrm{m}}} - 1 \qquad (6\text{-}32)$$

(三)简捷法

简捷法求 N_{T} 准确度稍差,但因简便,尤适用于初步设计。

最常用的简捷法是利用吉利兰关联图求算理论板数。

四、影响精馏操作因素的分析

对特定的精馏塔(指全塔板数与加料位置已定,有时加料位置可变动),其操作受诸多因素影响和制约,当某一因素(变量)发生变化时,操作状况随之改变,并调节至新的状况下操作。

(1)影响精馏操作的主要因素

①物系特性和操作压强。

②生产能力和产品质量(F、D、W、x_{F}、x_{D}、x_{W})。

③回流比 R 和进料热状态参数 q。

④塔设备情况,包括实际板数、加料位置及全塔效率。

⑤再沸器和冷凝器热负荷。

(2)上述各因素应遵循的基本关系

①相平衡关系。

②物料衡算关系。

③理论板数 N_{T} 关系,即 $N_{\mathrm{T}} = f(P, \alpha, x_{\mathrm{F}}, q, R, x_{\mathrm{D}}, x_{\mathrm{W}})$。

④塔效率关系,即 $E_{\mathrm{T}} = \phi$(设备结构,负荷,操作条件)。

⑤热负荷关系,即 $Q_B(Q_c) = f'(K, \Delta t_{\mathrm{m}})$。

由上可见,影响精馏操作因素十分复杂,在分析具体过程时,应作适当的简化假定,抓住主要矛盾,利用以上基本关系,做出正确的判断。

精馏的操作型计算和设计型计算,遵循的基本关系完全相同,但前者计算更为复杂,一般需要试差计算或图解试差法。精馏的操作型计算在生产中可用来预测:

①操作条件改变时产品质量和采出量的变化。

②为保证产品质量应该采取什么措施等。

五、其他类型的蒸馏过程

前面介绍的都是本章的基本内容,它包括两组分连续精馏的基本原理和计算方法,读者应重点掌握和理解。此外扩充内容如下。

(一)简单蒸馏和平衡蒸馏

精馏是从简单蒸馏和平衡蒸馏发展而来的。简单蒸馏和平衡蒸馏是最简单的蒸馏方法,此处不作详细介绍,读者应注意它们的特点:

①简单蒸馏和平衡蒸馏的异同。

②简单蒸馏和间歇精馏的异同。

③平衡蒸馏和连续精馏的异同。

（二）复杂精馏塔

包括多股进料或出料的塔称为复杂精馏塔。当组分相同但组成不同的原料液要在同一塔内进行分离时，为避免物料混合，节省分离所需的能量（或减少理论板数），应使不同组成的料液分别在适宜位置加入塔内，即为多股进料。当需要不同组成的产品时，可在塔内组成相应的位置按侧线抽出产品，即为多股出料。抽出的产品可以是饱和液体或饱和蒸气。

复杂精馏塔的计算原则上与简单精馏塔的相同，但应注意以下几点：

①塔段数（或操作线数）＝（塔的进、出料口数－1）

②各段内的下降液体摩尔流量及上升蒸气摩尔流量分别各自相同。

③各段操作线线间应首尾相连。

④精馏段及提馏段的操作线方程的形式与简单精馏塔的相同，即

精馏段 $y = \dfrac{R}{R+1}x + \dfrac{x_D}{R+1}$

提馏段 $y' = \dfrac{L'}{V'}x' - \dfrac{W}{V'}x_W$

中间段的操作线方程应通过各段的物料衡算求得。

⑤最小回流比的确定也是根据操作线与平衡线的夹点求得。但对两股进料时，夹点可能出现在精馏段操作线和中间段操作线的交点，也可能出现在中间段操作线和提馏段操作线的交点。对于不正常平衡线，夹点也可能出现在某一操作线与平衡线的切点。比较它们的大小，取其中大者为最小回流比。

（三）间歇精馏（又称分批精馏）

1. 间歇精馏的特点

①间歇精馏为非定态过程。在精馏过程中，釜残液及塔中各处的组成、温度均随时间而变，应用微分衡算，因此计算较复杂。

②间歇精馏塔只有精馏段，需要消耗较多的能量，而设备的生产强度较低。

③塔内存液量对精馏过程、产品的产量和质量都有较大影响。间歇精馏往往采用填料塔，以减少塔中存液量。

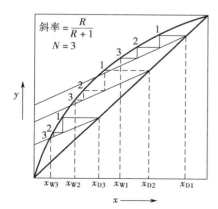

图6-2 恒 R 间歇精馏时 x_D 和 x_W 关系

2. 间歇精馏操作方式

（1）恒回流比操作 在精馏过程中，R 恒定，x_D 和 x_W 不断下降。

（2）恒馏出液组成操作 在精馏过程中，因 x_W 不断下降，为保持 x_D 不变，必须不断地增大 R。

3. 恒 R 下间歇精馏的计算

（1）x_D 和 x_W 的瞬间关系 具有一定理论板数的精馏塔（设 $N_T = 3$），其瞬间馏出液组成 x_D 与釜残液组成 x_W 的对应关系，可用图解法求得，如图6-2所示。

（2）馏出液组成与釜液量的关系 由微分衡算

可推得

$$\ln \frac{F}{W_2} = \int_{x_{W2}}^{x_F} \frac{\mathrm{d}x_W}{x_D - x_W} \tag{6-33}$$

（3）馏出液平均组成

$$x_{D,m} = \frac{Fx_F - W_2 x_{W2}}{D} \tag{6-34}$$

（4）精馏过程汽化量

$$V_T = (R+1)D \tag{6-35}$$

式中　V_T 为一批操作中塔釜总汽化量，kmol。

▶ 本章小结 ▶ ▶

精馏是分离液体混合物最具代表性的单元操作。本章以两组分理想溶液连续精馏为主线，以理论板层数计算为核心，以精馏塔工艺尺寸（主要是塔高和塔径）的确定为工程目标。

本章应重点掌握如下内容：

①精馏原理，实现精馏操作的必要条件。

②精馏计算中简化假设的必要性，理论根据和还原到实际过程的方法。

③影响精馏过程主要因素（如操作压强、进料状况、操作液气比或回流比，加热与冷凝方式等）的分析。

④熟练地进行精馏计算，其包括：相平衡关系的表达和应用，物料衡算和操作线方程（包括最小回流比的计算），热量衡算和 q 线方程，总板及单板效率的定义和计算，确定理论板层数三种方法（逐板计算法、$M—T$ 图解法、古利兰捷算法）的适用场合。

⑤全回流、最小回流比的特点，适宜回流比的确定。

⑥扩展：单级平衡分离、间歇精馏、特殊精馏的原理、特点及适用场合。

▶ 例题与解题指导 ▶ ▶

[例6-1]　试分别求含苯 0.3（摩尔分率）的苯—甲苯混合液在总压为 100 kPa 和 10 kPa 下的相对挥发度。苯—甲苯混合液可视为理想溶液。

苯（A）和甲苯（B）的饱和蒸气压和温度的关系（安托尼方程）为

$$\lg p_A^\circ = 6.023 - \frac{1\,206.35}{t + 220.24}$$

$$\lg p_B^\circ = 6.078 - \frac{1\,343.94}{t + 219.58}$$

式中 p° 的单位为 kPa，t 的单位为℃。

解：理想溶液的相对挥发度可用同一温度下两组分的饱和蒸气压求得。但因平衡温度与饱和蒸气压呈非线性关系，故应用试差法。在假设温度初值时，可参考苯和甲苯的沸点以及混合液的组成，这样可减少试差次数。

（1）总压为 100 kPa 下苯—甲苯混合液的相对挥发度

因苯—甲苯混合液为理想溶液，符合拉乌尔定律，即

$$p_A = p_A^\circ x_A$$

$$p_B = p_B^\circ(1 - x_A)$$

且　　$P = p_A + p_B$

设平衡温度为98℃,由安托尼方程求苯和甲苯的饱和蒸气压,即

$$\lg p_A^\circ = 6.023 - \frac{1\,206.35}{98 + 220.24}$$

$$p_A^\circ = 170.7 \text{ kPa}$$

$$\lg p_B^\circ = 6.078 - \frac{1\,343.94}{98 + 219.58}$$

$$p_B^\circ = 70.18 \text{ kPa}$$

$$P = 170.7 \times 0.3 + 70.18 \times 0.7 = 100.3 \text{ kPa} \approx 100 \text{ kPa}$$

故所假设平衡温度正确。

相对挥发度可由下式求得

$$\alpha = \frac{p_A^\circ}{p_B^\circ} = \frac{170.7}{70.18} = 2.43$$

(2)总压为10 kPa下苯—甲苯混合液的相对挥发度

同前,先设平衡温度为34.4 ℃,则

$$\lg p_A^\circ = 6.023 - \frac{1\,206.35}{34.4 + 220.24}$$

$$p_A^\circ = 19.30 \text{ kPa}$$

$$\lg p_B^\circ = 6.078 - \frac{1\,343.94}{34.4 + 219.58}$$

$$p_B^\circ = 6.116 \text{ kPa}$$

$$P = 19.30 \times 0.3 + 6.116 \times 0.7 = 10.07 \text{ kPa} \approx 10 \text{ kPa}$$

故所设平衡温度正确。

相对挥发度为

$$\alpha = \frac{19.3}{6.116} = 3.16$$

讨论:计算结果表明,对同一物系,若总压愈高,混合液的泡点及各组分的饱和蒸气压愈高,而相对挥发度愈小。可见高压对分离不利,因此对于某些挥发度较小的难分离物质,宜采用真空精馏。

[例6-2]　苯—甲苯混合液含苯0.5(摩尔分率),在101.33 kPa下加热到95 ℃,试求两相平衡组成和汽化率。苯和甲苯的饱和蒸气压与温度的关系见例6-1。

解:苯—甲苯混合液为理想溶液,平衡组成可用拉乌尔定律求得。汽化率可由物料衡算或杠杆规则求得。

(1)两相平衡组成

先求苯和甲苯在平衡温度下的饱和蒸气压,即

$$\lg p_A^\circ = 6.023 - \frac{1\,206.35}{95 + 220.24} = 2.196$$

$$p_A^\circ = 157.1 \text{ kPa}$$

$$\lg p_B^\circ = 6.078 - \frac{1\,343.94}{95 + 219.58} = 1.806$$

$$p_B^\circ = 63.95 \text{ kPa}$$

用拉乌尔定律和分压定律求平衡组成,即

$$P = p_A^\circ x_A + p_B^\circ (1 - x_A) = 157.1 x_A + 63.95 (1 - x_A) = 101.33 \text{ kPa}$$

解得　　　$x_A \approx 0.40$

$$y_A = \frac{p_A^\circ x_A}{P} = \frac{157.1 \times 0.4}{101.33} \approx 0.62$$

(2)汽化率$\dfrac{V}{F}$

由杠杆规则得

$$\frac{V}{F} = \frac{x_F - x}{y - x} = \frac{0.5 - 0.4}{0.62 - 0.4} = 0.455$$

汽化率也可由物料衡算求得。先设原料液流量为 F,液化率为 q,汽化率为 $(1-q)$,对易挥发组分作物料衡算,可得

$$Fx_F = Fqx + (1 - q)Fy$$
$$0.5F = 0.4Fq + (1 - q)F \times 0.62$$

解得　　　$q = 0.545$

$$1 - q = \frac{V}{F} = 0.455$$

两种计算方法结果完全一致。

讨论:当混合液部分汽化时,可获得一定的气、液相量,气、液两相组成呈平衡状态,且 $y > x$,这是蒸馏分离混合物的基础。

混合液被加热到的温度(从泡点到露点间)不同,汽化率(或液化率)不同,平衡组成也不相同。温度愈高,汽化率愈高。

[例6-3] 在常压(101.33 kPa)连续精馏塔中,分离苯—甲苯混合液,若塔顶最上一层理论板的上升蒸气组成为0.94(苯的摩尔分率,下同),塔底最下一层理论板的下降液体组成为0.058,试求全塔平均相对挥发度。假设全塔压强恒定。两组分的饱和蒸气压数据如下表:

温度(℃)	80.2	84.2	108.0	110.0
p_A°(kPa)	101.33	113.59	221.18	233.04
p_B°(kPa)	40.0	44.4	93.92	101.33

解:应用试差法求得塔顶及塔底处的相对挥发度,即可求得全塔平均相对挥发度。某一温度下组分的饱和蒸气压可由上表用内插法求得。

(1)塔顶处溶液相对挥发度

设平衡温度为83.2 ℃,则由表查得

$$p_A^\circ = 110.5 \text{ kPa} \quad p_B^\circ = 43.3 \text{ kPa}$$

又　　　$P = p_A^\circ x_A + p_B^\circ (1 - x_A)$

$$101.33 = 110.5 x_A + 43.3 \times (1 - x_A)$$

解得　　　$x_A = 0.864$

$$y_A = \frac{p_A^\circ x_A}{P} = \frac{110.5 \times 0.864}{101.33} \approx 0.94$$

且　　$$\frac{p_A^\circ x_A}{P} + \frac{p_B^\circ (1 - x_A)}{P} = \frac{110.5 \times 0.864}{101.33} + \frac{43.3 \times 0.136}{101.33} \approx 1.00$$

故所设平衡温度正确。

相对挥发度可由下式求得

$$\alpha_1 = \frac{p_A^\circ}{p_B^\circ} = \frac{110.5}{43.3} = 2.55$$

（2）塔底处溶液的相对挥发度

设平衡温度为 108 ℃，则两组分的饱和蒸气压分别为

$$p_A^\circ = 221.18 \text{ kPa}, p_B^\circ = 93.92 \text{ kPa}$$

而　　$$P = p_A^\circ x_A + p_B^\circ (1 - x_A) = 221.18 \times 0.058 + 93.92 \times 0.942 = 101.3 \approx 101.33 \text{ kPa}$$

故所设平衡温度正确。

相度挥发度为

$$\alpha_2 = \frac{p_A^\circ}{p_B^\circ} = \frac{221.18}{93.92} = 2.35$$

全塔平均相对挥发度为

$$\alpha_m = \frac{\alpha_1 + \alpha_2}{2} = \frac{2.55 + 2.35}{2} = 2.45$$

讨论：计算结果表明，理想溶液的相对挥发度随溶液的泡点升高而降低。对同一物系，影响泡点的因素是压强和溶液的组成。通常为简化计，在精馏塔内可视为恒压操作，因此仅溶液组成影响泡点和相对挥发度。但是因组成改变引起泡点的变化将不会超过两组分的沸点差，由此可见相对挥发度沿精馏塔塔高变化也不会大，因此一般可将塔顶和塔底处两者相对挥发度的算术平均值，作为全塔平均相对挥发度，进行精馏计算。

[例 6-4]　在一常压连续精馏塔中分离苯—甲苯混合液。原料液流量为 100 kmol/h，组成为 0.5（苯摩尔分率，下同），泡点进料。馏出液组成为 0.9，釜残液组成为 0.1。操作回流比为 2.0。试求：

（1）塔顶及塔底产品流量（kmol/h）；

（2）达到馏出液流量为 56 kmol/h 是否可行？ 最大馏出液流量为多少？

（3）若馏出液流量为 54 kmol/h，x_D 要求不变，应采用什么措施？（定性分析）

解：这一操作中的精馏塔，理论板数固定，同时该塔要受物料衡算制约，即在操作中要同时满足 N_T 及物料衡算的关系。

（1）塔顶和塔底产品流量

由全塔物料衡算得

$$F = D + W$$

$$Fx_F = Dx_D + Wx_W$$

即　　$$100 = D + W \tag{1}$$

$$100 \times 0.5 = 0.9D + 0.1W \tag{2}$$

联立式（1）及式（2）解得

$$D = 50 \text{ kmol/h}, W = 50 \text{ kmol/h}$$

（2）若要求塔顶 D 为 56 kmol/h，此时易挥发组分的回收率为

$$\frac{Dx_D}{Fx_F} = \frac{56 \times 0.9}{100 \times 0.5} = 1.008 > 100\%$$

故从物料衡算角度而言,此时不改变 x_D,要求达到 D 为 56 kmol/h 是不可能的。

塔顶可能获得的最大馏出液流量为

$$D_{max} = \frac{Fx_F}{x_D} = \frac{100 \times 0.5}{0.9} = 55.56 \text{ kmol/h}$$

若要求获得馏出液流量为 56 kmol/h,则最大的溜出液组成为

$$x_{D,max} = \frac{Fx_F}{D} = \frac{100 \times 0.5}{56} = 0.89$$

(3)当要求 D 为 54 kmol/h 时,苯的回收率为

$$\eta_D = \frac{Dx_D}{Fx_F} = \frac{54 \times 0.9}{100 \times 0.5} = 0.972$$

因此在操作上是可行的。但应同时采取以下措施:

①增大回流比 R;

②将进料位置上移,即使精馏段理论板数减小、提馏段理论板数增加。

这是因为当 R 增大时,x_D 可增高,若保持原 x_D 不变,则所需理论板数应减少。同时因 D 增大,由物料衡算可知 W 及 x_W 均将减小,故所需理论板数需增加。可见采取上述措施可同时满足要求。

讨论:(1)为使精馏塔正常操作,通常首先应满足物料衡算关系,若物料不平衡,即使理论板数再多、板效率再高也不可能得到合格的产品。对一定的 F、x_F、D,x_D 的极限值为

$$x_{D,max} = \frac{Fx_F}{D}$$

反之,对一定的 F、x_F、x_D,D 的极限值为

$$D_{max} = \frac{Fx_F}{x_D}$$

其次还必须有足够的理论板数和适宜的操作条件,否则也不能获得合格的产品。

(2)在精馏操作中,假设再沸器和冷凝器均能满足要求,则影响操作因素有 F、D、W、x_F、x_D、x_W、α、R、q、N_T(适宜进料位置)和 E_T 等 11 个。其中前 6 个因素反映物料衡算关系,α 反映气液平衡,R 和 q 为与经济性等有关的 2 个操作变量,E_T 和 N_T 反映塔设备情况。这些参数相互制约和影响,将自动调节在某一状况下的操作。为保持精馏过程连续稳定操作,必须同时满足物料衡算、相平衡及反映 N_T 与 E_T 的关系。由此可见影响精馏操作的因素是十分复杂的。

[例 6-5] 在连续精馏塔中分离两组分理想溶液,原料液流量为 100 kmol/h,组成为 0.3(易挥发组分摩尔分率),其精馏段和提馏段操作线方程分别为

$$y = 0.714x + 0.257 \qquad (1)$$
$$y = 1.686x - 0.034\ 3 \qquad (2)$$

试求:(1)塔顶馏出液流量和精馏段下降液体流量(kmol/h);

(2)进料热状态参数 q。

解:先由两操作线方程求得 x_D、x_W 和 R,再由全塔物料衡算和回流比定义求得 D 和 L。由两操作线方程和 q 线方程联立可求得进料热状态参数。

(1)馏出液流量 D 和精馏段下降液体流量

由精馏段操作线方程和对角线方程联立解得

$$x_D = \frac{0.257}{1 - 0.714} = 0.899 \approx 0.90$$

由提馏段操作线方程和对角线方程联立解得

$$x_W = \frac{0.034\ 3}{1.686 - 1} = 0.05$$

馏出液流量由全塔物料衡算求得,即

$$D + W = F = 100$$

$$0.9D + 0.05W = 100 \times 0.3$$

解得　　　$D = 29.4\ \text{kmol/h}, W = 71.6\ \text{kmol/h}$

回流比 R 由精馏段操作线斜率求得

$$\frac{R}{R+1} = 0.714$$

故　　　$R = 2.5$

精馏段下降液体流量为

$$L = RD = 2.5 \times 29.4 = 73.5\ \text{kmol/h}$$

(2)进料热状态参数 q

q 线方程为

$$y = \frac{q}{q-1}x - \frac{x_F}{q-1} = \frac{q}{q-1}x - \frac{0.3}{q-1} \tag{3}$$

式(3)中的 x、y 值可由两操作线方程联解求得

$$0.714x + 0.257 = 1.686x - 0.034\ 3$$

得　　　$x = 0.3$

由于 $x_q = x_F$,故

$$q = 1(泡点进料)$$

讨论:通过该题应了解操作线方程中各项的含义,并应掌握操作线、对角线及 q 线间的关系。

[例6-6]　在由一块理论板和塔釜构成的连续精馏塔中,分离甲醇—水溶液。原料液流量为 100 kmol/h,组成为 0.3(甲醇摩尔分率,下同),泡点进料,并加入塔釜中。馏出液组成为 0.80,塔顶采用全凝器,泡点回流,回流比为 3.0,试求馏出液流量(kmol/h)。

甲醇—水溶液的 t—x—y 数据见下表。

温度 t (℃)	液相中甲醇的摩尔分率	气相中甲醇的摩尔分率	温度 t (℃)	液相中甲醇的摩尔分率	气相中甲醇的摩尔分率
100	0.0	0.0	75.3	0.40	0.729
96.4	0.02	0.134	73.1	0.50	0.779
93.5	0.04	0.234	71.2	0.60	0.825
91.2	0.06	0.304	69.3	0.70	0.870
89.3	0.08	0.365	67.6	0.80	0.915
87.7	0.10	0.418	66.0	0.90	0.958
84.4	0.15	0.517	65.0	0.95	0.979

温度 t （℃）	液相中甲醇 的摩尔分率	气相中甲醇 的摩尔分率	温度 t （℃）	液相中甲醇 的摩尔分率	气相中甲醇 的摩尔分率
81.7	0.20	0.579	64.5	1.0	1.0
78.0	0.30	0.665			

解:本题为仅有精馏段的精馏塔,再沸器(塔釜)相当于一层理论板,塔中理论板和塔釜间气、液组成符合精馏段操作线关系。

因塔顶采用全凝器,故

$$y_1 = x_D = 0.8$$

精馏段操作线方程为

$$y_W = \frac{R}{R+1}x_1 + \frac{x_D}{R+1} = \frac{3}{3+1}x_1 + \frac{0.8}{3+1} = 0.75x_1 + 0.2 \tag{1}$$

由于 x_1 与 y_1 呈平衡关系,故由 $y_1 = 0.8$ 从平衡数据中内插查得

$$x_1 = 0.546$$

将 x_1 值代入式(1),可得

$$y_W = 0.75 \times 0.546 + 0.2 = 0.610$$

因塔釜中 y_W 与 x_W 呈平衡关系,故由 $y_W = 0.610$ 从平衡数据内插得

$$x_W = 0.236$$

馏出液流量可由全塔物料衡算得到,即

$$F = D + W = 100 \tag{2}$$

$$Fx_F = Dx_D + Wx_W$$

即　　　$$100 \times 0.3 = 0.8D + 0.236W \tag{3}$$

联立式(2)和式(3)解得

$$D = 11.35 \text{ kmol/h}$$

[例6-7]　在常压连续精馏塔中分离苯—甲苯混合液,原料液组成为0.4(苯摩尔分率,下同),馏出液组成为0.97,釜残液组成为0.04,试分别求以下三种进料热状态下的最小回流比和全回流下的最小理论板数。

(1)20 ℃下冷液体;

(2)饱和液体;

(3)饱和蒸气。

假设操作条件下物系的平均相对挥发度为2.47。原料液的泡点温度为94 ℃,原料液的平均比热容为1.85 kJ/(kg·℃),原料液的汽化热为354 kJ/kg。

解:最小回流比 R_{min} 与 α、x_F、x_D 有关,为求 R_{min} 应先求出平衡方程与 q 线方程的联解 x_q 和 y_q,然后据 R_{min} 下操作线的斜率求得 R_{min}。

最小理论板数 N_{min} 可用芬斯克方程求得。

(1)各种进料热状态下 R_{min}

①20 ℃冷液体。先求 q 值和 q 线方程,即

$$q = \frac{r + c_p(t_s - t_F)}{r} = \frac{354 + 1.85(94 - 20)}{354} = 1.387$$

及
$$y = \frac{q}{q-1}x - \frac{x_F}{q-1} = \frac{1.387}{1.387-1}x - \frac{0.4}{1.387-1} = 3.584x - 1.034 \qquad (1)$$

相平衡方程为
$$y = \frac{\alpha x}{1+(\alpha-1)x} = \frac{2.47x}{1+1.47x} \qquad (2)$$

联立式（1）及式（2），解得交点组成，即
$$x_q = 0.483, y_q = 0.698$$

故最小回流比为
$$R_{min} = \frac{x_D - y_q}{y_q - x_q} = \frac{0.97 - 0.698}{0.698 - 0.483} = 1.265$$

②饱和液体进料。因 $q=1$，故
$$x_q = x_F = 0.4$$
$$y_q = \frac{\alpha x_q}{1+(\alpha-1)x_q} = \frac{2.47 \times 0.4}{1+1.47 \times 0.4} = 0.622$$

最小回流比为
$$R_{min} = \frac{0.97 - 0.622}{0.622 - 0.4} = 1.568$$

③饱和蒸气进料。因 $q=0$，故
$$y_q = x_F = 0.4$$
$$x_q = \frac{y_q}{\alpha-(\alpha-1)y_q} = \frac{0.4}{2.47-1.47 \times 0.4} = 0.213$$

最小回流比为
$$R_{min} = \frac{0.97 - 0.4}{0.4 - 0.213} = 3.048$$

（2）最小理论板数 N_{min}

N_{min} 可由芬斯克方程求得，即
$$N_{min} = \frac{\lg\left[\left(\frac{x_D}{1-x_D}\right)\left(\frac{1-x_W}{x_W}\right)\right]}{\lg \alpha_m} - 1 = \frac{\lg\left[\left(\frac{0.97}{0.03}\right)\left(\frac{0.96}{0.04}\right)\right]}{\lg 2.47} - 1 \approx 6（不包括再沸器）$$

讨论：（1）在一定的分离程度下，R_{min} 与 q 值有关，计算结果表明，随 q 值增大，R_{min} 相应减小。

（2）在全回流下操作，N_T 为最少。此时一般无进料，两操作线和对角线重合，因此 N_{min} 与进料热状态参数无关。

[例 6-8] 在某连续精馏塔中分离平均相对挥发度为 2.0 的理想物系。若精馏段中某一层塔板的液相默弗里板效率 E_{ML} 为 50%，从其下一层板上升的气相组成为 0.38（易挥发组分摩尔分率，下同），从其上一层板下降的液相组成为 0.4，回流比为 1.0，试求离开该板的气、液相组成。

解：由单板效率 E_{ML} 关系式、单板物料衡算关系及相平衡关系三式联立求解，即可求得离开该板的气、液相组成。

设该板为精馏段第 n 板，上一板为 $n-1$，下一板为 $n+1$。对 n 板作物料衡算，得

$$x_{n-1} - x_n = \frac{V}{L}(y_n - y_{n+1}) \tag{1}$$

n 板默弗里效率为

$$E_{ML} = \frac{x_{n-1} - x_n}{x_{n-1} - x_n^*} \tag{2}$$

联立式(1)和式(2),并整理得

$$y_n = y_{n+1} + \frac{L}{V}E_{ML}(x_{n-1} - x_n^*)$$

因

$$\frac{L}{V} = \frac{R}{R+1} = \frac{1}{2}$$

且

$$E_{ML} = 0.5, y_{n+1} = 0.38, x_{n-1} = 0.4$$

故

$$y_n = 0.38 + \frac{1}{2} \times 0.5 \times (0.4 - x_n^*) \tag{3}$$

相平衡方程为

$$y_n = \frac{\alpha x_n^*}{1 + (\alpha - 1)x_n^*} = \frac{2x_n^*}{1 + x_n^*} \tag{4}$$

联立式(3)和式(4)得

$$0.25x_n^{*2} + 1.77x_n^* - 0.48 = 0$$

解得 $x_n^* = 0.26$

由式(4)得 $y_n = 0.415$

由式(1)得 $x_n = 0.33$

讨论:对计算结果是否正确,一般应加以验证。本题可校核 E_{ML},即

$$E_{ML} = \frac{x_{n-1} - x_n}{x_{n-1} - x_n^*} = \frac{0.4 - 0.33}{0.4 - 0.26} = 0.5$$

与原 E_{ML} 值完全相同,可见计算结果是准确的。

[例 6-9]　在常压连续精馏塔中分离苯—甲苯混合液,原料液流量为 100 kmol/h,泡点下进料,进料组成为 0.4(苯摩尔分率,下同)。回流比取为最小回流比的 1.2 倍。若要求馏出液组成为 0.9,苯的回收率为 90%,试分别求出泡点下和 20 ℃ 下回流时的精馏段操作线方程和提馏段操作线方程。物系的平均相对挥发度为 2.47。

假设回流液泡点温度为 83 ℃,回流液的平均比热容为 140 kJ/(kmol·℃),汽化热为 3.2×10^4 kJ/kmol。

解:当回流液温度为 20 ℃ 时,塔内回流液量与从全凝器进入塔内的回流液量不相等,即内回流比不等于外回流比,此时的精馏段操作线应按内回流比求得。

(1)泡点回流时操作线方程

由回收率知

$$D = \frac{Fx_F\eta_D}{x_D} = \frac{100 \times 0.4 \times 0.9}{0.9} = 40 \text{ kmol/h}$$

$$W = F - D = 100 - 40 = 60 \text{ kmol/h}$$

故

$$x_W = \frac{Fx_F - Dx_D}{F - D} = \frac{100 \times 0.4 - 40 \times 0.9}{60} = 0.066\ 7$$

$R_{\min}$ 由下式求得

$$R_{\min} = \frac{x_D - y_q}{y_q - x_q}$$

因泡点进料($q = 1$),故　　$x_q = x_F = 0.4$

$$y_q = y_F = \frac{\alpha x_F}{1 + (\alpha - 1)x_F} = \frac{2.47 \times 0.4}{1 + 1.47 \times 0.4} = 0.622$$

即　　　　　$R_{\min} = \frac{0.9 - 0.622}{0.622 - 0.4} = 1.25$

则　　　　　$R = 1.2 R_{\min} = 1.2 \times 1.25 = 1.5$

精馏段操作线方程为

$$y_{n+1} = \frac{R}{R+1}x_n + \frac{x_D}{R+1} = \frac{1.5}{1.5+1}x_n + \frac{0.9}{1.5+1} = 0.6x_n + 0.36$$

提馏段操作线方程为

$$\begin{aligned}
y'_{m+1} &= \frac{RD + qF}{RD + qF - W}x'_m - \frac{Wx_W}{RD + qF - W} \\
&= \frac{1.5 \times 40 + 100}{1.5 \times 40 + 100 - 60}x'_m - \frac{60}{1.5 \times 40 + 100 - 60} \times 0.066\ 7 = 1.6x'_m - 0.04
\end{aligned}$$

(2)20 ℃下回流时操作线方程

由全凝器进入塔的液体回流量(即外回流液体量)为

$$L_0 = RD = 1.5 \times 40 = 60 \text{ kmol/h}$$

由塔内第一板下降的液体流量(即内回流液体量)为

$$L = L_0 + \frac{L_0 c_p (t_s - t)}{r} = L_0 \left[1 + \frac{c_p(t_s - t)}{r} \right] = 60 \times \left[1 + \frac{140 \times (83 - 20)}{3.2 \times 10^4} \right] = 76.6 \text{ kmol/h}$$

而　　　$V = L + D = 76.6 + 40 = 116.6 \text{ kmol/h}$

故精馏段操作线方程为

$$y_{n+1} = \frac{L}{V}x_n + \frac{D}{V}x_D = \frac{76.6}{116.6}x_n + \frac{40}{116.6} \times 0.9 = 0.657x_n + 0.309$$

提馏段操作线方程为

$$\begin{aligned}
y'_{m+1} &= \frac{L + qF}{L + qF - W}x'_m - \frac{W}{L + qF - W}x_W \\
&= \frac{76.6 + 100}{76.6 + 100 - 60}x'_m - \frac{60}{76.6 + 100 - 60} \times 0.066\ 7 = 1.515x'_m - 0.034
\end{aligned}$$

讨论:计算结果表明,在相同的外回流比下,回流液体温度愈低,塔内实际循环的物料量愈大,两操作线偏离平衡线愈远,传质推动力愈大,因此所需理论板数愈少,其代价是需要消耗更多的能量。

[例6-10]　在常压连续精馏塔中分离苯—甲苯混合液,原料液流量为 100 kmol/h,组成为 0.44(苯摩尔分率,下同),馏出液组成为 0.975,釜残液组成为 0.023 5。操作回流比为 3.5,采用全凝器,泡点回流。物系的平均相对挥发度为 2.47。试分别求泡点进料和气液混合物(液相分率为 1/3)进料时以下各项:

(1)理论板数和进料位置;

（2）再沸器热负荷和加热蒸汽消耗量。设加热蒸汽绝压为 200 kPa；

（3）全凝器热负荷和冷却水消耗量。设冷却水进、出口温度为 25 ℃和 35 ℃。

已知苯和甲苯的汽化热为 427 kJ/kg 及 410 kJ/kg，水的比热容为 4.17 kJ/(kg·℃)，绝压为 200 kPa 的饱和蒸汽的汽化热为 2 205 kJ/kg。再沸器及全凝器的热损失可忽略。

解：本题为精馏塔的常规设计题。

（1）理论板数和加料位置

①泡点进料：依题给物系的相对挥发度，在 x—y 图上标绘平衡曲线和对角线，如本题附图（a）所示。

$$精馏段操作线截距 = \frac{x_D}{R+1} = \frac{0.975}{3.5+1} = 0.217$$

在附图（a）上连接点 a(0.975, 0.975) 和点 c(0, 0.217)，即为精馏段操作线 ac。

因泡点进料，q 线为通过 $x_F = 0.44$ 的垂线 ed，连接点 b(0.023 5, 0.023 5) 和点 d，即为提馏段操作线。按一般作图法在本题附图（a）中画梯级，图解得理论板数为 11（不包括再沸器），从塔顶往下的第 6 层理论板为加料板。

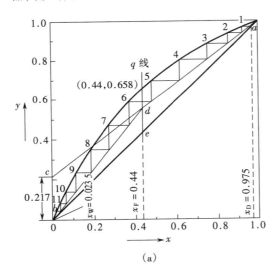

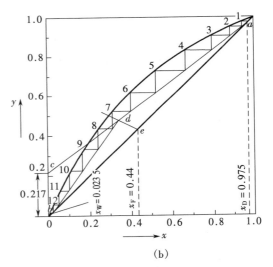

（a）　　　　　　　　　　　　　（b）

例 6-10　附图

②气液混合物进料：由题意知 $q = \dfrac{1}{3}$，故 q 线斜率为

$$\frac{q}{q-1} = \frac{1/3}{1/3-1} = -0.5$$

图解过程如本例附图（b）所示。图解结果所需理论板数为 12（不包括再沸器），从塔顶往下计的第 7 层理论板为加料板。

（2）再沸器的热负荷及加热蒸汽消耗量

先由全塔物料衡算求 D 和 W，即

$$F = D + W = 100 \tag{1}$$

$$Fx_F = Dx_D + Wx_W$$

即　　　$$100 \times 0.44 = 0.975D + 0.023 5W \tag{2}$$

联立式(1)和式(2)解得

$$D = 43.77 \text{ kmol/h}, W = 56.23 \text{ kmol/h}$$

精馏段上升蒸气流量为

$$V = (R+1)D = (3.5+1) \times 43.77 = 196.97 \text{ kmol/h}$$

提馏段上升蒸气流量为

$$V' = V + (q-1)F = 196.97 + (q-1) \times 100 = 96.97 + 100q$$

因釜残液中苯含量很低,故可近似按甲苯计,故再沸器的热负荷为

$$Q_B = V' r_B M_B = (96.97 + 100q) \times 410 \times 92 = 37\ 700 \times (96.97 + 100q) \quad \text{kJ/h}$$

水蒸气消耗量为

$$W_h = \frac{37\ 700}{2\ 205}(96.97 + 100q) \quad (\text{kg/h})$$

当泡点进料时,因 $q = 1$,故

$$Q_B \approx 7.43 \times 10^6 \text{ kJ/h}$$

$$W_h \approx 3\ 400 \text{ kg/h}$$

当气液混合物进料,$q = \frac{1}{3}$,故

$$Q_B \approx 4.92 \times 10^6 \text{ kJ/h}$$

$$W_h = 2\ 230 \text{ kg/h}$$

(3)全凝器热负荷及冷却水消耗量

因馏出液中甲苯含量很低,故近似可按纯苯处理,则全凝器热负荷为

$$Q_C = V r_A M_A = 196.97 \times 427 \times 78 = 6.56 \times 10^6 \text{ kJ/h}$$

冷却水消耗量为

$$W_c = \frac{Q_C}{c_{pc}(t_2 - t_1)} = \frac{6.56 \times 10^6}{4.17 \times (35-25)} = 1.57 \times 10^5 \text{ kg/h}$$

Q_C 及 W_c 均与进料热状态无关。

讨论:将两种进料热状态的有关结果列表如下。

进料热状态 参数 q	$\dfrac{L}{V}$	$\dfrac{L'}{V'}$	理论板数	加热蒸汽消耗量 (kg/h)	冷却水消耗量 (kg/h)
泡点 $q=1$	0.778	1.29	11	3 400	1.57×10^5
气液混合物 $q=\frac{1}{3}$	0.778	1.43	12	2 230	1.57×10^5

由上表可见,进料热状态由泡点变为气液混合物,q 值由大变小,此时精馏段操作线斜率不变,而提馏段操作线斜率变大,使两操作线靠近平衡线,即传质推动力减小,使理论板数增加。可见从传质角度而言,宜将热量加入塔底(冷进料),这样可提供更多的气相回流。

由全塔热量衡算可知,进料带入热量,塔底再沸器供热及塔顶全凝器带走热量,三者具有一定的关系。当回流比 R 一定时,全凝器带走热量及冷却水用量均为定值。但随进料带入热量增加(即 q 值减小),塔底再沸器供热必然减小,加热蒸汽消耗量降低。但全塔总耗量是一定的。从能量品位和废热利用而言,预热原料较为有利,因此工业生产中,可能时实际上多采用热进料。

[**例6-11**] 在连续精馏塔中分离两组分理想溶液,原料液组成为 0.5(易挥发组分摩尔

分率,下同),泡点进料。塔顶采用分凝器和全凝器,如本例附图所示,分凝器向塔内提供泡点温度的回流液,其组成为 0.88,从全凝器得到塔顶产品,其组成为 0.95。要求易挥发组分的回收率为 96%,并测得离开塔顶第一层理论板的液相组成为 0.79,试求:

(1)操作回流比为最小回流比的倍数;

(2)若馏出液流量为 50 kmol/h,求需要的原料液流量。

解:本题塔顶采用分凝器,分凝器相当于一层理论板,即离开分凝器的气、液相组成呈平衡关系,若已知气、液相组成,则可求得该物系的相对挥发度。同时离开第一层理论板的气相组成与从分凝器返回塔内的回流液组成呈精馏段操作线关系,若已知这一对组成,即可求操作回流比。

(1)操作回流比和最小回流比之比 R/R_{min}

由附图所示,$y_0 = x_D = 0.95$,$x_0 = 0.88$

由相平衡方程知

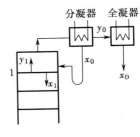

例6-11 附图

$$y_0 = \frac{\alpha x_0}{1+(\alpha-1)x_0}$$

即

$$0.95 = \frac{0.88\alpha}{1+(\alpha-1)\times 0.88}$$

解得 $\alpha = 2.59$

由 x_1 用相平衡方程求 y_1,即

$$y_1 = \frac{\alpha x_1}{1+(\alpha-1)x_1} = \frac{2.59\times 0.79}{1+1.59\times 0.79} = 0.907$$

由精馏段操作线方程求操作回流比 R,即

$$y_1 = \frac{R}{R+1}x_0 + \frac{x_D}{R+1}$$

$$0.907 = \frac{R}{R+1}\times 0.88 + \frac{0.95}{R+1}$$

解得 $R = 1.593$

最小回流比 R_{min} 由下式求得,即

$$R_{min} = \frac{x_D - y_q}{y_q - x_q}$$

因 $q=1$,故 $x_q = x_F = 0.5$

$$y_q = y_F = \frac{\alpha x_F}{1+(\alpha-1)x_F} = \frac{2.59\times 0.5}{1+1.59\times 0.5} = 0.721$$

即

$$R_{min} = \frac{0.95 - 0.721}{0.721 - 0.5} = 1.036$$

则

$$\frac{R}{R_{min}} = \frac{1.593}{1.036} = 1.538$$

(2)原料液流量 F

由回收率知

$$\frac{Dx_D}{Fx_F} = \frac{50\times 0.95}{F\times 0.5} = 0.96$$

解得　　$F = 99\ \text{kmol/h}$

讨论:塔顶采用分凝器,便于控制回流温度,但调节回流比较难。实际生产中从分凝器也可抽出液相产品。

一般分凝器可视为一层理论板的作用。

[**例 6-12**] 　在常压连续提馏塔中,分离两组分理想溶液,该物系平均相对挥发度为2.0。原料液流量为 100 kmol/h,进料热状态参数 q 为 0.8,馏出液流量为 60 kmol/h,釜残液组成为 0.01(易挥发组分摩尔分率),试求:

(1)操作线方程;

(2)由塔内最下一层理论板下降的液相组成 x'_N。

解:本题涉及提馏塔,即原料由塔顶加入,一般无回流,因此该塔仅有提馏段。再沸器相当于一层理论板。

(1)操作线方程

此为提馏段操作线方程,即

$$y'_{m+1} = \frac{L'}{V'} x'_m - \frac{W}{V'} x_W$$

其中　　$L' = L + qF = 0 + 0.8 \times 100 = 80\ \text{kmol/h}$

　　　　$V = D = 60\ \text{kmol/h}$

　　　　$V' = V + (q-1)F = 60 + (0.8-1) \times 100 = 40\ \text{kmol/h}$

　　　　$W = F - D = 100 - 60 = 40\ \text{kmol/h}$

故　　　$y'_{m+1} = \frac{80}{40} x'_m - \frac{40}{40} \times 0.01 = 2x'_m - 0.01$

(2)塔内最下一层理论板下降的液相组成 x'_N

因再沸器相当于一层理论板,故

$$y'_W = \frac{\alpha x_W}{1 + (\alpha-1)x_W} = \frac{2 \times 0.01}{1 + 0.01} = 0.019\ 8$$

因 x'_N 和 y'_W 呈提馏段操作线关系,即

$$y'_W = 2x'_N - 0.01 = 0.019\ 8$$

解得　　$x'_N = 0.014\ 9$

讨论:提馏塔又称回收塔。当精馏目的是为了回收稀溶液中易挥发组分时,且对馏出液的组成要求不高,不用精馏段已可达到要求,不需回流。从稀氨水中回收氨即是回收塔的一个例子。

[**例 6-13**] 　在一常压连续精馏塔中共有 12 层理论板,用来分离苯—甲苯混合液。原料液组成为 0.44(苯摩尔分率,下同),饱和液体进料。馏出液组成为 0.975,釜残液组成为0.023 5。物系的平均相对挥发度为 2.46,试估算操作回流比。

吉利兰图回归方程为

$$Y = 0.545\ 827 - 0.591\ 422X + 0.002\ 743/X$$

式中　$X = \dfrac{R - R_{\min}}{R + 1}, Y = \dfrac{N - N_{\min}}{N + 2}$

解:先用芬斯克方程求得全回流下的最少理论板数,然后利用吉利兰图回归方程估算回

流比 R。

由芬斯克方程知

$$N_{\min} = \frac{\lg\left[\left(\dfrac{x_D}{1-x_D}\right)\left(\dfrac{1-x_W}{x_W}\right)\right]}{\lg \alpha_m} - 1 = \frac{\lg\left[\left(\dfrac{0.975}{1-0.975}\right)\left(\dfrac{1-0.023\,5}{0.023\,5}\right)\right]}{\lg 2.46} - 1 = 7.21$$

且 $\qquad Y = \dfrac{N-N_{\min}}{N+2} = \dfrac{12-7.21}{12+2} = 0.342$

$$Y = 0.342 = 0.545\,827 - 0.591\,422X + 0.002\,743/X$$

即 $\qquad 0.342X = 0.545\,827X - 0.591\,422X^2 + 0.002\,743$

化简上式得

$$X^2 - 0.345X - 0.004\,64 = 0$$

解得 $\qquad X = \dfrac{0.345 \pm \sqrt{0.345^2 + 4 \times 0.004\,64}}{2} = 0.358(\text{负根舍去})$

则 $\qquad \dfrac{R-R_{\min}}{R+1} = 0.358$

其中 $\qquad R_{\min} = \dfrac{x_D - y_q}{y_q - x_q}$

因饱和液体进料，$q = 1$，故

$$x_q = x_F = 0.44$$

$$y_q = \frac{\alpha x_F}{1 + (\alpha - 1)x_F} = \frac{2.46 \times 0.44}{1 + 1.46 \times 0.44} = 0.659$$

$$R_{\min} = \frac{0.975 - 0.659}{0.659 - 0.44} = 1.44$$

则 $\qquad \dfrac{R-1.44}{R+1} = 0.358$

解得 $\qquad R = 2.80$

　　讨论：本题为精馏过程的操作型计算，一般要用试差法求解，即用图解试差法或逐板试差法求回流比。这样较上述简捷法可得到较准确的结果。

　　图解试差法步骤如下：首先假设一回流比，依已知数据 x_D、x_W、x_q 及 q 在 x—y 图上图解，可得理论板数。若图解得到的理论板数与已知的理论板数相近，则所设的回流比即为所求，否则重设 R，直至满足要求为止。同时可求得适宜的加料位置。

　　[例6-14]　在常压连续精馏塔中，分离甲醇—水混合液。原料液组成为0.3（甲醇摩尔分率，下同），冷液进料（$q = 1.2$），馏出液组成为0.9，甲醇回收率为90%，回流比为2.0，试分别写出以下两种加热方式时的操作线方程：

　　（1）间接蒸汽加热；

　　（2）直接蒸汽加热。

　　解：（1）间接蒸汽加热时操作线方程

　　精馏段操作线方程为

$$y = \frac{R}{R+1}x + \frac{x_D}{R+1} = \frac{2}{2+1}x + \frac{0.9}{2+1} = 0.667x + 0.3$$

提馏段操作线方程为

$$y' = \frac{L + qF}{L + qF - W} x' - \frac{W}{L + qF - W} x_W = \frac{RD/F + q}{RD/F + q - W/F} x' - \frac{W/F}{RD/F + q - W/F} x_W$$

其中

$$\frac{D}{F} = \frac{\eta_D x_F}{x_D} = \frac{0.9 \times 0.3}{0.9} = 0.3$$

$$\frac{W}{F} = 1 - 0.3 = 0.7$$

$$x_W = \frac{Fx_F - Dx_D}{F - D} = \frac{x_F - \dfrac{D}{F} x_D}{1 - \dfrac{D}{F}} = \frac{0.3 - 0.3 \times 0.9}{1 - 0.3} = 0.042\,9 \approx 0.043$$

即

$$y' = \frac{2 \times 0.3 + 1.2}{2 \times 0.3 + 1.2 - 0.7} x' - \frac{0.7}{2 \times 0.3 + 1.2 - 0.7} \times 0.043 = 1.636x' - 0.027\,4$$

(2) 直接蒸汽加热时操作线方程

精馏段操作线方程应与 (1) 的相同。

提馏段操作线方程为

$$y' = \frac{L'}{V'} x' - \frac{W}{V'} x_W = \frac{W}{V_0} x' - \frac{W}{V_0} x_W$$

其中

$$W = L' = RD + qF$$

设 $F = 1$ kmol/h，则 $W = 2 \times 0.3 + 1.2 \times 1 = 1.8$ kmol/h

加热蒸汽流量

$$V_0 = V' = (R + 1)D - (1 - q)F = (2 + 1) \times 0.3 - (1 - 1.2) \times 1 = 1.1 \text{ kmol/h}$$

$$x_W = \frac{(1 - \eta_D)Fx_F}{W} = \frac{(1 - 0.9) \times 1 \times 0.3}{1.8} = 0.016\,7$$

故

$$y' = \frac{1.8}{1.1} x' - \frac{1.8}{1.1} \times 0.016\,7 = 1.636x' - 0.027\,3$$

讨论：当 F、x_F、q、R、x_D、η_D（或 $\dfrac{D}{F}$）相同时，两种加热方式比较如下表：

间接蒸汽加热		直接蒸汽加热
L'	=	L'
V'	=	V'
W	<	W
x_W	>	x_W
N_T	<	N_T

两种加热方式下，精馏段操作线位置相同。提馏段操作线也是斜率相同的直线，但两者端点不同，前者在对角线上，后者在 x 轴上，如本例附图所示。

直接蒸汽加热时所需理论板数比间接蒸汽加热时的稍多，这是因为直接蒸汽的稀释作用，故需增多理论板数来回收易挥发组分。

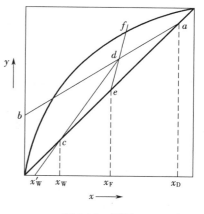

例 6-14　附图

[**例 6-15**]　在具有两层理论板的提馏塔中，分离水溶液中的易挥发组分。原料液流量

186

为 100 kmol/h,组成为 0.2(易挥发组分摩尔分率),q 为 1.15 的冷液进料。在操作范围内平衡关系可视为 $y = 3x$。塔底用直接蒸汽加热,饱和蒸汽用量为 50 kmol/h,试求馏出液组成和易挥发组分的回收率。

解: 本题涉及提馏塔,原料液从塔顶加入,塔顶无回流,塔底无再沸器,直接蒸汽加热,其示意图如附图所示。

因塔内为恒摩尔流动,故

$$W = L' = qF = 1.15 \times 100 = 115 \text{ kmol/h}$$

由全塔物料衡算得

$$D = F + V_0 - W = 100 + 50 - 115 = 35 \text{ kmol/h}$$

且

$$V' = V_0 = 50 \text{ kmol/h}$$

提馏段操作线方程为

$$y' = \frac{L'}{V_0} x' - \frac{W}{V_0} x_W = \frac{115}{50} x' - \frac{115}{50} x_W = 2.3 x' - 2.3 x_W$$

对第 2 层理论板,y_2' 与 x_W 呈平衡关系,故

$$y_2' = 3 x_W$$

y_2' 与 x_1' 呈操作线关系,即

$$x_1' = \frac{y_2'}{2.3} + x_W = 2.304 x_W$$

且

$$x_D = y_1' = 3 x_1' = 3 \times 2.304 x_W = 6.912 x_W \qquad (1)$$

全塔物料衡算得

$$Fx_F = Dx_D + Wx_W$$

$$100 \times 0.2 = 35 x_D + 115 x_W \qquad (2)$$

联立式(1)和式(2)解得

$$x_D = 0.387, \quad x_W = 0.056$$

易挥发组分的回收率为

$$\eta_D = \frac{Dx_D}{Fx_F} = \frac{35 \times 0.387}{100 \times 0.2} = 0.677 = 67.7\%$$

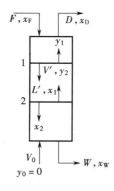

例 6-15 附图

讨论: 当分离水溶液、且水为难挥发组分时,常用直接蒸汽加热,这样可节省再沸器,提高传热效率。

[例 6-16] 在连续精馏塔中分离两组分理想溶液,原料液流量为 100 kmol/h,组成为 0.5(易挥发组分摩尔分率,下同),饱和蒸气加料。馏出液组成为 0.95,釜残液组成为 0.1。物系的平均相对挥发度为 2.0。塔顶全用全凝器,泡点回流。塔釜间接蒸汽加热。塔釜的汽化量为最小汽化量的 1.5 倍,试求:

(1)塔釜汽化量;

(2)从塔顶往下计第 2 层理论板下降的液相组成。

解: 先求出最小回流比,再由最小回流比与最小汽化量的关系求得 V_{min}。液相组成 x_2 可用逐板计算得到。

(1)塔釜汽化量

先求最小回流比,即

$$R_{\min} = \frac{x_D - y_q}{y_q - x_q}$$

因 $q = 0$，故

$$y_q = x_F = 0.5$$

$$x_q = \frac{y_q}{\alpha - (\alpha - 1)y_q} = \frac{0.5}{2.0 - 0.5} = 0.333$$

则

$$R_{\min} = \frac{0.95 - 0.5}{0.5 - 0.333} = 2.70$$

最小汽化量为

$$V_{\min} = (R_{\min} + 1)D = (2.7 + 1)D$$

其中 D 由物料衡算求得，即

$$Dx_D = Fx_F - (F - D)x_W$$

或

$$D = F\left(\frac{x_F - x_W}{x_D - x_W}\right) = 100 \times \frac{0.5 - 0.1}{0.95 - 0.1} = 47 \text{ kmol/h}$$

$$W = 53 \text{ kmol/h}$$

则

$$V_{\min} = (2.7 + 1) \times 47 = 173.9 \text{ kmol/h}$$

塔釜最小汽化量为

$$V'_{\min} = V_{\min} - (1 - q)F = 173.9 - 100 = 73.9 \text{ kmol/h}$$

塔釜汽化量为

$$V' = 1.5 V'_{\min} = 1.5 \times 73.9 = 110.9 \text{ kmol/h}$$

（2）第2层理论板下降的液相组成 x_2

操作回流比由下式求得，即

$$V' = V - (1 - q)F = (R + 1)D - (1 - q)F$$

即

$$110.9 = (R + 1) \times 47 - 100$$

解得

$$R = 3.487$$

精馏段操作线方程为

$$y = \frac{R}{R + 1}x + \frac{x_D}{R + 1} = \frac{3.487}{3.487 + 1}x + \frac{0.95}{4.487} = 0.777x + 0.212$$

因塔顶采用全凝器，故

$$y_1 = x_D = 0.95$$

逐板计算如下：

$$x_1 = \frac{y_1}{\alpha_1 - (\alpha - 1)y_1} = \frac{0.95}{2 - 0.95} = 0.905$$

$$y_2 = 0.777 \times 0.905 + 0.212 = 0.915$$

则

$$x_2 = \frac{0.915}{2 - 0.915} = 0.843$$

另解：塔釜最小汽化量也可由提馏段操作线斜率求得

$$\frac{L'_{\min}}{V'_{\min}} = \frac{V'_{\min} + W}{V'_{\min}} = \frac{y_q - x_W}{x_q - x_W}$$

即　　　　$\dfrac{V'_{\min} + 53}{V'_{\min}} = \dfrac{0.5 - 0.1}{0.333 - 0.1}$

解得　　　$V'_{\min} = 73.95$ kmol/h

上述两种解法所得结果基本一致。

[例6-17]　在常压下对苯—甲苯混合液进行蒸馏,原料液量为100 kmol,组成为0.7(苯摩尔分率,下同),塔顶产品组成为0.8。物系的平均相对挥发度为2.46,试分别求出平衡蒸馏和简单蒸馏两种操作方式下的汽化率。

解:(1)平衡蒸馏

将原料液通过平衡蒸馏得到气、液两相组成呈平衡关系,即

$$y_D = \dfrac{\alpha x_W}{1 + (\alpha - 1)x_W}$$

或　　$x_W = \dfrac{y_D}{\alpha - (\alpha - 1)y_D} = \dfrac{0.8}{2.46 - 1.46 \times 0.8} = 0.619$

平衡蒸馏时汽化率可由物料衡算得到

$$F = V + L$$

$$Fx_F = Vy_D + Lx_W = Vy_D + (F - V)x_W$$

由上式整理得汽化率为

$$\dfrac{V}{F} = \dfrac{x_F - x_W}{y_D - x_W} = \dfrac{0.7 - 0.619}{0.8 - 0.619} = 0.448$$

(2)简单蒸馏

通过微分衡算,并积分得

$$\ln \dfrac{F}{W_2} = \int_{x_2}^{x_1} \dfrac{dx}{y - x}$$

将气液平衡方程 $y = \dfrac{\alpha x}{1 + (\alpha - 1)x}$ 代入上式积分项中,则可得

$$\ln \dfrac{F}{W_2} = \dfrac{1}{\alpha - 1}\left(\ln \dfrac{x_1}{x_2} + \alpha \ln \dfrac{1 - x_2}{1 - x_1}\right)$$

即　　$\ln \dfrac{100}{W_2} = \dfrac{1}{2.46 - 1}\left(\ln \dfrac{0.7}{x_2} + 2.46\ln \dfrac{1 - x_2}{1 - 0.7}\right)$　　　　　　(1)

对一批操作作物料衡算可得

$$F = D + W_2 = 100 \tag{2}$$

$$Fx_F = Dx_D + W_2x_2$$

或　　$x_D = 0.8 = \dfrac{100 \times 0.7 - W_2x_2}{100 - W_2}$　　　　　　　　　　　　(3)

联立式(1)和式(3)试差解得

$$x_2 = 0.5, W_2 = 33.3 \text{ kmol}$$

由式(2)得

$$D = 100 - 33.3 = 66.7 \text{ kmol}$$

汽化率为

$$\dfrac{V}{F} = \dfrac{D}{F} = \dfrac{66.7}{100} = 0.667$$

讨论:因平衡蒸馏实现了过程的连续化,但同时造成了物料的混合,其分离效果不如间歇操作的简单蒸馏。若要求两者保持相同的分离程度,则简单蒸馏时的汽化率较平衡蒸馏时的为大。

[例6-18] 在常压连续精馏塔中分离某两组分理想溶液。若已知精馏塔的理论板数 N_T 和加料位置,原料液组成为 x_F,进料热状态参数为 q,回流比为 R,物系的平均相对挥发度为 α,试写出预估 x_D 和 x_W 的步骤。

解:本题为操作型计算,一般应用试差法求解。根据已知 N_T 和加料位置,可知精馏段理论板数 N_R 和提馏段理论板数 N_S。

图解试差法求 x_D 和 x_W 的步骤如下:

①由物系的平均相对挥发度在 x—y 图上做出平衡曲线及对角线。

②根据 x_F 和 q 做出 q 线。

③先设 x_D 的初值,由 x_D 和 R 做出精馏段操作线,在该操作线和平衡线间绘梯级,定出精馏段理论板数 N'_R。若 N'_R 和给定的 N_R 相等,则所设 x_D 即为所求。若 N'_R 和 N_R 不相等,则重设 x_D,重复上述图解计算过程,直至 N'_R 和 N_R 相等为止,此时所设 x_D 即为所求。

④再设 x_W 初值,根据 x_W 和 q 线与精馏段操作线的交点做出提馏段操作线。在提馏段操作线和平衡线间绘梯级,求出提馏段理论板数 N'_S。若 N'_S 与给定的 N_S 相等,则所设的 x_W 即为所求。否则重设 x_W,并重复上述图解计算过程,直至 N'_S 和 N_S 相等为止。此时所设 x_W 即为所求。

注意:物料的采出量不能任意规定,应符合物料衡算关系。

[例6-19] 在常压连续精馏塔中分离两组分理想溶液。该物系的平均相对挥发度为 2.5。原料液组成为 0.35(易挥发组分摩尔分率,下同),饱和蒸气加料。塔顶采出率 $\dfrac{D}{F}$ 为 40%,且已知精馏段操作线方程为 $y = 0.75x + 0.20$,试求:

(1)提馏段操作线方程;

(2)若塔顶第一板下降的液相组成为 0.7,求该板的气相默弗里效率 E_{MV1}。

解:先由精馏段操作线方程求得 R 和 x_D,再任意假设原料液流量 F,通过全塔物料衡算求得 D、W 及 x_W,而后即可求出提馏段操作线方程。

E_{MV1} 可由默弗里效率定义式求得。

(1)提馏段操作线方程

由精馏段操作线方程知

$$\frac{R}{R+1} = 0.75$$

解得 $\qquad R = 3.0$

$$\frac{x_D}{R+1} = 0.20$$

解得 $\qquad x_D = 0.8$

设原料液流量 $F = 100 \text{ kmol/h}$

则 $\qquad D = 0.4 \times 100 = 40 \text{ kmol/h}, W = 60 \text{ kmol/h}$

$$x_W = \frac{Fx_F - Dx_D}{F - D} = \frac{100 \times 0.35 - 40 \times 0.8}{100 - 40} = 0.05$$

因 $q = 0$,故

$$L' = L = RD = 3 \times 40 = 120 \text{ kmol/h}$$

$$V' = V - (1 - q)F = (R + 1)D - (1 - q)F = 4 \times 40 - 100 = 60 \text{ kmol/h}$$

提馏段操作线方程为

$$y' = \frac{L'}{V'}x' - \frac{W}{V'}x_W = \frac{120}{60}x' - \frac{60}{60} \times 0.05 = 2x' - 0.05$$

(2)板效率 E_{MV1}

由默弗里板效率定义知

$$E_{MV1} = \frac{y_1 - y_2}{y_1^* - y_2}$$

其中

$$y_1 = x_D = 0.8$$

$$y_2 = 0.75 \times 0.7 + 0.2 = 0.725$$

$$y_1^* = \frac{\alpha x_1}{1 + (\alpha - 1)x_1} = \frac{2.5 \times 0.7}{1 + 1.5 \times 0.7} = 0.854$$

故

$$E_{MV1} = \frac{0.80 - 0.725}{0.854 - 0.725} \approx 0.58 = 58\%$$

讨论:本题要求掌握操作线方程的含义以及默弗里效率的定义。

[例6-20] 试证明精馏塔的以气相和液相表示的默弗里板效率之间符合以下关系:

$$E_{MV} = \frac{E_{ML}}{E_{ML} + \frac{mV}{L}(1 - E_{ML})}$$

式中 V——精馏塔内上升蒸气摩尔质量,kmol/h;

  L——精馏塔内下降液体摩尔流量,kmol/h;

  m——相平衡常数,量纲为1。

假设:(1)精馏塔内为恒摩尔流动,板上液体混合均匀;

  (2)气液平衡关系为 $y = mx$。

证:任意 n 板的气相及液相默弗里效率的定义式为

$$E_{MV,n} = \frac{y_n - y_{n+1}}{y_n^* - y_{n+1}} \tag{1}$$

$$E_{ML,n} = \frac{x_{n-1} - x_n}{x_{n-1} - x_n^*} \tag{2}$$

相平衡方程为

$$y = mx \text{ 或 } x = \frac{y}{m} \tag{3}$$

任意板 n 的物料衡算关系为

$$V(y_n - y_{n+1}) = L(x_{n-1} - x_n) \tag{4}$$

由式(1)、式(2)、式(3)和式(4)可推导如下:

$$E_{MV} = \frac{y_n - y_{n+1}}{mx_n - y_n + \frac{L}{V}(x_{n-1} - x_n)} = \frac{\frac{L}{V}(x_{n-1} - x_n)}{mx_n - y_n + \frac{L}{V}(x_{n-1} - x_n)}$$

$$= \frac{\frac{L}{mV}(x_{n-1}-x_n)}{x_n - \frac{y_n}{m} + \frac{L}{mV}(x_{n-1}-x_n)} = \frac{\frac{L}{mV}}{\frac{x_n - x_n^*}{x_{n-1}-x_n} + \frac{L}{mV}}$$

$$= \frac{\frac{L}{mV}}{\frac{x_{n-1}-x_n^*}{x_{n-1}-x_n} - 1 + \frac{L}{mV}} = \frac{\frac{L}{mV}}{\frac{1}{E_{ML}} - 1 + \frac{L}{mV}}$$

$$= \frac{E_{ML}}{\frac{mV}{L}(1-E_{ML}) + E_{ML}}$$

讨论:在一般情况下,$E_{MV} \neq E_{ML}$,但当$\frac{mV}{L} = 1$,即操作线和平衡线为互相平行的直线时,$E_{MV} = E_{ML}$。

🔷 学生自测 🔷 🔷

一、填空或选择

1. 精馏操作的依据是_____。实现精馏操作的必要条件是_____和_____。

2. 气液两相呈平衡状态时,气液两相温度_____,液相组成_____气相组成。

3. 用相对挥发度 α 表达的气液平衡方程可写为_____。根据 α 的大小,可用来_____,若 $\alpha = 1$,则表示_____。

4. 在精馏操作中,若降低操作压强,则溶液的相对挥发度_____,塔顶温度_____,塔釜温度_____,从平衡角度分析对该分离过程_____。

5. 某两组分物系,相对挥发度 $\alpha = 3$,在全回流条件下进行精馏操作,对第 n、$n+1$ 两层理论板(从塔顶往下计),若已知 $y_n = 0.4$,则 $y_{n+1} = $_____。全回流操作通常适用于_____或_____。

6. 精馏和蒸馏的区别在于_____;平衡蒸馏和简单蒸馏的主要区别在于_____。

7. 精馏塔的塔顶温度总是低于塔底温度,其原因是_____和_____。

8. 在总压为 101.33 kPa、温度为 85 ℃下,苯和甲苯的饱和蒸气压分别为 $p_A^\circ = 116.9$ kPa、$p_B^\circ = 46$ kPa,则相对挥发度 $\alpha = $_____,平衡时液相组成 $x_A = $_____,气相组成 $y_A = $_____。

9. 某精馏塔的精馏段操作线方程为 $y = 0.72x + 0.275$,则该塔的操作回流比为_____,馏出液组成为_____。

10. 最小回流比的定义是_____,适宜回流比通常取为_____ R_{min}。

11. 精馏塔进料可能有_____种不同的热状况,当进料为气液混合物且气液摩尔比为 2:3 时,则进料热状况 q 值为_____。

12. 在某精馏塔中,分离物系相对挥发度为 2.5 的两组分溶液,操作回流比为 3,若测得精馏段第 2、3 层塔板(从塔顶往下计)的液相组成 $x_2 = 0.45$、$x_3 = 0.4$,馏出液组成 x_D 为 0.96(以上均为摩尔分率),则第 3 层塔板的气相默弗里效率 $E_{MV3} =$ _____。

13. 在精馏塔设计中,F、x_F、q、D 保持不变,若增加回流比 R,则 x_D _____,x_W _____,V _____,L/V _____。

14. 在精馏塔设计中,若 F、x_F、x_D、x_W 及 R 一定,进料由原来的饱和蒸气改为饱和液体,则所需理论板数 N_T _____。精馏段上升蒸气量 V _____、下降液体量 L _____;提馏段上升蒸气量 V' _____,下降液体量 L' _____。

15. 操作中的精馏塔,增大回流比,其他操作条件不变,则精馏段液气比 L/V _____,提馏段液气比 L'/V' _____,x_D _____,x_W _____。

16. 操作中的精馏塔,保持 F、q、x_F、V 不变,若釜液量 W 增加,则 x_D _____,x_W _____,L/V _____。

17. 在连续精馏塔中,若 x_F、x_D、R、q、D/F 相同,塔釜由直接蒸汽加热改为间接蒸汽加热,则所需理论板数 N_T _____,x_W _____。

18. 共沸精馏与萃取精馏的共同点是_____。两者主要区别是____ _____和_____。

19. 某二元混合物,若液相组成 x_A 为 0.45,相应的泡点温度为 t_1;气相组成 y_A 为 0.45,相应的露点温度为 t_2,则( )。

    A. $t_1 < t_2$ B. $t_1 = t_2$ C. $t_1 > t_2$ D. 不能判断

20. 两组分物系的相对挥发度越小,则表示分离该物系( )。

    A. 容易   B. 困难   C. 完全   D. 不完全

21. 精馏塔的操作线是直线,其原因是( )。

    A. 理论板假定   B. 理想物系   C. 塔顶泡点回流   D. 恒摩尔流假定

22. 分离某两元混合液,进料量为 10 kmol/h,组成 x_F 为 0.6,若要求馏出液组成 x_D 不小于 0.9,则最大馏出液量为( )。

    A. 6.67 kmol/h   B. 6 kmol/h   C. 9 kmol/h   D. 不能确定

23. 精馏塔中由塔顶往下的第 $n-1$、n、$n+1$ 层理论板,其气相组成关系为( )。

    A. $y_{n+1} > y_n > y_{n-1}$ B. $y_{n+1} < y_n < y_{n-1}$

    C. $y_{n+1} = y_n = y_{n-1}$ D. 不确定

24. 在原料量和组成相同的条件下,用简单蒸馏所得气相总组成为 x_{D1},用平衡蒸馏得气相总组成为 x_{D2},若两种蒸馏方法所得的气相量相同,则( )。

    A. $x_{D1} > x_{D2}$ B. $x_{D1} = x_{D2}$ C. $x_{D1} < x_{D2}$ D. 不能判断

25. 在精馏塔的图解计算中,若进料热状况变化,将使( )。

    A. 平衡线发生变化   B. 操作线与 q 线变化

    C. 平衡线和 q 线变化   D. 平衡线和操作线变化

26. 操作中的精馏塔,若选用的回流比小于最小回流比,则( )。

    A. 不能操作   B. x_D、x_W 均增加

C. x_D、x_W 均不变   D. x_D 减小、x_W 增加

27. 操作中的精馏塔，若保持 F、q、x_D、x_W、V' 不变，减小 x_F，则（　　）。

     A. D 增大、R 减小   B. D 减小、R 不变

     C. D 减小、R 增大   D. D 不变、R 增大

28. 用某精馏塔分离两组分溶液，规定产品组成 x_D、x_W。当进料组成为 x_{F1} 时，相应回流比为 R_1；进料组成为 x_{F2} 时，相应回流比为 R_2。若 $x_{F1} < x_{F2}$，进料热状况不变，则（　　）。

     A. $R_1 < R_2$ B. $R_1 = R_2$ C. $R_1 > R_2$ D. 无法判断

29. 用精馏塔完成分离任务所需理论板数 N_T 为 8（包括再沸器），若全塔效率 E_T 为 50%，则塔内实际板数为（　　）。

     A. 16 层   B. 12 层   C. 14 层   D. 无法确定

30. 在常压下苯的沸点为 80.1 ℃，环己烷的沸点为 80.73 ℃，欲使该两组分混合液得到分离则宜采用（　　）。

     A. 共沸精馏   B. 普通精馏   C. 萃取精馏   D. 水蒸气精馏

二、计算

1 在常压连续精馏塔中分离某两组分理想溶液。塔顶冷凝方式分别采用以下三种冷凝方式，如本题附图 1、附图 2 和附图 3 所示。各塔顶第一板上升蒸气摩尔流量 V 均相同，组成 y_1 也均相同，回流比为 1.0。三种情况均为泡点回流。试比较：

（1）t_1、t_2、t_3 的大小；

（2）x_{L1}、x_{L2}、x_{L3} 的大小；

（3）x_{D1}、x_{D2}、x_{D3} 的大小。

各符号的意义如各附图所示。

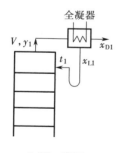

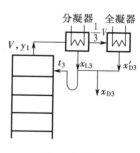

1 题　附图 1   1 题　附图 2   1 题　附图 3

2. 用简单蒸馏方式分离某两组分混合液，原料液组成为 $x_F = 0.4$（摩尔分率，下同）。若要求釜残液组成 $x_W = 0.1$，试求所得气相的平均组成 $x_{D,m}$。设相平衡关系在本题范围内可用下式表示：$y = 1.5x + 0.05$。

3. 在连续精馏塔中分离某两组分物系，该物系的相对挥发度为 2.5。原料组成为 0.45（摩尔分率，下同），进料为气液混合物，气液比为 1:2，塔顶馏出液组成为 0.95，易挥发组分的回收率为 95%。回流比 $R = 1.5R_{min}$，试求：

（1）原料中气相和液相组成；

（2）提馏段操作线方程。

4. 在常压连续精馏塔中分离某两组分理想溶液,物系的平均相对挥发度为 2.0。馏出液组成为 0.94(摩尔分率,下同),釜残液组成为 0.04,釜残液流量为 150 kmol/h。回流比为最小回流比的 1.2 倍。且已知进料方程为 $y = 6x - 1.5$。试求精馏段操作线方程和提馏段操作线方程。

5. 在具有侧线采出的连续精馏塔中分离两组分理想溶液,如本题附图所示。原料液流量为 100 kmol/h,组成为 0.5(摩尔分率,下同),饱和液体进料。从精馏段抽出组成 x_{D2} 为 0.9 的饱和液体。塔顶馏出液流量 D_1 为 20 kmol/h,组成 x_{D1} 为 0.98,釜残液组成为 0.05。物系的平均相对挥发度为 2.5。塔顶为全凝器,泡点回流,回流比为 3.0,试求:

(1)侧线采出流量 D_2(kmol/h);

(2)中间段的操作线方程。

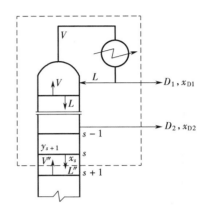

5 题　附图

6. 在连续精馏塔中分离组分 A 和水的混合液(其中 A 为易挥发组分)。进料组成为 0.5(摩尔分率,下同),泡点进料。馏出液组成为 0.95,釜残液组成为 0.1。塔顶为全凝器,泡点回流,回流比为 1.5。塔底采用饱和水蒸气直接加热。每层塔板的气相默弗里效率 $E_{MV} = 0.5$,在本题计算范围内相平衡关系为 $y = 0.5x + 0.5$。试求:

(1)从塔顶的第一层塔板下降的液体组成;

(2)塔顶的采出率 D/F。

7. 在连续精馏塔内分离二元理想物系,已知进料量 120 kmol/h,进料组成为 0.55(易挥发组分摩尔分数,下同),饱和蒸汽进料。操作条件下物系的相对挥发度为 2.5,操作中釜残液流量为 55 kmol/h,提馏段上升蒸汽量为 140 kmol/h,回流比取为最小回流比的 1.55 倍,塔顶采用全凝器,泡点回流。试求:

(1)回流比 R,塔顶产品组成 x_D,塔釜出料组成 x_W;

(2)若测得塔内第 n 块板液相单板效率 $E_{ML} = 0.5$,从 $n-1$ 块板流下的液相组成为 0.925,计算离开第 n 板的汽、液相组成。

8. 用一精馏塔分离二元理想溶液,原料组成 0.35(摩尔分数,下同),物系相对挥发度 2.35,分离要求塔顶组成达到 0.95,对塔内某块实际板 n,测得进入第 n 板的汽相组成为 0.770,离开第 n 板的汽相组成为 0.816,离开第 n 板的液相组成为 0.700,操作中取 $R/R_{min} = 1.823$,试求:

(1)回流比 R 和精馏段的操作线方程;

(2)进料热状况和 q 线方程;

(3)以液相组成表达的第 n 板的单板效率 E_{ML}。

9. 在一常压连续精馏塔内分离二元理想物系,组成为 0.374(易挥发组分摩尔分数,下同)的原料经预热器加热至指定温度后加入塔内,已知原料在此温度下为汽液混合状态,测得汽相组成为 0.442,液相组成为 0.248。若要求塔顶产品组成为 0.97,塔釜产品组成为

0.01,操作回流比取最小回流比的 1.7 倍,现场测得相邻两块板的液相组成为 $x_{n-1}=0.756$,$x_n=0.673$,试求:

　　(1)进料热状况参数(q 值)及进料(q 线)方程;

　　(2)精馏段和提馏段的操作线方程;

　　(3)第 n 块板用液相组成表示的单板效率。

第7章 吸 收

英文字母

a——填料层的有效比表面积,m^2/m^3;

A——吸收因数,量纲为1;

c——组分浓度,$kmol/m^3$;

C——总浓度,$kmol/m^3$;

d——直径,m;

D——在气相中的分子扩散系数,m^2/s;

D——塔径,m;

D'——在液相中的分子扩散系数,m^2/s;

E——亨利系数,Pa 或 kPa;

g——重力加速度,m/s^2;

G——气相空塔质量流速,$kg/(m^2 \cdot s)$;

H——溶解度系数,$kmol/(m^3 \cdot kPa)$;

H_G——气相传质单元高度,m;

H_L——液相传质单元高度,m;

H_{OG}——气相总传质单元高度,m;

H_{OL}——液相总传质单元高度,m;

J——分子扩散通量,$kmol/(m^2 \cdot s)$;

k_G——气相吸收分系数,$kmol/(m^2 \cdot s \cdot kPa)$;

k_L——液相吸收分系数,$kmol/(m^2 \cdot s \cdot kmol/m^3)$;

k_X——液相吸收分系数,$kmol/(m^2 \cdot s)$;

k_Y——气相吸收分系数,$kmol/(m^2 \cdot s)$;

K_G——气相总吸收系数,$kmol/(m^2 \cdot s \cdot kPa)$;

K_L——液相总吸收系数,$kmol/(m^2 \cdot s \cdot kmol/m^3)$;

K_X——液相总吸收系数,$kmol/(m^2 \cdot s)$;

K_Y——气相总吸收系数,$kmol/(m^2 \cdot s)$;

L——吸收剂用量,$kmol/s$;

m——相平衡常数,量纲为1;

N——总体流动通量,$kmol/(m^2 \cdot s)$;

N_A——溶质 A 的传递通量,$kmol/(m^2 \cdot s)$;

N_G——气相传质单元数,量纲为1;

N_L——液相传质单元数,量纲为1;

N_{OG}——气相总传质单元数,量纲为1;

N_{OL}——液相总传质单元数,量纲为1;

N_T——理论板数;

p——组分分压,Pa;

P——总压,Pa;

R——通用气体常数,$kJ/(kmol \cdot K)$;

S——脱吸因数,量纲为1;

T——热力学温度,K;

u——气体空塔速度,m/s;

V——惰性气体摩尔质量,$kmol/s$;

V_s——混合气体的体积流量,m^3/s;

x——组分 A 在液相中的摩尔分率;

X——组分 A 在液相中的摩尔比;

y——组分 A 在气相中的摩尔分率;

Y——组分 A 在气相中的摩尔比;

z——扩散距离,m;

z_G——气膜厚度,m;

z_L——液膜厚度,m;

Z——填料层高度,m。

希腊字母

ρ——密度,kg/m^3;

φ_A——组分 A 吸收率,量纲为1;

Ω——塔截面积,m^2。

下标

A——组分 A 的;

B——组分 B 的；
G——气相的；
L——液相的；

m——对数平均的；
max——最大的；
min——最小的。

本章学习指导

1. 本章学习目的

通过本章学习,掌握吸收过程的机理、吸收过程及设备的计算、吸收过程的因素分析。

2. 本章应掌握的主要内容

本章讨论重点为两组分物理吸收过程的计算和分析,主要应掌握的内容包括:气液平衡关系的表达和应用;吸收过程的机理和吸收速率方程;吸收塔的物料衡算、操作线关系和液气比的确定;填料层高度的计算;影响吸收过程的因素分析等。

3. 本章特点和应注意的问题

吸收操作广泛应用于气体混合物的分离,它是依据气体混合物中各组分在某种溶剂中的溶解度的差异达到分离的目的。

在大多数吸收操作中,为了取得较纯净的溶质组分或者为吸收剂的再生利用,其操作流程一般包括吸收和脱吸两个组成部分。吸收操作的经济性往往取决于再生费用。常用的脱吸方法有减压、升温和吹气等。吸收和脱吸两者所用设备类似,计算方法相仿。

吸收操作既可在填料塔中、又可在板式塔中进行,本章以填料塔(微分接触)为主要讨论对象,重点讨论对低浓度气体混合物的单组分等温物理吸收过程。对特定的吸收任务,确定填料层高度(传质单元数法)是本章的核心。同时应掌握对影响吸收过程因素的分析,以解决工业吸收过程中的实际问题。

在有关传质(吸收)机理的学习中,可对比传热机理,注意它们间的异同。此外还应特别注意有关物理量的单位和互换。

本章学习要点

一、描述吸收过程的基本关系

对低浓度气体混合物的吸收,通常可做以下假设:

①流经填料塔的混合气体流量($kmol/(m^2 \cdot s)$)和液体流量($kmol/(m^2 \cdot s)$)可视为常量,因此全塔流动状况基本相同,致使吸收分系数 k_G 和 k_L 在全塔各截面可视为常数。

②吸收过程是等温进行的,因此可不必考虑热量衡算。

上述假设使气体吸收过程的计算大为简化,而又不会导致计算结果的较大误差。

(一)气液平衡关系

1. 气液平衡的表达方式

对单组分物理吸收体系,在总压 P 及温度 t 一定的条件下,气液相平衡时气相组成是液相组成的单值函数。由于气液相组成可有多种表示方法,因此气液平衡相应有多种函数关系。

气液平衡关系一般通过实验测定,可用列表、图线或关系式表示。在二维坐标上标绘成的气液相平衡关系曲线,又称为溶解度曲线。

在总压不高及一定温度下,对于稀溶液和难溶气体的体系,其气液平衡可用亨利定律表

198

达,其数学表达式如下:

① $p^* = Ex$ $\qquad\qquad\qquad\qquad\qquad\qquad\qquad$ (7-1)

应指出,亨利系数 E 的数值取决于物系的特性及温度。E 值愈大,表示溶解度愈低。因此易溶气体 E 值较小,温度愈高 E 值愈大。

② $p^* = \dfrac{c}{H}$ $\qquad\qquad\qquad\qquad\qquad\qquad\qquad$ (7-2)

与亨利系数 E 相反,溶解度系数 H 愈大,表示溶解度愈高。因此易溶气体 H 值较大,且 H 随温度 t 的升高而减小。

③ $y^* = mx$ $\qquad\qquad\qquad\qquad\qquad\qquad\qquad$ (7-3)

$$Y^* = \frac{mX}{1 + (1 - m)X} \approx mX \qquad\qquad\qquad (7\text{-}3a)$$

与亨利系数 E 相似,相平衡常数 m 愈大,表示溶解度愈低。

E、H 和 m 三个常数间关系为

$$H = \frac{\rho_s}{E M_s} \qquad\qquad\qquad\qquad\qquad\qquad (7\text{-}4)$$

$$m = \frac{E}{P} \qquad\qquad\qquad\qquad\qquad\qquad (7\text{-}5)$$

应注意以下几点:

①亨利定律有多种表达式,使用中以方便为原则,通常实验测定采用式(7-1),而吸收计算多利用式(7-3)或式(7-3a)。

②相平衡常数 m 的数值与总压有关,在具体计算中一定要与相应的压强相一致。

③从相平衡可知,低温、高压有利于吸收操作。但是 t 和 P 的选择还应考虑吸收速率等因素。

2. 气液平衡关系的应用

(1)判断过程的方向　当气、液两相接触时,可利用气液平衡关系确定一相与另一相呈平衡的组成,将其与该相的实际组成比较,便可判断过程的方向,即:

若 $Y > Y^*$ 或 $X < X^*$,则为吸收过程;

若 $Y = Y^*$ 或 $X = X^*$,则两相呈平衡状态;

若 $Y < Y^*$ 或 $X > X^*$,则为脱吸过程。

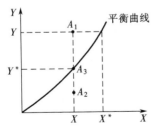

图 7-1　过程方向和过程推动力

通常利用平衡曲线图,判断过程方向更为简明,如图 7-1 所示,由气、液相实际组成在 X—Y 图上确定其状态点,称为初始状态点,若点 A_1 在平衡曲线上方,则发生吸收过程;若点 A_2 在平衡曲线下方,则发生脱吸过程;若点 A_3 在平衡曲线上,则两相呈平衡状态。

(2)计算过程推动力　在吸收过程中,通常以某一相的实际组成与平衡组成的偏离程度表示吸收过程推动力。推动力愈大,吸收过程速率愈快。

如图 7-1 所示,$(Y - Y^*)$ 称为以气相组成差表示的吸收推动力;$(X^* - X)$ 称为以液相组成差表示的吸收推动力。因此气、液平衡关系是描述吸收过程的基本关系之一。

(3)确定过程的极限　以逆流吸收塔为例,如图 7-2 所示。塔顶以下标 2 表示,塔底以下标 1 表示。若增加塔高,减小吸收剂用量 L(即减小液气比 L/V),则塔底吸收液的出口组

成 X_1 必增加,但是即使在塔非常高、吸收剂用量很小的情况下, X_1 也不会无限增大,其极限为

$$X_{1,\max} = X_1^* = \frac{Y_1}{m}$$

反之,即使塔很高、吸收剂用量很大的情况下,吸收塔气相出口组成 Y_2 也不可能低于与 X_2 相平衡的组成 Y_2^* ,即

$$Y_{2,\min} = Y_2^* = mX_2$$

对于无限高的逆流吸收塔,平衡状态出现在塔顶还是塔底,取决于相平衡常数 m 与液气比 L/V 的相对大小。由此可见,由相平衡关系和液气比可确定吸收液出口的最高组成或尾气的最低组成。

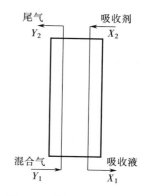

图 7-2 逆流吸收塔示意图

（二）吸收过程机理和吸收速率方程

吸收过程是溶质从气相进入液相的传质过程,它是由气相与界面间的对流传质、界面上溶质的溶解及液相与界面间的对流传质三步串联而实现的。它与间壁两侧热、冷流体间的传热情况相似,因此可将两者进行类比,注意它们间的异同。

1. 菲克定律

菲克定律是表述分子扩散现象的基本规律,其数学表达式为

$$J_A = -D \frac{dc_A}{dz} \tag{7-6}$$

菲克定律与热传导的傅里叶定律及动量传递的牛顿黏性定律在表达形式上有共同的特点,它们都是描述某种传递过程的现象方程。

分子扩散系数是物质的传递特性,其值与物系、浓度、温度及压强等因素有关,一般通过实验测定,有时也可用半经验或经验公式估算。

当温度和压强改变时,气体分子扩散系数可按下式估算:

$$D = D_0 \left(\frac{p_0}{p}\right) \left(\frac{T}{T_0}\right)^{1.5} \tag{7-7}$$

2. 定态的对流扩散速率方程

对流扩散速率方程可仿照对流传热速率方程导出。

对气相　$N_A = \dfrac{D}{RTz_G} \dfrac{P}{p_{Bm}}(p_{A1} - p_{Ai})$ \hfill (7-8)

对液相　$N_A = \dfrac{D'}{z_L} \dfrac{C}{c_{Sm}}(c_{Ai} - c_{A2})$ \hfill (7-9)

上二式中的 $\dfrac{P}{p_{Bm}}$ 和 $\dfrac{C}{c_{Sm}}$ 项均称为由主体流动引起的漂流因数,其值愈大,扩散速率愈快,反映主体流动对扩散速率的影响愈大。

3. 双膜模型

双膜模型是吸收过程的简化模型,目前在工程上仍被普遍采用。该模型可归纳为流动和传质模型两部分。

流动部分:

①相互接触的气液两相存在一固定的相界面。

②界面两侧分别存在气膜和液膜,膜内流体呈滞流流动,膜外流体呈湍流流动。膜层厚度取决于流动状况,湍流愈剧烈,膜层厚度愈薄。

传质部分:

①传质过程为定态过程,因此沿传质方向上的溶质传递速率为常量。

②界面上无传质阻力,即在界面上气、液两相组成呈平衡关系。

③在界面两侧的膜层内,物质以分子扩散机理进行传质。

④膜外湍流主体内,传质阻力可忽略,因此气、液相间的传质阻力取决于界面两侧的膜层传质阻力。

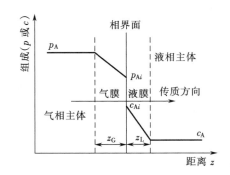

根据双膜模型,吸收过程中气、液相界面两侧的组成分布如图7-3所示。

4.吸收速率方程

吸收速率方程的一般表达式为

吸收速率 = 吸收系数 × 吸收推动力

$$= \frac{\text{吸收推动力}}{\text{吸收阻力}}$$

图7-3 气、液相界面两侧的组成分布

应强调指出,吸收速率方程可用总吸收系数和分吸收系数两种方法表达,其相应的推动力也不相同。此外因气、液相组成有多种表示方法,所以吸收速率方程也就有多种表达方式。在使用时一定要注意各式中吸收系数和吸收推动力两者在范围和单位上的一致性。

(1)用分吸收系数表示的吸收速率方程

$$N_A = k_G(p_1 - p_i) \tag{7-10}$$

$$N_A = k_L(c_i - c_2) \tag{7-11}$$

$$N_A = k_y(y_1 - y_i) \tag{7-12}$$

$$N_A = k_x(x_i - x_2) \tag{7-13}$$

$$N_A = k_Y(Y_1 - Y_i) \tag{7-14}$$

$$N_A = k_X(X_i - X_2) \tag{7-15}$$

式中 k_G——以 Δp 为推动力的分吸收系数,又称气膜吸收系数,$kmol/(m^2 \cdot s \cdot Pa)$,其定义式为

$$k_G = \frac{D}{RTz_G} \frac{P}{p_{Bm}} \tag{7-16}$$

k_L——以液相内 Δc 为推动力的分吸收系数,又称液膜吸收系数,

$kmol/(m^2 \cdot s \cdot kmol/m^3)$,其定义式为

$$k_L = \frac{D'}{z_L} \frac{C}{c_{Sm}} \tag{7-17}$$

上述各式中下标1表示气相主体,2表示液相主体,i 表示气液相界面。各组成均指溶质 A 的组成,故在相应符号中略去下标 A。

(2)用总吸收系数表示的吸收速率方程

$$N_A = K_G(p - p^*) \tag{7-18}$$

$$N_A = K_L(c^* - c) \tag{7-19}$$

$$N_A = K_y(y - y^*) \tag{7-20}$$

$$N_A = K_x(x^* - x) \tag{7-21}$$

$$N_A = K_Y(Y - Y^*) \tag{7-22}$$

$$N_A = K_X(X^* - X) \tag{7-23}$$

应指出,采用哪一个速率方程计算吸收速率,通常以方便为原则;为避开界面组成,则宜用总吸收系数的速率方程。在低浓度气体混合物的吸收计算中,最常用的速率方程为

$$N_A = K_Y(Y - Y^*)$$

和

$$N_A = K_X(X^* - X)$$

5. 各种吸收系数之间的关系

（1）总吸收系数和分吸收系数之间的关系　当气液平衡关系符合亨利定律时,总吸收系数和分吸收系数之间关系为

$$\frac{1}{K_G} = \frac{1}{k_G} + \frac{1}{Hk_L} \tag{7-24}$$

$$\frac{1}{K_L} = \frac{1}{k_L} + \frac{H}{k_G} \tag{7-25}$$

$$\frac{1}{K_Y} = \frac{1}{k_Y} + \frac{m}{k_X} \tag{7-26}$$

$$\frac{1}{K_X} = \frac{1}{k_X} + \frac{1}{mk_Y} \tag{7-27}$$

对于易溶气体,因 m 很小或 H 很大,故

$K_G \approx k_G$ 或 $K_Y \approx k_Y$　称为气膜控制。

对于难溶气体,因 m 很大或 H 很小,故

$K_L \approx k_L$ 或 $K_X \approx k_X$　称为液膜控制。

（2）各种分系数之间的关系　当系统总压 $P \leqslant 506.5$ kPa 时,则有

$$k_Y = Pk_G$$

$$k_X = Ck_L \tag{7-28}$$

（3）总系数之间的关系　当系统总压 $P \leqslant 506.5$ kPa,且气、液相浓度很稀时,则有

$$K_Y \approx PK_G$$

$$K_X \approx CK_L \tag{7-29}$$

（三）吸收塔的物料衡算

1. 全塔物料衡算

对图 7-2 所示的逆流操作的填料吸收塔,作全塔溶质组分的物料衡算,可得

$$V(Y_1 - Y_2) = L(X_1 - X_2) \tag{7-30}$$

下标 1 表示塔底,下标 2 表示塔顶。

吸收塔的分离效果,通常用溶质的回收率来衡量,回收率(又称吸收率)定义为

$$\varphi_A = \frac{被吸收的溶质量(kmol/h)}{混合气中溶质总量(kmol/h)} = \frac{Y_1 - Y_2}{Y_1} \times 100\% \tag{7-31}$$

吸收过程中,φ_A 恒低于 100%。

2. 吸收操作线方程和操作线

在塔顶或塔底与塔中任意截面间列溶质的物料衡算,可整理得

$$Y = \frac{L}{V}X + \left(Y_2 - \frac{L}{V}X_2 \right) \tag{7-32}$$

或

$$Y = \frac{L}{V}X + \left(Y_1 - \frac{L}{V}X_1 \right) \tag{7-32a}$$

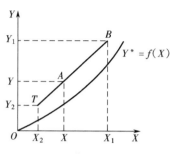

图 7-4　逆流吸收塔的操作线

上二式是等效的,皆可称为逆流吸收塔的操作线方程。该方程在 $X—Y$ 图上为一直线,称为吸收塔操作线,如图 7-4 所示。操作线位置仅决定于塔顶、塔底两端的气、液相组成,该直线的斜率为液气比 $\frac{L}{V}$。操作线上任何一点 A,代表塔内任一截面上的气、液相组成已被确定。吸收过程操作线总是位于平衡曲线的上方,两线相距愈远,表示吸收推动力愈大,有利于吸收过程。

应注意,操作线是由物料衡算决定的,仅与 V、L 及两相组成有关,而与塔型及压强、温度等无关。

对并流操作的填料吸收塔,或其他组合操作的吸收塔,读者应能依据上述原则做出它们的操作线。

3. 吸收剂最小用量和适宜用量

在极限情况下,操作线和平衡线相交(有特殊平衡线时为相切),此点推动力为零,所需填料层为无限高,对应的吸收剂用量即为最小用量。该操作线斜率为最小液气比 $\left(\frac{L}{V} \right)_{\min}$。因此最小吸收剂用量可用下式求得

$$L_{\min} = \frac{V(Y_1 - Y_2)}{X_1^* - X_2} \tag{7-33}$$

若气液平衡关系服从亨利定律,则式中 X_1^* 可由亨利定律算出,否则可由平衡曲线读出。

适宜的吸收剂用量应通过经济衡算确定,但一般在设计中可取经验值,即

$$L = (1.1 \sim 2.0)L_{\min} \tag{7-34}$$

应注意,对填料塔选定吸收剂用量时,还应保证能充分润湿填料,一般喷淋密度不应低于 5 m³/(m²·h)。可见待设计确定塔径后,还应校验喷淋密度。

二、填料吸收塔塔径的确定

$$D = \sqrt{\frac{4V_s}{\pi u}} \tag{7-35}$$

计算塔径的关键在于确定适宜的空塔气速,其选定方法见"蒸馏和吸收塔设备"一章。

三、填料层高度的计算

(一)传质单元数法

根据吸收速率方程,推导出求算填料层高度的关系式,称为传质单元数和传质单元高度法。

1. 基本公式

$$Z = 传质单元数 \times 传质单元高度$$

由于吸收速率方程形式多样,因此也可导出相应的求填料层高度的计算式,如

$$Z = \frac{V}{K_Y a\Omega} \int_{Y_2}^{Y_1} \frac{\mathrm{d}Y}{Y - Y^*} = H_{OG} N_{OG} \tag{7-36}$$

$$Z = \frac{L}{K_X a\Omega} \int_{X_2}^{X_1} \frac{\mathrm{d}X}{X^* - X} = H_{OL} N_{OL} \tag{7-37}$$

$$Z = \frac{V}{k_y a\Omega} \int_{Y_2}^{Y_1} \frac{\mathrm{d}Y}{Y - Y_i} = H_G N_G \tag{7-38}$$

$$Z = \frac{L}{k_x a\Omega} \int_{X_2}^{X_1} \frac{\mathrm{d}X}{X_i - X} = H_L N_L \tag{7-39}$$

式中　H_{OG}——气相总传质单元高度,$H_{OG} = \dfrac{V}{K_Y a\Omega}$,m;

N_{OG}——气相总传质单元数,$N_{OG} = \displaystyle\int_{Y_2}^{Y_1} \frac{\mathrm{d}Y}{Y - Y^*}$;

H_{OL}——液相总传质单元高度,$H_{OL} = \dfrac{L}{K_X a\Omega}$,m;

N_{OL}——液相总传质单元数,$N_{OL} = \displaystyle\int_{X_2}^{X_1} \frac{\mathrm{d}X}{X^* - X}$;

H_G——气相传质单元高度,$H_G = \dfrac{V}{k_y a\Omega}$,m;

N_G——气相传质单元数,$N_G = \displaystyle\int_{Y_2}^{Y_1} \frac{\mathrm{d}Y}{Y - Y_i}$;

H_L——液相传质单元高度,$H_L = \dfrac{L}{k_x a\Omega}$,m;

N_L——液相传质单元数,$N_L = \displaystyle\int_{X_2}^{X_1} \frac{\mathrm{d}X}{X_i - X}$。

由于填料有效表面积 a 很难测定,因此将其与传质系数合并一起考虑,例如 $K_Y a$ 称为气相体积吸收总系数等。

对吸收过程常使用式(7-36),对脱吸过程常使用式(7-37)。

应注意,式(7-36)或式(7-37)适用于低浓度气体混合物的吸收。若气液平衡关系不符合亨利定律,且为溶解度适中的气体时,则应考虑采用式(7-38)式(7-39)。

2. 传质单元高度

传质单元高度的大小是由过程条件所决定的,以 $H_{OG} = \dfrac{V}{K_Y a\Omega}$ 为例,式中除 V/Ω 外,就是

体积传质系数,它反映传质阻力的大小、填料性能的优劣及润湿情况的好坏,即其值与设备的形式及两相流动条件有关。若 $K_Y a$ 愈大,即吸收阻力愈小、填料有效表面积愈大,则传质单元高度愈低,为达到一定吸收分离要求所需填料层高度就愈低。

传质单元高度关系为

$$H_{OG} = H_G + \frac{mV}{L} H_L \tag{7-40}$$

$$H_{OL} = H_L + \frac{L}{mV} H_G \tag{7-41}$$

H_G 和 H_L 值可由经验公式求得，或取经验值。采用传质单元高度具有以下优点：

①单位直观，简单。

②对每种填料，传质单元高度大小变化范围窄，一般在 0.2 ~ 1.5 m 间变化，而传质系数范围广，很难有数量级的概念。

③对一定的填料，$k_Y a$ 正比于 $V^{0.7}$，而 H_G 正比于 $V^{0.3}$，波动范围小。

3. 传质单元数

传质单元数综合反映该吸收过程难易程度，其值与分离要求、平衡关系及液气比有关，而与设备形式及气液流动条件无关。

以 $N_{OG} = \int_{Y_2}^{Y_1} \dfrac{\mathrm{d}Y}{Y - Y^*}$ 为例，若 $N_{OG} = 1$，表示气体流经某单元填料层高度（即 $Z = H_{OG}$）时，其浓度变化恰等于该填料单元内气体平均推动力，则此单元称一个传质单元。$\int_{Y_2}^{Y_1} \dfrac{\mathrm{d}Y}{Y - Y^*}$ 表示从塔底到塔顶所包含的总传质单元数。

传质单元数求法：

（1）平均推动力法　平衡关系和操作线均为直线时，总传质单元数的计算式为

$$N_{OG} = \frac{Y_1 - Y_2}{\Delta Y_m} \tag{7-42}$$

及

$$N_{OL} = \frac{X_1 - X_2}{\Delta X_m} \tag{7-43}$$

式中　ΔY_m——气相对数平均浓度差，$\Delta Y_m = \dfrac{(Y_1 - Y_1^*) - (Y_2 - Y_2^*)}{\ln \dfrac{Y_1 - Y_1^*}{Y_2 - Y_2^*}} \tag{7-44}$

ΔX_m——液相对数平均浓度差，$\Delta X_m = \dfrac{(X_1^* - X_1) - (X_2^* - X_2)}{\ln \dfrac{X_1^* - X_1}{X_2^* - X_2}} \tag{7-45}$

当 $\dfrac{\Delta Y_1}{\Delta Y_2}\left(\text{或} \dfrac{\Delta X_1}{\Delta X_2}\right) \leqslant 2$ 时，ΔY_m（或 ΔX_m）可用算术平均浓度差计算。式（7-42）可转变为

$$N_{OG} = \frac{1}{1 - \dfrac{mV}{L}} \ln \frac{\Delta Y_1}{\Delta Y_2} \tag{7-46}$$

平均推动力法多用于吸收过程的设计型计算。

若 $\dfrac{mV}{L} = 1$，即平衡线和操作线为两互相平行的直线时，则有

$$N_{OG} = \frac{Y_1 - Y_2}{Y_1 - Y_1^*} = \frac{Y_1 - Y_2}{Y_2 - Y_2^*} \tag{7-47}$$

（2）脱吸因子法（解析法）　该法与平均推动力法等效，适用条件也完全相同。

$$N_{OG} = \frac{1}{1 - \dfrac{mV}{L}} \ln \left[\left(1 - \frac{mV}{L}\right)\left(\frac{Y_1 - mX_2}{Y_2 - mX_2}\right) + \frac{mV}{L} \right] \tag{7-48}$$

式中　$\dfrac{mV}{L}$——脱吸因子，为平衡线斜率和操作线斜率之比。

N_{OL} 的计算式,读者可仿上式自行整理。脱吸因子法多用于吸收过程的操作型计算。此外,N_{OG} 值还可以直接从图 7-5 中查得。

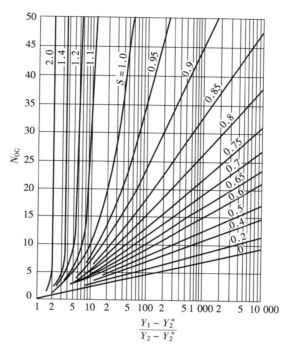

图 7-5　$N_{OG} — \dfrac{Y_1 - Y_2^*}{Y_2 - Y_2^*}$ 关系图

由图 7-5 可见:

①若固定 $\dfrac{mV}{L}$,要求吸收愈完全,即 Y_2 愈低,$\dfrac{Y_1}{Y_2}$ 愈高,则 N_{OG} 愈大。

②若 $\dfrac{Y_1}{Y_2}$ 一定,$\dfrac{mV}{L}$ 愈大(L 愈小),则 N_{OG} 愈大,可见 $\dfrac{mV}{L}$ 大对吸收不利,但有利于脱吸,故 $\dfrac{mV}{L}$ 称为脱吸因子,而将 $\dfrac{L}{mV}$ 称为吸收因子。实际操作时 $\dfrac{mV}{L} \approx 0.7 \sim 0.8$ 为宜。

③若 N_{OG} 一定,$\dfrac{mV}{L}$ 愈小,则 $\dfrac{Y_1}{Y_2}$ 愈大,吸收率愈高,反之则相反。

当平衡关系为曲线时,N_{OG} 应用图解积分法或数值积分法求得。

（二）等板高度法

$$Z = N_T(HETP) \tag{7-49}$$

吸收塔理论板可用以下两法求得:

（1）梯级图解法　与两组分精馏塔理论板图解法相同。

（2）解析法

$$N_T = \frac{1}{\ln A} \ln\left[\left(1 - \frac{1}{A}\right)\frac{Y_1 - mX_2}{Y_2 - mX_2} + \frac{1}{A}\right] \tag{7-50}$$

式中 $A = \dfrac{L}{mV}$,即为吸收因子。式(7-50)也可用图表示。

当平衡线和操作线均为直线时，N_T 和 N_{OG} 间关系为

$$\frac{N_T}{N_{OG}} = \frac{A-1}{A\ln A} \qquad\qquad (7\text{-}51)$$

当 $S < 1$ 时，$N_{OG} > N_T$；当 $S > 1$ 时，$N_T > N_{OG}$；当 $S = 1$ 时，$N_T = N_{OG} = \dfrac{Y_1 - Y_2}{Y_2 - Y_2^*}$。

四、影响吸收过程因素的分析

通常，生产中可从以下两方面来强化吸收过程。

1. 增加吸收过程推动力

①增加吸收剂用量 L 或增大液气比 L/V，这样操作线位置上移，吸收平均推动力增大。

②改变相平衡关系，可通过降低吸收剂温度、提高操作压强或将吸收剂改性，从而使相平衡常数 m 减小，这样平衡线位置下移，吸收平均推动力增大。

③降低吸收剂入口组成 X_2，这样液相进口处推动力增大，全塔平均推动力也随之增大。

应指出，适当调节上述三个条件，都可增大吸收推动力，提高吸收效果。当吸收和脱吸联合操作时，吸收剂入口组成还受到脱吸条件限制，而增大吸收剂用量，应同时考虑脱吸塔的能力，否则可能得不偿失。又如降低吸收剂温度，又将影响流动特性和物质扩散性能，也对吸收过程造成不良影响。

2. 减小吸收过程阻力（即提高传质系数）

①开发和采用新型填料，使填料的比表面积增加。

②改变操作条件，对气膜控制的物系，宜增大气速和增强气相湍动；对液膜控制的物系，宜增大液速和湍动。此外吸收温度不能过低，否则分子扩散系数减小、黏度增大，致使吸收阻力增加。

⇒ 本章小结 ⇒ ⇒

吸收操作广泛应用于气体混合物的分离。完整的工业流程通常由吸收和脱吸两部分组成。吸收和脱吸两者所用设备及其计算方法类似。本章以单组分低浓度等温物理吸收为重点，以确定填料层有效高度（传质单元数法）为核心，最后确定吸收塔的工艺尺寸。

本章应重点掌握如下内容：

①吸收操作原理和吸收过程机理（包括单相内传质和相际间传质模型）。

②影响吸收过程主要因素（如操作压强和温度，吸收剂种类、液气比、填料类型及规格等）的分析。

③吸收计算中的简化假设。

④熟练地进行吸收过程计算，其包括：相平衡关系的表达和应用，物料衡算和操作线方程（包括最小液气比的计算），传质速率的计算及强化途径（含气膜控制和液膜控制），传质单元高度和传质单元数的计算，板式塔理论板层数计算及 $HETP$ 的确定。

⑤扩展：不等温吸收，多组分吸收，化学吸收。

⇒ 例题与解题指导 ⇒ ⇒

[例 7-1]　在常压及 20 ℃下测得氨在水中的平衡数据为：浓度为 0.5 g NH_3/100 g H_2O 的稀氨水上方的平衡分压为 400 Pa。在该浓度范围下相平衡关系可用亨利定律表示。试求亨利系数 E、溶解度系数 H 及相平衡常数 m。

氨水密度可取为 1 000 kg/m³。

解:由亨利定律的各种表达式可求出相应的系数,或由各系数间的关系求出其他系数。

由亨利定律表达式知

$$E = \frac{p}{x}$$

其中

$$x = \frac{\frac{0.5}{17}}{\frac{0.5}{17} + \frac{100}{18}} = 0.005\,27$$

故亨利系数为

$$E = \frac{400}{0.005\,27} = 7.59 \times 10^4 \text{ Pa}$$

又

$$y = mx$$

其中

$$y = \frac{p}{P} = \frac{400}{101.33 \times 10^3} = 0.003\,95$$

故相平衡常数为

$$m = \frac{0.003\,95}{0.005\,27} = 0.75$$

又

$$p = \frac{c}{H}$$

其中

$$c = \frac{\frac{0.5}{17}}{\frac{0.5 + 100}{1\,000}} = 0.293 \text{ kmol/m}^3$$

故溶解度系数为

$$H = \frac{0.293}{400} = 7.33 \times 10^{-4} \text{ kmol/(m}^3 \cdot \text{Pa)}$$

另解:各系数间的关系为

$$H = \frac{\rho_s}{E M_s} = \frac{1\,000}{7.59 \times 10^4 \times 18} = 7.32 \times 10^{-4} \text{ kmol/(m}^3 \cdot \text{Pa)}$$

$$m = \frac{E}{P} = \frac{7.59 \times 10^4}{101.33 \times 10^3} = 0.749$$

两种计算结果基本一致。

讨论:在化学工程中,同一物理量可能采用不同的方法和单位表示,在吸收中尤为突出,计算时往往需要加以换算。从本例可看出,此类换算可选取适宜基准,从物理量或公式的定义出发,就能很方便地进行,也不易出错,不要死记换算公式。

[**例7-2**] 氨水的浓度与温度和例7-1的相同,而氨水上方总压强变为200 kPa,试求各种亨利系数 E、H 和 m。又若氨水的浓度与总压和例7-1的相同,而氨水温度升高到50 ℃,已知此时氨水上方氨的平衡分压为500 Pa,再求各亨利系数又如何变化。

解:(1)氨水上方总压为200 kPa时各系数值

由于溶液上方氨的平衡分压仅与氨水浓度有关,故氨的平衡分压不变,仍等于400 Pa,相应的亨利系数 E 及 H 也不变,即仍分别等于上例的结果,即

$$E = 7.59 \times 10^4 \text{ Pa}$$

$$H = 7.33 \times 10^{-4} \text{ kmol/(m}^3 \cdot \text{Pa)}$$

相平衡常数 m 与总压有关,即

$$m = \frac{E}{P} = \frac{7.59 \times 10^4}{200 \times 10^3} = 0.38$$

m 也可从亨利定律求出,即

$$m = \frac{y}{x}$$

其中

$$y = \frac{p}{P} = \frac{400}{200 \times 10^3} = 2.0 \times 10^{-3}$$

故

$$m = \frac{2.0 \times 10^{-3}}{0.005\ 27} = 0.38$$

(2)温度升高到 50 ℃时各系数值

$$E = \frac{p}{x} = \frac{500}{0.005\ 27} = 9.49 \times 10^4 \text{ Pa}$$

$$H = \frac{c}{p} = \frac{0.293}{500} = 5.86 \times 10^{-4} \text{ kmol/(m}^3 \cdot \text{Pa)}$$

$$m = \frac{y}{x} = \frac{E}{P} = \frac{9.49 \times 10^4}{101.33 \times 10^3} = 0.937$$

讨论:(1)亨利系数 E 与 H 只取决于溶液浓度和温度,而相平衡常数 m 还与总压有关,因此对相平衡常数 m,必须指明系统的总压。

(2)总压愈高,相平衡常数 m 愈小,对吸收有利。

(3)温度愈低,E 及 m 愈小,H 愈大,对吸收有利,反之则相反。

[例7-3] 在常压101.33 kPa 及 25 ℃下,溶质组成为 0.05(摩尔分率)的 CO_2—空气混合物分别与以下几种溶液接触,试判断传质过程方向。

(1)浓度为 1.1×10^{-3} kmol/m³ 的 CO_2 水溶液;

(2)浓度为 1.67×10^{-3} kmol/m³ 的 CO_2 水溶液;

(3)浓度为 3.1×10^{-3} kmol/m³ 的 CO_2 水溶液。

已知常压及 25 ℃下 CO_2 在水中的亨利系数 E 为 1.662×10^5 kPa。

解:由亨利系数 E 换算得相平衡常数,即

$$m = \frac{E}{P} = \frac{1.662 \times 10^8}{1.013\ 3 \times 10^5} = 1\ 641$$

将实际溶液的摩尔浓度换算为摩尔分率,即

$$(1) x \approx \frac{c}{\dfrac{\rho_s}{M_s}} = \frac{1.1 \times 10^{-3}}{1\ 000/18} = 1.98 \times 10^{-5}$$

$$(2) x = \frac{1.67 \times 10^{-3}}{1\ 000/18} = 3.0 \times 10^{-5}$$

$$(3) x = \frac{3.1 \times 10^{-3}}{1\ 000/18} = 5.58 \times 10^{-5}$$

当气相组成为 0.05 时,与其平衡的液相组成为

$$x^* = \frac{y}{m} = \frac{0.05}{1\ 641} = 3.0 \times 10^{-5}$$

比较各种溶液组成下的 x 与 x^* 大小,结果列表如下:

序号	气相组成 y	液相组成 x	与气相平衡的 液相组成 x^*	传质推动力 $x^* - x$	传质方向
1	0.05	1.98×10^{-5}	3.0×10^{-5}	>0	吸收
2	0.05	3.0×10^{-5}	3.0×10^{-5}	$=0$	平衡
3	0.05	5.58×10^{-5}	3.0×10^{-5}	<0	脱吸

以上计算也可通过比较气相组成 y 和与液相呈平衡的气相组成 y^* 之值的大小来判断过程方向,即 $y > y^*$ 时为吸收过程;$y < y^*$ 时为脱吸过程。

讨论:气液相平衡应用之一是判断传质过程方向和极限。若 $x = x^*$,则为平衡状态,是吸收的极限,此时吸收推动力为零,吸收过程停止。若 x 与 x^* 偏差愈大,传质推动力愈大,愈有利于传质过程。可见气液相平衡关系是计算吸收过程的重要基础。

[**例7-4**] 在常压(101.33 kPa)和25 ℃下,1 m³ CO₂—空气混合气体(CO₂ 体积分率为20%)与 1 m³ 清水在 2 m³ 的密闭容器中接触传质。假设空气不溶于水中,试求 CO₂ 在水中的极限浓度(摩尔分率)及剩余气体的总压。

已知操作条件下气液平衡关系服从亨利定律,亨利系数 E 为 1.662×10^5 kPa。

解:由气液相平衡关系和物料衡算关系联解,可求得 CO₂ 在水中的极限浓度和剩余气体总压。

根据亨利系数,可写出气液平衡方程
$$p^* = 1.662 \times 10^5 x \tag{1}$$

物料衡算:气相中失去的 CO₂ 为
$$n_1 = \frac{V}{RT}(0.2P - p^*) = \frac{1}{8.314 \times 298} \times (0.2 \times 101.33 - p^*) = 0.008\ 18 - 0.000\ 404 p^*$$

液相中获得 CO₂ 为
$$n_2 = CV_L x = \frac{1\ 000}{18} \times 1 \times x = 55.56x$$

则
$$0.008\ 18 - 0.000\ 404 p^* = 55.56x \tag{2}$$

联立式(1)和式(2),解得
$$x = 6.67 \times 10^{-5} \quad (\text{即为 CO}_2 \text{ 在水中极限组成})$$
$$p^* = 11.1 \text{ kPa}$$

剩余气体总压为
$$P_余 = 0.8P + p^* = 0.8 \times 101.33 + 11.1 = 92.16 \text{ kPa}$$

讨论:气、液开始接触时,吸收推动力最大,其值为
$$\Delta p = p - p^* = 0.2 \times 101.33 - 0 = 20.3 \text{ kPa}$$

随着吸收过程进行,推动力不断减小,直至平衡时,液相达到最大组成,此时推动力为零。

[**例**7-5] 填料吸收塔某截面上气、液相组成为 $y = 0.05$, $x = 0.01$(皆为溶质摩尔分率),气膜体积吸收系数 $k_y a = 0.03$ kmol/(m³·s),液膜体积吸收系数 $k_x a = 0.02$ kmol/(m³·s),若相平衡关系为 $y = 2.0x$,试求两相间传质总推动力、总阻力、传质速率以及各相阻力的分配。

解: 传质总推动力为

以气相浓度差表示 $\Delta y = y - mx = 0.05 - 2 \times 0.01 = 0.03$

以液相浓度差表示 $\Delta x = \dfrac{y}{m} - x = \dfrac{0.05}{2} - 0.01 = 0.015$

传质总阻力和总体积吸收系数为

$$\frac{1}{K_y a} = \frac{1}{k_y a} + \frac{m}{k_x a} = \frac{1}{0.03} + \frac{2}{0.02} = 133.3 \, (\text{m}^3 \cdot \text{s})/\text{kmol}$$

$$K_y a = 0.0075 \, \text{kmol}/(\text{m}^3 \cdot \text{s})$$

或 $K_x a = K_y a \cdot m = 0.0075 \times 2 = 0.015 \, \text{kmol}/(\text{m}^3 \cdot \text{s})$

$$\frac{1}{K_x a} = \frac{1}{0.015} = 66.7 \, (\text{m}^3 \cdot \text{s})/\text{kmol}$$

传质速率为

$$N_A = K_y a \Delta y = 0.0075 \times 0.03 = 2.25 \times 10^{-4} \, \text{kmol}/(\text{m}^2 \cdot \text{s})$$

或 $N_A = K_x a \Delta x = 0.015 \times 0.015 = 2.25 \times 10^{-4} \, \text{kmol}/(\text{m}^2 \cdot \text{s})$

气膜阻力占总阻力的分数为

$$\frac{\dfrac{1}{k_y a}}{\dfrac{1}{K_y a}} = \frac{\dfrac{1}{0.03}}{133.3} = 0.25 = 25\%$$

或 $$\frac{\dfrac{1}{k_y a \cdot m}}{\dfrac{1}{K_x a}} = \frac{\dfrac{1}{0.03 \times 2}}{66.7} = 0.25 = 25\%$$

液膜阻力占总阻力的分数为

$$\frac{\dfrac{1}{k_x a}}{\dfrac{1}{K_x a}} = \frac{\dfrac{1}{0.02}}{66.7} = 0.75 = 75\%$$

讨论: 计算结果表明,当相平衡常数 m 为 2.0 时,本吸收过程中液膜阻力占总阻力的 3/4,即相应地总推动力的 3/4 用于液相传质,克服液膜阻力。

[**例**7-6] 对例 7-5 的过程,若降低吸收温度,相平衡关系变为 $y = 0.1x$,假设两相组成与吸收分系数保持不变(与例 7-5 的相同),试求两相间传质总推动力、传质总阻力、传质速率及各相阻力分配。

解: 传质总推动力为

$$\Delta y = y - mx = 0.05 - 0.1 \times 0.01 = 0.049$$

或 $$\Delta x = \frac{y}{m} - x = \frac{0.05}{0.1} - 0.01 = 0.49$$

传质总阻力和总体积吸收系数为

$$\frac{1}{K_y a} = \frac{1}{k_y a} + \frac{m}{k_x a} = \frac{1}{0.03} + \frac{0.1}{0.02} = 38.33 \ (\mathrm{m^3 \cdot s})/\mathrm{kmol}$$

$$K_y a = 0.026\ 1 \ \mathrm{kmol}/(\mathrm{m^3 \cdot s})$$

或　　　　$$K_x a = K_y a \cdot m = 0.026\ 1 \times 0.1 = 0.002\ 61 \ \mathrm{kmol}/(\mathrm{m^3 \cdot s})$$

$$\frac{1}{K_x a} = \frac{1}{0.002\ 61} = 383.1 \ (\mathrm{m^3 \cdot s})/\mathrm{kmol}$$

传质速率为

$$N_A = K_y a \Delta y = 0.026\ 1 \times 0.049 = 1.28 \times 10^{-3} \ \mathrm{kmol}/(\mathrm{m^2 \cdot s})$$

或　　　　$$N_A = K_x a \Delta x = 0.002\ 61 \times 0.49 = 1.28 \times 10^{-3} \ \mathrm{kmol}/(\mathrm{m^2 \cdot s})$$

气膜阻力占总阻力分数为

$$\frac{\dfrac{1}{k_y a}}{\dfrac{1}{K_y a}} = \frac{\dfrac{1}{0.03}}{38.33} = 0.87 = 87.0\%$$

液膜阻力占总阻力分数为

$$\frac{\dfrac{1}{k_x a}}{\dfrac{1}{K_x a}} = \frac{\dfrac{1}{0.02}}{383.1} = 0.13 = 13.0\%$$

讨论： 当吸收温度降低，即 m 减小后，液膜阻力 $\dfrac{m}{k_x a}$ 减小，气膜阻力 $\dfrac{1}{k_y a}$ 的绝对值虽未变化，但在总阻力中所占分量相对增大，并成为主要阻力，相应的总推动力的大部分用于气相传质。可见相平衡常数对传质速率、传质总推动力、总阻力及其在各相中的分配均有重要影响。

[**例7-7**]　在填料吸收塔中，用清水吸收含有溶质 A 的气体混合物，两相逆流操作。进塔气体初始组成为 5%（体积分率），在操作条件下相平衡关系为 $Y = 3.0X$，试分别计算液气比为 4 和 2 时的出塔气体的极限组成和液体出口组成。

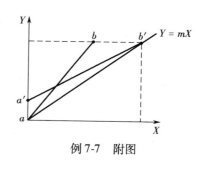

例 7-7　附图

解： 当填料层为无限高时，气体出口组成将达到极限组成，此时操作线与平衡线相交。对逆流操作，平衡线和操作线的交点位置可能出现在塔顶或塔底，它取决于 L/V 和 m 的相对大小。

当 $\dfrac{L}{V} = 4$（即 $\dfrac{L}{V} > m$）时，操作线 ab 与平衡线交于塔顶（点 a），如本例附图所示。由平衡关系可求得出塔气体的极限组成，即

$$Y_{2,\min} = m X_2 = 0$$

由物料衡算关系可求得液体出口组成

$$X_1 = X_2 + \frac{V}{L}(Y_1 - Y_{2,\min})$$

其中 $\quad Y_1 = \dfrac{y_1}{1-y_1} = \dfrac{0.05}{1-0.05} = 0.052\ 6$

故 $\quad X_1 = \dfrac{0.052\ 6}{4} = 0.013\ 2$

当 $\dfrac{L}{V} = 2$（即 $\dfrac{L}{V} < m$）时,操作线 $a'b'$ 与平衡线交于塔底(点 b'),如本例附图所示。由气液平衡关系可求得出口液体的最大组成,即

$$X_{1,\max} = \frac{Y_1}{m} = \frac{0.052\ 6}{3} = 0.017\ 5$$

由物料衡算关系可求得出口气体极限组成为

$$Y_{2,\min} = Y_1 - \frac{L}{V}(X_{1,\max} - X_2) = 0.052\ 6 - 2(0.017\ 5 - 0) = 0.017\ 6$$

讨论:由本例附图可见,当 $\dfrac{L}{V} > m$ 时,出口气体的极限浓度随 $\dfrac{L}{V}$ 增加而减小;而当 $\dfrac{L}{V} < m$ 时,出塔气体的极限浓度仅决定于吸收剂进塔浓度,而与吸收剂用量无关。

[例 7-8] 在填料塔中用循环溶剂吸收混合气中的溶质。进塔气体组成为 0.091(溶质摩尔分率),入塔液相组成为 21.74 g 溶质/kg 溶液。操作条件下气液平衡关系为 $y = 0.86x$。当液气比 L/V 为 0.9 时,试分别求逆流和并流时的最大吸收率和吸收液的组成。

已知溶质摩尔质量为 40 kg/kmol,溶剂摩尔质量为 18 kg/kmol。

解:先将已知的气液相组成换算为摩尔比,即

$$Y_1 = \frac{y_1}{1-y_1} = \frac{0.091}{1-0.091} = 0.100\ 1$$

$$x_2 = \frac{21.74/40}{\dfrac{21.74}{40} + \dfrac{1\ 000 - 21.74}{18}} = 0.009\ 9$$

$$X_2 = \frac{x_2}{1-x_2} = \frac{0.009\ 9}{1-0.009\ 9} \approx 0.01$$

(1)逆流操作

因 $\dfrac{L}{V} > m$,平衡线与操作线交点位置在塔顶,即

$$y_2 = 0.86x_2 = 0.86 \times 0.009\ 9 = 0.008\ 514$$

$$Y_2 = \frac{y_2}{1-y_2} = \frac{0.008\ 514}{1-0.008\ 514} = 0.008\ 587$$

最大吸收率为

$$\varphi_{\max} = \frac{Y_1 - Y_2}{Y_1} = \frac{0.100\ 1 - 0.008\ 587}{0.100\ 1} = 0.914 = 91.4\%$$

吸收液组成为

$$X_1 = \frac{V}{L}(Y_1 - Y_2) + X_2 = \frac{1}{0.9}(0.100\ 1 - 0.008\ 587) + 0.01 = 0.112$$

(2)并流操作

并流操作吸收塔示意图如本例附图所示。操作线和平衡线交点位置在塔底,即出口气

相浓度 Y_1 与吸收液组成 X_1 相平衡,平衡方程为

$$Y_1 = \frac{mX_1}{1+(1-m)X_1} = \frac{0.86X_1}{1+0.14X_1} \quad (1)$$

操作线方程为

$$Y_1 = Y_2 - \frac{L}{V}(X_1 - X_2)$$

$$= 0.100\ 1 - 0.9(X_1 - 0.01) \quad (2)$$

联立式(1)和式(2)得

$$X_1^2 + 13.85X - 0.866 = 0$$

解得 $X_1 = 0.062\ 3$ $Y_1 = 0.053$

最大吸收率为

$$\varphi_{max} = 1 - \frac{Y_1}{Y_2} = 1 - \frac{0.053}{0.100\ 1} = 0.471 = 47.1\%$$

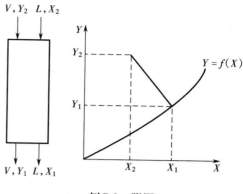

例7-8 附图

讨论:相同操作条件下,逆流操作较并流操作可获得较高的吸收率,故工业生产中大多采用逆流操作。

[例7-9]   在逆流操作的填料吸收塔中,用纯溶剂吸收混合气中溶质组分。已知惰气(空气)质量流量为 5 800 kg/(m² · h),气相总传质单元高度 $H_{OG} = 0.5$ m。当操作压强为 110 kPa 时,该物系的相平衡常数 $m = 0$,试求:

(1)气膜体积吸收系数 $k_G a$(kmol/(m³ · s · kPa));

(2)当吸收率由 90% 提高到 99%,填料层高度的变化。

解:解题时应注意相平衡常数 $m = 0$ 的条件。

(1)气膜体积吸数系数 $k_G a$

由气相总传质单元高度知

$$H_{OG} = \frac{V}{K_Y a\Omega} = 0.5$$

其中 $\dfrac{V}{\Omega} = \dfrac{5\ 800}{3\ 600 \times 29} = 0.055\ 6 \text{ kmol/(m}^2 \cdot \text{s)}$

则 $K_Y a = \dfrac{0.055\ 6}{0.5} = 0.111 \text{ kmol/(m}^3 \cdot \text{s)}$

且 $K_G a = \dfrac{K_Y a}{P} = \dfrac{0.111}{110} = 0.001\ 01 \text{ kmol/(m}^3 \cdot \text{s} \cdot \text{kPa)}$

由吸收总阻力和分阻力关系得

$$\frac{1}{k_G a} = \frac{1}{K_G a} - \frac{1}{k_L a \cdot H}$$

因 $m = 0$,故 $H = \infty$,由上式可得

$$k_G a \approx K_G a = 0.001\ 01 \text{ kmol/(m}^3 \cdot \text{s} \cdot \text{kPa)}$$

(2)吸收率由 90% 提高到 99% 时塔高变化

因 $m = 0$ 故 $Y^* = mX = 0$

原工况(即 $\varphi = 90\%$)下气相总传质单元数为

$$N_{OG} = \frac{Y_1 - Y_2}{\dfrac{Y_1 - Y_2}{\ln \dfrac{Y_1}{Y_2}}} = \ln \frac{Y_1}{Y_2} = \ln \frac{1}{1 - \varphi_A} = \ln \frac{1}{1 - 0.9} = 2.303$$

新工况(即 $\varphi = 99\%$)下气相总传质单元数为

$$N'_{OG} = \ln \frac{1}{1 - \varphi'} = \ln \frac{1}{1 - 0.99} = 4.605$$

两种情况下气相总传质单元高度不变,则填料层高度变为

$$\frac{Z'}{Z} = \frac{N'_{OG}}{N_{OG}} = \frac{4.605}{2.303} = 2.0$$

即吸收率由 90%提高到 99%后,填料层高度应增高一倍。

讨论:(1)当相平衡常数 $m = 0$ 时,若吸收率一定,则塔高与入塔气体组成 Y_1 无关。

(2)相平衡常数 $m = 0$,说明 $Y^* = 0$,即吸收塔内各截面上溶液上方组分 A 的分压为零,表示液膜不存在吸收阻力,气膜阻力占总阻力的百分之百。

[例7-10] 在逆流操作的填料塔中,用纯溶剂吸收某气体混合物中的溶质组分。已知进塔气体组成为 Y_1,在操作条件下气液平衡关系符合亨利定律 $Y = mX$,试推导以下关系:

(1)$\left(\dfrac{L}{V}\right)_{min}$ 与吸收率 φ 间的关系;

(2)填料层高度 Z 与 φ 间的关系。

解:(1)$\left(\dfrac{L}{V}\right)_{min}$ 和 φ 间的关系

气体出塔组成为

$$Y_2 = (1 - \varphi) Y_1$$

在最小液气比下,出塔液体组成为

$$X_{1,max} = \frac{Y_1}{m}$$

最小液气比与 φ 间关系为

$$\left(\frac{L}{V}\right)_{min} = \frac{Y_1 - Y_2}{\dfrac{Y_1}{m} - X_2} = \frac{Y_1 - (1 - \varphi) Y_1}{\dfrac{Y_1}{m}} = m\varphi$$

当 m 一定时,$\left(\dfrac{L}{V}\right)_{min}$ 随 φ 增大而加大。

(2)Z 与 φ 间关系

实际液气比为某一吸收率下的最小液气比的某一倍数,即

$$\frac{L}{V} = Am \quad (\varphi = 1)$$

出塔液体组成为

$$X_1 = \frac{V(Y_1 - Y_2)}{L} = \frac{\varphi Y_1}{Am}$$

所需填料层高为

$$Z = H_{OG} N_{OG} = H_{OG} \cdot \frac{Y_1 - Y_2}{\dfrac{(Y_1 - mX_1) - Y_2}{\ln \dfrac{Y_1 - mX_1}{Y_2}}} = \frac{H_{OG}}{1 - \dfrac{mV}{L}} \ln \frac{Y_1 - mX_1}{Y_2}$$

$$= \frac{H_{OG}}{1 - \dfrac{1}{A}} \ln \frac{Y_1 - m\left(\dfrac{Y_1}{Am}\right)}{(1 - \varphi) Y_1} = \frac{H_{OG}}{1 - \dfrac{1}{A}} \ln \frac{1 - \dfrac{\varphi}{A}}{1 - \varphi}$$

若上式中 H_{OG} 及 A 一定,则 $Z = f(\varphi)$。

讨论: 从本例推导结果可知,当用纯溶剂吸收混合气中溶质时,最小液气比及在一定液气比下所需塔高仅与溶质回收率有关,而与混合气的初始组成无关。

[**例 7-11**] 在填料塔中用纯溶剂吸收某气体混合物中溶质组分。进塔气体组成为 0.01(摩尔比,下同),液气比为 1.5。在操作条件下气液平衡关系为 $Y = 1.5X$。当两相逆流操作时出塔气体组成为 0.005,现若两相改为并流操作,试求气体出塔组成和吸收平均推动力。

解: 当从逆流操作改为并流操作时,气相总传质单元数 N_{OG} 可视为不变。然后推导出并流时 N_{OG} 的计算式,再与吸收塔物料衡算联立,并可求得并流操作时的气体出口组成。

逆流操作时 N_{OG}:

因 $\dfrac{L}{V} = m = 1.5$,即 $\dfrac{mV}{L} = 1$,故吸收平均推动力为

$$\Delta Y_m = Y_2 - mX_2 = 0.005$$

故

$$N_{OG} = \frac{Y_1 - Y_2}{\Delta Y_m} = \frac{0.01 - 0.005}{0.005} = 1$$

当两相并流操作时,进塔气、液相组成以 Y_2、X_2 表示,出塔气、液相组成以 Y_1 和 X_1 表示。由吸收塔物料衡算可得

$$X_1' = \frac{V}{L}(Y_2 - Y_1') + X_2 = \frac{1}{1.5}(0.01 - Y_1') + 0$$

或

$$Y_1' = 0.01 - 1.5 X_1' \tag{1}$$

并流操作时 N_{OG} 为

$$N_{OG} = \frac{Y_2 - Y_1'}{\dfrac{(Y_2 - mX_2) - (Y_1' - m X_1')}{\ln \dfrac{Y_2 - mX_2}{Y_1' - m X_1'}}} = \frac{Y_2 - Y_1'}{\dfrac{(Y_2 - Y_1') + m(X_1' - X_2)}{\ln \dfrac{Y_2 - mX_2}{Y_1' - m X_1'}}}$$

将物料衡算 $X_1' - X_2 = \dfrac{L}{V}(Y_2 - Y_1')$ 代入上式,可整理得

$$N_{OG} = \frac{1}{1 + \dfrac{mV}{L}} \ln \frac{Y_2 - mX_2}{Y_1' - m X_1'}$$

即

$$\frac{1}{1 + \dfrac{1.5}{1.5}} \ln \frac{0.01}{Y_1' - 1.5 X_1'} = 1$$

$$Y_1' - 1.5 X_1' = 0.001\,35 \tag{2}$$

联立式(1)和式(2)解得

$$Y_1' = 0.005\,68, X_1' = 0.002\,88$$

吸收平均推动力为

$$\Delta Y_m = \frac{Y_2 - Y_1'}{N_{OG}} = \frac{0.01 - 0.005\,68}{1} = 0.004\,32$$

讨论:计算结果表明

$$\Delta Y_{m逆} > \Delta Y_{m并}$$

$$Y_{出口,逆} < Y_{出口,并}$$

在同一吸收塔中,若操作条件相同,逆流优于并流,前者吸收平均推动力更大,因此可得到更好的分离效果。

[**例7-12**] 在一填料层高度为5 m 的填料塔内,用纯溶剂吸收混合气中溶质组分。当液气比为1.0时,溶质回收率可达90%。在操作条件下气液平衡关系为$Y = 0.5X$。将改用另一种性能较好的填料,在相同的操作条件下,溶质回收率可提高到95%,试问此填料的体积吸收总系数为原填料的多少倍?

解:本题为操作型计算,N_{OG}宜用脱吸因数法求算。

原工况下:

$$N_{OG} = \frac{1}{1-S}\ln\left[(1-S)\frac{Y_1 - mX_2}{Y_2 - mX_2} + S\right]$$

其中 $S = \frac{mV}{L} = 0.5$

因 $X_2 = 0$ 则 $\frac{Y_1 - mX_2}{Y_2 - mX_2} = \frac{Y_1}{Y_2} = \frac{1}{1-\varphi} = \frac{1}{1-0.9} = 10$

故 $$N_{OG} = \frac{1}{1-0.5}\ln[(1-0.5)\times10 + 0.5] = 3.41$$

气相总传质单元高度为

$$H_{OG} = \frac{V}{K_Y a\Omega} = \frac{Z}{N_{OG}} = \frac{5}{3.41} = 1.466\text{ m}$$

新工况(即新型填料)下:

$$N_{OG}' = \frac{1}{0.5}\ln\left(0.5\times\frac{1}{1-0.95} + 0.5\right) = 4.703$$

$$H_{OG}' = \frac{V}{K_Y a'\Omega} = \frac{Z}{N_{OG}'} = \frac{5}{4.703} = 1.063\text{ m}$$

则 $$\frac{K_Y a'}{K_Y a} = \frac{H_{OG}}{H_{OG}'} = \frac{1.466}{1.063} = 1.38$$

即新型填料的体积传质系数为原填料的1.38倍。

讨论:对一定高度的填料塔,其他条件不变时,采用新型填料,即可提高$K_Y a$,减小传质阻力,从而提高分离效果。

[**例7-13**] 在一逆流操作的填料塔中,用循环溶剂吸收气体混合物中的溶质。气体入塔组成为0.025(摩尔比,下同),液气比为1.6,操作条件下气液平衡关系为$Y = 1.2X$。若循环溶剂组成为0.001,则出塔气体组成为0.002 5,现因脱吸不良,循环溶剂组成变为0.01,

试求此时出塔气体组成。

解: 两种工况下,仅吸收剂初始组成不同,但因填料层高度一定,H_{OG}不变,故 N_{OG} 也相同。由原工况下求得 N_{OG} 后,即可求算出新工况下出塔气体组成。

(1)原工况(即脱吸塔正常操作)下

吸收液出口组成由物料衡算求得

$$X_1 = \frac{V}{L}(Y_1 - Y_2) + X_2 = \frac{0.025 - 0.0025}{1.6} + 0.001 = 0.0151$$

吸收过程平均推动力和 N_{OG} 为

$$\Delta Y_1 = Y_1 - mX_1 = 0.025 - 1.2 \times 0.0151 = 0.00688$$

$$\Delta Y_2 = Y_2 - mX_2 = 0.0025 - 1.2 \times 0.001 = 0.0013$$

$$\Delta Y_m = \frac{\Delta Y_1 - \Delta Y_2}{\ln \frac{\Delta Y_1}{\Delta Y_2}} = \frac{0.00688 - 0.0013}{\ln \frac{0.00688}{0.0013}} = 0.00335$$

$$N_{OG} = \frac{Y_1 - Y_2}{\Delta Y_m} = \frac{0.025 - 0.0025}{0.00335} = 6.72$$

(2)新工况(即脱吸塔不正常)下

设此时出塔气相组成为Y_2',出塔液相组成为X_1',入塔液相组成为X_2',则吸收塔物料衡算可得

$$X_1' = \frac{V}{L}(Y_1 - Y_2') + X_2' = \frac{0.025 - Y_2'}{1.6} + 0.01 \tag{1}$$

N_{OG} 由下式求得

$$N_{OG} = \frac{1}{1 - \frac{mV}{L}}\ln \frac{Y_1 - m X_1'}{Y_2' - m X_2'} = \frac{1}{1 - \frac{1.2}{1.6}}\ln \frac{0.025 - 1.2 X_1'}{Y_2' - 1.2 \times 0.01}$$

即

$$4\ln \frac{0.025 - 1.2 X_1'}{Y_2' - 0.012} = 6.72$$

$$0.025 - 1.2 X_1' = 5.366(Y_2' - 0.012) \tag{2}$$

联立式(1)和式(2),解得

$$Y_2' = 0.0127, X_1' = 0.0177$$

$$N_{OG} = 6.72$$

吸收平均推动力为

$$\Delta Y_m = \frac{Y_1 - Y_2'}{N_{OG}} = \frac{0.025 - 0.0127}{6.72} = 0.00183$$

讨论: 计算结果表明,当吸收—脱吸联合操作时,脱吸操作不正常,使吸收剂初始浓度升高,导致吸收塔平均推动力下降,分离效果变差,出塔气体浓度升高。

[例7-14] 在一逆流填料吸收塔中,用纯溶剂吸收混合气中的溶质组分。已知入塔气体组成为0.015(摩尔比),吸收剂用量为最小用量的1.2倍,操作条件下气液平衡关系为 $Y = 0.8X$,溶质回收率为98.3%。现要求将溶质回收率提高到99.5%,试问溶剂用量应为原用量的多少倍?

假设该吸收过程为气膜控制。

218

解：本题为操作型计算，一般宜用脱吸因数法（查图），有时可避免试差，但结果准确性较差。

先求吸收率为98.3%下吸收塔的N_{OG}：

$$N_{OG} = \frac{1}{1-S}\ln\left[(1-S)\frac{Y_1-mX_2}{Y_2-mX_2}+S\right]$$

其中 $Y_2 = (1-\varphi)Y_1 = (1-0.983)\times0.015 = 0.000\,255$

因$X_2 = 0$，故 $L = \dfrac{V(Y_1-Y_2)}{X_1}$ （1）

及 $L_{min} = \dfrac{V(Y_1-Y_2)}{X_1^*}$ （2）

比较式（1）和式（2）得

$$\frac{X_1^*}{X_1} = \frac{L}{L_{min}} = 1.2$$

$$X_1 = \frac{Y_1/m}{1.2} = \frac{0.015}{1.2\times0.8} = 0.015\,63$$

液气比由物料衡算求得，即

$$\frac{L}{V} = \frac{Y_1-Y_2}{X_1-X_2} = \frac{0.015-0.000\,255}{0.015\,63} = 0.943$$

$$S = \frac{mV}{L} = \frac{0.8}{0.943} = 0.848$$

则 $$N_{OG} = \frac{1}{1-0.848}\ln\left[(1-0.848)\frac{0.015}{0.000\,255}+0.848\right] = 15$$

新工况（φ提高到99.5%）下溶剂用量为

$$Y_2' = Y_1(1-\varphi) = 0.015(1-0.995) = 0.000\,075$$

$$\frac{Y_1}{Y_2} = \frac{0.015}{0.000\,075} = 200$$

因吸收过程为气膜控制，溶剂用量改变后，H_{OG}可视为不变，对一定填料层高度，则N_{OG}也不变，即

$$N_{OG}' = N_{OG} = 15$$

查图7-5可得

$$\frac{mV}{L'} = 0.73$$

与原工况（φ为98.3%）比较可得

$$\frac{\frac{mV}{L}}{\frac{mV}{L'}} = \frac{L'}{L} = \frac{0.848}{0.73} = 1.16$$

即溶剂用量需增加16%。

讨论：对特定的填料塔，为提高吸收效果，提高溶剂用量是简便的方法。但相应操作费用增加，若与脱吸过程联合，还应考虑增加L对脱吸塔的影响。

本题若不用脱吸因数法（N_{OG}图），则应采用试差法。

[例 7-15] 在逆流操作的填料塔中,用清水吸收焦炉气中的氨,氨的浓度为 8 g/标准 m^3,混合气体处理量为 4 500 标准 m^3/h。氨的回收率为 95%,吸收剂用量为最小用量的 1.5 倍。空塔气速为 1.2 m/s。气相体积总吸收系数 $K_Y a$ 为 0.06 kmol/($m^3 \cdot s$),且 $K_Y a$ 正比于 $V^{0.7}$。操作压强为 101.33 kPa、温度为 30 ℃,在操作条件下气液平衡关系为 $Y = 1.2X$。试求:

(1)用水量(kg/h);

(2)塔径和塔高(m);

(3)若混合气处理量增加 25%,要求吸收率不变,则应采取何措施。假设空塔气速仍为适宜气速。

解:本题(1)、(2)项为典型的设计型计算,据题中已知条件,应注意有关物理量的单位及相应的换算方法。题(3)项为操作型计算,采用解析法(N_{OG} 图)计算,可避免试差法,但准确性较差。

(1)用水量 L

最小用水量由下式计算

$$L_{\min} = V \frac{Y_1 - Y_2}{X_1^* - X_2}$$

其中

$$Y_1 = \frac{y_1}{1 - y_1}$$

$$y_1 = \frac{8/(17 \times 1\,000)}{\dfrac{1}{22.4}} = 0.010\,5$$

$$Y_1 = \frac{0.010\,5}{1 - 0.010\,5} = 0.010\,6$$

$$Y_2 = Y_1(1 - \varphi) = 0.010\,6 \times (1 - 0.95) = 0.000\,53$$

$$X_1^* = \frac{Y_1}{m} = \frac{0.010\,6}{1.2} = 0.008\,83$$

$$X_2 = 0$$

$$V = \frac{4\,500}{3\,600} \times \frac{1}{22.4} \times (1 - 0.010\,5) = 0.055\,2 \text{ kmol/s}$$

所以

$$L_{\min} = 0.055\,2 \times \frac{0.010\,6 - 0.000\,53}{0.008\,83} = 0.063\,0 \text{ kmol/s}$$

$$L = 1.5 L_{\min} = 1.5 \times 0.063 = 0.094\,5 \text{ kmol/s} = 6\,120 \text{ kg/h}$$

(2)塔径和塔高

塔径 D 可由下式计算

$$D = \sqrt{\frac{4 V_s}{\pi u}}$$

其中

$$V_s = \frac{4\,500}{3\,600} \times \frac{273 + 30}{273} = 1.387 \text{ m}^3/\text{s}$$

所以

$$D = \sqrt{\frac{4 \times 1.387}{\pi \times 1.2}} = 1.21 \text{ m}$$

填料层高度用下式计算：

$$Z = \frac{V}{K_Y a\Omega} \times \frac{Y_1 - Y_2}{\Delta Y_m}$$

其中　　$\Omega = \frac{\pi}{4}D^2 = \frac{\pi}{4} \times 1.21^2 = 1.149 \text{ m}^2$

$$\Delta Y_m = \frac{(Y_1 - mX_1) - (Y_2 - mX_2)}{\ln \dfrac{Y_1 - mX_1}{Y_2 - mX_2}}$$

而　　$X_1 = \frac{V}{L}(Y_1 - Y_2) + X_2 = \frac{0.055\,2}{0.094\,5} \times (0.010\,6 - 0.000\,53) = 0.005\,89$

$Y_1 - mX_1 = 0.010\,6 - 1.2 \times 0.005\,88 = 0.003\,54$

$Y_2 - mX_2 = Y_2 = 0.000\,53$

所以　　$\Delta Y_m = \dfrac{0.003\,54 - 0.000\,53}{\ln \dfrac{0.003\,54}{0.000\,53}} = 0.001\,59$

$$H_{OG} = \frac{V}{K_Y a\Omega} = \frac{0.055\,2}{0.06 \times 1.149} = 0.8 \text{ m}$$

则　　$Z = 0.8 \times \dfrac{(0.010\,6 - 0.000\,53)}{0.001\,59} = 5.07 \text{ m} \approx 5.1 \text{ m}$

（3）可采取的措施

炉气量增加 25%，φ 不变，可采取以下措施：

①增加用水量：对一定高度的填料塔，V 提高后，H_{OG} 和 N_{OG} 均发生变化，但新工况下，$Z = H'_{OG}N'_{OG}$。

当 $V' = 1.25V$ 时，H'_{OG} 变为

$$H'_{OG} = 1.25^{0.3}H_{OG} = 1.25^{0.3} \times 0.8 = 0.855 \text{ m}$$

$$N'_{OG} = \frac{Z}{H'_{OG}} = \frac{5.1}{0.855} = 5.97$$

N'_{OG} 用下式计算，即

$$N'_{OG} = \frac{1}{1 - \dfrac{mV'}{L'}}\ln \frac{\Delta Y_1}{\Delta Y_2}$$

即　　$5.97 = \dfrac{1}{1 - \dfrac{1.2 \times 1.25 \times 0.055\,2}{L'}}\ln \dfrac{\Delta Y'}{0.000\,53}$

式中　　$\Delta Y' = Y_1 - \dfrac{mV'}{L}(Y_1 - Y_0) = 0.010\,6 - \dfrac{1.2 \times 1.25 \times 0.055\,2}{L'} = 0.010\,6 - 0.082\,8/L'$

试差解得

$L' = 0.124\,5 \text{ kmol/s}$

$\dfrac{L' - L}{L} \times 100\% = \dfrac{0.124\,5 - 0.094\,5}{0.094\,5} \times 100\% = 31.75\%$

本例也可由 $N'_{OG} = 5.97$ 及 $\dfrac{Y_1}{Y_2} = 20$ 查脱吸因子图，得 $S' = 0.66$，求得 L' 相近结果。则用

水量应提高 31.75%。

②增高填料层高度:因 $V' = 1.25V$,故

$$S = \frac{mV'}{L} = \frac{1.2 \times 1.25 \times 0.055\ 2}{0.094\ 5} = 0.876$$

N'_{OG} 可用脱吸因数法求得,即

$$N'_{OG} = \frac{1}{1-S}\ln\left[(1-S) \times \frac{Y_1 - mX_2}{Y_2 - mX_2} + S\right]$$

$$= \frac{1}{1-0.876}\ln\left[(1-0.876) \times \frac{0.010\ 6}{0.000\ 53} + 0.876\right] = 9.76$$

即 $Z = N'_{OG}H'_{OG} = 9.76 \times 0.855 = 8.35$ m

$\Delta Z = 8.35 - 5.1 = 3.25$ m

即填料层高度需增高 3.25 m。

③提高操作压强 P 或降低温度:由于炉气量 V 增加,使得 H_{OG} 和 N_{OG} 均增大,若要保持原吸收率,须增加填料层高度。若不加高填料层而提高总压或降低温度,也可能达到目的。但是压强提高多少才能保持原回收率,则是一个较复杂的试算过程,这里从略。

讨论: 上述各种措施中,增加用水量较现实,为简单可行的方法;增加填料层高度需提高塔体高度,增压降温需外加设备,存在技术上和经济上的问题。此外,改善填料性能,即采用高效填料,使 K_Ya 较原填料的增大,则也能提高处理量。

[例7-16] 在例7-15的吸收过程中,若吸收温度变为 10 ℃,而其他条件不变,试求此时氨的回收率。又若要求保持原吸收率,应采取什么措施? 在 10 ℃下气液平衡关系为 $Y = 0.5X$。

解:(1)当吸收温度由 30 ℃ 变为 10 ℃ 时,相平衡常数 m 减小,平衡线位置下移,而操作线位置不变,故吸收平均推动力加大,在其他条件不变下,回收率将提高。

由例7-15 知

$$N_{OG} = \frac{0.010\ 6 - 0.000\ 53}{0.001\ 59} = 6.33$$

因本吸收过程为气膜控制,设 k_Ya 与 t 关系可忽略,则 H_{OG} 可视为不变。又因 $Z = H_{OG}N_{OG}$,故 N_{OG} 也可视为不变。

温度降低后回收率可由解析法求得,即

$$N_{OG} = \frac{1}{1-S}\ln\left[(1-S)\frac{Y_1 - mX_2}{Y_2 - mX_2} + S\right]$$

其中 $N_{OG} = 6.33$

$$S = \frac{m'V}{L} = \frac{0.5 \times 0.055\ 2}{0.094\ 5} = 0.292$$

故 $\frac{1}{1-0.292}\ln\left[(1-0.292)\frac{0.010\ 6}{Y_2} + 0.292\right] = 6.33$

解上式得: $Y_2 = 0.000\ 085\ 2$

则 $\varphi = \frac{Y_1 - Y_2}{Y_1} = \frac{0.010\ 6 - 0.000\ 085\ 2}{0.010\ 6} = 0.992 = 99.2\%$

(2)可采取的措施

若保持 φ 不变,可采取以下措施:

①减小吸收剂用量:假设吸收剂用量改变,不影响总体积吸收系数 $K_Y a$,因此 H_{OG} 不变,对同一填料层高度 N_{OG} 也不变。由于相平衡常数 m 减少,即 $\dfrac{m'V}{L}$ 也要减小。但同时将 L 减小到 L',使 $\dfrac{m'V}{L'}$ 与温度 30 ℃下的 $\dfrac{mV}{L}$ 相同,这样就可保持两种温度下的相同吸收率。故

$$\frac{mV}{L}=\frac{m'V}{L'}$$

$$L'=\frac{m'}{m}L=\frac{0.5}{1.2}\times0.094\ 5=0.039\ 4\ \text{kmol/s}$$

②降低填料层高度:因相平衡常数 m 减小,而液气比不变,故在 10 ℃下的 $\dfrac{mV}{L}$ 变小,即使塔内各截面上推动力加大,故完成一定操作任务时所需总传质单元数变为

$$N'_{OG}=\frac{1}{1-\dfrac{m'V}{L}}\ln\left[\left(1-\frac{m'V}{L}\right)\frac{Y_1-mX_2}{Y_2-mX_2}+\frac{m'V}{L}\right]$$

$$=\frac{1}{1-0.292}\ln\left[(1-0.292)\frac{0.010\ 6}{0.000\ 53}+0.292\right]$$

$$=3.77$$

温度改变时,对气膜控制,H_{OG} 可视为不变,即 $H_{OG}=0.8$ m,故填料层高度变为

$$Z=H_{OG}N'_{OG}=0.8\times3.77=3.02\ \text{m}\approx3.0\ \text{m}$$

即温度由 30 ℃降到 10 ℃时,保持相同的吸收率,填料层高度由 5.1 m 降到 3.0 m。

③提高气体处理量:因提高气体处理量后,H'_{OG} 和 N'_{OG} 均发生变化。V 增加多少是个试算过程,V 的增加应使改变后的 H'_{OG} 和 N'_{OG} 的乘积等于原填料层高度 5.1 m。

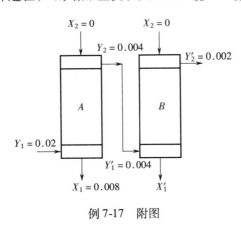

例 7-17 附图

[**例 7-17**] 有一吸收塔填料层高度为 6 m,用清水吸收某混合气中有害组分。在生产正常情况下测得的气、液组成如本例附图中塔 A 所示。在操作条件下气、液平衡关系为 $Y=1.5X$。现因要求出塔气体组成必须低于 0.002(摩尔比),试求:

(1)若将原塔 A 加高,且 $\dfrac{L}{V}$ 不变,则其填料层需加高多少米?

(2)若将图中 A 加高部分改为图示流程,即再增加一个塔径、填料完全相同的塔 B,构成气相串联的两塔操作,且两塔的液气比 $\dfrac{L}{V}$ 均不变,则塔 B 的填料层高度为多少米?

解:本题为一定填料层高度的吸收塔,现欲提高回收率,即减小气体出口组成,则设法增加塔高可达到目的。两种情况下,$H_{OG}=\dfrac{V}{K_Y a\Omega}$ 不变。因此求出两种情况下的 N_{OG} 和 N'_{OG},即

可求得塔高。

（1）塔 A 填料层高度

原工况下　$Z = H_{OG}N_{OG}$

新工况下　$Z' = H_{OG}N'_{OG}$

两种工况下 $\dfrac{L}{V}$ 相同，即

$$\frac{L}{V} = \frac{Y_1 - Y_2}{X_1 - X_2} = \frac{0.02 - 0.004}{0.008 - 0} = 2$$

$$\frac{mV}{L} = S = \frac{1.5}{2} = 0.75$$

N_{OG} 用脱吸因数法计算，则

$$\frac{Z'}{Z} = \frac{N'_{OG}}{N_{OG}} = \frac{\dfrac{1}{1-S}\ln\left[(1-S)\dfrac{Y'_1 - mX_2}{Y'_2 - mX_2} + S\right]}{\dfrac{1}{1-S}\ln\left[(1-S)\dfrac{Y_1 - mX_2}{Y_2 - mX_2} + S\right]} = \frac{\ln\left[(1-0.75)\dfrac{0.02}{0.002} + 0.75\right]}{\ln\left[(1-0.75)\dfrac{0.02}{0.004} + 0.75\right]} = 1.70$$

故　　　$Z' = 1.70 \times 6 = 10.2 \text{ m}$

即原塔 A 填料层需增高 4.2 m。

（2）气相串联操作时塔 B 的填料层高度

同理，两塔填料层高度之比为

$$\frac{Z(B)}{Z(A)} = \frac{\ln\left[(1-0.75)\dfrac{0.004}{0.002} + 0.75\right]}{\ln\left[(1-0.75)\dfrac{0.02}{0.004} + 0.75\right]} = 0.322$$

故　　　$Z(B) = 0.322 \times 6 = 1.93 \text{ m}$

$$X'_1 = \frac{V}{L}(Y'_1 - Y'_2) = \frac{1}{2}(0.004 - 0.002) = 0.001$$

讨论：计算结果表明，双塔操作时填料层高度低于单塔操作时的填料层高度，这是以增加用水量为代价的。

为提高回收率，也可采用提高操作压强和增加液气比 $\dfrac{L}{V}$ 来达到目的。

［例 7-18］　在逆流操作的填料塔中，用纯溶剂吸收混合气中溶质组分。已知进塔气相组成为 0.02（摩尔比），溶质回收率为 95%。惰气流量为 35 kmol/h，吸收剂用量为最小吸收剂用量的 1.5 倍。气相总传质单元高度 H_{OG} 为 0.875 m。在操作条件下气液平衡关系 $Y = 0.15X$，试求：

（1）气相总传质单元数和填料层高度；

（2）若改用板式塔，试求理论板数和原填料理论板当量高度。

解：（1）N_{OG} 和 Z

$$Y_2 = (1-\varphi)Y_1 = (1-0.95) \times 0.02 = 0.001$$

最小液气比为

$$\left(\frac{L}{V}\right)_{\min} = \frac{Y_1 - Y_2}{\dfrac{Y_1}{m} - X_2} = \frac{0.02 - 0.001}{\dfrac{0.02}{0.15} - 0} = 0.1425$$

最小溶剂用量为

$$L_{\min} = 0.142\ 5V = 0.142\ 5 \times 35 = 4.988\ \text{kmol/h}$$

$$L = 1.5L_{\min} = 1.5 \times 4.988 = 7.481\ \text{kmol/h}$$

N_{OG} 用脱吸因数法计算,即

$$N_{OG} = \frac{1}{1-S}\ln\left[(1-S)\frac{Y_1 - mX_2}{Y_2 - mX_2} + S\right]$$

其中

$$S = \frac{1}{A} = \frac{mV}{L} = \frac{0.15 \times 35}{7.481} = 0.702$$

$$N_{OG} = \frac{1}{1-0.702}\ln\left[(1-0.702)\frac{0.02}{0.001} + 0.702\right] = 6.36$$

填料层高度为

$$Z = H_{OG}N_{OG} = 0.875 \times 6.36 = 5.57\ \text{m}$$

(2) N_T 和 $HETP$

用克列姆塞尔方程求 N_T,即

$$N_T = \frac{1}{\ln A}\ln\left[(1-S)\frac{Y_1 - mX_2}{Y_2 - mX_2} + S\right]$$

其中

$$A = \frac{1}{S} = \frac{1}{0.702} = 1.425$$

故

$$N_T = \frac{1}{\ln 1.425}\ln\left[(1-0.702)\frac{0.02}{0.001} + 0.702\right] = 5.35$$

$$HETP = \frac{Z}{N_T} = \frac{5.57}{5.35} = 1.04\ \text{m}$$

讨论:N_{OG} 和 N_T 的关系可由以下关系看出,即

$$\frac{N_{OG}}{N_T} = \frac{A\ln A}{A-1}$$

当 $A > 1$ 时,$N_{OG} > N_T$(本例即为这种情况);$A = 1$ 时,$N_{OG} = N_T$;$A < 1$ 时,$N_{OG} < N_T$。

[例7-19] 在一填料吸收塔中处理气体混合物中溶质组分,吸收剂分为两股加入,第一股吸收剂组成为0.004(摩尔比,下同),从塔顶加入,第二股吸收剂组成为0.015,从塔中间加入,二股吸收剂流量均为50 kmol/h。进塔气体组成为0.05,溶质回收率为90%,惰气流量为100 kmol/h。该塔的气相总传质单元高度 H_{OG} 为0.85 m,在操作条件下气液平衡关系为 $Y = 0.5X$,试求:

(1)出塔的吸收液组成 X_1;

(2)第二股吸收剂加入的适宜位置;

(3)若将两股吸收剂混合后从塔顶加入,定性说明填料层高度的变化情况,并示意绘出两种情况下的操作线。

解:本例流程如附图1所示。

(1)吸收液组成 X_1

X_1 由全塔物料衡算求得,即

$$V(Y_1 - Y_3) = L_3(X_1 - X_3) + L_2(X_1 - X_2)$$

或

$$V[Y_1 - (1-\varphi)Y_1] = L_3(2X_1 - X_2 - X_3)$$

$$Y_1\varphi = \frac{L_3}{V}(2X_1 - X_2 - X_3)$$

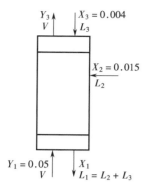

例7-19 附图1

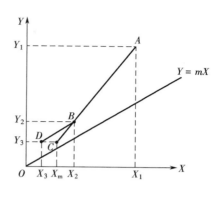

例7-19 附图2

$$0.05 \times 0.9 = \frac{50}{100}(2X_1 - 0.004 - 0.015)$$

解得　　$X_1 = 0.054\,5$

（2）第二股吸收剂加入的适宜位置

第二股吸收剂入塔的适宜位置应在塔内液相组成与X_2相同处,设对应的气相组成为Y_2,且在加入第二股溶剂的以下塔段,液气比变为

$$\frac{L}{V} = \frac{L_3 + L_2}{V} = \frac{50 + 50}{100} = 1$$

与X_2相应的Y_2由以下塔段物料衡算求得,即

$$Y_2 = Y_1 - \frac{L}{V}(X_1 - X_2) = 0.05 - (0.054\,5 - 0.015) = 0.010\,5$$

第二股溶剂入口至塔底高度可由下式求得

$$Z = H_{OG} N_{OG}$$

其中　　$H_{OG} = 0.85\ \text{m}$

$$N_{OG} = \frac{1}{1 - S}\ln\left[(1 - S)\frac{Y_1 - mX_2}{Y_2 - mX_2} + S\right]$$

且　　$S = \dfrac{mV}{L} = 0.5$

故　　$N_{OG} = \dfrac{1}{1 - 0.5}\ln\left[(1 - 0.5)\dfrac{0.05 - 0.5 \times 0.015}{0.010\,5 - 0.5 \times 0.015} + 0.5\right] = 4.05$

$$Z = 0.85 \times 4.05 = 3.44\ \text{m}$$

即第二股溶剂加入口至塔底高度为3.44 m。

（3）吸收剂混合进塔和分别进塔的比较

两种进塔情况的操作线如本例附图2所示。吸收剂分两股进塔时操作线为ABD(折线),吸收剂混合后进塔时操作线为ABC(直线)。由附图2可见,吸收剂混合后进塔,操作线离平衡线更近,传质推动力下降,故所需填料层高度增加。

讨论:若处理两股混合气体,则与本例相似,两股气体分别加入塔中较混合后再加入塔底,将能得到更佳的分离效果,说明组成不同的物料之间的混合即返混对于分离是一个不利的工程因素。

[**例7-20**] 将吸收液送至逆流操作的脱吸塔中,用过热蒸汽进行脱吸。吸收液组成为

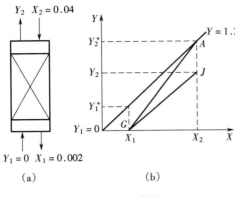

Y_2 $X_2 = 0.04$

$Y_1 = 0$ $X_1 = 0.002$

（a）   （b）

例7-20 附图

0.04（摩尔比，下同），脱吸后溶剂组成为 0.002。纯溶剂流率为 0.025 kmol/（m² · s）。过热蒸汽用量为最小蒸汽用量的1.2倍。脱吸塔的体积总吸收系数 K_Ya 为 0.015 kmol/（m³ · s），在操作条件下气液平衡关系为 $Y = 1.2X$，试求脱吸塔的填料层高度。

解：在最小气液比$\left(\dfrac{V}{L}\right)_{min}$下，气、液两相在脱吸塔塔顶达到平衡状态，即操作线与平衡线交于点 A，如本例附图（b）所示。

过热蒸汽最小用量为

$$V_{min} = \frac{L(X_2 - X_1)}{Y_2^* - Y_1} = \frac{0.025 \times (0.04 - 0.002)}{1.2 \times 0.04 - 0} = 0.019\ 8$$

过热蒸汽用量为

$$V = 1.2V_{min} = 1.2 \times 0.019\ 8 = 0.023\ 8 \text{ kmol/（m}^2 \cdot \text{s）}$$

脱吸塔气体出口组成为

$$Y_2 = \frac{L(X_2 - X_1)}{V} + Y_1 = \frac{0.025 \times (0.04 - 0.002)}{0.023\ 8} + 0 = 0.039\ 9$$

脱吸塔高度为

$$Z = \frac{V}{K_Ya\Omega} \frac{Y_2 - Y_1}{\Delta Y_m}$$

其中

$$\Delta Y_m = \frac{\Delta Y_2 - \Delta Y_1}{\ln \dfrac{\Delta Y_2}{\Delta Y_1}} = \frac{(Y_2^* - Y_2) - (Y_1^* - Y_1)}{\ln \dfrac{Y_2^* - Y_2}{Y_1^* - Y_1}}$$

$$= \frac{(1.2 \times 0.04 - 0.039\ 9) - (1.2 \times 0.002 - 0)}{\ln \dfrac{1.2 \times 0.04 - 0.039\ 9}{1.2 \times 0.002}} = 0.004\ 69$$

故

$$Z = \frac{0.023\ 8}{0.015} \times \frac{0.039\ 9 - 0}{0.004\ 69} = 13.5 \text{ m}$$

讨论：脱吸过程的计算所用的公式和吸收过程的完全相同，只是两者传质方向相反，传质推动力的方向也相反而已。

🔷 **学生自测** 🔷🔷

一、填空或选择

1. 对低浓度溶质的气液平衡系统，当总压降低时，亨利系数 E 将_____，相平衡常数 m 将_____，溶解度系数 H 将_____。

2. 亨利定律表达式 $p^* = Ex$，若某气体在水中的亨利系数 E 值很小，说明该气体为_____气体。

3. 在吸收过程中，K_Y 和 k_Y 是以_____和_____为推动力的吸收系数，它们的单位是_____。

4. 若总吸收系数和分吸收系数间的关系可表示为 $\dfrac{1}{K_G}=\dfrac{1}{k_G}+\dfrac{1}{Hk_L}$，其中 $\dfrac{1}{k_G}$ 表示_____，当_____项可忽略时，表示该吸收过程为气膜控制。

5. 在 1 atm、20 ℃下某低浓度气体被清水吸收，若气膜吸收系数 $k_G=0.1$ kmol/($m^2\cdot h\cdot atm$)，液膜吸收系数 $k_L=0.25$ kmol/($m^2\cdot h\cdot kmol/m^3$)，溶质的溶解度系数 $H=150$ kmol/($m^3\cdot atm$)，则该溶质为_____气体，气相总吸收系数 $K_Y=$ _____ kmol/($m^2\cdot h$)。

6. 一般而言，两组分 A、B 的等摩尔相互扩散体现在_____单元操作中，而组分 A 在 B 中单向扩散体现在_____单元操作中。

7. 在吸收过程中，若降低吸收剂用量，对气膜控制物系，体积吸收总系数 K_Ya 值将_____，对液膜控制物系，体积吸收总系数 K_Ya 值将_____。

8. 双膜理论是将整个相际传质过程简化为_____。

9. 吸收塔的操作线方程和操作线是通过_____得到的，它们与_____、_____和_____等无关。

10. 吸收因数 A 可表示为_____，它在 Y—X 图上的几何意义是_____。

11. 若分别以 S_1、S_2、S_3 表示难溶、中等溶解度、易溶气体在吸收过程中的脱吸因数，吸收过程中操作条件相同，则应有 S_1 _____ S_2 _____ S_3。

12. 吸收过程中，若减小吸收剂用量，操作线的斜率_____，吸收推动力_____。

13. 吸收过程中，物系平衡关系可用 $Y^*=mX$ 表示，最小液气比的计算关系式 $\left(\dfrac{L}{V}\right)_{min}=$ _____。

14. 在常压逆流操作的填料塔中，用纯溶剂吸收混合气中的溶质组分 A。已知进塔气相组成 Y_1 为 0.03（摩尔比），液气比 L/V 为 0.95，气液平衡关系为 $Y=1.0X$，则组分 A 的吸收率最大可达_____。

15. 某吸收过程，用纯溶剂吸收混合气中溶质组分 A，混合气进塔组成为 0.1，出塔组成降至 0.02（均为摩尔比），已知吸收因数 A 为 1，若该吸收过程所需理论板 N_T 为 4 层，则需传质单元数 N_{OG} 为_____。

16. 在吸收操作中，吸收塔某一截面上的总推动力（以气相组成表示）为（　　）。
A. $Y-Y^*$　　　B. Y^*-Y　　　C. $Y-Y_i$　　　D. Y_i-Y

17. 在双组分理想气体混合物中，组分 A 的扩散系数是（　　）。
A. 组分 A 的物质属性　　　B. 组分 B 的物质属性
C. 系统的物质属性　　　D. 仅取决于系统的状态

18. 含低浓度溶质的气液平衡系统中，溶质在气相中的摩尔组成与其在液相中的摩尔组成的差值为（　　）。
A. 负值　　　B. 正值　　　C. 零　　　D. 不确定

19. 某吸收过程，已知气膜吸收系数 k_Y 为 2 kmol/($m^2\cdot h$)，液膜吸收系数 k_X 为 4 kmol/($m^2\cdot h$)，由此可判断该过程为（　　）。
A. 气膜控制　　　B. 液膜控制　　　C. 不能确定　　　D. 双膜控制

20. 在吸收塔某截面处，气相主体组成为 0.025（摩尔比，下同），液相主体组成为 0.01。

若气相总吸收系数 K_Y 为 1.5 kmol/$(m^2 \cdot h)$,气膜吸收系数 k_Y 为 2 kmol/$(m^2 \cdot h)$,气液平衡关系为 $Y = 0.5X$,则该处气液界面上的气相组成 Y_i 为(   )。

A. 0.02   B. 0.01   C. 0.015   D. 0.005

21. 含低浓度溶质的气体在逆流吸收塔中进行吸收操作,若进塔气体流量增大,其他操作条件不变,则对于气膜控制系统,其出塔气相组成将(   )。

A. 增加   B. 减小   C. 不变   D. 不确定

22. 在逆流吸收塔中,吸收过程为气膜控制,若进塔液相组成 X_2 增大,其他操作条件不变,则气相总传质单元数 N_{OG} 将(   ),气相出口组成将(   )。

A. 增加   B. 减少   C. 不变   D. 不确定

23. 在逆流操作的填料塔中,当吸收因数 $A < 1$,且填料层为无限高时,则气液相平衡出现在(   )。

A. 塔顶   B. 塔上部   C. 塔底   D. 塔下部

24. 在逆流吸收塔中,用纯溶剂吸收混合气中的溶质组分,其液气比 L/V 为 2.85,平衡关系可表示为 $Y = 1.5X$(Y、X 为摩尔比),溶质的回收率为 95%,则液气比与最小液气比之比值为(   )。

A. 3   B. 2   C. 1.8   D. 1.5

25. 在逆流吸收塔中,用纯溶剂吸收混合气中的溶质,平衡关系符合亨利定律。当进塔气体组成 Y_1 增大,其他条件不变,则出塔气体组成 Y_2(   )、吸收率 φ(   )。

A. 增大   B. 减小   C. 不变   D. 不确定

二、计算

1. 填料吸收塔操作中,物系相平衡常数 m 为 0.1,若 $k_Ya = k_Xa = 0.026$ kmol/$(m^3 \cdot s)$,且可视为 $k_Y \propto V^{0.7}$,试计算气体流量增加一倍时吸收总阻力减小的百分数。

2. 在逆流操作的填料塔中,用纯溶剂吸收混合气中的溶质组分 A,操作条件下气液平衡关系可表示为 $Y^* = mX$(X、Y 为摩尔比)。吸收剂用量为最小用量的 1.5 倍,气相总传质单元高度 H_{OG} 为 1.2 m。若要求吸收率为 90%,试求所需的填料层高度。

3. 在逆流操作的填料塔中,用清水吸收混合气中的溶质组分 A。塔的操作压强为 95 kPa,吸收过程中亨利系数可取为 50 kPa,平衡关系和操作关系均为直线关系。已知混合气中空气流量为 100 标准 m^3/h,水流量为 0.1 m^3/h,进、出塔的气相组成分别为 0.026 和 0.002 6(均为摩尔比)。若塔内径为 0.2 m、填料层高度为 1.2 m,试求气相总体积吸收系数 K_Ya。

4. 在逆流操作的填料塔中,用循环溶剂吸收混合气中的溶质组分为 A。气液平衡关系为 $Y^* = 1.2X$(X、Y 为摩尔比)。液气比为 1.5,进塔气相组成为 0.02(摩尔比,下同),进塔液相组成为 0.001,出塔气相组成为 0.002。若因脱吸塔操作不正常,使循环溶剂组成上升为 0.005,其他操作条件不变,试求出塔气相组成。

5. 试证明 $\dfrac{N_{OL}}{N_{OG}} = \dfrac{mV}{L}$。

6. 一连续操作的逆流填料吸收塔内,用循环溶剂吸收混合气体中的可溶组分 A。已知进塔混合气 A 组分的含量为 $Y_1 = 0.1$,入塔循环溶剂组成 $X_2 = 0.008$(均为摩尔比),要求吸收率为 90%,操作条件下的平衡关系可表示为 $Y = 0.5X$(Y,X 为摩尔比),液相纯溶剂与气相惰性气体的摩尔比为 $L/V=0.5$，气相总传质单元高度为 0.5 m。试求：

（1）吸收塔有效高度；

现为提高吸收率，增加吸收剂用量，所增加的吸收剂为纯溶剂，增加量与入塔液相中纯溶剂量相同，增加的纯溶剂采用（2）、（3）两种方式加入塔内；

（2）增加的纯溶剂与原循环溶剂混合后由塔顶加入，试计算吸收率可提高至多少？

（3）增加的纯溶剂由塔顶加入，原循环溶剂由塔内液相组成与 $X_2=0.008$ 相同处加入，试计算吸收率达到（2）中的吸收率时，所需塔的有效高度是多少？

（假设所有条件下均能正常操作且吸收操作为气膜控制）。

7. 在一直径 1.4 m，填料层高度 3 m 的吸收塔内用纯溶剂吸收混合气体中的溶质 A，混合气体的处理量为 50 kmol/h，其中溶质 A 的摩尔分数为 0.055，操作条件下的平衡关系为 $Y=2.3X$（X,Y 为液相和气相溶质 A 的摩尔比组成），气相总吸收系数为 0.35 kmol/（m²·h），吸收剂用量为 155 kmol/h，若采用比表面积为 228 m²/m³ 的 $DN25$ 的塑料阶梯环填料（填料有效比表面积可取填料表面积的 90%），试求：

（1）吸收塔的吸收率可达多少？

（2）由于操作温度升高，使溶质 A 在溶剂中的溶解度降低到原来的 80%，为使吸收塔仍然可达到（1）中的吸收率，在其他操作条件不变的情况下，需将填料层高度增加还是降低？增加或降低多少？（假定平衡关系仍为线性关系，温度改变对气相总吸收系数的影响可忽略）

8. 在 30 ℃和 101.33 kPa 压力下用直径 0.8 m 的填料塔逆流吸收二元混合气体中的溶质 A，混合气流量为 800 标准 m³/h。进塔混合气中 A 的摩尔比为 0.04，要求溶质回收率为 90%。吸收剂为纯溶剂，其流量为最小吸收剂用量的 1.4 倍。操作条件下的平衡关系为 $Y=1.2X$。气相总传质单元高度为 0.4 m。

（1）计算吸收塔所需填料层高度和气相总体积传质系数；

（2）工厂考虑成本、环保等因素，将现有工艺改为吸收剂循环使用，在现有吸收塔后加装解吸塔，吸收塔出塔液相经解吸塔解吸后，溶质 A 的摩尔比组成降为 0.0008，此液相循环回吸收塔作为吸收剂使用。若纯吸收剂用量保持不变，计算此时溶质回收率可达多少。

9. 在逆流操作的填料塔中用清水吸收混合气中的可溶组分 A。填料层的有效高度为 4.0 m。混合气中溶质的组成为 0.1（摩尔分数），要求吸收率 95%。清水用量为最小用量的 2 倍。操作条件下的平衡关系可表达为 $Y=2.0X$（$Y、X$ 为摩尔比）。试求将操作压强加倍后组分 A 吸收率提高的百分数及吸收液组成。

假设提高操作压强后 K_Ya 保持不变。

第8章 蒸馏和吸收塔设备

本章符号说明

英文字母

D——塔径，m；

e_V——雾沫夹带量，kg(液)/kg(气)；

E_M——单板效率(默弗里板效率)；

E_O——点效率；

E_T——总板效率(全塔效率)；

F_O——阀孔动能因子，$kg^{1/2}/(s \cdot m^{1/2})$；

H_d——降液管内清液层高度，m；

H_T——板间距，m；

$HETP$——等板高度，m；

l_W——堰长，m；

L_s——塔内液体流量，m^3/s；

L_W——润湿速率，$m^3/(m \cdot s)$；

N_P——实际塔板层数；

N_T——理论塔板层数；

Δp——压强降，Pa；

u——空塔气速，m/s；

u_F——泛点气速，m/s；

U——喷淋密度，$m^3/(m^2 \cdot s)$；

V_s——塔内气相流量，m^3/s；

Z——塔的有效段高度，填料层高度，m。

希腊字母

α——相对挥发度；

ε——空隙率；

μ——黏度，$mPa \cdot s$；

σ——填料层的比表面积，m^2/m^3；

ϕ——填料因子，1/m。

下标

max——最大的；

min——最小的；

V——气相的。

本章学习指导

1. 本章学习目的

通过本章学习，掌握各种塔器的流体力学及传质特性(特别是提高传质速率的有效措施)、设计的基本方法和程序，最后能够根据生产任务要求，选择适宜的塔设备类型并确定设备的主要工艺尺寸。

2. 本章应掌握的内容

掌握板式塔和填料塔的基本结构、流体力学及传质特性(包括板式塔的负荷性能图)。

了解塔设备设计的基本方法和程序。

3. 学习本章应注意的问题

学习本章要紧紧围绕提高塔设备传质速率这个中心主题，理解各种塔板及新型填料结构设计的思路和特点，最终体现在塔设备的综合性能优劣。

本章学习要点

一、概述

高径比很大的设备叫塔器。用于蒸馏和吸收的塔器分别称为蒸馏塔和吸收(脱吸)塔。通称气液传质设备。

蒸馏和吸收作为分离过程,基于不同的物理化学原理,但其均属于气液两相间的传质过程,有着共同特点,可在同样的设备中进行操作。

(一)塔设备设计的基本原则(塔设备的基本功能)

为获得最大的传质速率,塔设备应该满足两条基本原则:

①使气液两相充分地接触,以提供尽可能大的传质面积和传质系数,接触后两相又能及时完善分离。

②在塔内使气液两相最大限度地接近逆流,以提供最大的传质推动力。

板式塔的各种结构设计、新型高效填料的开发,均是这两条原则的体现和展示。

(二)对塔设备性能的评价指标

从工程目的出发,塔设备性能的评价指标如下:

1. 通量——单位塔截面的生产能力

表征塔设备的处理能力和允许空塔气速。

2. 分离效率——单位压强塔的分离效果

对板式塔以板效率表示,对填料塔以等板高度表示。

3. 适应能力——操作弹性

表现为对物料的适应性及负荷波动的适应性。

塔设备在兼顾"通量大"、"效率高"和"适应性强"的前提下,还应满足流动阻力低、结构简单、金属耗量少、造价低和易于操作控制等要求。

一般地,通量、效率和压强降是互相影响甚至是互相矛盾的。对于工业大规模生产来说,应在保持高通量前提下,争取效率不过于降低;对于精密分离来说,应优先考虑高效率,而通量和压强降则放在第二位。

(三)气液传质设备的分类

1. 按结构分为板式塔和填料塔

工业生产中,一般当处理物料量较大时多采用板式塔,当要求塔径在 0.8 m 以下时,多采用填料塔。但现在这种局面已有所改变,直径在 30 m 以上的填料塔正在工业生产中运行。

2. 按气液接触情况分为逐级式与微分式

通常板式塔为逐级接触式。按照塔内气液流动方式又分错流塔板与逆流塔板。错流塔板中,液体横向流过塔板,气体垂直穿过液层,但从塔整体来看,液相从塔顶流至塔底,气相则从下向上流动,两相逆向流动。在错流塔板中,气液两相组成呈阶梯式变化。

填料塔为微分接触式塔器。一般两相逆向流动,两相组成呈连续变化。

在正常操作情况下,在错流塔板中,液体为连续相,气体在液体中分散;在填料塔中,气相为连续相,液体则沿填料表面流动。

二、板式塔

(一)错流塔板的几种典型结构

在几种主要类型错流塔板中,应用最早的是泡罩塔板,使用最广泛的是筛板和浮阀塔板。其中,泡罩塔板具有操作弹性大、对物料适应性强、不易漏液等优点,但其结构复杂、造价高、压强降大。合理设计的筛板具有结构简单、造价低廉、通量大、压强降低、便于清理检修等优点,其缺点是操作弹性较小、小孔易堵塞。浮阀塔板的综合性能好,特别是操作弹性大,现已列入部颁标准,但浮阀塔不宜处理易结焦或黏度大的物系。

上述塔板不同程度地存在雾沫夹带现象。为了克服这一不利因素的影响,设计了斜向喷射的舌形塔板、斜孔板、垂直筛板、浮舌塔板、浮动喷射塔板等不同的结构形式,有些塔板结构还能减少因水力梯度造成的气体不均匀分布现象。

(二)塔板效率及其影响因素

塔板效率是衡量气液两相传质效果、体现传质速率的重要参数,总板效率是由理论塔板层数转换为实际塔板层数的桥梁。

1. 塔板效率的表示方法

塔板效率的表示方法在"蒸馏"一章中已作介绍,即总板效率(全塔效率)、单板效率(默弗里板效率)与点效率。这里需强调以下几点:

①总板效率反映了整个塔内的平均传质效果,包含了影响传质过程的全部动力学因素;单板效率是指气相或液相经过一层塔板前后的实际组成变化与理论组成变化的比较。二者比较基准不同,即使各板单板效率完全相同,总板效率与单板效率在数值上也不相同。另外,总板效率的数值一般不会达到100%,在大塔径的塔内单板效率的数值却可能超过100%。

②按气相组成变化表示的单板效率 E_{MV} 与按液相组成变化表示的单板效率 E_{ML},对于同一层塔板其数值并不相同,只有当操作线与平衡线为平行直线时,二者才会相等。

③点效率(以气相点效率 E_{OV} 为例)是指塔板上某点的局部效率,反映了该点上气液接触的状况,而单板效率描述的是全板的平均值。只有当塔径很小或当板上液体完全均匀混合时,点效率 E_{OV} 与单板效率 E_{MV} 才具有相同的数值。

2. 影响塔板效率的因素

凡是与传质系数、传质面积与传质推动力有关的一切因素均影响塔板效率。概括为如下三个方面:

(1)物系性质 主要指黏度、相对挥发度、溶解度系数、密度、表面张力、扩散系数等。对一定结构的塔板,黏度、相对挥发度、溶解度系数等的影响比较显著。

(2)塔板结构 主要包括塔径、板间距、堰高、降液管面积与长度(或宽度)、开孔率等结构参数。

(3)操作条件 主要指操作温度、压强、空塔气速、气液流量比等操作参数。一定条件下,气速的影响最为显著。

3. 板式塔内可能出现的非理想流动

如果塔的设计不够完善或操作不当,将会产生如下非理想流动,从而降低塔板效率:

(1)空间的反向流动 其中包括液相的反方向流动——雾沫夹带(气速过高或板间距过小)及气相的反向流动——气泡夹带(溢流速度过大)。

（2）不均匀流动　表现为液相方面的液面落差（水力梯度）及由于水力梯度造成的气体分布不均匀。

（3）液体短路　气速过小造成的漏液。

非理想流动过于严重时，将会导致液泛。

另外，塔板压强降过大者，将会影响塔设备操作的稳定性、经济性，甚至引起降液管液泛。

4. 塔板效率的估算——经验关联

对精馏塔可用奥康耐尔关联式估算总板效率，即

$$E_T = 0.49(\alpha\mu_L)^{-0.245} \tag{8-1}$$

式（8-1）也可用精馏塔效率关系曲线表示。

（三）板式塔的工艺设计及负荷性能图

1. 板式塔的工艺设计

不同结构板式塔的工艺设计程序大同小异，均包括塔高、塔径及塔板上主要部件工艺尺寸的设计计算。

（1）塔高　塔的有效段高度按下式计算

$$Z = \frac{N_T}{E_T}H_T = N_P H_T \tag{8-2}$$

式中

$$N_P = N_T/E_T \tag{8-3}$$

板间距的选择很重要。H_T 较大时，塔径可减小，并且可减少雾沫夹带、抑制液泛、提高塔的操作弹性和生产能力，但塔高要增加。选择板间距时，还应考虑安装、检修及塔体的总体匀称。

（2）塔径　根据流量公式计算塔径，即

$$D = \sqrt{\frac{4V_s}{\pi u}} \tag{8-4}$$

塔径的计算关键在于确定适宜的空塔气速，通常取 $u = (0.6 \sim 0.8)u_{max}$。用上式求得 D 后，要按照系列标准圆整，并且进行流体力学验算后可能还要作某些修改。

（3）溢流装置与塔板设计　主要在于确定堰长 l_w、堰高 h_w、降液管宽度 W_d 与截面积 A_f、塔盘布局、开孔数及开孔率等结构参数。

2. 塔板的流体力学验算

为了检验工艺设计的合理性，应进行如下项目的流体力学验算。

（1）单板压强降　其值影响全塔压强降及降液管液泛。可通过开孔率及板上液层厚度进行调节。

（2）液泛　以降液管内的清液层高度为控制指标。为防止液泛，可增大板间距、降液管面积和降低单板压强降。

（3）雾沫夹带　以 $e_V = 0.1$ kg（液）/kg（气）为控制指标。物性参数、空塔气速、板间距等均影响 e_V 值。

（4）漏液　对浮阀塔板，以阀孔动能因子 $F_0 \geqslant 5 \sim 6$ 为下限。

（5）液面落差　对于直径不大的塔板，一般可忽略液面落差的影响。

3. 负荷性能图

板式塔设计完成后要绘制负荷性能图,用来检验工艺设计是否合理,考核该塔正常操作的气液流量范围,了解塔的操作弹性,判断有无增产能力,减负荷能否正常运行等。

图 8-1 所示的浮阀塔负荷性能图由以下曲线组成。

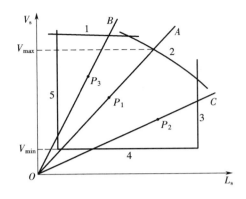

图 8-1 浮阀塔板负荷性能图

(1)雾沫夹带线 1　当气相负荷超过此线时,雾沫夹带量将过大,$e_V \leqslant 0.1$ kg(液)/kg(气)为指标。

(2)液泛线 2　塔板的适宜操作区应在此线以下,否则将发生液泛,以 $H_d \leqslant \phi(H_T + h_W)$ 为控制指标。

(3)液相负荷上限线(降液管超负荷线)3　液相流量超过此线,将造成气相严重返混甚至发生降液管液泛,以液体在降液管中停留时间 $\theta \geqslant 3 \sim 5$ s 为限。

(4)漏液线(气相负荷下限线)4　气相负荷低于此线将发生严重漏液现象,气液接触不充分,对浮阀塔板以阀孔动能因子 $F_0 = 5 \sim 6$ 为下限。

(5)液相负荷下限线 5　液相负荷低于此线将使塔板上液流分布不均匀。以 $h_{OW} = 0.006$ m 为负荷下限条件。

上述五条线包围的范围,便是塔的适宜操作范围。

操作时的气相流量 V_s 与液相流量 L_s 在负荷性能图上的坐标点 P 称为操作点,OP 连线称为操作线。操作线与负荷性能图上两条边界线的交点分别表示塔的上下操作极限。两极限的气体流量之比称为塔板的操作弹性。如操作线 OA 所对应的操作弹性为

$$操作弹性 = \frac{V_{max}}{V_{min}} \tag{8-5}$$

式中 V_{max}、V_{min} 分别代表气相的最大和最小流量,m³/s。

操作点位于操作区内的适中位置(如 P_1 点)可获得稳定良好的操作效果。若操作点靠近任一边界线,则当负荷稍有波动时,便会使塔的正常操作受到破坏,此时应调整塔的结构参数或改变气液负荷,使操作点居中。例如图中操作线为 OC 时,控制因素是液相负荷上限和漏液,可通过增大降液管面积 A_f 或板间距 H_T,使液相负荷上限线右移。再如图中操作线为 OB 时,操作上限由雾沫夹带控制,下限为液相负荷下限控制,此时减小堰长 l_W 或用齿形堰代替平直堰,均可使液相负荷下限线左移。通常,通过调整板间距、开孔率或塔径来实现优化设计。

(四)板式塔的发展趋势及强化方向

①板式塔的发展趋势是加大开孔率,减少漏液,水平导向(降低返混)。

②板式塔的强化以增加生产能力为中心,保持高效率,简化结构。

三、填料塔

填料塔为微分接触式气液传质设备。其特点是结构简单,压强降低,通过材质选择可处理腐蚀性物系。在真空精馏中显示其优点。

(一)填料的性能评价

塔内填料是提供气液接触的场所,填料塔的生产能力和传质速率与填料特性密切相关。填料性能的评价用传质速率、通量及填料层压降三个参数的综合指标来表达。

1. 填料的几何特性

(1)比表面积 σ 单位体积填料层的填料表面积称为比表面积,单位为 m^2/m^3。显然,σ 值大有利于增大传质面积。

(2)空隙率 ε 单位体积填料层的空隙体积称为空隙率,其单位为 m^3/m^3。ε 值大,气液通过能力大,流动阻力小,压强降低。

(3)填料因子 ϕ 填料因子 ϕ 代表实际操作时湿填料的流体力学特性。ϕ 值小,表明流动阻力小,液泛速度较高。

选择填料时,一般要求 σ 值及 ε 值大,填料的润湿性能好,造价低,并有足够的力学强度。其中实体填料阶梯环、金属环矩鞍及网波规整填料的综合性能较好,因而得到广泛应用。

2. 填料塔的流体力学特性

填料塔正常操作时,液体作为分散相沿填料表面呈膜状向下流动,气体以连续状态通过填料孔隙自下而上与液体逆向接触进行传质,两相组成沿塔高连续变化。

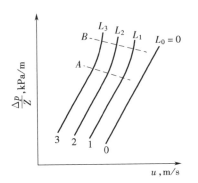

图8-2 填料层的 $\frac{\Delta p}{Z}$—u 关系

为保证两相良好接触,需要装置液体喷洒及再分布器。

(1)$\frac{\Delta p}{Z}$—u 关系曲线 在双对数坐标纸上标绘不同喷淋量下的单位高度填料层的压强降 $\Delta p/Z$ 与空塔气速 u 关系的实测数据,便得到图 8-2 所示的 $\Delta p/Z$—u 关系曲线。此曲线簇表明了压强降、持液量与空塔气速之间的关系。

当无液体喷淋,即 $L_0 = 0$ 时,干填料的 $\Delta p/Z$—u 是直线,其斜率为 1.8 ~ 2.0。

当有一定喷淋量时(图中 $L_3 > L_2 > L_1$),$\Delta p/Z$—u 的关系变成折线,两个转折点将折线分为三个区。

下转折点 A 称为载点,A 点以下的线段称为恒持液量区,该直线段与 0 线平行。达到 A 点的气速称为载点气速。

上转折点 B 称为泛点,B 点以上线段为液泛区,该线段的斜率可达 10 以上。达到泛点时的气速称为泛点气速或液泛气速,用 u_F 表示。

AB 之间的区段称为载液(拦液)区,随气速增加持液量加大。塔的操作应在此区段。

泛点以后,持液量的急骤增加使液相从分散相变为连续相,而气相则由连续相变为分散相在液体中鼓泡。因此泛点又称转相点。

(2)$\Delta p/Z$ 与 u_F 的经验关联 对于各种乱堆填料,目前工程设计计算中广泛使用埃克特通用关联图来计算填料塔的泛点气速 u_F 与适宜气速下的压强降 $\Delta p/Z$。适宜操作气速一般取泛点气速的50% ~ 85%。空塔气速与泛点气速的比值称为泛点率。

泛点气速 u_F 的值受填料特性(集中体现为 ϕ)、物料性质及液气比所影响。

（3）填料塔内液体的喷淋量　为使填料获得良好的润湿，应使塔内液体喷淋量不低于某一极限值——最小喷淋密度，即单位时间内单位塔截面上喷淋的液体体积。最小喷淋密度能维持填料的最小润湿速率，即

$$U_{\min} = (L_W)_{\min}\sigma \qquad (8\text{-}6)$$

润湿速率是指在塔的截面上，单位长度填料周边上液体的体积流量。对于直径不大于 75 mm 的环形填料，可取 $(L_W)_{\min} = 0.08 \ \mathrm{m^3/(m \cdot h)}$；对于直径大于 75 mm 的环形填料，可取 $(L_W)_{\min} = 0.12 \ \mathrm{m^3/(m \cdot h)}$。

（二）填料塔的工艺设计计算

1. 填料层的有效高度 Z

（1）传质单元法

$$Z = 传质单元高度 \times 传质单元数 \qquad (8\text{-}7)$$

（2）等板高度法

$$Z = N_T(HETP) \qquad (8\text{-}8)$$

式中 $HETP$ 愈小，说明填料层的传质速率高，完成一定分离任务所需填料层总高度可降低。

2. 塔径 D

在确定 $V_s(\mathrm{m^3/s})$ 及 u 的前提下，用式（8-4）计算塔径 D。

3. 核算

工艺设计完成后要核算如下项目：

①填料层的总压强降。

②喷淋密度是否大于最小喷淋密度。

③塔径与填料尺寸之比应在 8 以上，以保证填料润湿均匀。

④填料层有效高度 Z 与塔径 D 之比大于某规定值（如拉西环 $Z/D = 2.5 \sim 3$，其余填料 $Z/D = 5 \sim 8$）时，要将填料分段，并增设液体再分布装置。

⇨ 本章小结 ⇨ ⇨

本章应以对比方式来了解错流板式塔和填料塔的异同，如两种类型塔设备作为气液传质设备均以提高传质速率、分离效率和增大生产通量为追求的目标，但在设备性能指标方面各有优劣，并且各自有其适用的场合。

在板式塔中，重点了解泡罩塔板、筛板及浮阀塔板的基本结构特点、操作特性及适用场合；对填料塔应了解工业上常用填料的类型及流体力学性能。

对于气液传质设备的优化设计或优化操作均在于满足两条基本原则，降低非理想流动对传质带来的不利影响。

⇨ 例题与解题指导 ⇨ ⇨

略

⇨ 学生自测 ⇨ ⇨

填空或选择

1. 评价气液传质设备性能的主要指标是_____、_____、_____、_____和_____。

2. 按结构塔设备分为_____和_____。按气液接触方式分为_____和_____。填料塔是_____接触式气液传质设备,塔内_____为连续相,_____为分散相。错流板式塔是____接触式气液传质设备,塔内_____为连续相,_____为分散相。

3. 工业上应用最广泛的板式塔类型有_____、_____、_____和_____。

4. 板式塔操作中可能出现的非理想流动有_____、_____、_____和_____。

5. 板式塔设计中,加大板间距的优点是_____和_____,其缺点是_____。

6. 板式塔流体力学验算的项目为_____、_____、_____、_____和_____。

7. 板式塔的负荷性能图由_____、_____、_____、_____和_____五条曲线包围的区域构成。

8. 负荷性能图的作用是_____、_____和_____。

9. 评价填料性能优劣的主要参数是_____,_____和_____。

10. 在填料塔的 $\Delta P/Z$—u 曲线图上,有_____和_____两个折点,该两个折点将曲线分为三个区,它们分别是_____、_____、_____;塔的操作应在_____。

11. 填料塔设计时,空塔气速一般取泛点气速的_____。

12. 填料层高度的计算可采用_____和_____。

13. 下面三类塔板相比较,操作弹性最大的是_____,单板压降最小的是_____,造价最低的是_____。

A. 筛板塔   B. 浮阀塔   C. 泡罩塔

14. 在板式塔设计中,加大板间距,负荷性能图中有关曲线变化的趋势是:液泛线____,雾沫夹带线_____,漏液线_____。

A. 下移   B. 不变   C. 上移   D. 不确定

15. 填料因子 ϕ 值减小,填料塔的液泛气速_____,流动阻力_____。

A. 增大   B. 不变   C. 不确定   D. 减小

16. 下面参数中,属于板式塔结构参数的是____和____;属于操作参数的是____与____。

A. 板间距   B. 孔数   C. 孔速   D. 板上清液层高度

第9章 液—液萃取

英文字母

a——填料的比表面积，m^2/m^3；

A——组分 A；

B——组分 B；

B——组分 B 的流量，kg/h；

D——塔径，m；

E——萃取相的量，kg 或 kg/h；

E'——萃取液的量，kg 或 kg/h；

F——原料液的量，kg 或 kg/h；

h——萃取段的有效高度，m；

H——传质单元高度，m；

$HETS$——理论级当量高度，m；

k——以质量分率表示相组成的分配系数；

K——以质量比表示相组成的分配系数；

$K_X a$——体积传质系数，1/h；

M——混合液的量，kg 或 kg/h；

n——理论级数；

N——传质单元数；

R——萃余相的量，kg 或 kg/h；

R'——萃余液的量，kg 或 kg/h；

S——组分 S；

S——组分 S 的量，kg 或 kg/h；

x——组分在萃余相中的质量分率；

X——组分在萃余相中的质量比组成，kg 组分/kgB；

y——组分在萃取相中的质量分率；

Y——组分在萃取相中的质量比组成，kg 组分/kgS。

希腊字母

β——溶剂的选择性系数；

ε——填料层的空隙率；

δ——以质量比表示相组成的操作线斜率；

μ——液体的黏度，Pa·s；

ρ——液体的密度，kg/m^3；

σ——界面张力，N/m。

下标

A、B、S——组分 A 的、组分 B 的及组分 S 的；

C——连续相的；

D——分散相的；

E——萃取相的；

f——液泛的；

O——总的；

R——萃余相的；

1，2，…，n——级数。

本章学习指导

1. 本章学习目的

液—液萃取是一种应用广泛、发展迅速的单元操作。通过学习要求掌握萃取操作的基本原理、过程计算、设备特性，最终能合理地选择适宜的萃取剂、萃取操作条件及设备。

2. 本章应掌握的内容

学习本章应重点掌握：萃取分离的原理及流程、萃取过程的相平衡关系（包括萃取剂及操作条件的选择）、单级萃取过程的计算。

一般了解多级萃取过程的计算、萃取设备的类型、流体力学及传质特性。

3. 学习本章应注意的问题

液—液萃取属传质过程,但和蒸馏吸收相比又有其特殊性,如相平衡关系的表述方法、萃取设备的结构特点及外加能量等。

本章学习要点

一、概述

(一)萃取操作原理和基本过程

液—液萃取又称溶剂萃取,是向液体混合物中加入适当溶剂(萃取剂),利用原混合物中各组分在溶剂中溶解度的差异,使溶质组分 A 从原料液转移到溶剂 S 的过程。

工业萃取过程由三个基本过程组成,即

(1)混合　采取措施使萃取剂和原料液充分混合,实现溶质 A 由原溶液向萃取剂传递。

(2)沉降分层　进行萃取相 E 和萃余相 R 的分离。

(3)脱溶剂　萃取相和萃余相脱除溶剂得到萃取液 E′ 和萃余液 R′,萃取剂循环使用。

(二)萃取分离的适用场合

根据技术可行性和经济上的合理性,萃取适用于如下场合:

①不能用普通蒸馏、蒸发方法分离的物系,如恒沸混合液、热敏性物系等。

②用蒸馏方法很不经济的场合,如相对挥发度接近于"1"的物系、待分离组分含量很低且为重组分的物系。

③多种金属物质的提取,如核燃料及稀有元素的提取。

④环境保护,如废水脱酚等。

(三)萃取操作的特点

①外界加入萃取剂建立两相体系,萃取剂 S 与原溶剂 B 只能部分互溶,完全不互溶为理想选择。

②萃取是一个过渡性操作,E 相和 R 相脱溶剂后才能得到富集 A 或 B 组分的产品。

③常温操作,适合于热敏性物系分离,并且显示出节能优势。

④三元甚至多元物系的相平衡关系更为复杂,根据组分 B、S 的互溶度采用多种方法描述相平衡关系,其中三角形相图在萃取中用得比较普遍。

(四)萃取分离技术的发展

萃取分离具有处理能力大、选择性好、常温操作、节约能耗、易于连续和自动控制等优点,自 20 世纪 30 年代用于工业生产以来,萃取分离在化工、石油、医药、生物、食品、原子能、湿法冶金等工业部门得到广泛应用,并且一些新型萃取剂的合成、新萃取工艺的开发、萃取理论的研究日益深入、丰富和完善。一些新型萃取分离技术相继被应用于工业,如回流萃取、双溶剂萃取、分馏萃取、化学萃取、超临界萃取、双水相萃取、反向胶团萃取、膜基萃取、凝胶萃取、液膜分离等,使得萃取成为分离液体混合物发展最迅速、最活跃的单元操作之一。

本章重点讨论液—液体系的物理萃取过程。

二、三元体系的相平衡关系

萃取过程以相平衡为极限。相平衡关系是进行萃取过程计算和分析过程影响因素的基本依据之一。

根据组分间的互溶度,混合液分为两类:

(1)Ⅰ类物系　组分 A、B 及 A、S 分别完全互溶,组分 B、S 部分互溶或完全不互溶。

(2)Ⅱ类物系　组分 A、S 与组分 B、S 形成两对部分互溶体系。

本章以Ⅰ类物系为讨论重点。

（一）三元相图

对于组分 B、S 部分互溶物系,相的组成、相平衡关系和萃取过程的计算,采用图 9-1 所示的等腰直角三角形相图最为简明方便。常用质量分数表示相组成。

1. 组成在三角形相图上的表示

三角形的三个顶点分别表示纯组分 A、B、S。

三角形的边 *AB*、*AS* 和 *SB* 依次表示组分 A 与 B、A 与 S 以及 S 与 B 的二元混合液。

三角形内任一点代表三元混合液的组成,例如,图 9-1 中的 *M* 点对应的质量分数为

$$x_A = 0.25, x_B = 0.30, x_S = 0.45$$

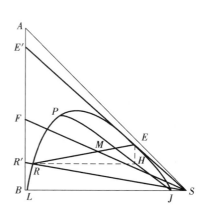

图 9-1　三角形相图

2. 相平衡关系在三角形相图上的表示

要能够根据一定条件下测得的溶解度数据和共轭相的对应组成在三角形相图上准确做出溶解度曲线 *LPJ*、联结线 *RE*、辅助曲线（又称共轭曲线）*PHJ*,并确定临界混溶点 *P*。

会利用辅助曲线由一已知相组成点确定与之平衡的另一相组成点的坐标位置。

溶解度曲线将三角形分成单相区（均相区）与两相区,萃取操作只能在两相区中进行。

①不同物系在相同温度下具有不同形状的溶解度曲线。

②同一物系,当温度变化时,可引起溶解度曲线和两相区面积的变化,甚至发生Ⅰ、Ⅱ类物系的转化。一般温度升高,组分间互溶度加大,两相区面积缩小,不利于萃取分离。

③一定温度下,同一物系的联结线倾斜方向随溶质组成而变,即各联结线一般互不平行,少数物系联结线的倾斜方向也会发生改变（等溶度体系）,如吡啶—氯苯—水系统即为一例。

3. 萃取过程在三角形相图上的表示

萃取过程的三个基本阶段可在三角形相图上清晰地表达出来（参见图 9-1）。

（1）混合　将质量为 *S*（kg）的萃取剂加到质量为 *F*（kg）的料液中并混匀,即得到总量为 *M*（kg）的混合液,其组成由点 *M* 的坐标位置读取。

$$F + S = M \tag{9-1}$$

$$Fx_F + Sy_S = Mx_M \tag{9-2}$$

（2）沉降分层　混合液沉降分层后,得到平衡的两液相 *E*、*R*,其组成由图上读取,各相的量由杠杆规则及总物料衡算求得,即

$$E = M \times \frac{\overline{MR}}{\overline{ER}} \tag{9-3}$$

$$R = M - E \tag{9-4}$$

图中的 *M* 点称为和点,*R*、*E* 或 *F*、*S* 称为差点。

（3）脱除溶剂　若将得到的萃取相及萃余相完全脱除溶剂,则得到萃取液 *E'* 和萃余液

R'，其组成由图上读取，其量利用杠杆规则确定，即

$$E' = E \times \frac{\overline{SE}}{\overline{SE'}} \qquad (9\text{-}5)$$

或 $$E' = F \times \frac{\overline{FR'}}{\overline{E'R'}} \qquad (9\text{-}5a)$$

$$R' = F - E' \qquad (9\text{-}6)$$

杠杆规则是物料衡算过程的图解表示，萃取过程在三角形相图上的表示和计算，关键在于熟练地运用杠杆规则。

（二）分配系数和分配曲线

1. 分配系数

在一定温度下，溶质 A 在平衡的萃取相和萃余相中组成之比称为分配系数，即

$$k_A = \frac{y_A}{x_A} \qquad (9\text{-}7)$$

同样，对于组分 B 也可写出相应表达式，即

$$k_B = \frac{y_B}{x_B} \qquad (9\text{-}7a)$$

2. 分配曲线

若主要关心溶质 A 在平衡的两液相中的组成关系，则可在直角坐标图上表示相组成，即图 9-2 所示的 x—y 关系曲线，此即分配曲线。

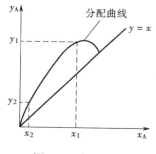

图 9-2 分配曲线

（三）组分 B、S 完全不互溶物系的相平衡关系

在操作条件下，若组分 B、S 互不相溶，则以质量比表示相组成的分配系数可改写成如下形式，即

$$K_A = \frac{Y_A}{X_A} \qquad (9\text{-}7b)$$

其分配曲线可仿照吸收中平衡曲线的方法，做出以质量比表示相组成的 X—Y 相图。

再若在操作范围内，以质量比表示相组成的分配系数 K 为常数，平衡关系可表示为直线方程，即

$$Y_A = K_A X_A \qquad (9\text{-}7c)$$

则分配曲线为通过原点的直线。

（四）萃取剂的选择

萃取剂的选择是萃取操作分离效果和是否经济的关键。选择萃取剂时主要考虑如下因素。

1. 萃取剂的选择性和选择性系数

选择性是指萃取剂 S 对原料液中两个组分溶解能力的差异，可用选择性系数来表示：

$$\beta = \frac{y_A}{y_B} \Big/ \frac{x_A}{x_B} = k_A \frac{x_B}{y_B} \qquad (9\text{-}8)$$

或 $$\beta = k_A / k_B \qquad (9\text{-}8a)$$

β 对应于蒸馏中的相对挥发度 α，统称为分离因子。萃取操作中，β 值均应大于 1。β 值

越大,越有利于组分的分离;若 $\beta = 1$,萃取相和萃余相脱除溶剂 S 后将具有相同的组成,且均等于原料液的组成,无分离能力,说明所选择的萃取剂是不适宜的。

当在操作条件下组分 B、S 可视作不互溶时,$y_B = 0$,选择性系数趋于无穷大。

2. 组分 B、S 间的互溶度

组分 B、S 间的互溶度愈小愈有利萃取分离,完全不互溶为理想情况。

3. 萃取剂回收的难易

易于回收可降低能量消耗。

4. 其他

两相密度差要大,界面张力适中,黏度与凝固点要低,化学及热稳定,无毒不易燃,来源充分,价格低廉等。

三、萃取过程的计算

（一）萃取操作中两相的接触方式

$$
两相接触方式 \begin{cases} 级式接触 \begin{cases} 单级萃取 \\ 多级错流接触萃取 \\ 多级逆流接触萃取 \end{cases} \\ 连续（微分）接触逆流萃取 \end{cases}
$$

要重点掌握各种接触萃取方式的特点及萃取过程的计算。级式萃取计算中,均假设各级为理论级。

（二）单级萃取

单级萃取过程中,有两种类型计算。

1. 组分 B、S 部分互溶体系的计算

此情况下,一般在三角形相图上进行计算。

①已知原料液组成 x_F 及其处理量 F,规定萃余相组成 x_1,要求计算萃取剂用量 S、萃取相与萃余相的量 E 及 R,萃取相的组成 y_1。

萃取剂的用量 S 可利用杠杆规则确定:

$$S = F \times \frac{\overline{MF}}{\overline{MS}} \tag{9-9}$$

或

$$S = M \times \frac{\overline{MF}}{\overline{FS}} \tag{9-9a}$$

萃取相的组成由其坐标位置从图上读得,用 E 相和 R 相的量用式(9-3)、式(9-4)计算。萃取液与萃余液的量用式(9-5)及式(9-6)计算。

②已知原料液的组成 x_F 及其处理量 F、萃取剂的用量 S,要求计算萃取相、萃余相的量及两相组成。此类计算需利用辅助曲线通过和点 M 试差法作联结线,两相组成由联结线两端点坐标位置读得,两相的量用式(9-3)及式(9-4)计算。

经过单级萃取后所能获得的最高萃取液组成 y'_{max},一般可由点 S 作溶解度曲线的切线 SE_{max} 而确定。

2. 组分 B、S 完全不互溶体系的计算

当组分 B、S 可视作完全不互溶时,则以质量比表示相组成的物料衡算式为

$$B(X_F - X_1) = S(Y_1 - Y_S) \tag{9-10}$$

当分配系数 K 为常数时，Y_1、X_1 之间的关系由式(9-7c)表示。

（三）多级错流接触萃取

多级错流接触萃取操作的特点是：每级都加入新鲜溶剂，前级的萃余相为后级的原料，传质推动力大。只要级数足够多，最终可获得所希望的萃取率。其缺点是溶剂用量较多。

多级错流接触萃取设计型计算中，通常已知 F、x_F 及各级溶剂用量 S_i，规定最终萃余相组成 x_n，要求计算所需理论级数。

根据组分 B、S 的互溶度，多级错流接触萃取理论级数的计算有如下三种方法。

1. 组分 B、S 部分互溶时的三角形相图图解法

多级错流萃取的三角形相图图解法是单级萃取图解的多次重复。

可以证明，对于一定的溶剂总用量，各级溶剂用量相同时，可获得最佳萃取效果。

2. 组分 B、S 不互溶时的直角坐标图解法

设各级溶剂用量相等，则各级萃取相中的溶剂 S_i 和萃余相中的稀释剂 B 均可视作常量，此时在 X—Y 坐标上求解萃取级数非常简便。

错流萃取的操作线方程为

$$Y_n = -\frac{B}{S}X_n + \left(\frac{B}{S}X_{n-1} + Y_S\right) \tag{9-11}$$

在 X—Y 坐标图上求解萃取理论级数的步骤见后面例题。

3. 解析法求解理论级数

若在操作条件下，组分 B、S 可视作完全不互溶，且以质量比表示相组成的分配系数 K 可视作常数，再若各级溶剂用量相等，则所需萃取级数可用下式计算：

$$n = \frac{1}{\ln(1+A_m)}\ln\frac{X_F - Y_S/K}{X_n - Y_S/K} \tag{9-12}$$

式中 A_m 为萃取因子，其值大有利于萃取分离。其定义为

$$A_m = KS_i/B \tag{9-13}$$

（四）多级逆流接触萃取

多级逆流接触萃取操作的特点是：大多为连续操作，平均推动力大，分离效率高，达到规定萃取率溶剂用量最少。

多级逆流萃取的设计型计算中，原料液处理量 F 及其组成 x_F、最终萃余相组成 x_n 均由工艺条件规定，溶剂用量 S 及其组成 y_S 由经济权衡而选定，要求计算所需的理论级数。

根据组分 B、S 的互溶度及平衡关系，理论级数的计算可分别采用如下方法。

1. 组分 B、S 部分互溶时的解析计算

对于组分 B、S 部分互溶物系，传统上常在三角形坐标图上利用平衡关系和操作关系，用逐级图解法求解理论级数。由于计算机应用的普及，现在多用解析法。计算方法如下：

①以萃取装置为控制体列物料衡算式，即

总衡算 $\quad F + S = E_1 + R_n \tag{9-14}$

组分 A $\quad Fx_{F,A} + Sy_{0,A} = E_1 y_{1,A} + R_n x_{n,A} \tag{9-15}$

组分 S $\quad Fx_{F,S} + Sy_{0,S} = E_1 y_{1,S} + R_n x_{n,S} \tag{9-16}$

式中的 $x_{n,S}$ 与 $x_{n,A}$，$y_{1,S}$ 与 $y_{1,A}$ 分别满足溶解度曲线关系式，即

$$x_{n,S} = \psi(x_{n,A}) \tag{9-17}$$

$$y_{1,S} = \phi(y_{1,A}) \tag{9-18}$$

$$y_{1,A} = F(x_{1,A}) \tag{9-19}$$

联解上面诸式便可求得各物料流股的量及组成。

②对于每一个理论级列出相应的物料衡算式及对应的平衡关系式,共6个方程。对于第 i 级,其物料衡算式为

总衡算 $\quad R_{i-1} + E_{i+1} = R_i + E_i \tag{9-14a}$

组分 A $\quad R_{i-1}x_{i-1,A} + E_{i+1}y_{i+1,A} = R_i x_{i,A} + E_i y_{i,A} \tag{9-15a}$

组分 S $\quad R_{i-1}x_{i-1,S} + E_{i+1}y_{i+1,S} = R_i x_{i,S} + E_i y_{i,S} \tag{9-16a}$

表达平衡级内相平衡关系的方程为

$$x_{i,S} = \psi(x_{i,A}) \tag{9-17a}$$

$$y_{i,S} = \phi(y_{i,A}) \tag{9-18a}$$

$$y_{i,A} = F(x_{i,A}) \tag{9-19a}$$

计算过程可从原料液加入的第一理论级开始,逐级计算,直至 $x_{n,A}$ 值等于或低于规定值为止, n 即所求的理论级数。

2. 组分 B、S 不互溶时理论级数的计算

根据平衡关系情况,可用图解法和解析法求解理论级数。

在 X—Y 坐标图上求解理论级数的方法与脱吸计算十分相似。此时的操作线方程为

$$Y_n = \frac{B}{S}X_{n-1} + \left(Y_1 - \frac{B}{S}x_F\right) \tag{9-20}$$

若在操作范围内以质量比表示相组成的分配系数为常数时,可用下式求解理论级数:

$$n = \frac{1}{\ln A_m}\ln\left[\left(1 - \frac{1}{A_m}\right)\frac{X_F - Y_S/K}{X_n - Y_S/K} + \frac{1}{A_m}\right] \tag{9-21}$$

再若分配曲线与操作线为互相平行的直线时(即 $A_m = 1$),所需理论级数可表示为

$$n = \frac{X_F - X_n}{X_n - Y_S/K} \tag{9-21a}$$

3. 溶剂比 $\dfrac{S}{F}\left(\text{或}\ \dfrac{S}{B}\right)$ 和萃取剂的最小用量

和精馏中的回流比 R、吸收中的液气比 L/V 相对应,萃取中的溶剂比 S/F(或 S/B)表示了萃取剂用量对设备费和操作费的影响,有个最佳值选择。

达到指定分离程度需要无穷多个理论级时所对应的萃取剂用量为最小溶剂用量,用 $S_{\min}$ 表示。在 x—y 或 X—Y 坐标图上,出现某操作线与分配曲线相交或相切时对应的 $S_{\min}$ 即为最小溶剂用量。

对于组分 B、S 完全不互溶的物系,萃取剂的最小用量可用下式计算:

$$S_{\min} = \frac{B}{\delta_{\max}} \tag{9-22}$$

适宜的萃取剂用量通常取为 $S = (1.1 \sim 2.0)S_{\min}$。

(五)微分接触逆流萃取

微分接触逆流萃取操作常在塔式设备内进行。塔式设备的计算和气液传质设备一样,即要求确定塔高及塔径两个基本尺寸。

1.塔高的计算

塔高的计算有两种方法,即

(1)理论级当量高度法

$$h = n(HETS)$$

$$(9-23)$$

(2)传质单元法(以萃余相为例) 假设在操作条件下组分 B、S 完全不互溶,用质量比表示相组成,再若在整个萃取段内体积传质系数 $K_X a$ 可视作常数,则萃取段的有效高度可用下式计算:

$$h = H_{OR} N_{OR}$$

$$(9-24)$$

式中

$$H_{OR} = \frac{B}{K_X a \Omega}$$

$$(9-25)$$

当分配系数 K 为常数时,N_{OR} 可用平均推动力法或萃取因子法计算。萃取因子法的计算式为

$$N_{OR} = \frac{1}{1 - \frac{1}{A_m}} \ln \left[\left(1 - \frac{1}{A_m} \right) \frac{X_F - Y_S/K}{X_n - Y_S/K} + \frac{1}{A_m} \right]$$

$$(9-26)$$

注意,当 $A_m = 1$ 时,

$$N_{OR} = n = \frac{X_F - X_n}{X_n}$$

$$(9-27)$$

2.塔径的计算

塔径的尺寸取决于两液相的流量及适宜的操作速度,可用下式计算:

$$D = \sqrt{\frac{4V_C}{\pi U_C}} = \sqrt{\frac{4V_D}{\pi U_D}}$$

$$(9-28)$$

实际设计时,空塔速度可取液泛速度的 $50\% \sim 80\%$。关于液泛速度,许多研究者针对不同类型的萃取设备提出了经验或半经验的公式,还有的绘制成关联线图(如填料萃取塔的液泛速度 U_{Cf} 关联图)。

四、液—液萃取设备

和气—液传质过程相类似,在液—液萃取过程中,要求萃取相和萃余相在设备内密切接触,以实现有效的质量传递;尔后,又能使两相快速、完善分离,以提高分离效率。由于萃取操作中两相密度差较小,对设备提出了更高的要求。

①为使两相密切接触、适度湍动、高频率的界面更新,可采用外加能量,如机械搅拌、射流和脉冲等。

②为使两相完善分离,除重力沉降外,还可采用离心分离(离心分离机、旋液分离器等)。

(一)萃取设备的分类

根据两相接触方式,萃取设备可分为逐级接触式和微分接触式两类;根据有无外功加入,可分为有外加能量和无外加能量两种。工业上常用萃取设备的分类情况示于表9-1。

表9-1 萃取设备分类

流体分散的动力		逐级接触式	微分接触式
重 力 差		筛 板 塔	喷洒塔 填料塔
外加能量	脉冲	脉冲混合—澄清器	脉冲填料塔 液体脉冲筛板塔
	旋转搅拌	混合—澄清器 夏贝尔(Scheibel)塔	转盘塔(RDC) 偏心转盘塔(ARDC) 库尼(Kühni)塔
	往复搅拌		往复筛板塔
	离心力	卢威离心萃取机	POD 离心萃取机

要了解各种萃取设备的流体力学及传质特性,强化萃取操作的措施。具体说,对各种类型萃取设备应掌握如下内容:

①各种设备是如何实现"有效传质"和"完善分离"的。

②所有连续操作的萃取设备,都有两相适宜的流速范围,可避免液泛,抑制返混的不利影响。

③分散相的选择应考虑两个因素:一是尽可能选择两相中流量大的作分散相,以提供两相较大的接触面积;二是不润湿设备及其附件,以保持分散相的相对稳定性。

(二)萃取设备的选择

根据物系性质、分离的难易程度、设备特性及厂房条件,合理选取萃取设备类型及尺寸。

选择萃取设备时应考虑的各种因素列于表9-2。

表9-2 萃取设备的选择

考虑因素	设备类型	混合—澄清槽	喷洒塔	填料塔	筛板塔	转盘塔	往复筛板 脉动筛板	离心萃取器
工艺条件	理论级多	△	×	△	△	○	○	△
	处理量大	○	×	×	△	○	×	△
	两相流比大	○	×	×	×	△	△	○
物系性质	密度差小	○	×	×	×	△	△	○
	黏度高	○	×	×	×	△	△	○
	界面张力大	△	×	×	×	△	△	○
	腐蚀性强	×	○	○	△	△	△	×
	有固体悬浮物	△	○	×	△	△	△	△
设备费用	制造成本	△	○	△	△	△	△	×
	操作费用	×	○	○	○	△	△	×
	维修费用	△	○	○	△	△	△	×
安装场地	面积有限	×	○	○	○	○	△	○
	高度有限	○	×	△	×	△	△	○

注:○——适用;△——可以;×——不适用

▶ **本章小结** ◀ ◀

　　本章比较简要地讨论了两液相之间的传质过程及设备,最终落脚于萃取设备主体尺寸的优化设计、萃取过程的操作调节和强化。不管设计型计算或操作型计算,都以相平衡关系、物料衡算和传质理论为依据,从这些方面说,和蒸馏、吸收过程的讨论十分相似。但由于液—液两相密度差比气(汽)液两相间密度差小得多,分散相的分散和两相的分离困难得多,且每一相中通常至少涉及三个组分,因而在萃取操作中的相平衡关系的表达、分散相的选择、设备的结构设计、过程的强化措施等方面都比气(汽)液传质过程更为复杂。因而,要善于通过对比掌握传质单元操作之间的共性和个性,加深对共性的理解,同时扩展知识面,提高分析和解决工程问题的能力。

　　对萃取分离技术的最新发展趋势与成果要有所了解。

　　萃取过程的计算应掌握如下要点:

　　①对于组分 B、S 部分互溶三元体系,熟练地运用杠杆规则在三角形相图上进行萃取过程计算(包括单级萃取、错流接触萃取及逆流接触萃取,以单级萃取为重点)。

　　②在操作条件下,当组分 B、S 可视作不互溶、且以质量比表示相组成的分配系数可取作常数(平均值)时,则可仿照吸收(脱吸)的计算方法,用解析法进行萃取过程计算(包括所需理论级数和传质单元数)。

▶ **例题与解题指导** ◀ ◀

　　[**例 9-1**]　某 A、B、S 三元体系的溶解度曲线和辅助曲线如本例附图所示。原料液由 A、B 两组分组成,其中溶质 A 的质量分率为 0.4,每批的处理量为 400 kg。试求:

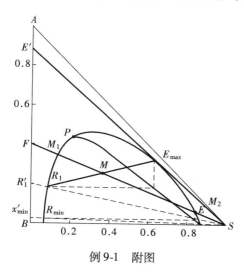

例 9-1　附图

　　(1)能进行萃取分离的最小和最大萃取剂用量;

　　(2)经单级萃取可获得的最高萃取液组成及其量;

　　(3)单级萃取可能获得的最低萃余液组成;

　　(4)获得最高萃取液组成时溶剂的选择性系数 β 及分配系数 k_A。

　　解:本例为萃取过程的基础参数计算。基本要领是熟练运用杠杆规则。

　　(1)最小和最大萃取剂用量

　　能够进行萃取分离的范围是物系组成必须落到两相区,萃取剂的用量范围即受此条件制约。由原料液的组成在 AB 边上定出点 F,联结 F 与 S 两点交溶解度曲线于点 M_1 和 M_2,M_1 对应萃取剂最小用量,M_2 对应最大萃取剂用量。具体量利用杠杆规则计算,即

$$S_{\min} = F \times \frac{\overline{FM_1}}{\overline{M_1 S}} = 400 \times \frac{10}{70} = 57.14 \text{ kg}$$

$$S_{max} = F \times \frac{\overline{FM_2}}{\overline{M_2S}} = 400 \times \frac{67.5}{12.5} = 2\ 160\ kg$$

（2）萃取液的最高组成及其量

对于本例的具体情况，可能获得的最高萃取液组成由以下方法确定，即由 S 点作溶解度曲线的切线 SE_{max} 并延长交 AB 边于 E' 点，该点即对应可能获得的最高萃取液组成，从图上读得

$$y'_{max} = 0.87$$

萃取液的量 E'_{max} 需利用杠杆规则求解。

过切点 E_{max} 作联结线 $E_{max}R_1$，联 S 与 R_1 两点并延长交 AB 边于 R'_1 点，则

$$E' = F \times \frac{\overline{R'_1 F}}{\overline{E' R'_1}} = 400 \times \frac{0.4 - 0.2}{0.87 - 0.2} = 119.4\ kg$$

E' 也可由 E_{max} 的量脱除溶剂后求得。

（3）萃余液的最低组成

当萃取剂用量为最大（M_2 点）时，剩余最后一滴萃余相，其组成即为最低组成的萃余相，其脱除溶剂后可获得最低的萃余液组成。由图上读得

$$x_{min} = 0.028$$

（4）选择性系数 β

β 值可由两种方法计算：

①由萃取相、萃余相组成计算。由图上读得，两共轭相的组成为

$$y_A = 0.34, y_B = 0.05$$

$$x_A = 0.19, x_B = 0.73$$

将上述数据代入式（9-8），得到

$$\beta = \frac{y_A}{y_B} \Big/ \frac{x_A}{x_B} = \frac{0.34}{0.05} \Big/ \frac{0.19}{0.73} = 26.13$$

②由萃取液、萃余液组成计算。根据杠杆规则可知

$$\frac{y_A}{y_B} = \frac{y'_A}{y'_B} = \frac{y'_A}{1 - y'_A}$$

$$\frac{x_A}{x_B} = \frac{x'_A}{x'_B} = \frac{x'_A}{1 - x'_A}$$

$$\beta = \frac{y'_A}{1 - y'_A} \Big/ \frac{x'_A}{1 - x'_A} = \frac{0.87}{1 - 0.87} \Big/ \frac{0.204}{1 - 0.204} = 26.11$$

由不同数据算得的 β 值非常接近。

分配系数 k_A 由 y_A 及 x_A 计算，即

$$k_A = \frac{y_A}{x_A} = \frac{0.34}{0.19} = 1.79$$

讨论：本题的要点是熟练掌握杠杆规则及 k、β 的定义式。

[例9-2] 用纯溶剂 S 对 A、B 两组分混合液进行单级萃取。原料液中溶质 A 的质量分率为 0.3，处理量为 400 kg，要求萃余液中溶质 A 的质量分率不大于 0.1。在操作范围内分配系数 k_A 为 1.8，试求：

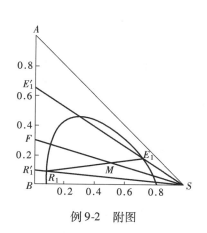

例9-2　附图

（1）纯溶剂 S 的用量；

（2）组分 A 的萃取率 φ_A；

（3）在不改变萃取液组成的前提下，欲使萃余液中组分 A 的含量不大于 0.05，应采取何措施。

操作条件下的溶解度曲线如本例附图所示。

解：本例为在三角形相图上利用杠杆规则进行单级萃取计算内容。由已知原料液和萃余液组成在 AB 边上确定点 F 和 R'_1，连接 FS 与 R'_1S。R'_1S 与溶解度曲线交于 R_1，此点即为萃余相组成坐标点，由图上读得 $x_A = 0.09$，与之平衡的萃取相中组分 A 的组成为

$$y_A = k_A x_A = 1.8 \times 0.09 = 0.162$$

由 $y_A = 0.162$ 便可在溶解度曲线上定出萃取相组成坐标点 E_1，联点 S 与点 E_1 并延长交 AB 边于点 E'_1。由 E'_1 点可读得萃取液的组成为 0.65。

（1）纯溶剂用量 S

过点 R_1 作联结线 R_1E_1，与 FS 联线交于 M 点。利用杠杆规则求溶剂用量，即

$$S = F \times \frac{\overline{FM}}{\overline{MS}} = 400 \times \frac{26}{26} = 400 \text{ kg}$$

（2）溶质 A 的萃取率 φ_A

萃取液的量可利用杠杆规则计算，即

$$E'_1 = F \times \frac{\overline{F R'_1}}{\overline{E'_1 R'_1}} = 400 \times \frac{0.3 - 0.10}{0.65 - 0.10} = 145.5 \text{ kg}$$

$$\varphi_A = \frac{E'_1 y'_1}{F x_F} = \frac{145.5 \times 0.65}{400 \times 0.30} = 0.789 = 78.9\%$$

萃取液的量也可由萃取相的 E_1 脱除溶剂后用式（9-5）进行计算。

（3）可采取的措施

在不改变萃取液组成的前提下，欲使萃余液组成降为 0.05，可采用两级错流或逆流萃取，具体到本例，再增加一级即可满足要求。与此同时，由于溶质 A 萃取率的提高，而萃取液组成保持不变，萃取剂用量相应要有所增加。

[**例9-3**]　在单级萃取器中用纯溶剂 S 100 kg 从 A、B 混合液中提取溶质组分 A。原料液处理量 $F = 100$ kg，料液中含组分 A 40 kg。已知萃余液组成为 $x'_A = 0.18$，选择性系数 $\beta = 10$，试求萃取液的组成 y'_A 及量 E'。

解：已知 x'_A 和 β，可通过 β 的定义式计算 y'_A，并通过物料衡算求 E'。

$$\beta = \frac{y'_A}{1 - y'_A} \bigg/ \frac{x'_A}{1 - x'_A}$$

即

$$10 = \frac{y'_A}{1 - y'_A} \bigg/ \frac{0.18}{1 - 0.18}$$

解得

$$y'_A = 0.687$$

$$E' = F \frac{x_F - x'_A}{y'_A - x'_A} = 100 \times \frac{0.4 - 0.18}{0.687 - 0.18} = 43.39 \text{ kg}$$

250

讨论:从上面的计算看出,用选择性系数 β 计算萃取液与萃余液组成和用相对挥发度 α 计算平衡相的组成十分相似。

[例9-4] 用纯溶剂45 kg在单级萃取器中处理A、B两组分混合液。料液处理量为39 kg,其中组分A的质量比组成为 $X_F = 0.3$。操作条件下,组分B、S可视作完全不互溶,且两相的平衡方程为

$$Y = 1.5X$$

试求组分A的萃出率 φ_A。

解:由题给条件知

$$Y_S = 0 \quad S = 45 \text{ kg}$$

$$B = \frac{F}{1 + x_F} = \frac{39}{1 + 0.3} = 30 \text{ kg}$$

根据理论级的假设,$Y_1 = 1.5X_1$,由组分A的物料衡算便可求得 X_1(或 Y_1),即

$$B(X_F - X_1) = S(Y_1 - Y_S)$$

即 $\quad 30 \times (0.3 - X_1) = 45 \times (1.5X_1 - 0)$

解得 $\quad X_1 = 0.092\,31$

$$\varphi_A = \frac{SY_1}{BX_F} \times 100\% = \frac{45 \times 1.5 \times 0.092\,31}{30 \times 0.3} \times 100\% = 69.23\%$$

讨论:对于组分B、S完全不互溶体,用解析法计算十分快捷。

[例9-5] 对于例9-4的体系,为提高组分A的回收率,特设计三种方案,即

(1)将45 kg/h的萃取剂分成两等份进行两级错流萃取;

(2)两级逆流萃取;

(3)在传质单元数 $N_{OR} = 2$ 的填料塔中进行逆流萃取。

试比较各方案的萃取效果并选出最优方案。

解:由于在操作条件下,组分B、S可视作互不相溶,且分配系数 K 取作常数1.5,故可用解析法求解最终萃余液组成 X_n,则溶质回收率可用下式计算:

$$\varphi_A = \frac{X_F - X_n}{X_F} \times 100\%$$

(1)两级错流萃取

每级萃取剂加入量为

$$S_i = \frac{1}{2}S = \frac{1}{2} \times 45 = 22.5 \text{ kg/h}$$

$$A_m = \frac{KS_i}{B} = \frac{1.5 \times 22.5}{30} = 1.125$$

将有关数据代入式(9-12),便可求得 X_2:

$$n = \frac{1}{\ln(1 + A_m)} \ln \frac{X_F - Y_S/K}{X_n - Y_S/K}$$

即 $\quad 2 = \frac{1}{\ln(1 + 1.125)} \ln \frac{0.3 - 0}{X_2 - 0}$

解得 $\quad X_2 = 0.066\,4$

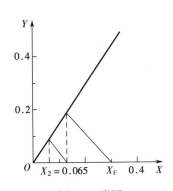

例9-5 附图

故　　　　$\varphi_A = \dfrac{0.3 - 0.066\,4}{0.3} \times 100\% = 77.87\%$

在 X—Y 坐标图上用图解法可求得基本一致的 X_2，如本例附图所示。

（2）两级逆流萃取

$$A'_m = \frac{KS}{B} = \frac{1.5 \times 45}{30} = 2.25$$

将有关数据代入式（9-21）便可求得 X_2：

$$n = \frac{1}{\ln A'_m} \ln\left[\left(1 - \frac{1}{A'_m}\right) \frac{X_F - Y_S/K}{X_n - Y_S/K} + \frac{1}{A'_m} \right]$$

即　　　　$2 = \dfrac{1}{\ln 2.25} \ln\left[\left(1 - \dfrac{1}{2.25}\right) \dfrac{0.3 - 0}{X_2 - 0} + \dfrac{1}{2.25} \right]$

解得　　　$X_2 = 0.036\,1$

所以　　　$\varphi_A = \dfrac{0.3 - 0.036\,1}{0.3} \times 100\% = 87.97\%$

当理论级数较少时，可用逐级计算法。对第一级列溶质 A 的物料衡算得

$$B(X_F - X_1) = S(Y_1 - Y_2)$$

将 $Y_1 = KX_1$ 及 $Y_2 = KX_2$ 代入上式并整理得到

$$X_1 = X_F - \frac{KS}{B}(X_1 - X_2)$$

即　　　$X_1 = \dfrac{X_F + A_m X_2}{1 + A_m} = \dfrac{0.3 + 2.25 X_2}{1 + 2.25} = 0.092\,3 + 0.692\,3 X_2$ 　　　　（1）

同理，对第二级列物料衡算并代入平衡关系得到

$$X_1 = (1 + A_m)X_2 = 3.25 X_2 \tag{2}$$

联解式（1）与式（2）得到

$$X_2 = 0.036\,1$$

与用式（9-21）计算结果相一致。

（3）逆流微分接触萃取

将有关数据代入式（9-26）便可求得 X_2：

$$N_{OR} = \frac{1}{1 - \frac{1}{A_m}} \ln\left[\left(1 - \frac{1}{A_m}\right) \frac{X_F - Y_S/K}{X_n - Y_S/K} + \frac{1}{A_m} \right]$$

即　　$2 = \dfrac{1}{1 - \dfrac{1}{2.25}} \ln\left[\left(1 - \dfrac{1}{2.25}\right) \dfrac{0.3 - 0}{X_2 - 0} + \dfrac{1}{2.25} \right]$

解得　　$X_2 = 0.064\,3$

$$\varphi_A = \frac{0.3 - 0.064\,3}{0.3} \times 100\% = 78.57\%$$

讨论：由上面计算数据可看出，在相同萃取剂总用量条件下，两级逆流萃取获得最高溶质 A 的回收率（87.97%），传质单元数为 2 的逆流微分萃取次之（78.57%），单级萃取收率最低（69.23%）。因此，工业上大都采用逆流萃取操作。此处，选择两级逆流萃取方法。

[例 9-6]　在填料层高度为 4 m 的逆流萃取塔内，以水作萃取剂处理乙醛和甲苯的混

合液。原料液处理量为 1 200 kg/h,其中乙醛的质量分率为 0.05,要求最终萃余相中乙醛含量不高于 0.005,操作溶剂比(S/B)为 0.455。操作条件下,水和甲苯可视作互不相溶,且以质量比表示相组成的平衡关系为 $Y = 2.2X$,试求:

(1)操作溶剂比为最小溶剂比的倍数及水的用量;

(2)填料层的传质单元高度 H_{OR} 与理论级当量高度 $HETS$。

解: 对于已知填料层高度的萃取塔,欲求 H_{OR} 及 $HETS$,需先计算达到规定分离程度所需的传质单元数 N_{OR} 及理论级数 n。由于在操作条件下,水和甲苯可视作互不相溶,且分配系数 K 取作常数,可用解析法计算。至于最小溶剂比的计算,需利用物料衡算及相平衡关系。

(1)操作溶剂比为最小溶剂比的倍数及水的用量

$$X_F = \frac{x_F}{1 - x_F} = \frac{0.05}{1 - 0.05} = 0.052\ 6$$

$$X_n = \frac{0.005}{1 - 0.005} \approx 0.005$$

$$Y_S = 0$$

$$\left(\frac{S}{B}\right)_{min} = \frac{X_F - X_n}{Y_1^* - Y_S} = \frac{0.052\ 6 - 0.005}{2.2 \times 0.0526 - 0} = 0.411\ 3$$

$$\left(\frac{S}{B}\right) \Big/ \left(\frac{S}{B}\right)_{min} = \frac{0.455}{0.411\ 3} = 1.106$$

$$B = \frac{F}{1 + x_F} = \frac{1\ 200}{1 + 0.05} = 1\ 143\ \text{kg/h}$$

$$S = 0.455B = 0.455 \times 1\ 143 = 520\ \text{kg/h}$$

(2)H_{OR} 及 $HETS$

根据 $H_{OR} = \dfrac{Z}{N_{OR}}$ 及 $HETS = \dfrac{Z}{n}$,关键是计算 N_{OR} 及 n。

$$A_m = \frac{KS}{B} = 2.2 \times 0.455 = 1.00$$

分配曲线与操作线为互相平行的直线,则

$$N_{OR} = \frac{X_F - X_n}{X_n} = \frac{0.052\ 6 - 0.005}{0.005} = 9.52$$

$$H_{OR} = 4/9.52 = 0.42\ \text{m}$$

$$Y_1 = \frac{B(X_F - X_n)}{S} + Y_S = \frac{0.052\ 6 - 0.005}{0.455} + 0 = 0.104\ 6$$

$$n = \frac{Y_1 - Y_S}{Y_n^*} = \frac{0.104\ 6 - 0}{2.2 \times 0.005} = 9.51$$

$$HETS = 4/9.51 = 0.42\ \text{m}$$

讨论: 由本例看出,当萃取因子 $A_m = 1$,即分配曲线与操作线为互相平行的直线时,达到指定分离程度所需的传质单元数和理论级数相等,相应地传质单元高度与理论级当量高度相同。

[例9-7] 在 25 ℃下用纯溶剂 S 逆流萃取 A、B 混合液中的溶质 A。原料液的处理量 F 为 1 000 kg/h,其中组分 A 的含量 $x_F = 0.35$,要求最终萃余相中 A 的含量不高于 0.01,采

用的溶剂比 $S/F = 0.8$。操作条件下,级内的相平衡关系为

$$y_A = 0.75x_A^{0.4}$$

$$y_S = 0.992 - 1.04y_A$$

$$x_S = 0.01 + 0.06x_A$$

试问经两级萃取能否达到要求。

解:本题为操作型计算。计算方法和设计型计算基本相同,即先假定经两级逆流萃取能够达到分离要求,求得 $x_2 \leq 0.01$,证明假设成立。

首先以萃取装置为控制体作物料衡算,即

$$F + S = 1.8F = 1\ 800 = E_1 + R_2$$

组分 A　$1\ 000 \times 0.35 = E_1 y_{1,A} + 0.01R_2$

组分 S　$800 \times 1 = E_1 y_{1,S} + x_{2,S}R_2$

式中　　$y_{1,S} = 0.992 - 1.04y_{1,A}$

$$x_{2,S} = 0.01 + 0.06x_{2,A} = 0.01 + 0.06 \times 0.01 = 0.010\ 6$$

$$y_{1,A} = 0.75x_{1,A}^{0.4}$$

联立上面各式解得

$$E_1 = 1\ 160\ \text{kg/h}, R_2 = 640\ \text{kg/h}$$

$$y_{1,A} = 0.296\ 2, x_{1,A} = 0.098$$

$$y_{1,S} = 0.684, x_{1,S} = 0.015\ 88$$

再对第一理论级列物料衡算及平衡关系式,得

$$1\ 000 + E_2 = R_1 + 1\ 160$$

组分 A　$Fx_F + E_2 y_{2,A} = R_1 x_{1,A} + 1\ 160y_{1,A}$

组分 S　$E_2 y_{2,S} = R_1 x_{1,S} + 1\ 160y_{1,S}$

式中　　$y_{2,S} = 0.992 - 1.04y_{2,A}$

$$x_{1,S} = 0.015\ 88$$

$$y_{2,A} = 0.75x_{2,A}^{0.4}$$

联立上面各式解得

$$E_2 = 878\ \text{kg/h}, \quad R_1 = 718\ \text{kg/h}$$

$$y_{2,A} = 0.072\ 54, x_{2,A} = 0.002\ 9 < x_n = 0.01$$

$$y_{2,S} = 0.916\ 6$$

两个理论级能够达到分离要求。

讨论:由上面计算过程可看出,当规定分离要求且给出理论级的情况下,可按设计型计算方法进行核算。

🔷 学生自测 🔷 🔷

一、填空或选择

1. 萃取是利用_____的过程。

2. 在单级萃取器中用纯溶剂 S 提取 A、B 两组分混合液中的组分 A,测得萃取相和萃余相中组分 A 的质量分率分别为 0.39 和 0.20。操作条件下 B 与 S 可视为不互溶,则组分 A 的分配系数 $k_A =$ _____,溶剂的选择性系数 $\beta =$ _____。

3. 萃取操作中,稀释剂与萃取剂的互溶度越_____,选择性系数 β 越_____,得到的萃取液组成越_____。

4. 萃取剂 S 与稀释剂 B 的互溶度愈_____,分层区面积愈_____,可能得到的萃取液的最高组成 y'_{max} 愈_____。

5. 若萃取相和萃余相在脱溶剂后具有相同的组成,并且等于原料液组成,则说明萃取剂的选择性系数 $\beta =$ _____。

6. 当萃取剂的用量为最小时,将会出现_____,此时所需的理论级数为_____。

7. 选择萃取剂应考虑的主要因素有_____、_____、_____与_____。

8. 萃取中根据两相接触方式的不同,分为_____和_____;根据加料方式不同,级式接触萃取又分为_____、_____和_____。

9. 多级错流接触萃取的特点是_____;_____;_____。

10. 多级逆流接触萃取的特点是_____、_____、_____和_____。

11. 单级萃取中,在保持原料液组成 x_F 及萃余相组成 x_A 不变的条件下,用含有少量溶质 A 的萃取剂代替纯溶剂,则萃取相组成 y_A 将_____,萃取液与萃余液量的比值 E'/R' 将_____。

A. 增大   B. 不变   C. 降低   D. 不一定

12. 用萃取剂 S 对 A、B 混合液进行单级萃取,当萃取剂用量加大时(F、x_F 保持不变),则所得萃取液的组成 y'_A 将_____,萃取率将_____。

A. 增大   B. 减小   C. 不变   D. 不一定

13. 对于一定的物系,影响萃取分离效果的主要因素是_____与_____。

A. 温度   B. 原料液量 F C. 萃取剂量 S D. 溶剂比 S/F

14. 写出三种有外加能量的萃取器,即_____、_____与_____。

15. 为提高萃取分离效果,分散相应选择_____与_____的液相。

二、计算

1. 25 ℃下用水为萃取剂从醋酸(A)—氯仿(B)混合液中单级萃取醋酸。操作条件下,组分 B、S 可视作完全不互溶,且以质量比表示相组成的分配系数 $K = 3.4$,原料液中醋酸的质量分数为 0. 35,要求原料液中醋酸 85% 进入萃取相,试求操作溶剂比 S/B 和萃取相与萃余相量的比 E/R。

2. 在多级逆流萃取设备中,将 A、B 混合物进行分离,纯溶剂 S 的用量为 40 kg/h。B 与 S 完全不互溶,稀释剂 B 为 60 kg/h,分配系数 $K = Y_A/X_A = 1.5$(Y、X 均为质量比),进料组成 $X_F = 0.425$ kg A/kg B,要求最终组成 $X_n = 0.075$ kg A/kg B,试求所需的理论级数 n。

3. 用纯溶剂 S 对 A、B 两组分混合液进行萃取分离。在操作条件下组分 B、S 可视作完全不互溶,且质量比表示相组成的分配系数 $K = 4$。已知:混合液由 100 g B 及 15 g A 组成。试比较如下三种操作所得最终萃余相的组成。

(1)用 100 g S 进行单级萃取;

(2)将 100 g S 等分两份进行两级错流萃取;

（3）用 100 g S 进行两级逆流萃取。

4. 在高度为 6 m 的填料塔中用纯溶剂 S 萃取 A、B 混合液中的溶质 A。操作条件下组分 B、S 可视作完全不互溶，两相的平衡方程为 $Y = 0.8X$（Y、X 为质量比组成，下同），要求从 $X_F = 0.65$ 降至 $X_n = 0.05$，操作溶剂比 $S/B = 1.25$，试求：

（1）溶剂实际用量为最小用量的倍数；

（2）填料层的 H_{OR} 及 $HETS$。

第10章 干 燥

本章符号说明

英文字母

c——比热容,kJ/(kg·℃);

G——固体物料的质量流量,kg/s;

G'——固体物料的质量,kg;

H——空气的湿度,kg 水/kg 绝干气;

I——空气的焓,kJ/kg 绝干气;

I'——固体物料的焓,kJ/kg 绝干物料;

k_H——传质系数;

l——单位空气消耗量,kg 绝干气/kg 水;

L——绝干空气流量,kg/s;

L'——湿空气的质量流速,kg/(m²·s);

L_0——新鲜空气流量,kg/s;

p——水汽分压,Pa;

P——湿空气的总压,Pa;

Q——传热速率,W;

r——汽化热,kJ/kg;

S——干燥表面积,m²;

t——温度,℃;

U——干燥速率,kg/(m²·s);

v——湿空气的比容,m³/kg 绝干气;

w——物料的湿基含水量,kg/kg 湿物料;

W——水分的蒸发量,kg/s 或 kg/h;

W'——水分的蒸发量,kg;

X——物料的干基含水量,kg 水/kg 绝干料;

X^*——物料的干基平衡含水量,kg 水/kg 绝干料。

希腊字母

α——对流传热系数,W/(m²·℃);

η——热效率;

θ——固体物料的温度,℃;

τ——干燥时间,s;

φ——相对湿度。

下标

0——进预热器的或新鲜的;

1——进干燥器的或离预热器的;

2——离干燥器的;

as——绝热饱和的;

c——临界的

d——露点的;

D——干燥器的;

g——气体的或绝干气的;

H——湿的;

L——热损失的;

m——湿物料的或平均的;

P——预热器的;

s——饱和的或绝干物料的;

v——蒸汽的;

w——湿球的。

本章学习指导

1. 本章学习目的

干燥是利用热能从物料中去湿的单元操作。通过本章学习,能够掌握干燥过程的物料衡算、热量衡算、干燥速率及干燥时间的计算,了解工业常用干燥器的类型及其适用场合。

2. 本章应掌握的内容

本章讨论的重点是用热空气除去湿物料中水分的对流干燥操作。因此，学习本章应重点掌握湿空气的性质参数及湿度图、湿物料中含水性质、干燥过程的物料衡算及热量衡算。一般掌握干燥过程的速率及干燥时间的计算。了解干燥器的类型及适用场合，提高干燥热效率及强化干燥过程的措施。

3. 学习本章应注意的问题

干燥是热质同时反方向传递的过程，影响因素更为复杂，定量计算难度较大，致使目前干燥器的设计多是依据实验结果或凭经验处理。在某些情况下，要作一些简化假设，以便进行数学描述。对复杂的工程问题进行合理的简化而不失真，是工程人员能力的体现。

本章学习要点

一、概述

干燥是利用热能从物料中除去湿分的操作。对物料加热有直接加热（如对流干燥）和间接加热（如传导干燥）。干燥操作的要点是对物料加热使湿分汽化，并及时排除生成的蒸汽。

工业上应用最为广泛的是对流干燥。通常以不饱和的湿空气作干燥介质，除去物料中的水分。空气既作为载热体（将热量加给物料以汽化水分）又作为载湿体（带走汽化的水分）。

对流干燥的必要条件是湿空气中水分没达到饱和并具有超过物料表面的温度，以提供传热推动力（$t > \theta$）和传质推动力（物料表面水汽分压大于气流主体中水汽分压）。

对流干燥的特点是热、质同时但却是反向进行传递。干燥过程同时受传热速率和传质速率所控制，影响因素更为复杂，因此干燥器的设计具有很大经验性。

工业中，在某些场合采用传导、微波、红外线、冷冻等干燥方法更为适宜。

二、湿空气的性质及湿度图

在干燥过程中，湿空气中水汽量不断变化，而其中绝干空气的质量不变。因此，为计算方便，下列湿空气的有关性质是以 1 kg 干空气为基准的。

（一）湿空气的性质

1. 空气中水蒸气含量的表示方法

（1）水蒸气分压 p 空气中水蒸气（水汽）分压愈大，水汽含量就愈高。若 P 为湿空气的总压，根据分压定律，湿空气中水汽分压与干空气分压之比为 $\dfrac{p}{P-p}$。

（2）湿度 H 湿度又称湿含量，为单位质量干空气中所含有的水蒸气质量。

$$H = 0.622 \frac{p}{P-p} \tag{10-1}$$

当空气达到饱和时，相应的湿度称为饱和湿度。

$$H_s = 0.622 \frac{p_s}{P-p_s} \tag{10-1a}$$

（3）相对湿度 φ 为了表示湿空气距饱和状况的程度，采用了相对湿度的概念。相对湿度 φ 定义为空气中水汽分压 p 与同温度下饱和水汽分压 p_s 之比，即

$$\varphi = \frac{p}{p_s} \times 100\% \tag{10-2}$$

由式(10-2)知:

①当空气绝对干燥时,$p = 0$,$\varphi = 0$;

当空气被水蒸气饱和时,$p = p_s$,$\varphi = 100\%$;

未达饱和的湿空气,$0 < \varphi < 100\%$。

②φ越低,对干燥有利。对于湿度H一定的湿空气,在许可的条件下,提高其温度,则相应的p_s也提高,而水蒸气分压p不变,使φ降低。这也就是工业上常采用高温干燥介质之故。

由式(10-2)可得 $p = \varphi p_s$ $\tag{10-2a}$

将式(10-2a)代入式(10-1)得

$$H = 0.622 \frac{\varphi p_s}{P - \varphi p_s} \tag{10-3}$$

2. 湿空气的比热容和湿空气的焓

(1)湿空气的比热容c_H 在常压下,将湿空气中 1 kg 绝干空气和其所带有的H kg 水汽的温度升高(或降低)1 ℃时所需要(放出)的热量,称湿空气的比热容或称湿比热容。

$$c_H = c_g + Hc_v = 1.01 + 1.88H \tag{10-4}$$

(2)湿空气的焓I 湿空气中 1 kg 绝干空气的焓与其所带有的H kg 水汽的焓之和称为湿空气的焓。

$$I = I_g + HI_v \tag{10-5}$$

或 $I = (1.01 + 1.88H)t + 2\,490H$ $\tag{10-5a}$

3. 湿空气的比容v_H

湿空气中 1 kg 绝干空气体积与其所带有的H kg 水汽的体积之和称为湿空气的比容,又称湿比容,其计算式为

$$v_H = (0.772 + 1.244H)\frac{273 + t}{273} \times \frac{1.013 \times 10^5}{P} \tag{10-6}$$

4. 温度

(1)干球温度t和湿球温度t_w 干球温度t为用温度计直接测得的湿空气的真实温度。

温度计的感温部分包以湿纱布,便构成湿球温度计。当空气传给湿纱布的显热等于湿纱布中水分汽化所需之潜热时,所呈现的稳定的温度称为湿空气的湿球温度t_w。t_w的表达式为

$$t_w = t - \frac{k_H r_{t_w}}{\alpha}(H_{s,t_w} - H) \tag{10-7}$$

实验表明,对空气—水蒸气系统,$\frac{\alpha}{k_H} \approx 1.09$。

几点说明:

①湿球温度t_w不是空气的真实温度,而是湿物料表面水汽的温度,但由于该温度为空气的状态参数t、H所决定,所以称为空气的湿球温度。

②干、湿球温差的大小,反映了空气湿含量的大小。在空气温度t一定时,当$(t - t_w)$大,

说明 t_w 很低,即推动力 (p_s-p) 也大,因空气温度 t 一定,其饱和蒸汽压 p_s 一定,故空气分压 p 减小,其湿度 H 也减小,由 $\varphi=\dfrac{p}{p_s}$ 看,φ 值则大大降低。反之,当 $(t-t_w)$ 小,说明空气湿度 H 大,相对湿度 φ 值高。当 $t=t_w$,则 $p_s=p$,$\varphi=100\%$,空气达饱和。

③由于 $t_w=f(t,H)$,在一定的总压下,只要测出湿空气的干、湿球温度,就可用式(10-7)计算出空气的湿度。

(2)绝热饱和温度 t_{as}　湿空气经历绝热饱和冷却过程或称绝热增湿过程所达到的温度称为绝热饱和温度 t_{as}。

绝热增湿过程的特点为:

①湿空气的焓不变:因为在绝热增湿过程中,空气降低其本身温度把显热传给水,使水汽化,水蒸气又基本上将等量的潜热带回空气中,成为等焓过程。

②空气的温度及湿度同时反方向变化达极限值　空气的温度从 t 降至绝热饱和温度 t_{as};空气的湿度从 H 增高至极限值 H_{as}(即 $\varphi=100\%$)。

t_{as} 的表达式为

$$t_{as}=t-\frac{r_0}{c_H}(H_{as}-H) \tag{10-8}$$

对于空气—水蒸气系统:

$$t_w\approx t_{as} \tag{10-9}$$

必须指出,对于空气—水蒸气系统,t_w 与 t_{as} 在数值上相等,且两者均为空气的 t、H 函数。但湿球温度与绝热饱和温度是两个完全不同的概念。t_w 与 t_{as} 的区别如下:

湿球温度 t_w

a. 大量空气与少量湿物料接触;

b. 空气的 t、H 不变;

c. 空气与湿物料之间进行湿热交换达到平衡时,湿物料表面的温度。

绝热饱和温度 t_{as}

a. 大量湿物料(水)与少量空气接触;

b. 空气的 t、H 变化($t\downarrow$、$H\uparrow$);

c. 空气在绝热增湿过程中,焓不变,空气达到饱和时的温度。

(3)露点 t_d　不饱和空气在总压 P 及湿度 H 保持不变的情况下进行冷却,达到饱和时的温度称为露点 t_d。

湿空气在露点温度下,$\varphi=100\%$,则式(10-3)变为

$$H_{s,t_d}=0.622\frac{p_{s,t_d}}{P-p_{s,t_d}} \tag{10-10}$$

式(10-10)也可改为

$$p_{s,t_d}=\frac{H_{s,t_d}P}{0.622+H_{s,t_d}} \tag{10-10a}$$

通过式(10-10)及式(10-10a)可分别测定空气的湿度及露点。

(4)t、t_w、t_{as} 及 t_d 之间的关系　对于空气—水蒸气系统:

不饱和空气　$t>t_{as}$(或 t_w)$>t_d$

饱和空气　$t=t_{as}$(或 t_w)$=t_d$

(二)湿度图

在总压 P 一定时,上述湿空气的各个参数中,只有两个参数是独立的,只要规定两个互

相独立的参数,湿空气的状态即被唯一地确定。如将空气各参数间的函数关系绘成图,利用图来查取各项参数数据,对于湿空气的性质和干燥器空气状态的计算甚为简便,如绘制湿空气的 $H—I$ 图。

湿度图上由五族线群构成:

(1)等湿度(等 H)线群　其值范围为 0 ~ 0.2 kg/kg 绝干气。

(2)等焓(等 I)线群　其值范围为 0 ~ 680 kJ/kg 绝干气。

(3)等干球温度(等 t)线群　其读数范围为 0 ~ 250 ℃。

(4)等相对湿度(等 φ)线群　从 5% ~ 100% 共 11 条线。

(5)蒸汽分压 p 线　其数值范围为 0 ~ 25 kPa。

注意:等 H 线也是等露点(等 t_d)线及等分压 p 线;等 I 线又是等 t_{as}(或 t_w)线。

$H—I$ 图是在 101.3 kPa 总压下以 1 kg 绝干气为基准绘制的,当总压偏离 101.3 kPa 较远时或对其他体系则不适用。

通常两个独立参数组合的方式是:$t—\varphi$,$t—H$(或 $t—t_d$,$t—p$),$t—t_{as}$(或 $t—t_w$),$H—I$($t_d—I$,$p—I$)或 $t—I$ 等。

不是独立的两个参数在 $H—I$ 图上无交点,即不能确定湿空气的状态点,如 t_d、p,t_d、H,p、H 及 t_w、I 等。

另外,在 $H—I$ 图上可方便地表达空气在预热和干燥过程中状态的变化,进行干燥过程的物料衡算和热量衡算,也可确定两股气流的混合参数。

三、干燥过程的物料衡算与热量衡算

主要计算干燥过程的水分蒸发量、空气消耗量及热量消耗量。

(一)物料中含水量的表示方法

1. 湿基含水量 w

以湿物料为基准计算的含水量,单位为 kg 水/kg 湿物料。

2. 干基含水量 X

以绝干物料为基准计算的含水量,单位为 kg 水/kg 绝干料。

湿基含水量与干基含水量之间的关系为

$$w = \frac{X}{1+X} \tag{10-11}$$

$$X = \frac{w}{1-w} \tag{10-11a}$$

(二)物料衡算

1. 水分蒸发量 W

$$W = L(H_2 - H_1) = G(X_1 - X_2) \tag{10-12}$$

式中　　$$G = \frac{G_1}{1+X_1} = \frac{G_2}{1+X_2} \tag{10-13}$$

或　　$$G = G_1(1 - W_1) = G_2(1 - W_2) \tag{10-13a}$$

2. 空气消耗量 L

$$L = \frac{W}{H_2 - H_1} \tag{10-14}$$

及
$$l = \frac{L}{W} = \frac{1}{H_2 - H_1} \tag{10-14a}$$

式中　l——单位空气消耗量,即每蒸发 1 kg 水时,消耗的绝干空气量,kg 绝干气/kg 水分。

分析式(10-14)可知:当 W 及 H_1 一定时,空气出口湿度 H_2 越大,L 越小,即空气耗量越小,但传质推动力($H_{2s} - H_2$)也减小,使干燥设备尺寸增大。

通过预热器前后空气的湿度不变,若以 H_0 表示进入预热器时的空气湿度,则 $H_0 = H_1$,式(10-14)又可写成
$$L = \frac{W}{H_2 - H_1} = \frac{W}{H_2 - H_0} \tag{10-14b}$$

则实际新鲜空气消耗量为
$$L_0 = L(1 + H_0) \tag{10-15}$$

3. 干燥产品流量 G_2
$$G_2 = \frac{G_1(1 - \omega_1)}{1 - \omega_2} = G(1 + X_2) \tag{10-16}$$

（三）热量衡算

1. 预热器的热量衡算

忽略预热器的热损失,则单位时间内预热器消耗的热量为
$$Q_P = L(I_1 - I_0) \tag{10-17}$$

或　　$$Q_P = Lc_H(t_1 - t_0) = L(1.01 + 1.88H_0)(t_1 - t_0) \tag{10-17a}$$

2. 干燥器的热量衡算

单位时间内向干燥器补充的热量为
$$Q_D = L(I_2 - I_1) + G(I_2' - I_1') + Q_L \tag{10-18}$$

3. 整个干燥系统的热量衡算

单位时间内干燥系统消耗的总热量为
$$Q = Q_P + Q_D = L(I_2 - I_0) + G(I_2' - I_1') + Q_L \tag{10-19}$$

式(10-17)、式(10-18)及式(10-19)为连续干燥系统中热量衡算的基本方程。

为了便于分析和应用,式(10-19)可变换为
$$Q = Q_P + Q_D = 1.01L(t_2 - t_0) + W(2\,490 + 1.88t_2) + Gc_m(\theta_2 - \theta_1) + Q_L \tag{10-20}$$

上面诸式中湿物料的焓可用下式计算
$$I' = (c_s + Xc_w)\theta = c_m\theta \tag{10-21}$$

分析式(10-20)可知:向干燥系统输入的总热量 Q 用于:加热空气;蒸发水分;加热物料;热损失。

4. 干燥系统的热效率

干燥系统的热效率 η 定义为蒸发水分所需的热量 Q_v 与向干燥系统输入的总热量 Q 的比,若忽略湿物料中水分带入系统中的焓,则
$$\eta = \frac{Q_v}{Q} = \frac{W(2\,490 + 1.88t_2)}{Q} \times 100\% \tag{10-22}$$

干燥过程的经济性主要取决于热量的有效利用率,干燥系统的热效率愈高表示热利用率愈好。为减少能耗,提高热利用率,可采用如下措施:降低空气离开干燥器的温度或提高其湿度;提高空气的预热温度;采用废气循环或中间加热流程;废气中热量的回收利用,如利

用废气预热冷空气或冷物料及干燥设备和管路的保温隔热,以减少干燥系统的热损失等。

（四）等焓干燥过程和非等焓干燥过程

通过物料衡算式及热量衡算式可求出 L 及 Q,但必须知道空气进、出干燥器的状态参数。

当空气通过预热器时,其状态变化较简单,即 H 不变,t 升高,预热后的空气状态由工艺条件确定。一般情况下,空气出预热器状态即进入干燥器的状态,但空气通过干燥器时,空气和物料间进行传热和传质,加上其他外加热量的影响,使干燥器出口状态的确定较困难。依干燥过程中空气焓的变化,分为等焓和非等焓干燥过程。

1. 等焓干燥过程

等焓干燥过程也称绝热干燥过程或理想干燥过程。

符合如下条件为等焓干燥过程:

①干燥器内不补充热量,即 $Q_D = 0$。

②干燥器的热损失可忽略不计,即 $Q_L = 0$。

③物料进、出干燥器时的焓相等,即 $I_2' - I_1' = 0$。

将以上条件代入式（10-17）及式（10-19）可得

$$I_2 = I_1$$

这说明空气在干燥器中状态的变化是一个等焓过程。空气放出的显热全部用于蒸发湿物料中的水分,水蒸气又把汽化时自空气中所吸收的热量,以潜热形式全部带回空气中,所以此过程也称为绝热干燥过程。该过程在 $H—I$ 图上沿等 I 线变化,只要知道空气出口时的另一独立参数如温度或湿度等,出干燥器状态点就可确定。

对于绝热干燥器,式（10-22）可表达为

$$\eta = \frac{t_1 - t_2}{t_1 - t_0} \times 100\% \tag{10-22a}$$

2. 非等焓干燥过程

非等焓干燥过程也称非绝热干燥过程或实际干燥过程。

不符合上述等焓干燥过程的条件,使 $I_2 \neq I_1$,则空气在干燥器中的状态不是沿等 I 线变化。

非等焓干燥过程中空气离开干燥器时的状态点可联立物料衡算、热量衡算及焓的（I 及 I'）表达式用计算法或图解法确定,见后面例题。

四、干燥速率与干燥时间

（一）物料中所含水分的性质——干燥过程的平衡关系

根据干燥时物料中水分除去的难易,将湿物料中所含水分分为非结合水（易于除去）和结合水（难于除去）。

根据特定干燥条件下物料中所含水分能否被除去将物料中的水分分为自由水分（能够除去）和平衡水分（指定条件下干燥的极限含水量,不能除去）。平衡关系用一定温度下测得的 $\varphi—X^*$ 曲线表达。

应该指出,平衡水分与自由水分是物性和空气状态（φ）的函数,即对于一定的物料,平衡水分不是固定的,当空气状态改变时,其平衡水分改变,平衡水分 X^* 随 φ 的增高而增高。

结合水分与非结合水分仅是物性的函数,与空气状态无关,也就是对于一定的物料,不管空气状态如何变化,其结合水分与非结合水分的量是一定的,二者分界点为相对湿度 φ 为 100% 时物料的平衡含水量,即为 $X^*_{\varphi=1}$。

（二）恒定干燥条件下的干燥速率

根据干燥操作中空气状态的变化情况将干燥过程分为恒定干燥和变动干燥两种类型。

所谓恒定干燥是指在整个干燥过程中,干燥介质的温度、湿度及流速保持不变。当大量空气通过小量湿物料时,因物料中汽化出的水分很少,接近于恒定干燥。这是一种简化模型。

在连续操作的干燥设备内很难维持恒定干燥条件,即空气的温度与湿度均在改变,称为变动干燥。

1. 干燥实验及干燥曲线

在间歇操作的干燥实验装置上,于恒定干燥条件下,定时地测量物料的质量及物料表面的温度随时间的变化情况,直至其达到恒定为止,从而得到各对应的 $X—\tau$ 及 $\theta—\tau$ 关系曲线。此即恒定干燥条件下的干燥曲线。

2. 干燥速率及干燥速率曲线

干燥速率 U 是指单位时间内、单位干燥面积上汽化的水分质量。干燥速率又称干燥通量。通过实验测定的恒定干燥条件下的干燥速率曲线(即 $X—U$ 曲线)表明,干燥过程明显地被划分为两个阶段,即恒速干燥阶段与降速干燥阶段。

恒速干燥阶段与降速干燥阶段的干燥机理及影响因素不同,分别讨论如下。

（1）恒速干燥阶段

①特点:水分汽化速率恒定,即 $U = U_c =$ 常数。这是因为物料中水分向表面的传递速率等于物料表面水分的汽化速率。

②除去物料中的非结合水分。

③因物料表面始终维持润湿状态,物料表面温度等于空气的湿球温度,即 $\theta = t_w$。

④干燥速率的计算

$$U_c = \frac{\alpha}{r_{t_w}}(t - t_w) \tag{10-23}$$

⑤影响干燥速率的因素和强化措施:在恒速干燥阶段,由于湿物料中水分向其表面传递的速率总是能够适应物料表面水分的汽化速率,则其干燥速率的大小取决于物料表面水分的汽化速率,称为表面汽化控制阶段。影响干燥速率的因素是干燥介质的状况,提高空气的温度和流速,降低其湿度可使 U_c 提高。

（2）降速干燥阶段

①特点:水分汽化速率随物料湿含量的减少而降低,即 U 下降。在降速干燥阶段,物料中水分向表面传递速率小于物料表面水分的汽化速率。

②除去物料中的结合水分与非结合水分:当物料尺寸大或堆积层厚或物料不能经常翻动,使物料中非结合水分扩散至物料表面的阻力大,致使这部分非结合水分在降速干燥阶段汽化出来。

③物料表面温度大于空气的湿球温度,即 $\theta > t_w$。由于干燥速率随含水量减少而降低,空气传给物料的热量大于物料表面水分汽化所需的热量,则有一部分热量使物料升温。

④干燥速率的计算。降速阶段干燥速率曲线的形状随物料内部的结构而异,难于推出准确的计算公式,一般多以实验得到的干燥速率曲线作为计算的依据。

⑤影响干燥速率的因素及强化措施。在降速干燥阶段,由于湿物料中水分向其表面传递的速率总是低于物料表面水分汽化的速率,则其干燥速率的大小取决于物料内部水分向

表面迁移的速率,称为物料内部迁移控制阶段。影响干燥速率的因素是物料本身的结构、形状和尺寸大小,而与干燥介质的状态参数关系不大。所以可用减小物料尺寸,使物料分散等方法,提高降速阶段的干燥速率。

(3)临界含水量　临界含水量 X_c 是划分物料恒速干燥阶段与降速干燥阶段的分界点。X_c 值与物料性质及干燥介质的状况有关。X_c 值愈小,在相同的干燥任务下所需的干燥时间愈短。减小物料层厚度、加强对物料的搅拌或使物料悬浮于气流中均使 X_c 值减小;控制空气温度不太高、相对湿度不太低、流速也不太高时,使恒速干燥段延长,X_c 值也减小。

(三)恒定干燥条件下干燥时间的计算

1.恒速阶段干燥时间的计算

(1)利用干燥速率曲线进行计算

$$\tau_1 = \frac{G'}{U_c S}(X_1 - X_c) \tag{10-24}$$

τ_1 也可从干燥曲线上直接读取。

(2)用对流传热系数进行计算

当缺乏 U_c 的数值时,可利用式(10-23)来计算 U_c,则可得

$$\tau_1 = \frac{G' r_{t_w}(X_1 - X_c)}{S \, \alpha(t - t_w)} \tag{10-25}$$

计算对流传热系数 α 的经验公式如下:

①空气平行流过静止物料层的表面时为

$$\alpha = 0.020\,4(L')^{0.8} \tag{10-26}$$

式(10-26)的应用条件是 $L' = 2\,450 \sim 29\,300 \text{ kg/(m}^2 \cdot \text{h)}$,空气的平均温度 $t = 45 \sim 150 \, ℃$。

②空气垂直流过静止物料层表面时为

$$\alpha = 1.17(L')^{0.37} \tag{10-27}$$

式(10-27)的应用条件是 $L' = 3\,900 \sim 19\,500 \text{ kg/(m}^2 \cdot \text{h)}$。

2.降速阶段干燥时间的计算

这里仅介绍降速阶段干燥时间的近似计算法。即以直线来代替降速阶段的干燥速率曲线,推出的干燥时间计算式为

$$\tau_2 = \frac{G'(X_c - X^*)}{SU_c} \ln \frac{X_c - X^*}{X_2 - X^*} \tag{10-28}$$

当缺乏平衡含水量 X^* 的数据时,可假设干燥速率曲线为通过原点的直线,于是式(10-28)简化为

$$\tau_2 = \frac{G' X_c}{SU_c} \ln \frac{X_c}{X_2} \tag{10-28a}$$

物料从 X_1 干燥至 X_2 所需要的总干燥时间为

$$\tau = \tau_1 + \tau_2$$

五、干燥器的选型与设计

干燥器选型时主要应考虑物料性质、生产能力及干燥程度等要求。在工业上应用最为广泛的是对流干燥器。几种典型的对流干燥器为:气流干燥器、沸腾床干燥器、转筒干燥器及喷雾干燥器等。在这些类型的干燥器中,被干燥的物料均呈悬浮状态与干燥介质接触。

（一）对干燥器的性能要求

所有类型的干燥器都应满足如下要求：

①能保证生产能力及干燥产品的质量要求。

②干燥速率快，干燥时间短，能量消耗少。

③设备尺寸小，辅助设备的投资费用低。

④操作控制方便，安全无污染，劳动条件好。

通过对气流干燥器干燥操作状况的分析，了解影响干燥速率的因素及强化措施。

（二）干燥器的发展趋势

①为提高热效率，发展传导式干燥器。

②开发组合式干燥器。

③充分利用废热和改进工艺，节约能量消费。

④控制环境污染。

⑤提高干燥过程控制水平。

干燥器设计的基本方程为物料衡算、热量衡算、传热速率方程及传质速率方程。设计的基本原则是物料在干燥器内的停留时间必须等于或稍大于所需的干燥时间。但由于干燥操作是传热、传质并存的过程，机理比较复杂，涉及固体物料内部的热量和质量传递过程，至今还难于定量地给出物料内部的传递速率方程，所以干燥器的设计仍处于经验法阶段。又因各种类型干燥器在结构和操作上差异很大，对不同类型干燥器进行设计时所采用的具体计算方法也各不相同。

本章小结

本章集中讨论了对流干燥过程，其内容涉及物料衡算、热量衡算、气—固间相平衡关系、速率关系和干燥时间的计算，并介绍了典型干燥器的基本结构、操作特性及适用场合。由于干燥机理的复杂性，对于干燥过程中的平衡关系、干燥速率及干燥器的设计，在很大程度上依靠实验测定或经验方法处理。所以本章学习要求的重点就放在物料衡算及热量衡算方面。

由于本章以热空气作干燥介质除去物料中的水分为讨论对象，所以必须熟练掌握空气状态参数的计算方法、物料中所含水分的性质与计算。

本章各知识点的相互关系可描述如下：

$$\left.\begin{array}{l}湿空气的性质及湿度图 \\ 物料的含水量及其性质\end{array}\right\}\left\{\begin{array}{l}物料衡算 \\ 热量衡算 \\ \varphi—X^*平衡曲线 \\ 干燥速率、干燥时间\end{array}\right\}干燥器的设计与操作$$

注意理解湿空气在预热及干燥过程中状态变化情况、干燥操作的节能措施（或提高热效率的措施）、恒定干燥条件下恒速干燥段和降速干燥段提高干燥速率的途径。

干燥过程的计算应掌握如下要点：

①空气在预热及干燥过程中（重点是理想干燥器中）状况参数的确定。

②要熟练地运用物料衡算、热量衡算、干燥速率及焓的关系式进行有关计算。

例题与解题指导

[例 10-1] 在总压为 100 kPa 下,空气的温度为 20 ℃,湿度为 0.01 kg/kg 绝干气。试求:

(1)空气的相对湿度 φ_1;

(2)总压 P 与湿度 H 不变,将空气温度提高至 80 ℃时的相对湿度 φ_2;

(3)温度 t 与湿度 H 不变,将空气总压提高至 147 kPa 时的相对湿度 φ_3;

(4)若总压提高到 300 kPa,温度仍维持 20 ℃不变,每 100 m³ 原来湿空气所冷凝出来的水分量。

解:利用空气湿度和相对湿度的计算式,可以解决如上问题。

(1)相对湿度 φ_1

空气湿度计算式 $\quad H = 0.622 \dfrac{p}{P-p}$

相对湿度计算式 $\quad \varphi = \dfrac{p}{p_s}$

空气中水蒸气分压 p 由空气湿度计算式求出。

$$p = \frac{HP}{0.622 + H} = \frac{0.01 \times 100}{0.622 + 0.01} = 1.582 \text{ kPa}$$

水的饱和蒸汽压 p_s 由饱和蒸汽压表中查出,$t = 20$ ℃时,$p_s = 2.334$ kPa,则

$$\varphi_1 = \frac{p}{p_s} = \frac{1.582}{2.334} = 0.678 = 67.8\%$$

(2)相对湿度 φ_2

因总压 P 和湿度 H 不变,则水蒸气分压仍为 $p = 1.582$ kPa,当将空气温度升高至 80 ℃时,由饱和蒸汽压表查得 $p_s = 47.345$ kPa,则

$$\varphi_2 = \frac{p}{p_s} = \frac{1.582}{47.345} = 0.033\ 4 = 3.34\%$$

(3)相对湿度 φ_3

因总压提高至 147 kPa,温度仍为 20 ℃,且空气湿度($H = 0.01$ kg/kg 绝干气)不变,故

$$p = \frac{HP}{0.622 + H} = \frac{0.01 \times 147}{0.622 + 0.01} = 2.33 \text{ kPa}$$

则 $\quad \varphi_3 = \dfrac{p}{p_s} = \dfrac{2.33}{2.334} = 0.998 = 99.8\%$

(4)冷凝的水分量 W

当总压 $P = 100$ kPa,湿度 $H = 0.01$ kg/kg 绝干气时,空气中水蒸气分压 $p = 1.582$ kPa。现温度 t 不变,使总压 $P = 300$ kPa,为原来 $P = 100$ kPa 的 3 倍,因 $p \propto P$,则理论上水蒸气分压可达到 $p = 3 \times 1.582 = 4.746$ kPa,但实际上 20 ℃的饱和蒸汽压 $p_s = 2.334$ kPa。因此,在压缩过程中必有水分析出,空气中的水蒸气分压将保持为 $p_s = 2.334$ kPa,则加压后的空气湿度为饱和湿度。

$$H_s = 0.622 \frac{p_s}{P - p_s} = 0.622 \frac{2.334}{300 - 2.334} = 0.004\ 88 \text{ kg/kg 绝干气}$$

加压前空气的湿度为 $H = 0.01$ kg/kg 绝干气,加压后每 kg 绝干气所冷凝出来的水分量为

$$\Delta H = H - H_s = 0.01 - 0.004\ 88 = 0.005\ 12\ \text{kg/kg 绝干气}$$

原来湿空气的比容为

$$v_H = (0.772 + 1.244H) \times \frac{273 + t}{273} \times \frac{101.33}{P}$$

$$= (0.772 + 1.244 \times 0.01) \times \frac{273 + 20}{273} \times \frac{101.33}{100} = 0.853\ \text{m}^3/\text{kg 绝干气}$$

100 m³ 原来湿空气冷凝出来的水分量为

$$W = \frac{100}{v_H} \times \Delta H = \frac{100}{0.853} \times 0.005\ 12 = 0.6\ \text{kg}$$

讨论:通过以上计算可知,对于 H 一定的湿空气,当总压 P 一定,空气温度升高,可使相对湿度 φ 降低,如本例空气温度 t 由 20 ℃ 升至 80 ℃,相对湿度 φ 由 67.8% 降至 3.34%;φ 越低,对干燥越有利,所以干燥过程中,必须将空气预热至一定温度。当温度 t 一定时,提高空气总压,使相对湿度 φ 升高,如本例总压 P 由 100 kPa 提高至 147 kPa,φ 由 67.8% 升至 99.8%,而当总压升至 300 kPa 时,则有水分析出,故干燥过程大多在常压或真空条件下进行。

[例 10-2]　某湿物料的处理量为 1 000 kg/h,温度为 20 ℃,湿基含水量为 4%,在常压下用热空气进行干燥,要求干燥后产品的湿基含水量不超过 0.5%,物料离开干燥器时温度升至 60 ℃。湿物料的平均比热容为 3.28 kJ/(kg 绝干料·℃)。空气的初始温度为 20 ℃,相对湿度为 50%,若将空气预热至 120 ℃ 后进入干燥器,出干燥器的温度为 50 ℃,湿度为 0.02 kg/kg 绝干料。干燥过程的热损失约为预热器供热量的 10%。试求:

(1)新鲜空气消耗量 L_0;

(2)干燥系统消耗的总热量 Q;

(3)干燥器补充的热量 Q_D;

(4)干燥系统的热效率 η,若干燥系统保温良好,热损失可忽略时,热效率为多少?

解:本例所有项目的计算可通过干燥过程的物料衡算及热量衡算解决。

(1)新鲜空气消耗量 L_0

先求绝干空气消耗量 L

$$L = \frac{W}{H_2 - H_1}$$

$$W = G(X_1 - X_2)$$

$$X_1 = \frac{w_1}{1 - w_1} = \frac{0.04}{1 - 0.04} = 0.041\ 7\ \text{kg/kg 绝干料}$$

$$X_2 = \frac{w_2}{1 - w_2} = \frac{0.005}{1 - 0.005} = 0.005\ \text{kg/kg 绝干料}$$

$$G = G_1(1 - w_1) = 1\ 000(1 - 0.04) = 960\ \text{kg 绝干料/h}$$

水分蒸发量为

$$W = G(X_1 - X_2) = 960 \times (0.041\ 7 - 0.005) = 35.23\ \text{kg/h}$$

题中已给出 $H_2 = 0.02$ kg/kg 绝干气,又知预热过程空气湿度不变,即 $H_1 = H_0$。

由已知的 $t_0 = 20$ ℃, $\varphi_0 = 50\%$,查 H—I 图可得

$$H_0 = 0.007\ 25\ \text{kg/kg 绝干气}$$

或由 $H_0 = 0.622\ \dfrac{\varphi\ p_s}{P - \varphi\ p_s}$ 公式计算。查饱和蒸汽压表, $t_0 = 20$ ℃时, $p_s = 2.334$ kPa,所以

$$H_0 = 0.622\ \frac{0.5 \times 2.334}{101.3 - 0.5 \times 2.334} = 0.007\ 25\ \text{kg/kg 绝干气}$$

绝干空气消耗量为

$$L = \frac{W}{H_2 - H_0} = \frac{35.23}{0.02 - 0.007\ 25} = 2\ 763\ \text{kg 绝干气/h}$$

新鲜空气消耗量为

$$L_0 = L(1 + H_0) = 2\ 763 \times (1 + 0.007\ 25) = 2\ 783\ \text{kg 新鲜空气/h}$$

(2)干燥系统消耗的总热量 Q

$$Q = 1.01L(t_2 - t_0) + W(2\ 490 + 1.88t_2) + Gc_m(\theta_2 - \theta_1) + Q_L$$

因干燥系统的热损失 $Q_L = 0.1Q_P$,而

$$Q_P = L(I_1 - I_0)$$

I_0 及 I_1 可由已知条件查 H—I 图或用焓公式计算求得。

查 H—I 图:由 $t_0 = 20$ ℃, $\varphi = 50\%$,查出 $I_0 = 38.5$ kJ/kg;由 $t_1 = 120$ ℃, $H_1 = H_0 = 0.007\ 25$ kg/kg 绝干气,查出 $I_1 = 141$ kJ/kg。

用焓公式计算: $I = (1.01 + 1.88H)t + 2\ 490H$

$$I_0 = (1.01 + 1.88 \times 0.007\ 25) \times 20 + 2\ 490 \times 0.007\ 25 = 38.5\ \text{kJ/kg}$$

$$I_1 = (1.01 + 1.88 \times 0.007\ 25) \times 120 + 2\ 490 \times 0.007\ 25 = 140.9\ \text{kJ/kg}$$

预热器供给热量为

$$Q_P = L(I_1 - I_0) = 2\ 763 \times (140.9 - 38.5) = 282\ 900\ \text{kJ/h}$$

热损失为

$$Q_L = 0.1Q_p = 0.1 \times 282\ 900 = 28\ 290\ \text{kJ/h}$$

干燥系统消耗的总热量为

$$Q = 1.01 \times 2\ 763 \times (50 - 20) + 35.23 \times (2\ 490 + 1.88 \times 50) + 960 \times 3.28 \times (60 - 20)$$
$$+ 28\ 290$$
$$= 329\ 000\ \text{kJ/h} = 91.4\ \text{kW}$$

(3)干燥器补充的热量 Q_D

$$Q_D = Q - Q_P = 329\ 000 - 282\ 900 = 46\ 100\ \text{kJ/h}$$

(4)干燥系统的热效率 η

忽略湿物料中水分带入系统中的焓,则

$$\eta = \frac{W(2\ 490 + 1.88t_2)}{Q} = \frac{35.23 \times (2\ 490 + 1.88 \times 50)}{329\ 000} = 0.276\ 7 = 27.67\%$$

忽略热损失时, $Q = 329\ 000 - 28\ 290 = 300\ 710$ kJ/h,则

$$\eta = 30.27\%$$

讨论:由上面的计算看出,减少干燥系统的热损失,可提高干燥系统的热效率。

[**例 10-3**]　某湿物料在常压气流干燥器中进行干燥。湿物料流量为 2 400 kg/h,初始

湿基含水量为 3.5%，干燥产品的湿基含水量为 0.5%。温度为 20 ℃，湿度为 0.005 kg/kg 绝干气的空气经预热后温度升至 120 ℃进入干燥器。假设干燥器为理想干燥器。试求：

（1）当空气出口温度为 60 ℃时，绝干空气的消耗量及预热器所需提供的热量；

（2）当空气出口温度为 40 ℃时，绝干空气的消耗量及预热器所需提供的热量；

（3）若空气离开干燥器以后，因在管道及旋风分离器中散热，温度下降了 10 ℃，试分别判断以上两种情况是否会发生物料返潮的现象。

解： 因是理想干燥器，空气在干燥器内经历等焓干燥过程，即 $I_1 = I_2$；又预热过程中湿度不变，即 $H_0 = H_1$。根据这两个关系，可求出不同空气出口温度 t_2 下的湿度 H_2。进而通过物料衡算式算出 L 及热量衡算式求出 Q_P。

（1）当 $t_2 = 60$ ℃时，L 及 Q_P

因等焓干燥　$I_1 = I_2$，即

$$(1.01 + 1.88H_1)t_1 + 2\,490H_1 = (1.01 + 1.88H_2)t_2 + 2\,490H_2$$

式中　$t_1 = 120$ ℃，$H_1 = H_0 = 0.005$ kg/kg 绝干气

则　$H_2 = \dfrac{(1.01 + 1.88 \times 0.005) \times 120 + 2\,490 \times 0.005 - 1.01 \times 60}{1.88 \times 60 + 2\,490} = 0.028\,5$ kg/kg 绝干气

绝干物料量　$G = G_1(1 - w_1) = 2\,400 \times (1 - 0.035) = 2\,316$ kg 绝干料/h

$$X_1 = \frac{w_1}{1 - w_1} = \frac{0.035}{1 - 0.035} = 0.036\,3 \text{ kg/kg 绝干料}$$

$$X_2 = \frac{w_2}{1 - w_2} = \frac{0.005}{1 - 0.005} = 0.005\,03 \text{ kg/kg 绝干料}$$

绝干空气消耗量为

$$L = \frac{G(X_1 - X_2)}{H_2 - H_1} = \frac{2\,316 \times (0.036\,3 - 0.005\,03)}{0.028\,5 - 0.005} = 3\,082 \text{ kg 绝干气/h}$$

预热器所需提供的热量为

$$Q_P = Lc_H(t_1 - t_0) = L(1.01 + 1.88H_0)(t_1 - t_0)$$
$$= \frac{3\,082}{3\,600}(1.01 + 1.88 \times 0.005)(120 - 20) = 87.3 \text{ kW}$$

（2）当 $t_2 = 40$ ℃时，L 及 Q_P

$$H_2 = \frac{(1.01 + 1.88 \times 0.005) \times 120 + 2\,490 \times 0.005 - 1.01 \times 40}{1.88 \times 40 + 2\,490} = 0.036\,8 \text{ kg/kg 绝干气}$$

G、X_1、X_2 及 H_1 均与 $t_2 = 60$ ℃时相同，故

$$L = \frac{G(X_1 - X_2)}{H_2 - H_1} = \frac{2\,316 \times (0.036\,3 - 0.005\,03)}{0.036\,8 - 0.005} = 2\,277 \text{ kg 绝干气/h}$$

$$Q_P = \frac{2\,277}{3\,600}(1.01 + 1.88 \times 0.005)(120 - 20) = 64.5 \text{ kW}$$

（3）分析物料的返潮情况

①当 $t_2 = 60$ ℃时，干燥器出口空气中的水蒸气分压为

$$p_2 = \frac{pH_2}{0.622 + H_2} = \frac{101.3 \times 0.028\,5}{0.622 + 0.028\,5} = 4.44 \text{ kPa}$$

因在干燥器后续设备中空气的温度降为 50 ℃，查出该温度下水的饱和蒸汽压 $p_s =$

270

14.99 kPa，$p_s > p_2$，即此时空气温度尚未达到气体的露点，物料不会返潮。

②当 $t_2 = 40\ ℃$ 时，干燥器出口空气中的水蒸气分压为

$$p_2 = \frac{pH_2}{0.622 + H_2} = \frac{101.3 \times 0.036\ 8}{0.622 + 0.036\ 8} = 5.66\ \text{kPa}$$

在干燥器后续设备中空气的温度降为 30 ℃，查出该温度下水的饱和蒸汽压 $p_s = 4.25$ kPa，$p_s < p_2$，故空气已达到露点，有液态水析出，物料会返潮。

讨论：由以上计算结果可知，当空气出口温度下降时，所需空气量及供热量均可减少，而使热效率提高。但是 t_2 的降低应有所限制，即应该保证空气温度在干燥过程中不降到露点，以避免物料返潮。这是选择空气出口温度的限制条件。

[**例 10-4**] 采用如本题附图 1 所示的带有废气循环的干燥流程干燥某种湿物料。温度为 25 ℃、湿度为 0.01 kg/kg 绝干气的新鲜空气与温度为 50 ℃、湿度为 0.04 kg/kg 绝干气的废气混合后进入预热器。若新鲜气中绝干空气量与废气中绝干空气量的质量比为 1 : 2，假若为绝热干燥过程，预热器的热损失可忽略不计，系统的操作压强为 101.3 kPa。试求：

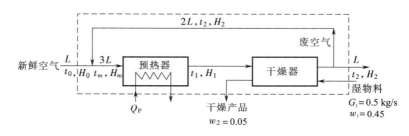

例 10-4 附图 1

（1）在 $H—I$ 图上示意画出空气在整个干燥过程中的状态变化；

（2）空气进入预热器的湿度 H_m 及焓 I_m，空气进入干燥器的温度 t_1；

（3）新鲜空气的流量 L_0；

（4）整个干燥系统所消耗的热量 Q；

（5）若采用本题附图 2 所示的带有废气循环的干燥流程干燥某湿物料，其他条件均保持不变，试分析空气用量及热耗量将如何变化，并确定新鲜空气离开预热器的温度 t_1'。

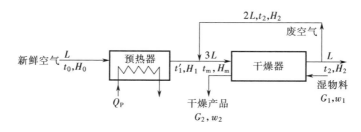

例 10-4 附图 2

解：在带有废气循环的流程中，由上图可看出，最终排出干燥器的绝干空气量 L 等于新鲜绝干空气量 L，而循环的绝干空气量为 $2L$，因此，求 L 时作物料衡算及求 Q 时作热量衡算均可把循环系统包括在内作整个干燥系统的衡算，求算 L 及 Q 时就与空气的混合参数无关。

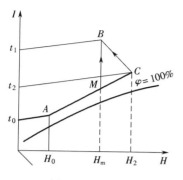

例10-4 附图3

（1）图示空气的状态变化情况

在 $H—I$ 图上示意画出空气的状态变化情况见附图3，由 t_0、H_0 定 A 点，由 t_2、H_2 定 C 点。

因绝干新鲜气量与绝干废气量的质量比为1∶2，利用杠杆规则连 AC，使 $\dfrac{\overline{MC}}{\overline{AM}} = \dfrac{1}{2}$，则 M 点为进入预热器前的混合点，由 M 点作等湿度线与过 C 点作等 I 线相交于 B，MB 为预热过程，BC 为绝热干燥过程。

（2）H_m、I_m 及 t_1

①计算法：对于混合气体湿度和焓的衡算

$$1H_0 + 2H_2 = 3H_m \tag{1}$$

$$1I_0 + 2I_2 = 3I_m \tag{2}$$

由式（1）可得 $H_m = \dfrac{1H_0 + 2H_2}{3} = \dfrac{1 \times 0.01 + 2 \times 0.04}{3} = 0.03 \text{ kg/kg 绝干气}$

$\begin{aligned} I_0 &= (1.01 + 1.88H_0)t_0 + 2\,490H_0 \\ &= (1.01 + 1.88 \times 0.01) \times 25 + 2\,490 \times 0.01 = 50.62 \text{ kJ/kg 绝干气} \end{aligned}$

$\begin{aligned} I_2 &= (1.01 + 1.88H_2)t_2 + 2\,490H_2 \\ &= (1.01 + 1.88 \times 0.04) \times 50 + 2\,490 \times 0.04 = 153.9 \text{ kJ/kg 绝干气} \end{aligned}$

由式（2）可得

$$I_m = \dfrac{1I_0 + 2I_2}{3} = \dfrac{1 \times 50.62 + 2 \times 153.9}{3} = 119.5 \text{ kJ/kg 绝干气}$$

t_1 可由 I_1 求出，因

$$I_1 = (1.01 + 1.88H_m)t_1 + 2\,490H_m$$

前已算出 $H_m = 0.03 \text{ kg/kg 绝干气}$，$I_1 = I_2 = 153.9 \text{ kJ/kg 绝干气}$，将其代入 I_1 式，得

$$(1.01 + 1.88 \times 0.03)t_1 + 2\,490 \times 0.03 = 153.9$$

解出 $t_1 = 74.3 \text{ ℃}$

②图解法：由前面所画的空气状态变化的 $H—I$ 示意图可知，M 点为混合点，查 $H—I$ 图，得

$$H_m = 0.03 \text{ kJ/kg 绝干气}，I_m = 120 \text{ kJ/kg 绝干气}$$

B 点为干燥器入口的状态点，所对应的 $t_1 = 75 \text{ ℃}$，则计算数值与查图结果相近。

（3）新鲜空气流量 L_0

作包括循环气在内的整个干燥系统的物料衡算

$$L = \dfrac{W}{H_2 - H_1}$$

$$W = G(X_1 - X_2)$$

$$G = G_1(1 - w_1) = 0.5 \times (1 - 0.45) = 0.275 \text{ kg 绝干料/s}$$

$$X_1 = \dfrac{w_1}{1 - w_1} = \dfrac{0.45}{1 - 0.45} = 0.818\,2 \text{ kg/kg 绝干料}$$

$$X_2 = \dfrac{w_2}{1 - w_2} = \dfrac{0.05}{1 - 0.05} = 0.052\,6 \text{ kg/kg 绝干料}$$

$$W = 0.275 \times (0.818\,2 - 0.052\,6) = 0.211 \text{ kg/s}$$

已知 $H_2 = 0.04$ kg/kg 绝干气，$H_1 = H_0 = 0.01$ kg/kg 绝干气，所以

$$L = \frac{W}{H_2 - H_1} = \frac{0.211}{0.04 - 0.01} = 7.03 \text{ kg 绝干气/s}$$

新鲜空气流量为

$$L_0 = L(1 + H_0) = 7.03(1 + 0.01) = 7.1 \text{ kg 湿空气/s}$$

（4）整个干燥系统所消耗的热量 Q

因该干燥过程为绝热干燥过程，干燥器的补充热量为零，且预热器的热损失可忽略不计，则总热消耗量为

$$Q = Q_D + Q_P = Q_p = 3L(I_1 - I_m)$$

因已求出 $I_m = 119.5$ kJ/kg 绝干气，又知绝热干燥过程 $I_1 = I_2 = 153.9$ kJ/kg 绝干气，所以

$$Q = 3 \times 7.03 \times (153.9 - 119.5) = 725.5 \text{ kW}$$

另一解法为作包括循环气在内的整个干燥系统的物料衡算，则

$$Q = L(I_2 - I_0) = 7.03 \times (153.9 - 50.62) = 726 \text{ kW}$$

（5）新鲜空气用量 L_0、总热消耗量 Q 及离开预热器的温度 t_1

对于绝热干燥过程，空气经预热器的焓应等于废气的焓，已知其初始湿度 H_0 和焓便可确定 t_1'，即

$$I_1' = (1.01 + 1.88 \times 0.01)t_1' + 2490 \times 0.01 = 153.9 \text{ kJ/kg 绝干气}$$

解得 $t_1' = 125.4 ℃$

预热后的新鲜空气与两份废气混合后进入干燥器，空气的状态变化情况如本例附图 4 所示，图中点 M 为混合气状态点。由图读得，混合气进入干燥器的温度 $t_1 = 75 ℃$。

作包括预热器及干燥器在内的整个干燥系统的物料衡算与热量衡算，同样得到

$$L_0 = 7.1 \text{ kg 湿空气/s}, Q = 726 \text{ kW}$$

讨论： 由上面的计算结果可得出结论，带有废气循环的干燥过程，先混合后预热与先预热后混合所需的空气量和所消耗的热量相同。但是先预热后混合使预热器出口温度高，如本例 $t_1' = 125 ℃ > t_1 = 75 ℃$，这样就需要能位较高的热源。一般说来，先混合后预热更为经济合理。

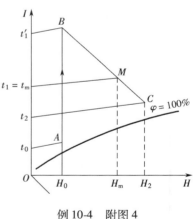

例 10-4 附图 4

当被干燥物料不允许与高温气流接触时，采用废气循环流程，废气与新鲜空气混合后，可使干燥器进口温度降低，使物料得到保护。

[例 10-5] 在一常压逆流干燥器中干燥某湿物料。已知进干燥器的湿物料量为 0.8 kg/s，经干燥器后，物料的含水量由 30% 减至 4%（均为湿基），温度由 25 ℃ 升至 60 ℃，湿物料的平均比热容为 3.4 kJ/(kg·℃)；干燥介质为 20 ℃ 的常压湿空气，经预热器后加热到 90 ℃，其中所含水汽分压为 0.98 kPa，离开干燥器的废气温度为 45 ℃，其中所含水汽分压为 6.53 kPa；干燥系统的热效率为 70%。试求：

（1）新鲜空气消耗量；

（2）干燥器的热损失。

解：（1）新鲜空气消耗量

$$L_0 = L(1 + H_0)$$

式中各项计算如下：

$$X_1 = \frac{w_1}{1 - w_1} = \frac{0.3}{1 - 0.3} = 0.428\ 6$$

同理 $\quad X_2 = 0.041\ 67$

$$H_0 = 0.622\frac{p_0}{P - p_0} = 0.622\frac{0.98}{101.3 - 0.98} = 0.006\ 1\ \text{kg/kg 绝干气}$$

同理 $\quad H_2 = 0.042\ 86\ \text{kg/kg 绝干气}$

$$G = G_1(1 - w_1) = 0.8 \times (1 - 0.3) = 0.56\ \text{kg 绝干料/s}$$

$$L = \frac{G(X_1 - X_2)}{H_2 - H_0} = \frac{0.56 \times (0.428\ 6 - 0.041\ 67)}{0.042\ 86 - 0.006\ 1} = 5.894\ \text{kg 绝干气/s}$$

$$L_0 = L(1 + H_0) = 5.894 \times (1 + 0.006\ 1) = 5.93\ \text{kg 新鲜气/s}$$

（2）干燥系统的热损失

$$\eta = \frac{G(X_1 - X_2)(2\ 490 + 1.88t_2)}{Q} \times 100\% = 70\%$$

$$Q = \frac{0.56 \times (0.428\ 6 - 0.041\ 67)(2\ 490 + 1.88 \times 45)}{0.7} = 797\ \text{kW}$$

又 $\quad Q = 1.01L(t_2 - t_0) + W(2\ 490 + 1.88t_2) + Gc_m(\theta_2 - \theta_1) + Q_L$

即 $\quad 797 = 1.01 \times 5.894 \times (45 - 20) + 0.56 \times (0.428\ 6 - 0.041\ 67)(2\ 490 + 1.88 \times 45)$
$$+ 0.56 \times 3.4 \times (60 - 25) + Q_L$$

解得 $\quad Q_L = 23.67\ \text{kW}$

讨论：本例在进行热量衡算时，由汽化水分所需热量和热效率反推干燥系统所需热量，再根据热量衡算方程求得 Q_L。

[例10-6] 在逆流绝热干燥装置中用热空气将湿物料中所含水分由 $w_1 = 0.18$ 降低至 $w_2 = 0.005$。湿空气进入预热器前的温度为 25 ℃，湿度为 0.007 55 kg/kg 绝干气，进入干燥器的焓为 125 kJ/kg 绝干气，离开干燥器的温度为 50 ℃。试求：

（1）空气经预热后的温度 t_1；

（2）单位空气消耗量 l；

（3）若加到干燥装置的总热量为 900 kW，则干燥产品量为若干（kg/h）？

解：（1）空气离开预热器的温度 t_1

根据焓的定义式求解 t_1，即

$$I_1 = (1.01 + 1.88H_0)t_1 + 2\ 490H_0$$

将有关数据代入上式

$$125 = (1.01 + 1.88 \times 0.007\ 55)t_1 + 2\ 490 \times 0.007\ 55$$

解得 $\quad t_1 = 103.7\ ℃$

（2）单位空气消耗量 l

$$l = \frac{1}{H_2 - H_0}$$

关键是计算 H_2。对于绝热干燥器有

$$I_2 = (1.01 + 1.88H_2) \times 50 + 2\,490H_2 = 125$$

解得 $H_2 = 0.028\,83$ kg/kg 绝干气

$$l = \frac{1}{0.028\,83 - 0.007\,55} = 47.0 \text{ kg 绝干气/kg 水}$$

（3）干燥产品量 G_2

$$G_2 = G(1 + X_2)$$

$$X_1 = \frac{w_1}{1 - w_1} = \frac{0.18}{1 - 0.18} = 0.219\,5$$

$$X_2 = 0.005\,03$$

对于理想干燥器，有

$$Q = Q_P = L(1.01 + 1.88 \times 0.007\,55)(t_1 - t_0)$$

即 $900 = (1.01 + 1.88 \times 0.007\,55)(103.7 - 25)L$

$$L = 11.2 \text{ kg 绝干气/s} = 40\,200 \text{ kg 绝干气/h}$$

再由干燥系统的物料衡算计算干燥产品的量，即

$$L(H_2 - H_0) = G(X_1 - X_2)$$

$$40\,200 \times (0.028\,83 - 0.007\,55) = G(0.219\,5 - 0.005\,03)$$

$$G = 3\,989 \text{ kg 绝干料/h}$$

$$G_2 = 3\,989 \times (1 + 0.005\,03) = 4\,009 \text{ kg 产品/h}$$

讨论：干燥产品量的计算是通过干燥装置的热量衡算求得空气流量，再由物料衡算而求得 G_2。这里需强调指出，对于理想（绝热）干燥过程，加到预热器的热量即是加到干燥系统的总热量。

[例 10-7] 在盘式干燥器中将某湿物料的含水量从 0.6 干燥至 0.1（干基，下同）经历了 4 个小时恒定干燥操作。已知物料的临界含水量为 0.15，平衡含水量为 0.02，且降速干燥段的干燥速率与物料的自由含水量 $(X - X^*)$ 成正比。试求将物料含水量降至 0.05 需延长多少干燥时间？

解：本例包括了恒速及降速两个阶段。恒速干燥段所需时间为

$$\tau_1 = \frac{G'}{SU_c}(X_1 - X_c)$$

降速段干燥时间为

$$\tau_2 = \frac{G'}{SU_c}(X_c - X^*) \ln \frac{X_c - X^*}{X_2 - X^*}$$

而 $U_c = k_X(X_c - X^*)$

联立上面诸式，可得干燥总时间的表达式为

$$\tau = \tau_1 + \tau_2 = \frac{G'}{Sk_X}\left(\frac{X_1 - X_c}{X_c - X^*} + \ln \frac{X_c - X^*}{X_2 - X^*}\right)$$

原工况下的干燥时间为

$$4 = \frac{G'}{Sk_X} \left(\frac{0.6 - 0.15}{0.15 - 0.02} + \ln \frac{0.15 - 0.02}{0.10 - 0.02} \right)$$

解得　　$\dfrac{G'}{Sk_X} = 1.013\,4$

新工况下的干燥时间为

$$\tau' = 1.013\,4 \times \left(\frac{0.6 - 0.15}{0.15 - 0.02} + \ln \frac{0.15 - 0.02}{0.05 - 0.02} \right) = 4.994 \text{ h}$$

$$\Delta\tau = 4.994 - 4.0 = 0.994 \text{ h}$$

即大约需延长 1 h 可使物料含水量从 0.10 干燥至 0.05。

讨论：本例可不通过求 $\dfrac{G'}{Sk_X}$ 值的过程，而是采取两个不同 X_2 下的干燥时间相比，消去 $\dfrac{G'}{Sk_X}$ 而求出 τ'。本例也可直接用下式求解，即

$$\tau = \frac{G'}{SU_c} \Big[(X_1 - X_c) + (X_c - X^*) \ln \frac{X_c - X^*}{X_2 - X^*} \Big]$$

［例 10-8］　在常压干燥装置中用热空气干燥某种热敏性物料。空气的初始温度为 25 ℃，湿度为 0.008 kg/kg 绝干气，进干燥器的温度不能超过 80 ℃，出口温度为 50 ℃。现提出两种方案，即

（1）将空气一次升温至 80 ℃ 进入干燥器，离开时为 50 ℃；

（2）在干燥器中设置中间加热器，80 ℃ 的空气在干燥器中降至 50 ℃ 时再升温至 80 ℃，再降至 50 ℃ 时离开干燥器。

试比较两种方案中每汽化 1 kg 水分所需的绝干空气量 l 及供热量 q。假定在各种干燥过程中空气均为等焓过程。

解：在干燥器中，空气经历等焓过程，于是可求得空气离开干燥器的湿度 H_2，则单位空气消耗量便可表达为

$$l = \frac{1}{H_2 - H_0}$$

对于方案（1），单位耗热量为 q_P；对于方案（2），单位耗量为 $q'_P + q'_D$。

（1）一次加热至 80 ℃ 的 l 和 q_P

因为 $I_1 = I_2$，则

$$(1.01 + 1.88H_1)t_1 + 2\,490H_1 = (1.01 + 1.88H_2)t_2 + 2\,490H_2$$

$$H_2 = \frac{(1.01 + 1.88 \times 0.008) \times 80 + 2\,490 \times 0.008 - 1.01 \times 50}{2\,490 + 1.88 \times 50} = 0.02 \text{ kg/kg 绝干气}$$

所以蒸发每 kg 水分所需要的绝干空气量为

$$l = \frac{1}{H_2 - H_0} = \frac{1}{0.02 - 0.008} = 83.3 \text{ kg 绝干气/kg 水}$$

蒸发每 kg 水分所需要的热量为

$$\begin{aligned}
q &= q_P = lc_H(t_1 - t_0) = l(1.01 + 1.88H_0)(t_1 - t_0) \\
&= 83.3 \times (1.01 + 1.88 \times 0.008)(80 - 25) \\
&= 4\,696 \text{ kJ/kg 水}
\end{aligned}$$

（2）设置中间加热器时的 l' 及 q'

设置中间加热器的干燥流程见本题附图1。

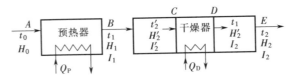

例 10-8　附图 1

因 $l = \dfrac{1}{H_2 - H_0}$，欲求 H_2 需先求出空气经第一段干燥器出口的湿度 H_2'。两段干燥过程均为等焓干燥过程，但两段的焓不相等。

对第一段干燥过程，$I_1 = I_2'$，则由前面已求出 $H_2' = 0.02$ kg/kg 绝干气。

对第二段干燥过程

$$I_2' = (1.01 + 1.88\,H_2')t_1 + 2\,490\,H_2'$$
$$= (1.01 + 1.88 \times 0.02) \times 80 + 2\,490 \times 0.02 = 133.6 \text{ kJ/kg 绝干气}$$

又　　$$I_2 = (1.01 + 1.88 H_2)t_2 + 2\,490 H_2$$
$$= (1.01 + 1.88 H_2) \times 50 + 2\,490 H_2 = 133.6 \text{ kJ/kg 绝干气}$$

解出　$$H_2 = \frac{133.6 - 1.01 \times 50}{2\,490 + 1.88 \times 50} = 0.032\,2 \text{ kg/kg 绝干气}$$

蒸发每 kg 水分所需要的绝干空气量为

$$l = \frac{1}{H_2 - H_0} = \frac{1}{0.032\,2 - 0.008} = 41.3 \text{ kg 绝干气/kg 水}$$

蒸发每 kg 水分所需要的热量为

$$q = q_P + q_D = l\,c_H(t_1 - t_0) + l\,c_H'(t_1 - t_2)$$
$$= l(1.01 + 1.88 H_0)(t_1 - t_0) + l(1.01 + 1.88 H_2')(t_1 - t_2)$$
$$= 41.3 \times (1.01 + 1.88 \times 0.008)(80 - 25) + 41.3 \times (1.01 + 1.88 \times 0.02)(80 - 50)$$
$$= 3\,592 \text{ kJ/kg 水}$$

讨论： 从以上计算结果可知，当被干燥物料不允许与高温气流接触时，采用中间加热。中间加热除可采用低能位热源外，还可减少空气用量及热耗量，从而提高了干燥过程的热效率。

⇒ **学生自测** ▶ ⇒

一、填空或选择

1. 对流干燥操作的必要条件是＿＿＿＿＿＿＿＿＿＿＿＿＿＿＿＿＿＿＿＿＿＿；干燥过程是＿＿＿＿＿＿＿＿＿＿＿＿＿相结合的过程。

2. 在 101.3 kPa 的总压下，在间壁式换热器中将温度为 293 K、相对湿度为 80% 的湿空气加热，则该空气下列状态参数变化的趋势是：湿度 H ＿＿＿＿，相对湿度 φ ＿＿＿＿，湿球温度 t_w ＿＿＿＿，露点 t_d ＿＿＿＿。

3. 在 101.3 kPa 的总压下，将饱和空气的温度从 t_1 降至 t_2，则该空气的下列状态参数变化的趋势是：相对湿度 φ ＿＿＿＿，湿度 H ＿＿＿＿，湿球温度 t_w ＿＿＿＿，露点 t_d ＿＿＿＿。

4. 在实际的干燥操作中,常用_____来测量空气的湿度。

5. 测定空气中水汽分压的实验方法是测量_____。

6. 恒定的干燥条件是指空气的_____、_____、_____均不变的干燥过程。

7. 在一定的温度和总压强下,以湿空气作干燥介质,当所用空气的相对湿度 φ 较大时,则湿物料的平衡水分相应_____,其自由水分相应_____。

8. 恒速干燥阶段又称_____控制阶段,影响该阶段干燥速率的主要因素是_____;降速干燥阶段又称_____控制阶段,影响该阶段干燥速率的主要因素是_____。

9. 在恒速干燥阶段,湿物料表面的温度近似等于_____。

10. 在常压和40 ℃下,测得湿物料的干基含水量 X 与空气的相对湿度 φ 之间的平衡关系为:当 $\varphi=100\%$ 时,平衡含水量 $X^*=0.16$ kg/kg 绝干料;当 $\varphi=40\%$ 时,平衡含水量 $X^*=0.04$ kg/kg 绝干料。已知该物料的初始含水量 $X_1=0.23$ kg/kg 绝干料,现让该物料在40℃下与 $\varphi=40\%$ 的空气充分接触,非结合水含量为_____ kg/kg 绝干料,自由含水量为_____。

11题 附图

11. 在恒定干燥条件下测得湿物料的干燥速率曲线如本题附图所示。其恒速阶段的干燥速率为_____ kg 水/(m² · h),临界含水量为_____ kg/kg 绝干料,平衡含水量为_____ kg/kg 绝干料。

12. 理想干燥器或绝热干燥过程是指_____,干燥介质进入和离开干燥器的焓值_____。

13. 写出三种对流干燥器的名称:_____,_____,_____。

14. 固体颗粒在气流干燥器中经历_____和_____两个运动阶段,其中_____是最有效的干燥区域。流化床干燥器适用于_____物料的干燥,处理粒径为_____粉状物料最为适宜。

15. 已知湿空气的如下两个参数,便可确定其他参数( )。

A. H, p B. H, t_d C. H, t D. I, t_{as}

16. 当空气的相对湿度 $\varphi=60\%$ 时,则其三个温度 t(干球温度)、t_w(湿球温度)、t_d(露点)之间的关系为( )。

A. $t=t_w=t_d$ B. $t>t_w>t_d$ C. $t<t_w<t_d$ D. $t>t_w=t_d$

17. 湿空气在预热过程中不变化的参数是( )。

A. 焓   B. 相对湿度   C. 湿球温度   D. 露点

18. 物料的平衡水分一定是( )。

A. 结合水分   B. 非结合水分   C. 临界水分   D. 自由水分

19. 在恒定条件下将含水量为0.2(干基,下同)的湿物料进行干燥。当干燥至含水量为0.05时干燥速率开始下降,再继续干燥至恒重,测得此时含水量为0.004,则物料的临界含水量为( ),平衡水分为( )。

A. 0.05   B. 0.20   C. 0.004   D. 0.196

20. 同一物料,如恒速阶段的干燥速率加快,则该物料的临界含水量将( )。

A. 不变　　　　　B. 减少　　　　　C. 增大　　　　　D. 不一定

21. 已知物料的临界含水量为 0.18(干基,下同),现将该物料从初始含水量 0.45 干燥至 0.12,则干燥终了时物料表面温度 θ 为( )。

A. $\theta > t_w$　　　B. $\theta = t_w$　　　C. $\theta = t_d$　　　D. $\theta = t$

22. 利用空气作介质干燥热敏性物料,且干燥处于降速阶段,欲缩短干燥时间,则可采取的最有效措施是( )。

A. 提高干燥介质的温度　　　　　B. 增大干燥面积、减薄物料厚度

C. 降低干燥介质相对湿度　　　　　D. 提高空气的流速

23. 在等速干燥阶段,用同一种热空气以相同的流速吹过不同种类的物料层表面,则对干燥速率的正确判断是( )。

A. 随物料种类不同而有极大差别　　　B. 随物料种类不同可能会有差别

C. 各种不同种类物料的干燥速率是相同的　D. 不好判断

24. 测定物料临界湿含量对固体物料干燥过程的意义在于_____

_____。

二、计算

1. 在 101.3 kPa 的总压下,温度为 20 ℃、湿度为 0.01 kg/kg 绝干气的湿空气在预热器中升温至 90 ℃后送入干燥器。离开干燥器时空气温度为 45 ℃。假设空气在干燥器中经历等焓过程,试求解:

(1)每 kg 绝干气在预热器中焓的变化;

(2)每 kg 绝干气在干燥器中获得的水分量。

2. 在常压连续逆流操作干燥器中用热空气干燥某种湿物料。两流股的有关参数为:

(1)空气　进预热器的焓为 48 kJ/kg 绝干气;进干燥器的湿度为 0.011 kg/kg 绝干气,焓为 115.2 kJ/kg 绝干气;离开干燥器的焓为 109 kJ/kg 绝干气。

(2)湿物料　初始湿基含水量为 20%,焓为 40 kJ/kg 绝干料;干燥后的干基含水量为 0.02 kg/kg 绝干料,焓为 91 kJ/kg 绝干料,干燥产品量为 1 000 kg/h。

干燥器的热损失为 9.5 kW。干燥器不补充热量。试求:

(1)新鲜空气消耗量 L_0;

(2)空气离开干燥器的温度 t_2;

(3)干燥器的热效率 η。

3. 在连续干燥器中,将物料自含水量为 0.05 干燥至 0.005(均为干基),湿物料的处理量为 1.6 kg/s,操作压强为 101.3 kPa。已知空气初温为 20 ℃,其饱和蒸汽压为 2.334 kPa,相对湿度为 50%,该空气被预热到 125 ℃后进入干燥器,要求出干燥器的空气湿度为 0.024 kg 水/kg 绝干气。假设为理想干燥过程。试求:

(1)空气离开干燥器的温度;

(2)绝干空气消耗量,kg/s;

(3)干燥器的热效率。

4. 在常压绝热干燥器中用热空气干燥某种热敏性物料。两流股的有关参数为:

(1)空气　温度 25 ℃,湿度为 0.009 kg/kg 绝干气,预热至 t_1 后进入干燥器,离开干燥

器的温度为 50 ℃,焓为 128 kJ/kg 绝干气。

（2）物料　进出干燥器的干基含水量分别为 0.25 kg/kg 绝干料与 0.025 kg/kg 绝干料,干燥产品量为 1 kg/s。试求:

（1）空气的流量 L;

（2）空气进入干燥器的温度 t_1 及预热器的传热量 Q_P;

（3）若进入干燥器的温度不允许超过 75 ℃,对原流程如何改进。

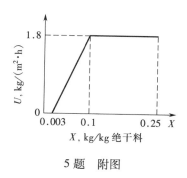

5 题　附图

5. 在流化床干燥器中干燥颗粒状物料。湿物料处理量为 500 kg/h,干基含水量分别为 0.25 kg/kg 绝干料及 0.020 4 kg/kg 绝干料,已测得干燥速率曲线如本题附图所示。干燥面积为 88 m²。试求干燥时间。

6. 在一常压干燥器中以空气为介质干燥某种湿物料,室温下湿度为 0.007 kg/(kg 绝干气)的新鲜空气在预热器中被加热至 95 ℃ 后送入干燥器,空气离开干燥器时的温度为 45 ℃。进入干燥器湿物料的量为 1 500 kg/h。含水量 10%,干燥后含水量降为 2%（均为湿基含水量）。

（1）若干燥器为理想干燥器,计算绝干空气消耗量,kg/h;

（2）若干燥器为非理想干燥器,维持水分的蒸发量、绝干空气消耗量和空气出干燥器的状态不变,已知干燥过程中物料带走的热量为 20 kW,干燥器热损失为 2.5 kW,为满足干燥器热量需求,在物料耐热许可的情况下,空气进干燥器的温度调整为 105 ℃,试计算,是否还需要向干燥器补充热量? 如需补充,补充多少(kW)可满足需要?

7. 在一常压干燥系统中用热空气干燥湿物料中水分,空气循环使用。从冷却器出来的温度 33 ℃ 湿空气经预热器加热至 128 ℃ 后进入干燥器,空气在干燥器内等焓增湿,离开干燥器的废气温度为 56 ℃,该废气进入冷却器降温至 33 ℃ 后全部循环使用。干燥器每小时处理 120 kg 湿物料,将物料含水量由 10% 降为 1%（均为湿基含水量）,已知 33 ℃ 时水的饱和蒸汽压为 5 030.5 Pa,试求:

（1）绝干空气消耗量,kg/h;

（2）冷却器可收集到的冷凝水量,kg/h。

8. 在一连续理想干燥器中,以空气为干燥介质干燥某种湿物料,新鲜空气中的水汽分压为 1.2 kPa,温度为 23 ℃,用通风机将新鲜空气送至预热器,预热至 95 ℃ 进入干燥器,出干燥器的废气温度为 58 ℃,干燥器将物料含水量由 0.17 降为 0.01（均为干基含水量）,每小时得 250 kg 干燥产品,试求:

（1）通风机的送风量,m³/h;

（2）预热器的热负荷,kW。

注:湿空气湿容积可用 $v = (0.772 + 1.244H) \times \dfrac{273+t}{273} \times \dfrac{1.013\ 3 \times 10^5}{P}$ (m³/kg)

当地大气压为 $1.013\ 3 \times 10^5$ Pa。

第 11 章　化工原理实验

◆ ◆ ◆ 本章学习指导 ◆ ◆

1. 本章学习目的

在学习化工原理课程的基础上,加深理解一些比较典型的化工过程与设备的原理和操作;能运用所学的理论知识解决实验中遇到的各种实际问题;进行化工实验基本技能的训练,学习化工实验的基本方法和测量技术,培养从事化工科学实验研究的能力。

2. 要求掌握的内容

应掌握实验误差估算、实验数据整理以及化工过程基本实验。化工过程基本实验包括以下内容:单相流动阻力实验、离心泵的操作和性能测定实验、流量计性能实验、对流传热系数及其量纲为 1 数群关联式测定实验、恒压过滤常数测定实验、精馏塔实验、吸收塔实验、干燥速率曲线测定实验等。

◆ 本章学习要点 ◆ ◆

一、实验误差估算和实验数据整理

1. 直接测量值和间接测量值

可以用仪器、仪表直接读出数据的测量值称为直接测量值;基于直接测量值得出的数据再按一定函数关系,通过计算才能求得测量结果的称为间接测量值。

2. 实验数据的误差

误差是实验测量值(包含直接与间接测量值)与真值之差。

真值是指某物理量客观存在的确定值。对它进行测量时,由于测量仪器、测量方法、环境、人员及测量程序等都不可能完美无缺,实验误差难于避免,故真值是无法测得的,是一个理想值。在分析实验测定误差时,一般用理论真值、相对真值或平均值替代真值。

根据误差的性质及产生的原因,可将误差分为系统误差、随机误差和粗大误差三种。这三种误差之间,在一定条件下可以相互转化。

误差的表示方法有绝对误差和相对误差。绝对误差是一个有量纲的值,相对误差是量纲为 1 的真分数。

3. 实验数据的有效数字

实验数据的有效数字位数必须反映仪表的准确度和存在疑问的数字位置。

直接测量数据的有效数字主要取决于读数时能读到哪一位,如温度计最小分度是 1 ℃,则有效数字可取至 1 ℃以下一位数,如 15.7 ℃,有效数字是三位。在此,所记录的有效数字中,只有最后一位是在一个最小刻度范围内估计读出的,而其余的几位数是从刻度上准确读出的。因此,在记录直接测量值时,所记录的全部数字都应该是有效数字,其中应保留且只能保留一位是估计读出的数字。

非直接测量值(如参与运算的常数、中间运算结果、间接测量值及表示误差大小的数值)的有效数字则需按一定的规则进行处理。

4. 直接测量值的误差估算

在实验中,要学会根据所使用的仪表来对测量值的误差进行合理的估计。

如果所使用的仪表给出了准确度等级(如电工仪表、转子流量计等),则测量值的误差可按下面的方法估算。

设仪表的准确度等级为 p 级,则该仪表的最大引用误差为 $p\%$。若仪表的测量范围为 x_n(仪表量程的上限 – 仪表量程的下限),仪表的示值为 x,则该示值的误差为

绝对误差　$D(x) \leqslant x_n \times p\%$

相对误差　$E_r(x) = \dfrac{D(x)}{x} \leqslant \dfrac{x_n}{x} \times p\%$

从这两个式子可以看出:①若仪表的准确度等级 p 和测量范围 x_n 已固定,则测量的示值 x 愈大,测量的相对误差愈小;②选用仪表时,不能盲目地追求仪表的准确度等级。因为测量的相对误差还与 x_n/x 有关。应该兼顾仪表的准确度等级和 x_n/x 两者。

如果所使用的仪表没有给出精确度等级(如天平类等),则测量值的误差可按下面的方法估算:

绝对误差　$D(x) \leqslant 0.5 \times$ 名义分度值

相对误差　$E_r(x) \leqslant \dfrac{0.5 \times 名义分度值}{测量值}$

名义分度值是指测量仪表最小分度所代表的数值。

从这两类仪表看,当测量值越接近于量程上限时,其测量准确度越高;测量值越远离量程上限时,其测量准确度越低。这就是为什么使用仪表时,尽可能在仪表满刻度值 2/3 以上量程内进行测量的缘由所在。

5. 间接测量值的误差估算

间接测量值是由几个直接测量值按一定的函数关系计算而得的,由于直接测量值有误差,因而使间接测量值也必然有误差。

设有一间接测量值 y,y 是直接测量值 $x_1, x_2, \cdots, x_n$ 的函数,即 $y = f(x_1, x_2, \cdots, x_n)$,从最保险出发,不考虑误差实际上有抵消的可能,此时间接测量值 y 的误差估算方法如下:

最大绝对误差为

$$D(y) = \sum_{i=1}^{n} \left| \frac{\partial y}{\partial x_i} D(x_i) \right|$$

式中 $\dfrac{\partial y}{\partial x_i}$ 为误差传递系数;$D(x_i)$ 为直接测量值的误差;$D(y)$ 为间接测量值的最大误差。

最大相对误差为

$$E_r(y) = \sum_{i=1}^{n} \left| \frac{\partial y}{\partial x_i} \frac{D(x_i)}{y} \right|$$

从上面两个式子可以看出,间接测量值的误差不仅取决于直接测量值的误差,还取决于误差传递系数。

6. 实验数据整理

实验数据整理,是把获得的一系列实验数据用最合适的方式表示出来。化工原理实验

中,有如下三种表示法:

（1）列表法　将实验测定的一系列数据,或根据测量值计算得到的系列数据,按一定的顺序对应列出来。设计数据表时要注意:表头列出物理量的名称、符号和单位;有效数字位数与测量仪表的准确度相匹配;数字较大或较小时,要用科学记数法;表上方要写明表序号、表名称。

（2）图示法　将实验数据的函数关系整理成图形,优点是直观清晰,便于比较,容易看出数据中的极值点、转折点、变化率等特性。在作图时需要注意:合理选择坐标系和坐标分度;两坐标轴要标明变量名称（或符号）和计量单位;在同一坐标系里,同时标绘几组数据时,要用不同符号（如 ∗、△等）以示区别;要有图序号和图名等。

（3）数学模型法　通过回归分析法把实验数据整理成方程式。在化工原理实验中,通常是在已知经验公式的情况下,对经验公式中的常数（模型参数）通过回归分析确定。

7. 回归分析法

根据一组实测数据,按最小二乘原理建立正规方程,解正规方程得到模型参数,从而确定变量之间的方程式。

（1）一元线性回归　给定 n 个实验点 $(x_1, y_1), (x_2, y_2), \cdots, (x_n, y_n)$,可以利用一条直线 $\hat{y} = a + bx$ 来代表它们之间的关系,其中 $\hat{y}$ 是由回归式算出的回归值,a 和 b 为回归系数。设

$$Q = \sum_{i=1}^{n} d_i^2 = \sum_{i=1}^{n} \left[y_i - (a + bx_i) \right]^2$$

其中 y_i, x_i 是已知值,故 Q 为 a 和 b 的函数,为使 Q 值达到最小,根据数学上极值原理,即

$$\begin{cases} \dfrac{\partial Q}{\partial a} = -2 \sum_{i=1}^{n} (y_i - a - bx_i) = 0 \\ \dfrac{\partial Q}{\partial b} = -2 \sum_{i=1}^{n} (y_i - a - bx_i) x_i = 0 \end{cases}$$

这就是最小二乘法原理。

由此可得

$$b = \frac{\sum x_i y_i - n\bar{x}\bar{y}}{\sum x_i^2 - n(\bar{x})^2}$$

$$a = \bar{y} - b\bar{x}$$

其中　　$\bar{x} = \dfrac{1}{n} \sum_{i=1}^{n} x_i \qquad \bar{y} = \dfrac{1}{n} \sum_{i=1}^{n} y_i$

（2）回归方程的检验　在求回归方程的计算过程中,并不需要事先假定两个变量之间一定有某种相关关系。即使是一群完全杂乱无章的离散点,也能用最小二乘法给它们配一条直线来表示 x 和 y 之间的关系。但这是毫无意义的。实际上只有两变量是线性关系时进行线性回归才有意义。因此,必须对回归效果进行检验。

（3）检验方法　有相关系数法和 F 检验法。这两种检验法涉及的一些概念,如离差平方和、回归平方和、剩余平方和以及各平方和对应的自由度等,要结合具体实例,要理解、会应用。

二、单相流动阻力实验

1.直管摩擦阻力 Δp_f、直管摩擦系数 λ 与雷诺数 Re 的测定方法

$$h_f = \frac{\Delta p_f}{\rho} = \lambda \frac{l}{d}\frac{u^2}{2}$$

$$\lambda = \frac{2d}{\rho l} \cdot \frac{\Delta p_f}{u^2}$$

$$Re = \frac{du\rho}{\mu}$$

直管摩擦阻力 Δp_f、直管摩擦系数 λ 及 Re 是利用上面的式子来测定的。在实验装置中,直管段管长 l 和管径 d 都已固定。若水温一定,则水的密度 ρ 和黏度 μ 也是定值。所以本实验实质上是需测定直管段流体阻力引起的压强降 Δp_f 与流速 u(流量 V)之间的关系。

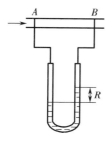

图 11-1　水平直管的取压点

对于等直径的水平直管,两取压点间的压强差 $p_A - p_B$ 和流动阻力引起的压强降 Δp_f 在数值上是相等的,即 $\Delta p_f = \rho h_f = p_A - p_B$(由伯努利方程推出)。压强降 Δp_f 的测量就是利用了这个关系,如图 11-1 所示。但是 Δp_f 和 $p_A - p_B$ 在含义上是不同的。

2.局部阻力系数 ζ 的测量方法

$$h_f' = \frac{\Delta p_f'}{\rho} = \zeta \frac{u^2}{2}$$

$$\zeta = \left(\frac{2}{\rho}\right)\frac{\Delta p_f'}{u^2}$$

测定局部阻力系数 ζ 的关键是要测出流体由于局部阻力引起的压强降 $\Delta p_f'$。$\Delta p_f'$ 的测定是通过测量近点压差 $(p_b - p_{b'})$ 和远点压差 $(p_a - p_{a'})$ 来得到的,如图 11-2 所示。要注意几个取压点间距的特点。

$$ab = bc; a'b' = b'c'$$

$$\Delta p_{f,ab} = \Delta p_{f,bc}; \Delta p_{f,a'b'} = \Delta p_{f,b'c'}$$

$$\Delta p_f' = 2(p_b - p_{b'}) - (p_a - p_{a'})$$

图 11-2　局部阻力测量取压口布置图

3.压强差的几种测量方法和技巧

在本实验中,用到了倒置 U 管和差压传感器来测量压差,何时用倒置 U 管压差计,何时用差压传感器,这两种方法各有什么特点,要搞清楚。

在安装 U 管压差计或差压传感器时,应安装平衡阀和切断阀,如图 11-3 所示。一般在实验设备开始运转和停止运转之前,平衡阀应打开,避免因过大的压差而损坏压差测量仪表;但在测量时,平衡阀要关闭。切断阀要在检修压差测量仪表时关闭,在测量时要打开。

4.标绘 λ—Re 曲线

标绘 λ—Re 曲线,要选用双对数坐标系。因为 λ 和 Re 都变化了几个数量级,而且滞流

284

区的 λ — Re 关系在双对数坐标系中是直线。

使用对数坐标系要注意:①坐标轴是分度不均匀的对数坐标,其分度不能随便改动,一般乘以 $10^{\pm n}$ 来变化;②在对数坐标纸上,根据点的坐标 (x_1, y_1)、(x_2, y_2) 可求直线的斜率,即 $k = \dfrac{\lg y_2 - \lg y_1}{\lg x_2 - \lg x_1}$,而不能用 $\dfrac{y_2 - y_1}{x_2 - x_1}$ 来求。

5. 直管摩擦系数 λ 与雷诺数 Re 和相对粗糙度之间的关系及其变化规律

直管摩擦系数 λ 是雷诺数与管壁相对粗糙度的函数,即 $\lambda = f\left(Re, \dfrac{\varepsilon}{d}\right)$。当相对粗糙度相同时,用不同流体做出的 λ — Re 曲线是相同的。

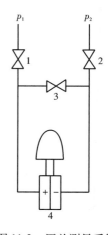

图 11-3　压差测量系统的安装示意图
1,2—切断阀　3—平衡阀
4—压差测量仪表

6. 设计实验流程

能够设计测定 λ — Re 曲线和局部阻力系数 ζ 的实验流程装置。

三、离心泵的操作和性能测定实验

1. 离心泵的构造及操作方法

为什么离心泵在启动前需要灌泵;在启动泵时,泵出口阀门应该关闭还是打开;离心泵吸入管路装底阀的作用等;离心泵流量调节阀安装位置等。

2. 离心泵特性曲线的测定方法

离心泵特性曲线是指 H—V、N—V 及 η—V 三条曲线。这三条曲线是依据下面的关系来测定的:

$$H = (Z_{出} - Z_{入}) + \frac{p_{出} - p_{入}}{\rho g} + \frac{u_{出}^2 - u_{入}^2}{2g}$$

泵的轴功率 N = 功率表的读数 × 电动机效率

$$N_e = \frac{HV\rho g}{1\,000} = \frac{HV\rho}{102}$$

$$\eta = \frac{N_e}{N}$$

从这几个式子可以看出:需要测量不同流量 V 对应的 $p_{出}$、$p_{入}$ 及功率表读数。

3. 管路特性曲线的测定方法

离心泵总是安装在一定的管路上工作的,泵所提供的压头与流量必然与管路所需的压头和流量一致。若将泵的特性曲线与管路特性曲线标绘在同一坐标图上,两曲线交点即为泵在该管路的工作点。

如同上述通过改变阀门开度来改变管路特性曲线一样,可以通过改变泵转速来改变泵的特性曲线。该过程也是离心泵的流量调节及工作点的移动过程。

具体测定时,固定阀门某一开度不变,改变泵的转速,测出各转速下的流量,记下压力表、真空表及功率表读数,算出泵的扬程,从而做出管路特性曲线。

4. 设计实验流程

能设计测定离心泵特性曲线和管路特性曲线的实验流程装置。

四、流量计性能实验

1. 常用流量计的构造、工作原理和主要特点

常用的流量计有节流式流量计、转子流量计、涡轮流量计等。

节流式流量计是利用流体流经节流装置时产生的压力差而实现流量测量的,因此节流式流量计又叫差压式流量计。它通常是由能将测流量转换成压差信号的节流元件和测量压差的差压计组成。常用的节流元件有:孔板、喷嘴、文丘里等。使用节流式流量计要注意流体必须为单相的,在节流装置前后必须充满管道整个截面,保证节流件前后的直管段足够长,节流件的安装方向符合要求等等。

转子流量计是另一种形式的流量测量仪表。它是恒压降、变节流面积的流量测量法,属于面积式流量计。使用转子流量计要注意安装必须垂直,且流体必须是从流量计的下方进入,上方出来;调节流量不能用电磁阀等速开阀门等。

涡轮流量计是在动量矩守恒原理的基础上设计的。涡轮叶片因流体流动冲击而旋转,旋转速度随流量的变化而改变。通过磁电转换器等装置将涡轮转速转换成脉冲信号,从而测出流量。因此涡轮流量计属于速度式流量计。使用涡轮流量计时,一般应加装过滤器,以保持被测介质的清洁、减小磨损,并防止涡轮被卡住;安装时,要保证变送器的前后有一定的直管段,使流向比较稳定;涡轮流量计一般要水平安装。涡轮流量计因其测量精度高,故可作为校验普通流量计的标准计量仪表。

2. 流量计的标定方法

常用的流量计大都按标准规范制造,出厂前厂家通过实验为用户提供流量曲线;或给出规定的流量计算公式用的流量系数;或将流量读数直接刻在显示仪表上。如果用户遗失出厂的流量曲线;或被测流体的密度与工厂标定所用流体不同;或流量计经长期使用而磨损;或使用自制的非标准流量计时,都必须对流量计进行标定。

标定流量计的方法有:容量法、称重法、标准流量计法。

本实验实质上是对节流式流量计进行标定,采用的标定方法是标准流量计法,即测定节流元件前后的压差及流过的流量,其中流量可用涡轮流量计作为标准流量计来确定。通过该标定实验,可以得到流量与压差(V—Δp)的关系及流量系数与雷诺数(C—Re)的关系。

3. 选择坐标系的方法

标绘流量与压差(V—Δp)的关系一般用双对数坐标系;标绘流量系数与雷诺数(C—Re)的关系用半对数坐标系。

4. 节流式流量计流量系数 C 随雷诺数 Re 的变化规律

在节流装置的形式、节流孔与管道截面积比、取压方式等一定的情况下,流量系数 C 仅随雷诺数 Re 而变;当雷诺数 Re 超过某个数值后,流量系数 C 接近常数。在雷诺数 Re、节流孔与管道截面积比、取压方式等相同的情况下,不同节流形式的流量计其流量系数 C 是不同的。

5. 流量的修正计算

流量计厂一般是用 20 ℃的水或常压、20 ℃的空气作为流量计的标定介质。当被测流体的密度 $\rho_实$ 与流量标定用的流体密度 $\rho_标$ 不同时,应对流量计厂给出的数值或从仪表上读出的流量值 $V_读$ 进行修正,才能得到实际流量 $V_实$。流体种类、工作温度、工作压力或流体组成都有可能造成密度不同。

修正方法：

节流式流量计　$V_{实} = V_{读} \sqrt{\dfrac{\rho_{标}}{\rho_{实}}}$

转子流量计　$V_{实} = V_{读} \sqrt{\dfrac{(\rho_{f} - \rho_{实})}{(\rho_{f} - \rho_{标})} \times \dfrac{\rho_{标}}{\rho_{实}}}$

6.设计实验流程

设计用容积法、称重法或标准流量计法标定节流式流量计的实验流程装置。

五、对流传热系数及其量纲为 1 数群关联式测定实验

1. 对流传热系数 α_i 和 α_o 的测定方法

作为教学实验，一般采用套管式换热器，让冷水或冷空气走管内，热水或饱和水蒸汽走管外，来测定管内对流传热系数 α_i。

α_i 可根据牛顿冷却定律来实验测定：

$$\alpha_i = \frac{Q}{(t_{wi} - t_m) S_i}$$

在此需要注意，式中的 Q 要根据冷流体得到的热量来计算传热速率，而不能用热流体放出的热量来求。即

$$Q = Q_{冷} = W_{冷} c_p (t_2 - t_1)$$

$$W_{冷} = \frac{V_{冷} \rho_i}{3\,600}$$

由此可见，只要测出冷流体入口、出口温度 t_1、t_2，内壁面平均温度 t_{wi} 及冷流体在套管内的体积流量 V_i，就可确定对流传热系数 α_i。

同理，管外对流传热系数 α_o 可根据下式测得

$$\alpha_o = \frac{Q}{(T_m - t_w) S_o}$$

2. 总传热系数 K 的测定方法

总传热系数 K 是依据总传热速率方程式来实验测定

$$K_o = \frac{Q}{\Delta t_m S_o}$$

$$\Delta t_m = \frac{(T_1 - t_2) - (T_2 - t_1)}{\ln \dfrac{T_1 - t_2}{T_2 - t_1}}$$

只要测出冷热流体的入口、出口温度 t_1、t_2、T_1、T_2 及冷流体在套管内的体积流量 V_i，就可确定总传热系数 K。

3. 对流传热系数量纲为 1 数群关联式的实验确定

冷流体在管内作强制湍流，量纲为 1 数群关联式的形式为

$$Nu_i = A\, Re_i^m\, Pr_i^n$$

根据 α_i 的测量数据，可以得到

$$Nu_i = \frac{\alpha_i d_i}{\lambda_i}$$

现在的任务就是如何根据这三个量纲为 1 数群的实验数据确定该关联式中的系数 A、m

和 n,最常用的方法就是线性回归分析法。

线性回归分析法就是利用最小二乘法原理,使选定的模型函数和实验数据之间偏差平方和最小,由此来确定模型函数中的系数。

对流传热系数量纲为 1 数群关联式是一个非线性模型,要先对其进行线性化处理,使其变换为线性方程,然后对该线性方程进行回归,即

$$\lg Nu_i = \lg A + m\lg Re_i + n\lg Pr_i$$

设 $y = \lg Nu_i, b_0 = \lg A, b_1 = m, x_1 = \lg Re_i, b_2 = n, x_2 = \lg Pr_i$,则上式变为

$$y = b_0 + b_1 x_1 + b_2 x_2$$

以 x_1、x_2 为自变量,以 y 为因变量,进行二元线性回归求得 b_0、b_1、b_2 后,即可求得 A、m 和 n。

4. 冷流体最小流量的确定

对流传热系数量纲为 1 数群关联式在使用时,要求 Re 大于 10 000,因此在实验前应确定出冷流体的最小流量,以保证 Re 大于 10 000。

5. 总传热系数 K 和对流传热系数 α_i、α_o 的关系

在 $\alpha_i \ll \alpha_o$ 的情况下,$\alpha_i \approx K$;当 $\alpha_o \ll \alpha_i$ 时,$\alpha_o \approx K$。如果空气走管内,饱和水蒸气走管外,则 $\alpha_i \approx K$。此时用 K 值代替待测的 α_i 值,误差不太大,又可避免测量壁温的麻烦。

增大总传热系数,可以提高换热器的传热效率。要提高 K 值,就必须减小各项热阻。但因各项热阻所占比例不同,故应设法减小对 K 值影响较大的热阻。本实验所用的换热器内管是紫铜做的,换热介质是水蒸气和空气,因此管壁热阻、污垢热阻及水蒸气的对流传热热阻都比较小,主要的热阻集中在空气的对流传热热阻上。因而要提高 K 值,就要设法提高空气的对流传热系数。

6. 温度测量方法

在化工生产和科研中,使用比较多的测温仪表是热电偶温度计和热电阻温度计。

热电偶温度计:由热电偶(感温元件)、测量仪表(毫伏计或电位差计)、连接热电偶和测量仪表的导线(补偿导线及铜导线)三部分组成,其测温原理是根据热电效应来测温的。

热电效应:不同材质导线 A 和 B 连接的闭合回路,两接点温度如果不同,回路内就会产生热电势,这种现象为热电效应。这两种不同导体的组合就称为热电偶,每根单独的导体 A 和 B 称为热电极。两个接点中,一个接点称为测量端或热端,用 t 表示;另一个接点称为参比端或冷端,用 t_0 表示。当热电偶材质 A 和 B 和冷端温度 t_0 一定时,整个回路中的热电势只是热端温度 t 的单值函数。这也是利用热电偶测温的基本依据。

在热电偶测温时,要注意区别第三导线(铜导线)和补偿导线。第三导线是连接热电偶和测量热电势变化的仪表之间的导线;补偿导线是用来延伸冷端到温度恒定处,其在 0 ~ 100 ℃ 范围内,与所连接的热电极具有相同的热电性能,是价格比较低廉的金属,是成对出现的。

热电阻温度计:由热电阻(感温元件)、显示仪表、连接导线三部分组成。其测温原理是利用导体或半导体的电阻值随温度变化而变化的特性进行温度测量的。热电阻温度计适用于测量 −200 ~ 500 ℃ 范围内的温度。工业上常用的热电阻为铂电阻 Pt100 和铜电阻 Cu50。

本实验的冷流体进、出口温度采用 Pt100 温度计测量;壁温采用铜—康铜热电偶来测量,并且采用多对热电偶并联来测取平均值。

7. 实验流程设计

设计测定对流传热系数及其量纲为 1 数群关联式的实验流程装置。

六、恒压过滤常数测定实验

1. 恒压过滤常数 K、$q_e(V_e)$ 的测定方法

过滤是以某种多孔物质作为介质来处理悬浮液的操作。在外力作用下,含有固体颗粒的悬浮液的液体通过介质而固体颗粒被截留在介质表面上,从而使液固两相分离。因此,在过滤过程中,由于固体颗粒不断地被截留在介质表面上,滤饼厚度增加,液体流过固体颗粒之间的孔道加长,而使流体阻力增加,故恒压过滤时,过滤速率逐渐下降。随着过滤的进行,若得到相同的滤液量,则过滤时间增加。

恒压过滤常数 K、q_e 就是通过恒压过滤方程确定的。

$$q^2 + 2qq_e = K\theta$$

$$\frac{\mathrm{d}\theta}{\mathrm{d}q} = \frac{2}{K}q + \frac{2}{K}q_e$$

在一定过滤面积 A 上对待测悬浮液进行过滤实验,测得与一系列时刻 θ_i 对应的累计滤液量 V_i,由此算出一系列的 q_i,$\Delta\theta$,Δq_i。在直角坐标系中标绘 $\dfrac{\Delta\theta}{\Delta q}$—$q$ 间的函数关系,得一直线。由直线斜率和截距的值便可求出 K、q_e。或者用线性回归的方法求出 K、q_e。

2. 滤饼的压缩性指数 s 和物料常数 k 的测定方法

$$K = 2k\Delta p^{1-s}$$

$$\lg K = (1-s)\lg\Delta p + \lg(2k)$$

改变实验所用的过滤压差,以测得不同压力差下的过滤常数 K 值。因 $k = \dfrac{1}{\mu r'\nu} = $ 常数,故 K 与 Δp 的关系在对数坐标系中标绘时应是一条直线,直线的斜率为 $1-s$,直线的截距为 $2k$,由此可得滤饼的压缩性指数 s 和 k。

3. $\dfrac{\Delta\theta}{\Delta q}$—$q$ 关系的实验确定方法

在普通坐标纸上以 $\dfrac{\Delta\theta}{\Delta q}$ 为纵轴,q 为横轴,标绘 $\dfrac{\Delta\theta}{\Delta q}$—$q$ 时,要标绘成阶梯形图形,再经各阶梯水平线段中点作直线。这是确定这类关系需要注意的一个问题。

4. K、$q_e(V_e)$ 的概念和影响因素的理解

恒压过滤方程中的 K 是由物料特性 k 及过滤压力差 Δp 所决定的常数,称为过滤常数,其单位为 $\mathrm{m^2/s}$;q_e 是反映过滤介质阻力大小的常数,均称为介质常数,单位为 $\mathrm{m^3/m^2}$;这二者总称为过滤常数。影响过滤常数和过滤速度的主要因素为操作压力差、滤浆浓度、滤浆温度和过滤介质。

5. 测定恒压过滤常数的实验装置

目前有三种常用的测定装置,分别是真空吸滤装置、小型板框式压滤机、转筒真空过滤机。板框压滤机和转筒真空过滤机的操作非常接近小规模工业生产,但投资费用较高,占地面积较大。

6. 设计实验流程

设计测定恒压过滤常数 K、$V_e(q_e)$、压缩性指数 s 和物料常数 k 的实验流程装置(利用

真空吸滤装置或板框压滤机)。

七、精馏塔实验

板式塔是使用量大、应用范围广的重要气液传质设备,评价塔板好坏一般根据处理量、板效率、阻力降、弹性和结构等因素。板式塔可用于吸收,也可用于精馏。本精馏实验采用的是筛板塔。

1. 精馏装置的流程、结构特点及操作方法

精馏装置系统一般都应由精馏塔、塔顶冷凝器、塔底再沸器等相关设备组成,有时还需配原料预热器、产品冷却器、回流用泵等辅助设备。有时在塔底安装蛇管来代替再沸器。

精馏塔在开工时,务必先向冷凝器中通冷却水,然后再对再沸器加热;停车时,则先停止再沸器的加热再停止向冷凝器通冷却水。精馏塔开车时,通常先采用全回流操作,待塔内情况基本稳定后,再开始逐渐增大进料流量,逐渐减小回流比,同时逐渐增大塔顶塔底产品流量。

2. 识别板式塔内出现的几种操作状态

板式塔在操作过程中,可能出现的五种流体流动现象,即漏液、正常、严重雾沫夹带、液泛、严重气泡夹带。

这五种现象可以用冷模塔定量测出,并得到塔板负荷性能图。

3. 精馏塔操作的稳定性问题

精馏塔稳定操作的前提是塔板上的操作状态属于正常操作状态。

与所有的传质过程一样,精馏操作中的传质过程是否稳定还与流体流动过程是否稳定有关。因为精馏操作中有热交换和相变化,所以传质过程是否稳定还与塔内传热过程是否稳定有关。因此精馏塔稳定操作的必要条件是:进出系统的物料量要稳定;回流比要稳定;再沸器的加热蒸汽压或加热电压稳定,维持塔顶冷凝器的冷却水流量及温度稳定;进料的热状态稳定。

判断精馏操作是否已经稳定,通常是先看上面条件是否满足,然后观测塔顶温度或灵敏板的温度是否稳定。

4. 精馏塔性能参数的测量方法及其影响因素

板效率是反映塔板及操作好坏的重要指标,表示板效率的方法常用的有两种:

(1)总板效率 E_T　又称全塔效率,是指达到指定分离效果所需理论板层数 N_T 与实际板层数 N_P 的比值,即

$$E_T = \frac{N_T}{N_P} \times 100\%$$

对于二元物系,如已知其汽液平衡数据,则根据精馏塔的原料液组成、进料热状况、操作回流比及塔顶馏出液组成、塔底釜液组成可以求出该塔的理论板数 N_T。按照上式可以得到总板效率 E_T。

(2)单板效率 E_M　又称默弗里效率,是以气相或液相经过一层实际板的组成变化值与经过一层理论板的组成变化值之比表示。

对于第 n 层(从上往下数)板而言,按气相组成变化表示的单板效率为

按液相组成变化表示的单板效率为

$$E_{\text{ML},n} = \frac{x_{n-1} - x_n}{x_{n-1} - x_n^*}$$

总板效率的数值在设计中应用得很广泛,它常由实验测定。单板效率是评价塔板好坏的重要数据,往往对不同塔板形式,在实验时保持相同的体系和操作条件下,对比它们的单板效率就可以确定其优劣,因此在科研中常常运用。

5. 操作条件的变化对精馏塔性能的影响

在其他操作条件相同时,回流比改变,塔顶温度、塔顶组成、釜残液组成的变化规律;在回流比等操作条件相同时,塔釜上升蒸气量增加,塔顶组成、釜残液组成如何变化,塔效率如何变化;进料组成和进料热状况改变时,塔顶组成、釜残液组成的变化规律。

6. 间歇精馏的特点及操作方式

在保证塔顶馏出液组成不低于给定值的条件下,回流比随时间的变化过程;固定回流比情况下,塔顶温度随时间的变化情况。

7. 设计实验流程

设计测定板式塔负荷性能图等流体力学特性及精馏传质性能的实验流程装置。

八、填料吸收塔实验

填料塔是一种重要的气液传质设备。填料为填料塔的最主要构件,到目前为止,工业上使用的填料已有数十种。塔中两相传质的好坏主要由填料性能以及气、液两相流量所决定。填料塔可用于吸收操作,也可用于精馏操作。本吸收实验采用的是填料塔。

1. 填料吸收塔的流程结构特点

(1)气体流量的调节 为了克服填料塔的阻力,输送气体多采用终压较大的罗茨鼓风机或旋涡气泵。因此调节气体流量时采用旁路调节。

(2)π型管的作用 气体须经过一高于吸收塔填料层顶端的π型管进入塔内,目的是为了避免因操作失误而发生液体流入风机的情况。

(3)液封管 塔底吸收液排出管路有一个液封管,目的是防止气体短路;该液封管不能太细太长,以免影响吸收液的正常流动。

(4)填料支撑板 塔底填料支撑板的自由截面积要大于填料层的自由截面积。

2. 填料吸收塔流体力学性能的测定方法

气、液两相在填料塔内逆流接触,随着气、液流量的变化,塔内流动状态也随之变化。当液体喷淋量一定时,气体流速增加,填料塔内持液量增加,填料塔内液膜急剧增厚,压力降急剧增加,当气速增大至某一值时,塔内某一填料段面开始拦液,此种现象称为拦液现象,开始发生拦液现象时的空塔速度称为载点气速。如果气速继续增大,则填料层内持液量不断增加以至于最终液体充满全塔,此种现象称为液泛。此时的空塔气速称为液泛速度。正常操作的空塔速度应为液泛速度的50%~80%。

根据实验确定泛点气速的方法有两种:一种是从小到大逐渐改变气相流量进行实验,随时观察塔内的操作状态,读取液泛现象出现时的气体流量。另一种是测定一定喷淋量下填料层的压强降 Δp 与空塔气速 u 之间的关系,将其标绘在双对数坐标纸上,从图中的转折点确定载点气速和泛点气速。

3. 填料吸收塔传质性能的测定方法

填料吸收塔传质性能可用传质单元数 N_{OG}、传质单元高度 H_{OG}、体积吸收总系数 K_Ya 和回收率 φ_A 表示。这些量可依下列公式进行计算。

$$N_{OG} = \frac{Y_1 - Y_2}{\Delta Y_m}$$

$$\varphi_A = \frac{Y_1 - Y_2}{Y_1}$$

$$H_{OG} = \frac{Z}{N_{OG}}$$

$$K_Ya = \frac{V}{H_{OG} \cdot \Omega}$$

在实验中,固定液相流量和入塔混合气氨的浓度及流量,测定尾气中氨的含量、塔底吸收液中氨的含量、液相温度等,即可得到传质能力和传质效率。

4. 操作条件等变化对填料塔性能的影响

在塔径、填料种类及填料层高度固定的情况下,操作条件如入塔气体流量或喷淋量的变化对流体力学性能的影响,可以从不同喷淋量下的单位高度填料层的压强降 $\Delta P/Z$ 与空塔气速 u 的关系看出;对传质性能的影响,须根据吸收过程是气膜控制还是液膜控制或是两者都占相当比例来决定。用水吸收氨属于易溶气体的吸收,主要传质阻力在气膜中。当液体喷淋量一定时,气体流量的增加,传质单元高度 H_{OG} 和体积吸收总系数 K_Ya 增大,传质单元数 N_{OG} 和回收率 φ_A 降低。

5. 设计实验流程

设计测定填料塔流体力学性能和吸收传质性能的实验流程装置。

九、干燥速率曲线测定实验

1. 干燥曲线和干燥速率曲线的测定方法

根据空气状态的变化情况可以将干燥过程分为:恒定干燥操作和变动干燥操作两大类。本实验采用大量的空气对少量物料进行间歇干燥,因空气是大量的,且物料中汽化出的水分很少,故认为空气温度、湿度等不变,可认为是在恒定的干燥条件下进行的。

$$U = \frac{dW'}{Sd\tau} \approx \frac{\Delta W'}{S\Delta\tau}$$

$$X = \frac{G - G_c}{G_c}$$

干燥曲线和干燥速率曲线的测定是依据上面的式子进行的,从固体物料质量为 G 时的时刻开始,连续记录每减轻 $\Delta W'(g)$ 固体物料质量所经历的时间 $\Delta\tau$;或者连续记录每隔 $\Delta\tau$ 所减轻的固体物料质量 $\Delta W'(g)$。

2. 干燥速率曲线的特征

干燥速率曲线明显地分为两个阶段:恒速干燥阶段(干燥速率基本不随物料含水量而变)和降速干燥阶段(干燥速率随物料含水量的减小而降低)。两个阶段的交点称为临界点,对应的含水量称为临界含水量。恒速段的干燥速率和临界含水量是干燥过程研究和干燥器设计的重要数据。

在恒速干燥阶段,干燥速率为物料表面上水分的气化速率所控制,取决于物料外部的干燥条件;在降速干燥阶段,干燥速率为水分在物料内部的传递速率所控制,取决于物料本身结构、形状和尺寸等。

3. 物料临界含水量 X_c 的影响因素

临界含水量的影响因素主要有:固体物料的种类和性质;固体物料层的厚度或颗粒大小;空气的温度、湿度和流速;空气与固体物料间的相对运动方式。

4. 物料与空气之间对流传热系数 α 的测定方法

在恒速干燥阶段,空气传给湿物料的显热等于水分汽化所需的汽化热,整理得下式:

$$U_c = \frac{dW'}{Sd\tau} = \frac{dQ'}{r_{t_w}Sd\tau} = \frac{\alpha(t - t_w)}{r_{t_w}}$$

$$\alpha = \frac{U_c \cdot r_{t_w}}{t - t_w}$$

只要测出恒速段的干燥速率 U_c 及空气干球温度 t 和湿球温度 t_w,就可得到 α。

5. 设计实验流程

测定干燥速率曲线的实验装置流程。

学生自测

一、填空

1. 用一个精确度等级为 1.5 级,量程为 $100 \sim 1\,000$ L/h 的转子流量计来测量水的流量时,流量读数为 $V = 300$ L/h,则该测量值的绝对误差为_____,相对误差为_____。

2. 用 U 管压差计测定水流过等直径水平管段压力差 $(p_A - p_B)$,若将此水平管改为水自下而上流动的垂直管,则水平管的压力差 $(p_A - p_B)$_____垂直管的压力差 $(p_A - p_B)$。水平管的 U 管压差计的读数 (R)_____垂直管的 U 管压差计的读数 (R)。

3. 在离心泵性能测定实验中,水的流量由小变大时,泵入口处的真空度_____,泵出口处的压强_____。

4. 用角接取压法安装的孔板流量计,当 A_0/A_1(即孔口面积与管子截面积之比)一定,在管内雷诺数 Re 超过某一临界值 Re_c 后,随 Re 增加,孔流系数 C_0_____。

5. 在过滤实验中,滤浆温度升高时,恒压过滤常数 K_____。

6. 在传热实验中,固定其他条件,只提高传热管内冷流体的流量,则冷流体的出口温度值_____;管内的对流传热系数 α_i_____;总传热系数 K_____。

7. 在测定板式塔总板效率的精馏塔实验中,在部分回流下,操作一段时间后,判断读取数据和取样分析的时机是否已经成熟,主要看:_____。

8. 氨吸收实验操作中,当液体喷淋量、填料层高度及混合气中氨浓度一定时,随气体处理量增加,体积吸收系数_____;氨的回收率应_____。

9. 干燥实验中测定干燥速率曲线的实际意义是_____。

二、选择

1. 为判断回归分析法求取的回归式是否可信,进行显著性检验时,需求几个平方和之值,其中测量值 y_i 与平均值 $\bar{y}$ 之差的平方和称为_____。

A. 离差平方和　　　B. 回归平方和　　　C. 剩余平方和

2. 在不同条件下测定直管湍流和完全湍流区的 λ—Re 关系数据,必须在_____时,数据点才会落在同一条曲线上。

A. 实验物料的物性 ρ、μ 完全相同　　　　B. 管壁相对粗糙度相等

C. 管子的直径、长度分别相等

3. 用转子流量计测定常压下空气的流量,若流量计的读数为 30.0 m³/h,流量计处空气的温度为 40 ℃,则通过该流量计的空气实际体积流量为_____ m³/h。

A. 32.05　　　　　B. 30.0　　　　　C. 31.0　　　　　D. 34.4

4. 各种型号的离心泵特性曲线_____。

A. 完全相同　　　　　　　　　B. 完全不同

C. 有的相同,有的不同　　　　　D. 图形基本相似

5. 对流传热系数测定实验中,将水—水换热器和水蒸气—空气换热器的两组实验数据合并,回归求经验式 $Nu = A\,Re^m\,Pr^n$ 的常系数 A、m、n 值,其主要目的是为了_____。

A. 有较多实验数据　　　　　　B. 两组合用一台计算机

C. 增大自变量数值的变化范围

D. 使回归结果同时适用于无相变和有相变两种情况

6. 在恒压过滤中,随着过滤的进行,过滤速率_____;若得到相同的滤液量,过滤时间_____。

A. 恒定　　　　　B. 下降　　　　　C. 增加　　　　　D. 缩短

7. 精馏塔实验中,在保证正常操作状态下,塔釜加热量增加,塔顶温度_____。

A. 增加　　　　　B. 减小　　　　　C. 不变

8. 在吸收塔实验中,氨—空气混合气须经过一根 π 型管进入塔内,设置这根 π 型管的目的是_____。

A. 避免液体倒流进入风机

B. 使操作系统在改变操作条件后能较快地达到稳定

C. 以上两种说法都不对

9. 在干燥实验中,随着空气流量的提高,恒定干燥速率_____,临界含水量_____。

A. 增大　　　　　B. 减小　　　　　C. 不变

三、实验流程设计

1. 1 题附图是一个离心泵性能测定实验装置图,试指出该装置的错误,并画出正确的流程示意图。

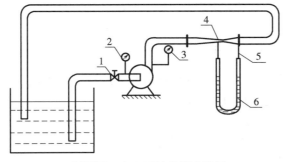

1 题附图　离心泵性能测定装置

1—流量调节阀　2—压强表　3—真空表　4—文丘里流量计　5—测压导管　6—U 管压差计

2. 按 2 题附图给出的设备和测试仪表示意图,画出用热水—水换热的套管换热器测定

对流传热系数 α_i 的实验流程示意图,用箭头指出冷热流体的流向,画出各测试仪表的位置、接线,并用"△"标出测试点,不必用文字说明。

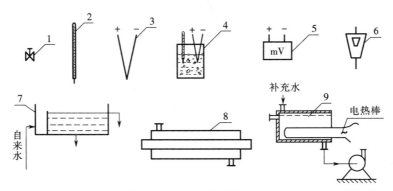

2 题附图　测试用的仪器仪表示意图

1—流量调节阀　2—玻璃温度计　3—铜—康铜热电偶三对(并联,测平均值)　4—冰水桶
5—毫伏计一台(已有标定曲线 mV—℃)　6—转子流量计　7—高位槽系统(冷水)
8—尺寸符合要求、已保温的套管换热器　9—电加热热水循环系统(热水走换热器环隙,80 ℃以下)

3.3 题附图是用水吸收空气中氨气的填料吸收塔实验的部分流程示意图,试指出此流程设计中的错误和缺点,并画出正确的流程示意图。

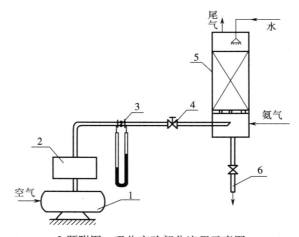

3 题附图　吸收实验部分流程示意图

1—罗茨鼓风机　2—缓冲罐　3—孔板流量计　4—空气流量调节阀　5—填料塔　6—吸收液排出管

4. 有一板式精馏塔实验装置,所用实验物系为乙醇 – 水溶液(其平衡关系已知),现要测定全回流情况下塔板的单板效率,请回答下列问题:

(1)指出测取哪几块板的单板效率比较好,为什么?

(2)以第 n 块板为例(其局部示意图如附图所示),说明需要测取哪些参数,并在图中标出较适宜的取样口位置;

(3)写出计算单板效率(按液相组成表示)的思路。

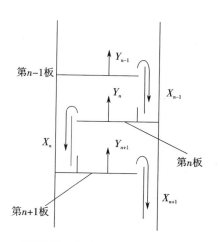

4 题附图 板式精馏塔局部示意图

5. 设计一个实验流程,能够测定套管换热器的总传热系数,采用的传热介质是水蒸气 – 空气,换热器内管的内外径及有效长度已知,要求:

(1)写出需要测取的参数,以及如何得到总传热系数 K_o?

(2)画出流程示意图。

6. 现要测量某二元混合物在筛板塔中精馏时的全塔效率,其操作回流比已确定,该混合物系的汽液平衡关系已知,需要测量哪些参数? 如何确定全塔效率?

化工原理及实验（或化工传递）考试大纲

一、考试的总体要求

要求考生全面掌握、理解、灵活运用教学大纲规定的基本内容。考生应具有熟练的运算能力、分析问题和解决问题的能力。答题务必书写清晰，过程必须详细，应注明物理量的符号和单位。不在试卷上答题。

二、考试的内容及比例

（一）【化工原理课程考试内容及比例】（125分）

1. 流体流动

流体静力学基本方程；流体的流动现象（流体的黏性及黏度的概念、边界层的概念）；流体在管内的流动原理（连续性方程、伯努利方程及应用）；流体在管内的流动阻力（量纲分析、管内流动阻力的计算）；管路计算（简单管路、并联管路、分支管路）；流量测量（皮托管、孔板流量计、文丘里流量计、转子流量计）。

2. 流体输送机械

离心泵（结构及工作原理、性能描述、选择、安装、操作及流量调节）；其他化工用泵；气体输送和压缩设备（以离心通风机为主）。

3. 非均相物系的分离

重力沉降（基本概念及重力沉降设备——降尘室）；离心沉降（基本概念及离心沉降设备——旋风分离器）；过滤（基本概念、过滤基本方程、恒压过滤的计算、过滤设备）。

4. 传热

传热概述；热传导；对流传热分析及对流传热系数关联式（包括蒸汽冷凝及沸腾传热）；传热过程分析及传热计算（热量衡算、传热速率计算、总传热系数计算）；辐射传热的基本概念；换热器（分类，列管式换热器类型、计算及设计问题）。

5. 蒸馏

两组分溶液的汽液平衡；精馏原理和流程；两组分连续精馏的计算。

6. 吸收

气液相平衡；传质机理与吸收速率；吸收塔的计算。

7. 蒸馏和吸收塔设备

塔板类型；板式塔的流体力学及传质性能；填料的类型；填料塔的流体力学性能。

8. 液—液萃取

三元体系的液—液萃取相平衡与萃取操作原理；单级萃取过程的计算；萃取操作流程和

设备。

9. 干燥

湿空气的性质及湿度图;干燥过程的基本概念,干燥过程的计算(物料衡算、热量衡算);干燥过程中的平衡关系与速率关系;干燥器。

(二)【化工原理实验考试内容及比例】(25分)

1. 考试内容涉及以下几个实验

单相流动阻力实验;离心泵的操作和性能测定实验;流量计性能测定实验;恒压过滤常数的测定实验;对流传热系数及其量纲为1数群关联式常数的测定实验;精馏塔实验;吸收塔实验;萃取塔实验;洞道干燥速率曲线测定实验。

2. 每个实验的考试内容涉及以下几个方面

实验目的和内容;实验原理;实验流程及装置;实验方法;实验数据处理方法;实验结果分析等。

(三)【化工传递考试内容及比例】(25分)

1. 微分衡算方程的推导与简化

连续性方程(单组分)的推导与简化;传热微分方程的推导与简化;传质微分方程的推导与简化。

2. 微分衡算方程的应用

能够采用微分衡算方程,对简单的一维稳态流体流动问题、导热问题及分子传质问题进行求解。

注:(二)和(三)部分为并列关系,考生可根据情况选择之一进行解答。

三、试卷的题型及比例

化工原理课程部分的题型包括概念题及应用题。概念题分为填空题和选择题两类,概念题约占25%;应用题包括计算题及过程分析题,一般5~6题,约占60%。化工原理实验部分的题型为填空题、选择题及实验设计题;化工传递部分的题型为推导(或推导与计算相结合)题。化工原理实验(或化工传递)部分约占15%。

四、考试形式及时间

考试形式均为笔试。考试时间为三小时(满分150)。

五、主要参考教材(参考书目)

1. 夏清,贾绍义. 化工原理(上、下册). 第2版. 天津:天津大学出版社,2012.

2. 张金利,等. 化工原理实验. 第2版. 天津:天津大学出版社,2016.

3. 柴诚敬,等. 化工流体流动与传热. 第2版. 北京:化学工业出版社,2007.

4. 贾绍义,等. 化工传质与分离过程. 第2版. 北京:化学工业出版社,2007.

5. 柴诚敬,等. 化工原理复习指导. 天津:天津大学出版社,2019.

6. 郭翠梨,等. 化工原理实验,北京:高等教育出版社,2013.

天津大学研究生院招收硕士研究生《化工原理及实验（或化工传递）》入学试题

2010 年

第一部分　化工单元操作（共 125 分）

（本部分考题为所有考生必答题）

一、基本题（单项选择与填空，共 45 分）

1. 在一定温度下，测得某液体的黏度为 1.0 cP，其可折合为_____ Pa·s。（2 分）

2. 某二维流场的速度分布方程可表示为：$u_x = -ax - b\theta^2$，$u_y = ax + ay$（其中 a、b 为常数，θ 为时间）。若该流动为稳态（定态、定常）流动，则 b 的数值为_____。（2 分）

3. 用离心泵输送某液体，当离心泵出口调节阀开度关小时，管路系统的总压头损失将增加，离心泵的轴功率将（　　）。（2 分）

A. 增加　　　　　　　　　　　　B. 减小

C. 不变　　　　　　　　　　　　D. 可能增加，也可能减小

4. 在工程设计中，水及低黏度液体在管内的流速一般可在（　　）m/s 范围内选择。（2 分）

A. 0.5～1.0　　　　B. 1.0～3.0　　　　C. 10～20　　　　D. 40 以上

5. 用转子流量计测量流量，流量计应（　　）。（2 分）

A. 竖直安装，流向自下而上　　　　　B. 竖直安装，流向自上而下

C. 水平安装，流向以方便操作为准　　D. 竖直水平安装均可，视现场情况而定

6. 在流体输送设计中，经计算某离心泵的允许安装高度为 10.0 m，为安全起见，实际安装高度一般不应超过_____ m。（2 分）

7. 离心通风机的风量是指（　　）。（2 分）

A. 单位时间内从风机出口排出的以出口状态计的气体体积

B. 单位时间内从风机出口排出的以进口状态计的气体体积

C. 单位时间内从风机出口排出的以标准状态计的气体体积

D. 单位时间内从风机出口排出的气体质量

8. 一般地，在旋风分离器、旋液分离器和离心机中，离心分离因数较高的是_____。（2 分）

9. 对于多层平壁一维稳态导热，各层内的温度梯度随其导热系数（热导率）的增加而_____。（2 分）

10. 一般地，金属材料的导热系数随温度的升高而_____。（2 分）

11. 在 B、S 部分互溶的溶液中加入溶质 A，则 B、S 的互溶度将（　　）。（2 分）

A. 增大　　　　B. 减小　　　　C. 不变　　　　D. 无法确定

12. 某二元理想溶液的连续精馏过程，塔顶采用全凝器，塔釜直接蒸汽加热，用 M—T 法

图解得到的理论板数为 10,若操作条件下全塔效率为 50%,则塔内应安装_____块塔板。(2分)

13. 在吸收塔内用 1 mol/L 的 NaOH 溶液吸收空气中的 CO_2,该过程属于_____膜控制。(2分)

14. 用纯溶剂 S 萃取分离 A、B 混合物,已知 B、S 不互溶,操作条件下平衡关系为 $Y = 1.5X$(Y、X 均为质量比),若要求萃余相中溶质含量为原料中溶质含量的 4%,则操作中单位质量稀释剂 B 中溶剂 S 的消耗量为_____。(2分)

15. 在填料塔计算中,等板高度的含义为_____。(2分)

16. 现在需要设计一板式塔完成给定的精馏任务,请给出三种由于设计时考虑不周,而使精馏塔发生液泛的情况:_____、_____、_____。(6分)

17. 两种物料:A 为烟叶,B 为陶土,现将两种物料用相同的干燥器,在相同的条件下进行干燥,则在恒速干燥阶段干燥速率 U_A( )U_B。(2分)

A. 大于　　　　　　　B. 小于　　　　　　　C. 等于　　　　　　　D. 无法确定

18. 已知湿空气的如下两个参数,可以利用 $H—I$ 图查出其他参数的是( )。(2分)

A. 湿度和水汽分压　　　　　　　B. 干球温度和湿球温度

C. 露点和水汽分压　　　　　　　D. 焓和湿球温度

19. 气体通过一层塔板的压降包括_____、_____和_____三部分。(3分)

20. 在吸收系数的关联式中,能反映流体物性对吸收系数影响的数群是( )。(2分)

A. Sh　　　　　　　B. Ga　　　　　　　C. Sc　　　　　　　D. Gr

二、流体输送(共 20 分)

如附图 a 所示,高位槽中的某液体经一管路系统流入低位槽中,当球阀 C 全开时,液体的流量为 30 m^3/h,此时 U 管压差计的读数为 50.0 mm。现要将低位槽中的液体输送至高位槽,采用的措施是在原管路中安装一台离心泵,如附图 b 所示,已知离心泵的特性方程为 $H = 20 - 2.0 \times 10^5 Q^2$(式中 H 的单位为 m,Q 的单位为 m^3/s)。假设管内流体均在阻力平方区流动,离心泵的安装不影响原管路的阻力特性,试求:

(1)离心泵的最大输送流量(m^3/h);(10分)

(2)最大输送流量时,管路系统的总压头损失(m);(5分)

(3)最大输送流量时,U 管压差计的读数 R(mm)。(5分)

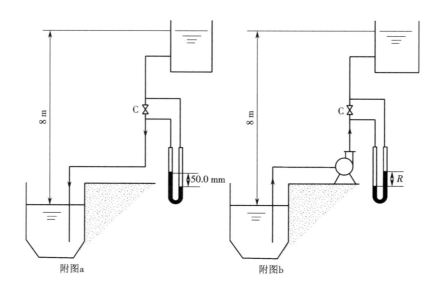

附图a　　　　　　　　附图b

三、非均相物系的分离(共 6 分)

用板框过滤机恒压过滤某悬浮液,过滤 50 min 后达到过滤终点(滤饼刚好充满滤框),所得滤液为 15 m³。假设其他条件不变,现仅将滤框厚度增加一倍,试求:

(1)达过滤终点时所得滤液体积(m³);(2 分)

(2)达过滤终点时所需过滤时间(min)。(4 分)

(忽略滤布阻力,假设滤饼不可压缩。)

四、传热(共 16 分)

饱和温度为 80 ℃的苯蒸气,在一单程立式列管冷凝器的壳程被冷凝成液体后,再进一步冷却至某一温度。苯的流量为 0.5 kg/s;苯蒸气冷凝的对流传热系数为 1 500 W/(m²·℃),汽化潜热为 394 kJ/kg;液体苯冷却的对流传热系数为 1 000 W/(m²·℃),平均定压比热容为 1.8 kJ/(kg·℃)。管程流体为逆流流动的冷却水,流量为 5.6 kg/s,由 20 ℃被加热至 30 ℃,对流传热系数为 2 372 W/(m²·℃),平均定压比热容为 4.18 kJ/(kg·℃)。试求:

(1)液体苯的出口温度(℃);(6 分)

(2)换热器的传热面积 S_o(m²)。(10 分)

(忽略换热器的热损失;换热管壁很薄;不考虑管壁热阻及污垢热阻。)

五、精馏(共 16 分)

在连续精馏塔内分离某二元理想溶液,已知进料组成为 0.6(易挥发组分摩尔分数,下同),操作条件下物系的平均相对挥发度为 2.0。塔顶采用分凝器和全凝器,塔顶上升蒸气经分凝器部分冷凝后,凝液在饱和温度下返回塔内作为回流液,未冷凝的气相再经全凝器冷凝,作为塔顶馏出产品。现场测得一些数据如下:

塔顶馏出产品组成为 0.96;　　　　　　釜残液组成为 0.06;

精馏段气相负荷与提馏段相等;　　　　精馏段液相负荷比提馏段小 50 kmol/h;

离开第一块理论板的液相组成为 0.878。

试根据以上数据:

（1）计算最小回流比 $R_{\min}$、回流比 R 和塔顶易挥发组分的回收率 η_D；（9 分）

（2）绘出塔顶部分的流程示意图（包括分凝器和全凝器），要求标出第一块理论板、分凝器和全凝器的进、出各流股的组成，并在 $x—y$ 图上示意表示出以上各流股。（7 分）

六、吸收（共 12 分）

用清水在一逆流操作的填料塔内吸收某尾气中的有害成分 A，塔内填料层有效高度为 10 m，正常操作时测得：入塔气中 A 的组成为 0.04（摩尔比，下同）、尾气中 A 的组成为 0.004、出塔液相中 A 的组成为 0.015。若操作条件下的气液平衡关系为 $Y = 1.8X$（X、Y 均为摩尔比），试求：

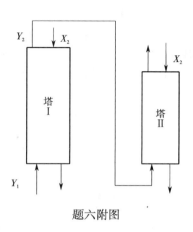

题六附图

（1）该工况下气相总传质单元高度 H_{OG}、吸收剂用量与其最小用量之比；（6 分）

（2）现因尾气中有害成分 A 的排放未达标，需要改造现有设备，计划在原塔 I 旁新增一座塔 II，其流程如附图所示。塔 II 直径和所用填料与塔 I 相同，吸收剂清水用量也与塔 I 相同，若尾气排放标准为：A 的组成不大于 0.001（摩尔比），试计算：为使尾气排放达标，塔 II 的填料层有效高度、出塔液相浓度、吸收剂用量与其最小用量之比。（6 分）

七、干燥（共 10 分）

以空气为干燥介质干燥某种湿物料，进预热器前，湿空气流量为 2 100 kg/h、温度为 30 ℃、湿度为 0.012 kg 水/kg 绝干气。空气在预热器中预热后进入干燥器，空气出干燥器的温度为 55 ℃。湿物料的处理量为 400 kg 绝干料/h，含水量由 0.1 被干燥至 0.005（均为干基含水量）。

（1）若干燥过程可视为等焓干燥过程，求空气离开干燥器的湿度、空气进干燥器的温度和预热器的热负荷；（7 分）

（2）由于物料的热敏性，要求进入干燥器空气的温度最高不能超过 90 ℃，为维持物料原有的干燥程度（即固体物料进出干燥器的状态不变），同时保持空气出干燥器的状态不变，采用给干燥器补充热量的方法，试计算需要给干燥器补充多少热量。（忽略干燥器的热损失。）（3 分）

第二部分　化工原理实验（共 25 分）

（本部分考题为专业学位考生必答题；学术型考生可选择解答）

八、化工原理实验（共 25 分）

1. 填空题（共 25 分）

（1）在离心泵实验中，要测定泵的性能曲线和管路特性曲线，需要安装_____仪表。（3 分）

（2）在标绘阻力系数 $\lambda—Re$ 曲线时应选用_____坐标系，标绘节流式流量计流量系数 $C—Re$ 关系曲线时应选用_____坐标系，标绘离心泵特性曲线应选用_____坐标系。（3 分）

（3）在填料塔中用水吸收空气中的氨气，当液体流量和入塔气体的浓度不变时，增大混合气体的流量,此时仍能进行正常操作,则总体积吸收系数 $K_Y a$ _____,气相总传质单元高度 H_{OG} _____,塔底吸收液中氨含量 _____。(3 分)

(4)在传热实验中,实验设备为套管换热器,冷流体走管内,热流体走管间,要测定冷流体的对流传热系数 α_c,除了换热器的管长和管径,还需要测定 _____,测定的对流传热系数 $\alpha_c =$ _____,其中热负荷 $Q =$ _____。(4 分)

(5)在恒压过滤常数测定实验中,已知不同滤液量 V 对应的过滤时间 θ,试简要说明利用做图法求取恒压过滤常数的方法 _____。(4 分)

(6)在精馏实验中,进料状态为冷进料,当进料量太大时,会出现 _____ 的现象,应如何调节 _____。(4 分)

(7)写出利用流体流动阻力实验装置测定管道相对粗糙度的思路 _____。(4 分)

第三部分 化工传递(共 25 分)

(专业学位考生不答本部分考题,学术型考生可选择解答)

九、化工传递(25 分)

组分 A 与组分 B 互为扩散介质,进行一维稳态等分子反方向的分子扩散,扩散过程中无化学反应发生,扩散距离为 z。已知在界面 $z = z_1$ 处,组分 A 的摩尔浓度为 c_{A1},在界面 $z = z_2$ 处,组分 A 的摩尔浓度为 c_{A2},且 $c_{A1} > c_{A2}$。试推导:

(1)描述该分子扩散过程的传质微分方程。(15 分)

(2)描述该浓度场的浓度分布方程。(10 分)

2011 年

第一部分 化工单元操作(共 125 分)

(本部分考题为所有考生必答题)

一、基本题(单项选择与填空,共 42 分)

1. 在温度 t_1、t_2 下,分别测得某气体 a 和某牛顿型液体 b 的流变图(τ—du/dy 关系图)如本题附图所示。已知 $t_1 > t_2$,则气体 a 在温度 t_1 下的流变图应为(   )。(2 分)

   A. 曲线 1   B. 曲线 2   C. 曲线 3   D. 曲线 4

2. 如本题附图所示,采用皮托管(Pitot tube)配以倒置 U 管压差计,测量某管内流动液体的速度分布,当皮托管居于某一位置时,压差计的读数 R 为 420.0 mm,若该皮托管的校正系数 $C = 1.00$,则所测液体的局部速度为 _____ m/s。(2 分)

题 1 附图

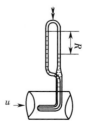
题 2 附图

3. 对于粗糙管内湍流流动的摩擦系数 λ，根据湍流强度的不同，可采用不同的半经验公式进行描述，在下列表达式中，不能用于描述完全湍流区流动摩擦系数的是(　　)。(2分)

A. $\dfrac{1}{\sqrt{\lambda}} = 2.0\lg(Re\sqrt{\lambda}) - 0.80$ 　　　　　B. $\dfrac{1}{\sqrt{\lambda}} = 1.74 - 2.0\lg\left(2\dfrac{\varepsilon}{d}\right)$

C. $\dfrac{1}{\sqrt{\lambda}} = 1.74 - 2.0\lg\left(2\dfrac{\varepsilon}{d} + \dfrac{18.7}{Re\sqrt{\lambda}}\right)$

4. 采用离心泵将低位敞口容器中的液体输送至高位密闭容器，若改变下列条件之一，不会使管路特性曲线发生变化的是(　　)。(2分)

A. 流量调节阀的开度 　　　　　　B. 离心泵的转速
C. 高位容器内的压力 　　　　　　D. 两容器液面高度差

5. 在下列流体输送机械中，其工作原理与离心力无关的是(　　)。(2分)

A. 离心泵 　　　B. 旋涡泵 　　　C. 罗茨鼓风机 　　　D. 液环压缩机

6. 用半开叶轮离心泵，将某悬浮液输送至板框压滤机进行过滤(滤液一侧压力保持常压)，若阀门开度等管路条件不发生变化，从过滤开始至过滤终点，离心泵的轴功率(　　)。(2分)

A. 保持不变 　　　B. 将增大 　　　C. 将减小 　　　D. 变化不确定

7. 题6中的过滤过程为(　　)。(2分)

A. 恒压过滤 　　　　　　　　　　B. 恒速过滤
C. 先恒速后恒压的过滤 　　　　　D. 既非恒速亦非恒压的过滤

8. 写出两个依靠离心力而实现液固非均相物系分离的设备名称_____。(2分)

9. 在下列措施中，能有效降低高温设备向周围环境辐射散热速率的是(　　)。(2分)

A. 在设备外表面涂刷一层沥青 　　　B. 在设备外表面涂刷一层铁红防锈漆
C. 在设备外表面贴一层铝箔 　　　　D. 在设备外表面贴一薄层石墨板

10. 已知四类物质的导热系数取值范围：$0.1 \sim 0.7$ W/(m·℃)、$15 \sim 420$ W/(m·℃)、$0.2 \sim 3.0$ W/(m·℃)、$0.006 \sim 0.06$ W/(m·℃)，并已知这四类物质可能是金属、非金属固体、液体、气体，则这组导热系数所对应的物质种类分别为(　　)。(2分)

A. 金属、非金属固体、液体、气体 　　　B. 气体、液体、非金属固体、金属
C. 液体、金属、非金属固体、气体 　　　D. 气体、金属、液体、非金属固体

11. 设计一常压操作的精馏塔分离理想二元物系，已知 F、x_F 及分离要求 x_D、x_W，在 $R/R_{\min}$ 一定的情况下分析两种进料方案：方案1为饱和液体进料；方案2为饱和蒸气进料。两方案相比，塔的操作费用：方案1 (　　) 方案2。(2分)

A. 等于 　　　B. 大于 　　　C. 小于 　　　D. 不确定

12. 对不饱和湿空气，若使之等焓降温，则空气的相对湿度将(　　)，露点将(　　)。(4分)

A. 降低 　　　B. 无法判断 　　　C. 不变 　　　D. 升高

13. 操作中的填料吸收塔内，用清水吸收空气中的氨气，若维持温度、压力、气体处理量及气、液入口组成不变，仅增加清水流量，气相总传质单元数 N_{OG} 将(　　)，出塔气相组成 y_2 将(　　)。(4分)

A. 不确定　　　　　　B. 减小　　　　　　C. 不变　　　　　　D. 增大

14. 在一个单级混合澄清器中,每处理 100 kg 原料需要 120 kg 萃取剂 S,原料中溶质 A 的质量分数为 0.42,澄清分离后得到 65 kg 萃余相,其中溶质 A 的质量分数为 0.10,则相应萃取相的量为_____ kg,其中溶质 A 的质量分数为_____,此时的分配系数为_____。(6 分)

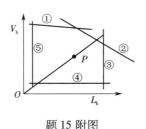

题 15 附图

15. 如本题附图所示为一板式塔的负荷性能图,图中①为液沫夹带线,②为_____线,③为_____线,④为_____线,⑤为_____线,从图中可知,目前操作条件下,其操作上限为_____控制,操作下限为_____控制。(6 分)

二、流体输送(共 20 分)

如本题附图所示,敞口低位槽中的清水(密度为 998 kg/m³)经离心泵被输送至敞口高位槽。离心泵所配电机功率为 2.2 kW,输送管路管径为 φ57×3.5 mm,管路系统总长度为 19.1 m (包括除进口、出口和阀门 A 之外的所有局部阻力的当量长度)。当出口阀 A 全开时,其局部阻力系数为 1.30,此时 U 管压差计的读数 R 为 50.0 mm(指示液为水银,密度为 13 600 kg/m³),离心泵的工作效率为 50%,管内流动摩擦阻力系数为 0.025。

(1)试求阀门 A 全开时,离心泵输送的流量(m³/h)和提供的压头(m);(10 分)

(2)若将清水换成密度为 1 200 kg/m³ 的饱和卤水,试计算说明阀门 A 全开时该离心泵能否正常工作。(假设卤水的其他物性与清水相同。)(10 分)

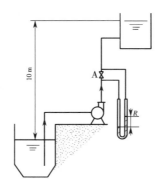

三、非均相物系的分离(共 8 分)

用一台具有 12 个滤框的板框压滤机恒压过滤某悬浮液,达到过滤终点(滤饼刚好充满滤框)后,滤饼不进行洗涤,直接将滤饼卸除,再将压滤机装合后进行下一个周期过滤。现因环保上的要求,滤饼中的母液必须进行洗涤回收,经实验得知:当采用过滤终点操作条件进行洗涤时,洗涤液体积用量为滤液体积的 10% 即可达到环保要求。由于增加了洗涤操作,使过滤操作周期延长,生产能力下降。为使生产能力不降低,在过滤操作条件不变时,需要增加过滤机滤框数量。试求:增加洗涤操作后,为使生产能力不降低,至少应增加多少个滤框。(8 分)

(假设:滤饼不可压缩;忽略滤布阻力;洗涤液物性与滤液物性相同;辅助操作时间与滤框数成正比。)

四、传热（共 14 分）

某单管程列管式换热器，其换热管束由 170 根管径为 $\phi 25 \times 2.5$ mm 的不锈钢管构成。管程流体流量为 5×10^4 kg/h，经换热后由 20 ℃被加热至 70 ℃，管内对流传热系数为 1 000 W/($m^2 \cdot$ ℃)。管外为 110 ℃的饱和水蒸气，冷凝后在饱和温度下排出换热器，冷凝传热系数为 11 kW/($m^2 \cdot$ ℃)。若忽略换热器的热损失，不考虑污垢热阻。试求：

（1）饱和蒸汽用量；（4 分）

（2）换热器的总传热系数；（4 分）

（3）换热管的有效长度。（6 分）

注：管内液体平均定压比热容为 4.5 kJ/(kg·℃)；

管壁导热系数为 15 W/(m·℃)；

110 ℃水蒸气的汽化潜热为 2 232 kJ/kg。

五、精馏（共 19 分）

在连续精馏塔内分离某二元理想溶液，已知进料组成为 0.4（易挥发组分摩尔分数，下同）。塔顶采用分凝器和全凝器，塔顶上升蒸气经分凝器部分冷凝后，液相作为塔顶回流液，其组成为 0.95，气相再经全凝器冷凝，作为塔顶产品。操作条件下精馏塔的操作线方程为：$y = 1.36x - 0.006\ 53$，$y = 0.798x + 0.197$。试求：

（1）进料（q 线）方程，并说明进料热状况；（8 分）

（2）易挥发组分在塔顶的回收率 η_D；（7 分）

（3）物系的相对挥发度（假设全塔相对挥发度不变）。（4 分）

六、吸收（共 12 分）

在逆流操作的填料吸收塔内，用纯溶剂吸收混合气体中的可溶组分 A。已知：脱吸因数 $S = 0.75$，$K_Y a \propto V^{0.7}$（V 为惰性气体的摩尔流量，kmol/s），操作条件下的平衡关系可表示为 $Y = mX$（Y、X 为摩尔比，m 为常数），目前 A 组分的回收率为 95%。在此填料塔内，若将混合气的流量增加 10%，而其他条件（气、液相入塔组成、吸收剂用量、操作温度、压力）不变，试求：溶质 A 的回收率变为多少？

七、干燥（共 10 分）

以空气为干燥介质干燥某种湿物料，采用废气循环的方式以利用废热，出干燥器的废气部分循环至预热器之前，与新鲜空气混合后进入预热器。温度为 30 ℃、湿度为 0.007 kg/kg（绝干气）的新鲜空气与温度为 56 ℃、湿度为 0.06 kg/kg（绝干气）的废气按 1:4 的比例（绝干气的质量比）进行混合，混合后的空气经预热器升温后再进入干燥器，已知干燥器为理想干燥器，试求：

（1）新鲜空气与废气混合后空气的湿度和焓；（4 分）

（2）预热器的热负荷（以含 1 kg 绝干气的湿空气通过预热器得到的热量计，kJ/kg 绝干气）；（3 分）

（3）进干燥器空气的温度（℃）。（3 分）

第二部分　化工原理实验（共 25 分）

（本部分考题为专业学位考生必答题；学术型考生选择解答）

八、化工原理实验(共25分)

1. 填空题(共17分)

(1)在常见的体积流量测量仪表中,属于差压式流量计的有_____流量计,属于面积式流量计的有_____流量计,属于速度式流量计的有_____流量计(各举出一个)。(3分)

(2)有两套单相流动阻力实验装置,一套被测直管是铜管,另一套被测直管是铸铁管,而且两根直管的直径、管长都相同,则在湍流区某一流量下,铜管的$Re_铜$_____铸铁管的$Re_{铸铁}$,铜管的压差$\Delta p_铜$_____铸铁管的压差$\Delta p_{铸铁}$,铜管的阻力系数$\lambda_铜$_____铸铁管的阻力系数$\lambda_{铸铁}$。(3分)

(3)在套管换热器中用饱和蒸汽冷凝加热管内湍流的空气。在空气流量和入口温度不变的条件下,突然发现空气出口温度低于规定值很多。其可能的原因是_____。(3分)

(4)用差压计或差压变送器测量压差时,必须要安装_____。(2分)

(5)在精馏操作中,确定进料热状态参数q时需要测定_____参数。(2分)

(6)在用水吸收空气中二氧化碳的实验中,进吸收塔的气量及二氧化碳含量保持不变,在不发生液泛的情况下,增加进塔水的流量,则体积吸收系数$K_X a$_____,出塔尾气中二氧化碳含量_____。(2分)

(7)在干燥实验中,要测定物料表面与空气之间的对流传热系数α,除要测量干燥面积外,还需要测量_____参数。(2分)

2. 实验流程(共8分)

本题附图为吸收实验装置流程图,请指出该流程图中错误之处,并说明如何改正。尾气的浓度由尾气取样用气相色谱进行分析。

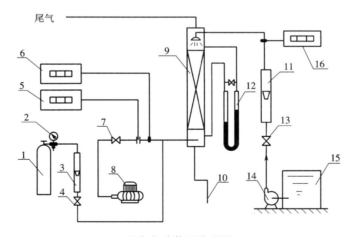

吸收实验装置流程图

1—氨气钢瓶 2—氨气减压阀 3—氨气转子流量计 4—氨气流量调节阀

5—空气流量测量及显示 6—空气温度测量及显示 7—空气流量调节阀

8—旋涡气泵 9—吸收塔 10—塔底液体排出管 11—水转子流量计

12—压差计 13—水流量调节阀 14—水泵 15—水槽 16—水温度测量及显示

第三部分　化工传递(共 25 分)

(本部分考题为学术型考生选择解答题,与专业学位考生无关)

九、化工传递(共 25 分)

在重力场中,某密度为 ρ 的牛顿型液体,沿一竖直放置的高度和宽度都很大的固体壁面成膜状向下流动。因液膜内流动速度很慢,为层流流动。液膜的外侧与气体接触,可视为自由表面。当流动达到稳定后,其液膜厚度为 δ。试导出:

(1)描述该流动过程的数学模型;(13 分)

(2)壁面处剪应力的表达式。(12 分)

注:不可压缩流体的连续性方程为

$$\frac{\partial u_x}{\partial x} + \frac{\partial u_y}{\partial y} + \frac{\partial u_z}{\partial z} = 0$$

不可压缩流体的运动方程分别为

x 分量:$u_x \dfrac{\partial u_x}{\partial x} + u_y \dfrac{\partial u_x}{\partial y} + u_z \dfrac{\partial u_x}{\partial z} + \dfrac{\partial u_x}{\partial \theta} = X - \dfrac{1}{\rho}\dfrac{\partial p}{\partial x} + \upsilon\left(\dfrac{\partial^2 u_x}{\partial x^2} + \dfrac{\partial^2 u_x}{\partial y^2} + \dfrac{\partial^2 u_x}{\partial z^2}\right)$

y 分量:$u_x \dfrac{\partial u_y}{\partial x} + u_y \dfrac{\partial u_y}{\partial y} + u_z \dfrac{\partial u_y}{\partial z} + \dfrac{\partial u_y}{\partial \theta} = Y - \dfrac{1}{\rho}\dfrac{\partial p}{\partial y} + \upsilon\left(\dfrac{\partial^2 u_y}{\partial x^2} + \dfrac{\partial^2 u_y}{\partial y^2} + \dfrac{\partial^2 u_y}{\partial z^2}\right)$

z 分量:$u_x \dfrac{\partial u_z}{\partial x} + u_y \dfrac{\partial u_z}{\partial y} + u_z \dfrac{\partial u_z}{\partial z} + \dfrac{\partial u_z}{\partial \theta} = Z - \dfrac{1}{\rho}\dfrac{\partial p}{\partial z} + \upsilon\left(\dfrac{\partial^2 u_z}{\partial x^2} + \dfrac{\partial^2 u_z}{\partial y^2} + \dfrac{\partial^2 u_z}{\partial z^2}\right)$

学生自测题和考研试题答案

第1章

一、1. $\mu = \tau / \left(\dfrac{\mathrm{d}u}{\mathrm{d}y}\right)$,促使流体产生单位速度梯度的剪应力,Pa·s,P 或 cP　2. 压强或压差的测量,液位测量,液封高度计算　3. 降低,增大,减小　4. C,D,A,A　5. 层流,0.25,1　6. 201.33,48　7. 抛物线,2,$\lambda = 64/Re$　8. $Re,\varepsilon/d,\varepsilon/d$　9. 滞流内层,愈薄,愈大　10. 物理方程具有量纲一致性　11. 变小,变大,变小,不变　12. $\tau = \mu \dfrac{\mathrm{d}u}{\mathrm{d}y}$,牛顿型,滞流　13. $r_{\mathrm{H}} = \dfrac{流通截面积}{润湿周边长}$,4　14. 阻力系数法,当量长度法　15. 20　16. 大,1.034,5.17 ~ 51.7 m³/h　17. 1: $4\sqrt{2}$: $9\sqrt{3}$　18.（1）1.3,1.5;（2）1.1,1.3　19. 7,1.75,8.058,1.98　20.（1）等于;（2）等于;（3）小于;（4）液体流经 ab 段的能量损失　21. 1.5,1.5,0.75　22. B　23. C　24. C　25. D　26. B　27. D　28. A　29. C　30. C　31. B,A

二、1. $h = 0.396$ m　2.（1）854 W;（2）真空表读数变大,压强表读数变小　3.（1）27.64 m³/h;（2）$N_e = 2\,993$ W ≈ 3.0 kW　4. 503.6 W　5.（1）B 侧上升,77.2 mm;（2）R 不变

第2章

一、1. 叶轮,泵壳,轴封装置　2. 转能(即使部分动能转换为静压能)　3. H—Q,η—Q,N—Q　4. 转速,水　5. 气缚,气蚀　6. 离心泵对单位重量(1 N)液体所提供的有效能量,J/N 或 m　7. 变小,减小　8. 4,784.6　9. 泵的特性曲线和管路特性曲线的交点　10. 减小,减小,下降,增大　11. 出口阀门,旁路　12. $\dfrac{p_1}{\rho g} + \dfrac{u_1^2}{2g} - \dfrac{p_v}{\rho g}$　13. $\dfrac{H_{\mathrm{m}} - H_e}{H_{\mathrm{m}}} \times 100\%$　14. 风机对 1 m³ 气体提供的能量,Pa　15. H_{T}—Q,H_{st}—Q,η—Q,N—Q　16. 增大,不变　17. 往复泵,齿轮泵,螺杆泵　18. 压头高、流量小,黏稠甚至膏状液体,悬浮液　19. B　20.（1）D;（2）C;（3）B　21. A　22. B　23. A　24. D　25. A　26. C　27. B,A　28. A

二、1.（1）$H_e = 32 + 4.66 \times 10^{-3} Q_e^2$（$Q_e$ 的单位为 m³/h）;（2）泵性能参数为:$Q = 50$ m³/h,$H = 50$ m,$\eta = 69\%$,$N = 9.87$ kW,$(NPSH)_r = 2.5$ m,能满足管路要求;（3）12.7%　2. $N = 7.24$ kW　3.（1）$Q = 18.8$ m³/h,$H = 21.2$ m,$N = 1.55$ kW;（2）$Q = 18.8$ m³/h,$N = 1.94$ kW;（3）$Q_水 = 15.33$ m³/h,$Q_碱 = 16.1$ m³/h;（4）串联流量大,$Q = 25.13$ m³/h　4.（1）$H = 17.7$ m,$N_e = 2.41$ kW;（2）$\zeta = 13$;（3）安装高度为 5 m 左右　5.（1）855 W;（2）$p_A = 2.156 \times 10^5$ Pa;（3）允许安装高度 6.3 m,大于 1.7 m,安装合适

6.（1）$H_g = 4.67$ m > 3.0 m,可正常运行;（2）$Q = 0.005$ m³/s $= 18.0$ m³/h,$N = 1.69$ kW;（3）$E_0 = Z_1 + \dfrac{p_1}{\rho g} + \dfrac{u_1^2}{2g} + H_{\mathrm{f},0-1}$

E_0、Z_1 不变,u_1 及 $H_{\mathrm{f},0-1}$ 变小,p_1 变大(即真空度变小);

同理　$E_0 + H_e = Z_2 + \dfrac{p_2}{\rho g} + \dfrac{u_2^2}{2g} + H_{f,0-2}$

E_0、Z_2 不变，H_e 加大，u_2 及 $H_{f,0-2}$ 变小，则 p_2 变大。

7. (1)$Q = 0.010\ 25\ \text{m}^3/\text{s} = 36.9\ \text{m}^3/\text{h}$；(2)$N = 3.771\ \text{kW}$；(3)$Q_{并} = 0.014\ 84\ \text{m}^3/\text{s} = 53.43\ \text{m}^3/\text{h}$，$Q_{并}/Q = 1.448 > 1.3$，可行。

8. (1)出口阀关闭瞬间分支点处压力表读数为 77.18 kPa(表压)。(2)可能是流量计本身失灵，或如下原因造成管路中不出水：①没有灌泵或吸入管路漏气，造成气缚现象；②泵的安装高度超过允许值，发生气蚀现象；③泵提供的压头满足不了管路要求；④泵的叶轮反转或吸入管路底阀失灵。

9. (1)$p_2 = 98.1\ \text{kPa}$，$N = 3.77\ \text{kW}$，(2)串联，$Q = 41.1\ \text{m}^3/\text{h}$，(3)$H_g = 4.87\ \text{m} > 3.0\ \text{m}$。

第3章

一、**1.** 形状，大小(体积)，表面积　**2.** 空隙率，自由截面积，堆积密度，比表面积　**3.** 加速，恒速，恒速，流体　**4.** 2，1/2　**5.** 越小　**6.** 增大，变小　**7.** 气体在降尘室内的停留时间大于或等于沉降时间，滞流　**8.** 降尘室底面积 bl，颗粒沉降速度 u_t，高度　**9.** 加长一倍，降低为原来的 1/2，不变　**10.** 0.36　**11.** 49%　**12.** u_T^2/Rg，203.9　**13.** 生产能力，除尘效率，允许压降　**14.** 降尘室，旋风分离器，惯性除尘器，袋滤器　**15.** 直径　**16.** 保证生产能力，保持除尘效率　**17.** 临界粒径，效率(粒级效率和总效率)，压降　**18.** 在过滤介质一侧形成饼层的过滤，颗粒沉积于颗粒过滤介质床层内部的过滤　**19.** $5 \times 10^{-5}\ \text{m}^2/\text{s}$，$0.031\ \text{m}^3/\text{m}^2$，19.2 s，8.06，0.25　**20.** 当 $s < 1$ 时，提高 Δp；允许的话，采用助滤剂以降低 s 及 r'；选择 V_e 小的过滤介质；对滤浆进行预处理，改变滤层结构；提高操作温度使 μ 降低；及时清洗滤布等(任选三种即可)　**21.** 板框压滤机，叶滤机，转筒真空吸滤机　**22.** 可能的话，提高操作温度以提高 K 值，加大 Δp 也可提高 K 值；提高转速 n；加大浸没度 ψ　**23.** 沉降式，过滤式，分离机　**24.** 临界流化速度 u_{mf}，带出速度 u_t　**25.** 散式流化，聚式流化，沟流，节涌　**26.** 稀相，密相，吸引式，压送式　**27.** D　**28.** A　**29.** A，D　**30.** 8.16　**31.** 1，1/2，1/2　**32.** 2 500，1 000　**33.** D

二、**1.** (1)$d = 28.61\ \mu\text{m}$；(2)$V_s = 2.66\ \text{m}^3/\text{s}$　**2.** 0.414 L，0.070 7 L/min　**3.** 计算值 22.6，取 23　**4.** (1)1.0 h；(2)6.63 m³　**5.** (1)$\theta = 0.671\ \text{h}$；(2)$Q_s = 0.194\ \text{m}^3/\text{h}$　**6.** (1)$A = 29.40\ \text{m}^2$；(2)$n = 30$，$\theta = 0.364\ \text{h}$　**7.** 2 376 s 或 39.6 min　**8.** 1 218 s($\theta_1 = 487.3\ \text{s}$，$\theta_2 = 730.7\ \text{s}$)　**9.** 4.472 m³($V_R = 2.0\ \text{m}^3$，$V_1 = 2.472\ \text{m}^3$)

第4章

一、**1.** 最小　**2.** D　**3.** A　**4.** (1)饱和蒸汽；(2)空气　**5.** 大　**6.** A　**7.** 自然对流，泡核沸腾，膜状沸腾，泡核沸腾　**8.** 苯，0.667　**9.** $E_b = C_0\left(\dfrac{T}{100}\right)^4$，黑体的辐射能力与热力学温度的四次方成正比　**10.** A　**11.** 相同，辐射能力，黑体辐射能力，吸收率　**12.** 管内　**13.** 提高壳程对流传热系数　**14.** 管

二、**1.** (1)$\alpha_i = 90.21\ \text{W}/(\text{m}^2 \cdot ℃)$；(2)$K_0 = 71.65\ \text{W}/(\text{m}^2 \cdot ℃)$；(3)$S_{需} = 41.61\ \text{m}^2 <$

$S_{实际} = 47.1\ m^2$,能;(4)$T_w \approx 107.7℃$,接近蒸汽侧温度　**2.**(1)$K_o = 399.4\ W/(m^2 \cdot ℃)$,$\Delta t_m$ $= 37.8℃$,$L = 9.2\ m$;(2)$\alpha'_i = 1\ 576.3\ W/(m^2 \cdot ℃)$,$K'_o = 1\ 031.7\ W/(m^2 \cdot ℃)$,$L = 3.56\ m$ **3.**$12\ 950\ W/(m^2 \cdot ℃)$　**4.**能。降低加热蒸汽的压强　**5.**$79.2\ ℃$　**6.**(1)$1\ 881$ $W/(m^2 \cdot ℃)$;(2)$91.97\ ℃$　**7.**(1)201 根;(2)$63.58\ ℃$　**8.**$1.895 \times 10^{-3}\ (m^2 \cdot ℃)/W$

第5章

一、1. 单位时间单位面积上蒸发的水分量,K 或 Δt_m　**2.** 溶质存在使沸点升高,液柱静压强引起沸点升高,流动阻力引起沸点升高　**3.** 提高生蒸汽的经济性,并流,逆流,平流　**4.** 多效蒸发,抽出额外蒸汽,冷凝水显热的利用,热泵蒸发　**5.** 完成液

二、1. $\Delta' = 10.35\ ℃$,$t = 75.35\ ℃$　**2.**(1)$D = 1\ 153.4\ kg/h$,$D/W = 1.44$;(2)$D = 844.1$ kg/h,$D/W = 1.06$　**3.** $D = 940.8\ kg/h$,$F - W = 166.7\ kg/h$　**4.** $t = 87.3\ ℃$　**5.** $p = 143.3\ kPa$

第6章

一、1. 混合液中各组分的挥发度的差异,塔顶液相回流,塔底上升气流　**2.** 相同,低于

3. $y = \dfrac{\alpha x}{1 + (\alpha - 1)x}$,判断用蒸馏方法分离的难易程度,不能用普通的蒸馏方法分离该混合液

4. 增加,降低,降低,有利　**5.** 0.182,精馏开工阶段,实验研究场合　**6.** 精馏必须引入回流;前者是连续操作定态过程,后者为间歇操作非定态过程　**7.** 塔底压强高于塔顶压强,塔顶组成中易挥发组分含量高　**8.** $2.54,0.78,0.90$　**9.** $R = 2.571$,$x_D = 0.982$　**10.** 为特定分离任务下理论板数无限多时的回流比,$1.1 \sim 2$　**11.** $5,0.6$　**12.** 44.1%　**13.** 增加,减小,增加　**14.** 减小,不变,不变,增加,增加　**15.** 增大,减小,增加,减小　**16.** 增加,增加,增加　**17.** 减小,增加　**18.** 都需加入某种添加剂,共沸精馏添加剂须与被分离组分形成共沸物;其添加剂被汽化由塔顶蒸出,经济性不及萃取精馏　**19.** A　**20.** B　**21.** D　**22.** A　**23.** B　**24.** A　**25.** B　**26.** D　**27.** C　**28.** C　**29.** C　**30.** C

二、1. $t_2 > t_3 > t_1$,$x_{L1} > x_{L3} > x_{L2}$,$x_{D2} > x_{D3} > x_{D1}$　**2.** $x_{D,m} = 0.457$　**3.**(1)$y_q = 0.6$,$x_q = 0.375$;(2)$y'_{m+1} = 1.472 x'_m - 0.019\ 3$　**4.** $y_{n+1} = 0.76 x_n + 0.225$,$y'_{m+1} = 1.507 x'_m - 0.020\ 3$ **5.**(1)$D_2 = 31.06\ kmol/h$;(2)$y_{s+1} = 0.362 x_s + 0.594$　**6.**(1)$x_1 = 0.927$;(2)$D/F = 0.364$ **7.**(1)$R = 3.0$,$x_D = 0.978\ 8$,$x_W = 0.043\ 24$;(2)$y_n = 0.938\ 5$,$x_n = 0.892\ 1$　**8.**(1)$R = 2.571$, $y = 0.72 x + 0.266$;(2)$q = 1.475(冷进料)$,$y = 3.105 x - 0.736\ 8$;(3)$E_{ML} = 0.579\ 3$　**9.** $q = 0.350\ 5$,$y = 0.575\ 8 - 0.539\ 6x$;(2)$y = 0.822\ 3x + 0.172\ 4$,$y = 1.418 x - 0.004\ 18$;(3)$E_{ML} = 0.597\ 3$

第7章

一、1. 不变,增大,不变　**2.** 易溶　**3.** $Y - Y^*$,$Y - Y_i$,$kmol/(m^2 \cdot s \cdot \Delta Y)$　**4.** 气膜阻力, $1/(H k_L)$　**5.** 易溶,$0.099\ 7$　**6.** 精馏,吸收　**7.** 几乎不变,减小　**8.** 通过气、液两膜层的分子扩散过程　**9.** 物料衡算,平衡关系,操作温度,压强及塔的结构　**10.** L/mV,操作线斜率和平衡线斜率之比　**11.** 大于,大于　**12.** 减小,变小　**13.** $\dfrac{Y_1 - Y_2}{\dfrac{Y_1}{m} - X_2}$　**14.** 95%　**15.** 4　**16.** A　**17.**

C　**18.** D　**19.** C　**20.** B　**21.** A　**22.** C,A　**23.** C　**24.** B　**25.** A,C

二、**1.** 吸收阻力减少35%　**2.** $Z = 5.57$ m　**3.** $K_Y a = 374.2$ kmol/($m^3 \cdot$ h)　**4.** $Y'_2 =$ 0.013 9　**5.** 略　**6.** (1)7.5 m;(2)97.97%;(3)4.172 m　**7.** (1)95.99%;(2)填料层高度增加,增值为1.757 m　**8.** (1)$Z = 2.035$ m,$K_Y a = 170.8$ kmol/($m^3 \cdot$ h);(2)$Y'_2 = 0.004$ 863, $\varphi_A = 87.84\%$　**9.** $\varphi'_A = 97.93\%$(提高3.08%),$X_1 = 0.028$ 6

第8章

1. 通量(生产能力),效率,适应性(操作弹性),压强降,结构和造价　**2.** 板式塔,填料塔,逐级接触,微分(连续)接触,连续,气相,液相,逐级,液相,气相　**3.** 泡罩塔板,浮阀塔板,筛板,新型垂直筛板等　**4.** 返混——过量雾沫夹带,气泡夹带,液面落差造成的气体分布不均,漏液等　**5.** 减少雾沫夹带,不易液泛,增加塔高　**6.** 单板压降,雾沫夹带,液泛,漏液、液面落差　**7.** 雾沫夹带线,液泛线,液相负荷上限线,漏液线,液相负荷下限线　**8.** 表示塔的稳定操作范围,判断增加生产能力的潜力,减少负荷运行的可能性　**9.** 空隙率,比表面积,填料因子　**10.** 载点,泛点,恒持液量区,载液区,液泛区,载液区　**11.** 50% ~ 85%　**12.** 传质单元法,等板高度法　**13.** B,A,A　**14.** C,C,B　**15.** A,D　**16.** A,B,C,D

第9章

一、**1.** 原料液中各组分在某种溶剂中溶解度的差异而实现混合液各组分分离　**2.** 1.95,无穷大　**3.** 小,大,高(或大,小,低)　**4.** 小,大,高(或大,小,低)　**5.** 1　**6.** 操作线与分配曲线相交或相切,无穷多　**7.** 萃取剂的溶解度与选择性,组分B、S的互溶度,萃取剂回收的难易,其他物性　**8.** 级式接触,微分(连续)接触,单级,多级错流,多级逆流　**9.** 每级都加入新鲜溶剂,传质推动力大;级数足够多,可得到所希望的萃取率;溶剂用量大　**10.** 连续操作,平均推动力大,分离效率高,溶剂用量少　**11.** B,B　**12.** D,A　**13.** A,D　**14.** 混合—澄清器(带搅拌或射流)、脉冲填料塔、往复筛板、脉冲筛板、转盘萃取塔、离心萃取器等任写三种　**15.** 体积分率较大,不润湿设备

二、**1.** $S/B = 1.662$,$E/R = 1.961$　**2.** $n = 4.67$　**3.** (1)$X_1 = 0.03$;(2)$X_2 = 0.016$ 67;(3) $X_2 = 0.007$ 14　**4.** (1)1.083;(2)$H_{OR} = HETS = 0.5$ m

第10章

一、**1.** 湿物料表面的水汽分压大于干燥介质中的水汽分压,存在传热传质推动力,热量传递和质量传递　**2.** 不变,降低,增高,不变　**3.** $\varphi = 100\%$ 不变,降低,降低,降低　**4.** 干湿球温度计　**5.** 露点　**6.** 温度,湿度,流速　**7.** 增大,减少　**8.** 表面汽化,干燥介质的状况、流速及其与物料的接触方式,内部迁移,物料结构、尺寸及其与干燥介质的接触方式、物料本身的温度等　**9.** 热空气的湿球温度　**10.** 0.07,0.19　**11.** 2.0,0.20,0.04　**12.** 干燥器不补充热量,忽略干燥器的热损失,忽略加热物料所消耗的热量;相等(该题也可用下列方式回答: $Q_D = 0,Q_L = 0,G(I'_2 - I'_1) = 0;I_1 = I_2$)　**13.** 厢式干燥器,气流干燥器,流化床等　**14.** 加速运动,恒速运动,加速运动段;热敏性,30 μm ~ 6 mm　**15.** C　**16.** B　**17.** D　**18.** A　**19.** A,C **20.** C　**21.** A　**22.** B　**23.** C　**24.** 对于干燥操作和干燥装置的设计或强化都有指导意义

二、**1.** (1) $\Delta I = 72$ kJ/kg 绝干气;(2) $\Delta W = 0.018$ kg/kg 绝干气 **2.** (1) $L_0 = 13\ 730$ kg 新鲜气/h;(2) $t_2 = 38.3$ ℃;(3) $\eta = 63.3\%$ **3.** (1)81.7 ℃;(2)4.094 kg/s;(3)41.24% **4.** (1)10.46 kg/s;(2) $t_1 = 102.8$ ℃,$Q_P = 835.7$ kW;(3)采用带废气循环的流程 **5.** 0.8 h **6.** (1)6 165 kg/h;(2)4.98 kW **7.** (1)368.0 kg/h;(2)10.91 kg/h **8.** (1)风量 2 302 m^3/h;(2)55.69 kW

第 11 章

一、**1.** 13.5 L/h,4.5% **2.** 小于,等于 **3.** 由小变大,由大变小 **4.** 趋于定值 **5.** 增大 **6.** 降低,增大,增大 **7.** ①进料量和热状况等实验操作条件是否合乎要求且稳定;②塔板上的操作状态是否属于正常操作;③塔顶温度或灵敏板温度是否达到稳定状态 **8.** 增加,减小 **9.** 测取恒速干燥速率 U_0、临界湿含量 X_0,以计算干燥时间,确定干燥器的尺寸

二、**1.** A **2.** B **3.** C **4.** D **5.** C **6.** B,C **7.** A **8.** A **9.** A,A

三、**1.** 错误之处:①流量调节阀不能安装在吸入管路上,应安装在排出管路上;②文丘里流量计安装反了,流体的流向应该是从较短的渐缩段到较长的渐扩段;③没有装测量电机输入功率的功率表;④没有安装底阀;⑤真空表 3 与压强表 2 位置安装反了。

2. 流程示意图

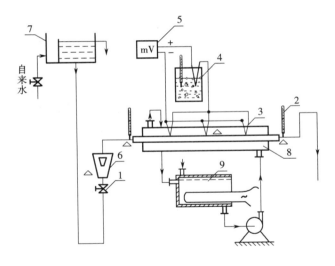

3. 错误之处:①罗茨鼓风机一般用回路调节流量;②进塔的气体管路应高于填料塔,以避免塔内流体倒灌入风机;③塔底吸收液排出管路应有一个液封管,以防止气体短路。

4. (1)从塔釜向上数第二、三层塔板,这个范围内平衡的气液相组成相差较大,测量准确度高;(2)在($n-1$)板取 x_{n-1},取离开 n 板的 x_n;(3)全回流下,$y_n = x_{n-1}$,$x_n^* = \dfrac{y_n}{y_n + \alpha(1-y_n)}$,则 $E_{ML} = \dfrac{x_{n-1} - x_n}{x_{n-1} - x_n^*}$($x_n^*$ 也可由 y_n 在平衡曲线上读取。)

5. (1)测空气流量 W_c,进出口温度 t_1、t_2,蒸气温度 T,换热管尺寸(d,l),查取 p 及 c_{pc}。

$$Q = W_{pc}c_{pc}(t_2 - t_1), S_o = d_o l\pi, \Delta t_m = (t_2 - t_1)/\ln\frac{T-t_1}{T-t_2}, K_o = Q/S_o\Delta t_m;$$

（2）流量设计（略）

6.（1）需测取参数:馏出液组成 x_D,釜液组成 x_W,进料组成 x_F 及温度 t_F,由已知条件图解法求 N_T,查取塔内实际板 N_P;（2） $E_T = \dfrac{N_T}{N_P} \times 100\%$

2010 年考研试题

一、1. 1.0×10^{-3} 或 $0.001\ 0$（注: 1×10^{-3} 、 10^{-3} 或 0.001 只给 1 分）　2. 0　3. B　4. B
5. A　6. 9.5 或 9.0~9.5　7. B　8. 离心机　9. 减小　10. 降低　11. A　12. 20　13. 气膜
14. 16　15. 分离效果相当于一层理论板的填料层高度　16. 降液管截面积太小,塔板开孔率
太小,板间距太小,塔径太小　17. C　18. B　19. 干板压降,板上充气液层压降,表面张力引
起的压降　20. C

二、（1）22.21 m³/h;（2）4.39 m;（3）27.4 mm

三、（1）30 m³;（2）200 min

四、（1）38.8 ℃;（2）$S_1 = 3.963$ m², $S_2 = 1.509$ m², $S_0 = 5.472$ m²

五、（1）$R_{min} = 1.40$, $R = 2.10$, $\eta_D = 96\%$;（2）塔顶流程图及 x—y 图如下

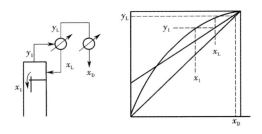

五题附图

六、（1）$H_{OG} = 2.121$ m, $L/L_{min} = 1.481$, $\left(\dfrac{L}{V}\right)_{min} = 1.62$;

（2）塔 Ⅱ, $Z' = 4.748$ m, $\left(\dfrac{L}{V}\right)'_{min} = 1.35$, $L/L_{min} = 1.778$, $X'_1 = 0.001\ 25$

七、（1）$H_2 = 0.030\ 3$ kg/kg 绝干气, $t_1 = 101$ ℃, $Q_P = 42.26$ kW;（2）$Q_D = 6.55$ kW

八、（1）真空表,压强表,流量计,功率表,温度计,变频器

（2）双对数,半对数,直角坐标

（3）增大,增大,增大

（4）冷流体流量 V_s,进出口温度 t_1 、 t_2,管内壁温度 t_w;
　　$\alpha_c = Q/(S_i \Delta t_{mi})$ 　 $Q = V_s \rho c_{pc}(t_2 - t_1)$

（5）$q_i = V_i/A$,求 $\Delta \theta / \Delta q$,过 $\Delta \theta / \Delta q$ 与 $q_i(\Delta q/2)$ 作直线, $K = 2$/斜率。或 $q_i = V_i/A \to \theta_i/q_i$ $\to \theta_i/q_i$ 对 q_i 作直线,求斜率, $K = 1$/斜率。

（6）现象:精馏段干板,塔顶没回流也不能出料,而提馏段可能液泛;措施:减小进料量,加大塔釜加热量,保持釜温不降低。

（7）思路:测对应的 Q_s—Δp_f（需知管长、管径）$\to \lambda = \dfrac{2d\Delta p_f}{\rho l u^2}$ 并计算 $Re = d u \rho / \mu \to$ 在双对

314 数坐标系上标绘 $\lambda—Re$,利用文献资料确定 ε/d 或 ε。

九、(1) $\dfrac{\partial c_A}{\partial \theta} = D_{AB}\left[\dfrac{\partial^2 c_A}{\partial x^2} + \dfrac{\partial^2 c_A}{\partial y^2} + \dfrac{\partial^2 c_A}{\partial z^2}\right]\left(-\text{维}\ \dfrac{\partial^2 c_A}{\partial y^2} = \dfrac{\partial^2 c_A}{\partial z^2} = 0\right)$;

(2)边界条件: $\begin{matrix}z=z_1, c_A=c_{A1}\\ z=z_2, c_A=c_{A2}\end{matrix}$ 则 $\dfrac{c_A-c_{A1}}{c_{A1}-c_{A2}} = \dfrac{z-z_1}{z_1-z_2}$。

2011 年考研试题

一、1. C 2. 2.87 3. A 4. B 5. C 6. C 7. D 8. 旋液分离器(旋流器),离心机 9. C 10. C 11. B 12. D,D 13. C,B 14. 155,0.229 0,2.29 15. 液泛,液相负荷上限,漏液(气相负荷下限),液相负荷下限,液泛,漏液

二、(1)泵的流量和压头 由阀门 A 的压降计算管内流速,进而求流量。

$$\frac{\Delta p_f}{\rho} = \frac{R(\rho_A-\rho)g}{\rho} = \zeta\frac{u^2}{2}$$

$$u = \sqrt{\frac{2\times(13\,600-998)\times9.81\times0.05}{998\times1.3}} = 3.087\ \text{m/s}$$

则 $Q = Au = \dfrac{\pi}{4}\times0.05^2\times3.087 = 0.006\,061\ \text{m}^3/\text{s} = 21.82\ \text{m}^3/\text{h}$

在两敞口槽液面之间列伯努利方程,得

$$H = \Delta z + \sum H_f = 10 + \left(0.025\times\frac{19.1}{0.05} + 0.5 + 1.0 + 1.3\right)\times\frac{3.087^2}{2\times9.81}$$

$$= 16.00\ \text{m}$$

(2)计算输送卤水能否正常操作 由于两槽均为敞口容器,密度变化不影响管路特性曲线和泵的 $H—Q$ 及 $\eta—Q$ 曲线。离心泵若能正常运行,则其 Q、H 与 η 应和输送清水时完全相同,现需计算功率能否满足要求,即

$$N = \frac{HgQ\rho}{\eta} = \frac{16.00\times9.81\times0.006\,061\times1\,200}{1\,000\times0.5} = 2.283\ \text{kW}$$

其值大于所配电机的额定功率,因而离心泵不能正常运行。

三、在本题简化假设条件下,恒压过滤方程为

$$V^2 = KA^2\theta$$

滤框数 n、过滤面积 A、过滤终点滤液体积 V、辅助操作时间 θ_D 之间的关系为

$$\frac{n_2}{n_1} = \frac{A_2}{A_1} = \frac{V_2}{V_1} = \frac{\theta_{D2}}{\theta_{D1}}(\text{下标 1 表示不洗涤滤饼})$$

两种工况下过滤机的生产能力相同,即

$$Q = \frac{V_1}{\theta_1+\theta_{D1}} = \frac{V_2}{\theta_2+\theta_{W2}+\theta_{D2}}$$

式中 $\theta_2 = \theta_1$(滤框厚度及其他操作不变)

$$\theta_{D2} = \frac{n_2}{n_1}\theta_{D1}$$

$$\theta_{W2} = V_W / \frac{KA_2^2}{8} = 0.1V_2 / \frac{KA_2^2}{8} = 0.8\theta_2 = 0.8\theta_1$$

即

$$Q = \frac{n_1}{\theta_1 + \theta_{D1}} = \frac{n_2}{\theta_2 + 0.8\theta_2 + \frac{n_2}{n_1}\theta_{D1}}$$

解得　　$n_2 = 1.8n_1 = 1.8 \times 12 = 21.6$（取 22 个，即增加 10 个）

四、（1）饱和蒸汽用量　对换热器做热量衡算，得

$$W_h = \frac{W_c c_{pc}(t_2 - t_1)}{r} = \frac{5 \times 10^4 \times 4.5 \times (70 - 20)}{2\ 232} = 5\ 040 \text{ kg/h}$$

（2）总传热系数 K_o　在忽略污垢热阻条件下

$$K_o = 1 / \left(\frac{1}{\alpha_o} + \frac{bd_o}{\lambda d_m} + \frac{d_o}{\alpha_i d_i} \right)$$

$$= 1 / \left(\frac{1}{11 \times 10^3} + \frac{0.002\ 5 \times 25}{15 \times 22.5} + \frac{25}{1\ 000 \times 20} \right) = 655.3 \text{ W/(m}^2 \cdot \text{℃)}$$

（3）换热管的有效长度

$$L = \frac{S_o}{n\pi d_o} = \frac{Q}{K_o \Delta t_m n\pi d_o}$$

式中　$Q = \dfrac{5 \times 10^3}{3\ 600} \times 4.5 \times 10^3 \times (70 - 20) = 3.125 \times 10^6 \text{ W}$

$$\Delta t_m = \frac{\Delta t_1 - \Delta t_2}{\ln\dfrac{\Delta t_1}{\Delta t_2}} = \frac{(110 - 20) - (110 - 70)}{\ln\dfrac{110 - 20}{110 - 70}} = 61.66 \text{ ℃}$$

则　　$L = \dfrac{3.125 \times 10^6}{655.3 \times 61.66 \times 170 \times 0.025\pi} = 5.793 \text{ m}$

本题也可由 $\ln\dfrac{T_s - t_1}{T_s - t_2} = \dfrac{K_o S_o}{W_c c_{pc}}$ 求 S_o，不必计算 Q 和 Δt_m。

五、（1）q 线方程和进料热状况　q 线方程的一般表达式为

$$y = \frac{q}{q-1}x - \frac{x_F}{q-1}$$

由两操作线交点坐标 y、x 值及 x_F 值便可求得 q 值，进而求得 q 线方程

$$y = 0.798x + 0.197$$

$$y = 1.36x - 0.006\ 53$$

解得　$x = 0.362\ 2, y = 0.486\ 0$

于是　$0.486\ 0 = \dfrac{q}{q-1} \times 0.362\ 2 - \dfrac{0.4}{q-1}$

$$q = 0.694\ 7(0 < q < 1)\text{ 为气液混合进料}$$

q 线方程为　$y = 1.310 - 2.275x$

（2）易挥发组分在馏出液中的回收率

$y = 0.798x + 0.197$ 与 $y = x$ 联解，得 $x_D = 0.975\ 2$

$y = 1.36x - 0.006\ 53$ 与 $y = x$ 联解,得 $x_W = 0.018\ 14$

由全塔物料衡算,得

$$\frac{D}{F} = \frac{x_F - x_W}{x_D - x_W} = \frac{0.4 - 0.018\ 14}{0.975\ 2 - 0.018\ 14} = 0.399\ 0$$

则

$$\eta_D = \frac{Dx_D}{Fx_F} \times 100\% = \frac{0.975\ 2}{0.4} \times 0.399\ 0 \times 100\% = 97.28\%$$

本题也可取 $F = 100$ kmol/h,求得 $D = 39.90$ kmol/h。

(3)物系的相对挥发度 α 由分凝器的一组平衡数据计算 α

$$x_D = \frac{\alpha X_L}{1 + (\alpha - 1)x_L}$$

即

$$0.975\ 2 = \frac{0.95\alpha}{1 + 0.95(\alpha - 1)}$$ 求得 $\alpha = 2.070$

六、原操作工况下的 N_{OG} 为

$$N_{OG} = \frac{1}{1 - S}\ln\left[(1 - S)\frac{1}{1 - \varphi_A} + S\right]$$

$$= \frac{1}{1 - 0.75}\ln\left[(1 - 0.75)\frac{1}{1 - 0.95} + 0.75\right] = 6.997$$

气量增加10%以后,对于已有吸收塔来说,引起 H_{OG} 及 N_{OG} 变化,即

$$H'_{OG} = V^{0.3}H_{OG} = 1.1^{0.3}H_{OG} = 1.029H_{OG}$$

$$N'_{OG} = \frac{N_{OG}}{1.029} = \frac{6.997}{1.029} = 6.800$$

$$S' = 1.1 \times 0.75 = 0.825$$

$$6.800 = \frac{1}{1 - 0.825}\ln\left[(1 - 0.825)\frac{1}{1 - \varphi'_A} + 0.825\right]$$

解得 $\varphi'_A = 92.89\%$ 即气量增加后溶质的回收率为92.89%

七、混合气的湿度和焓 假定各参数具有加和性,则

$$H_m = \frac{H_0 + 4H_2}{5} = \frac{0.007 + 4 \times 0.06}{5} = 0.049\ 4 \text{ kg/kg 绝干气}$$

$$I_2 = (1.01 + 1.88H_2)t_2 + 2\ 490H_2$$

$$= (1.01 + 1.88 \times 0.06) \times 56 + 2\ 490 \times 0.06 = 212.3 \text{ kJ/kg 绝干气}$$

$$I_0 = (1.01 + 1.88 \times 0.007) \times 30 + 2\ 490 \times 0.007 = 48.12 \text{ kJ/kg 绝干气}$$

则

$$I_m = \frac{48.12 + 4 \times 212.3}{5} = 179.5 \text{ kJ/kg 绝干气}$$

即混合气的湿度为0.049 4 kg/kg 绝干气,焓为179.5 kJ/kg 绝干气。

(2)预热器的热负荷 对于理想干燥器,$I_1 = I_2$,则

$$Q_P/L = I_1 - I_m = 212.3 - 179.5 = 32.8 \text{ kJ/kg 绝干气}$$

(3)进干燥器空气的温度 由焓衡算计算,即

$$(1.01 + 1.88 \times 0.049\ 4)t_1 + 2\ 490 \times 0.049\ 4 = 212.3$$

解得 $t_1 = 80.96 \text{ ℃}$

八、**1.** （1）孔板、文丘里、喷嘴（任写一个），转子，涡轮

（2）等于，小于，小于

（3）蒸汽侧不凝气积聚，加热蒸汽压强下降或汽量不足。

（4）切断阀或平衡阀

（5）进料组成，进料温度

（6）增大（提高），减小（降低）

（7）湿物料的水分蒸发量、间隔时间、空气的干球温度及湿球温度等。

2. （1）氨气转子流量计3：氨气应从下方进入而由上方出去；（2）旋涡气泵不能用出口阀调流量，应安装旁路调节；（3）进入塔的气体应设置高于填料层的 π 型管；（4）塔底液体出口应设置液封装置。

九、**1.** 描述该流动过程的数学模型

对 y 方向的一维流动，$u_x = u_z = 0$，则连续性方程可简化为

$$\frac{\partial u_y}{\partial y} = 0 \tag{1}$$

进而 $\dfrac{\partial^2 u_y}{\partial y^2} = 0$

由于稳态流动 $\dfrac{\partial u_y}{\partial \theta} = 0$

壁面很宽，则 $\dfrac{\partial u_y}{\partial z} = 0$ 及 $\dfrac{\partial^2 u_y}{\partial z^2} = 0$

运动方程的各分量分别简化为

x 分量　$\dfrac{\partial p}{\partial x} = 0$

y 分量　$g - \dfrac{\partial p}{\rho \partial y} + v \dfrac{\partial^2 u_y}{\partial x^2} = 0$

z 分量　$\dfrac{\partial p}{\partial z} = 0$

又由于液面外为自由表面，则 $\dfrac{\partial p}{\partial y} = 0$，故描述该流动过程的数学模型为

$$\rho g + \mu \frac{\mathrm{d}^2 u_y}{\mathrm{d} x^2} = 0 \tag{2}$$

其边界条件为（1）$x = 0, \dfrac{\mathrm{d} u_y}{\mathrm{d} x} = 0$　（2）$x = \delta, u_y = 0$

2. 壁面处剪应力表达式

对式（2）进行一次积分，得　$\dfrac{\mathrm{d} u_y}{\mathrm{d} x} = -\dfrac{\rho g}{\mu} x + C_1$

代入边界条件（1）解得 $C_1 = 0$

解得　$\dfrac{\mathrm{d} u_y}{\mathrm{d} x} = -\dfrac{\rho g}{\mu} x$

化工传递附图

壁面处，$x = \delta$ 及 $\dfrac{\mathrm{d}u_y}{\mathrm{d}x}\bigg|_{x=\delta} = -\dfrac{\rho g}{\mu}\delta$

壁面处的剪应力表达式为

$$\tau_{\mathrm{s}} = -\mu\,\frac{\mathrm{d}u_y}{\mathrm{d}x}\bigg|_{x=\delta} = -\mu\left(-\frac{\rho g}{\mu}\delta\right) = \rho g\delta$$

参考书目

1 柴诚敬,刘国维,陈常贵. 化工原理学习指导. 天津:天津科学技术出版社,1997.

2 夏清,贾绍义. 化工原理(上、下册). 第 2 版. 天津:天津大学出版社,2012.

3 柴诚敬,张国亮,等. 化工流体流动与传热. 第 2 版. 北京:化学工业出版社,2007.

4 贾绍义,柴诚敬,等. 化工传质与分离过程. 第 2 版. 北京:化学工业出版社,2007.

5 陈敏恒,丛德滋,等. 化工原理(上、下册). 第 4 版. 北京:化学工业出版社,2015.

6 蒋维钧,雷良恒,等. 化工原理(上、下册). 第 3 版. 北京:清华大学出版社,2010.

7 冯亚云,等. 化工基础实验. 北京:化学工业出版社,2000.

8 张金利,郭翠梨,胡瑞杰,等. 化工原理实验. 第 2 版. 天津:天津大学出版社,2016.

9 柴诚敬,贾绍义,等. 化工原理(上、下册). 第 3 版. 北京. 高等教育出版社,2017.